DK

MITCH McCULLOCH

Besonderes Gemüse entdecken und anbauen

Auf der Jagd nach alten Sorten

Inhalt

Teil 2. Pflanzenführer

Seltenes & Ungewöhnliches

Der Mensch neigt zum Sammeln. Als Kind habe ich Fußballbildchen und Pokémon-Karten gehamstert. Später, als Koch, habe ich mich auf das Zusammentragen ungewöhnlicher Rezepte verlegt und sie an allen getestet, die sich trauten, meine Gerichte zu probieren. Inzwischen versuche ich seltene und ungewöhnliche Obst- und Gemüsesamen aufzuspüren und anzubauen. Gerade sie sind so faszinierend, dass ich sie allen näherbringen möchte.

Ich habe mehrere Jahre in London als Koch gearbeitet. Nachdem ich die Welthauptstadt des Smogs hinter mir gelassen und in Friston in der Grafschaft Suffolk meinen eigenen Garten angelegt habe, begann ich alten Gemüsesorten hinterherzuspüren. Mich hat ihre Geschichte interessiert. Außerdem wusste ich, dass ich damit neue Geschmacksnuancen, Farben und Texturen in der Küche ausprobieren konnte. Gleichzeitig habe ich begonnen, auf der Maple Farm in Kelsale zu arbeiten, um mehr über Landwirtschaft und das Erzeugersystem dort zu erfahren. Der von der britischen Soil Association zertifizierte Bio-Hof hat sich auf den Anbau alter Getreidesorten spezialisiert. Er produziert außerdem Eier von frei laufenden Hühnern und unterhält große Marktgärten, deren Erzeugnisse im hofeigenen Laden verkauft werden. Die Arbeit dort war inspirierend und hat mir viel Spaß gemacht. Ich habe jeden Tag neue Aufgaben zugewiesen bekommen und konnte tief in die Abläufe eines gut geführten landwirtschaftlichen Betriebs eintauchen.

Irgendwann habe ich angefangen, meine alten Sorten auf Instagram zu posten, was mir im Nu eine begeisterte Followergemeinde beschert hat. Ich bin immer tiefer in die Saatgutwelt eingetaucht, habe mich mit Erzeugern in aller Welt kurzgeschlossen und dank Internet Tausende Gleichgesinnter kennengelernt. Die meisten waren mehr als froh, ihr Wissen teilen und Saatgut tauschen zu können. Nach den großen Egos im Küchenkommerz und der hektischen Stadt war dieses Gemeinschaftserlebnis eine angenehme Überraschung.

Anfang 2022 bin ich an die englische Südküste gezogen, um auf der Four Acre Farm in Ringwood einen Schaugarten aufzuziehen. Als ich anfing, seltenes Saatgut aufzuspüren, nannte ich mich *Seed Hunter*, »Samenjäger«. Ich habe mich gefragt, wie ich mehr Leute für alte Traditionssorten begeistern könnte. Als mein Agent Stuart Cooper vorschlug, ein Buch über einige der seltensten und ältesten Samen der Welt zu schreiben, war ich angefixt.

Samen sind die Grundlage allen Lebens. Sie stehen für Vergangenheit, Gegenwart und Zukunft. Ohne keimfähiges Saatgut können wir keine Nahrung produzieren. Jede Sorte erzählt eine Geschichte – viele haben sogar Kulturen geprägt. Mir geht es jedoch nicht nur darum, die leckersten Schätze aufzutreiben, ich möchte auch ihre Ursprünge erkunden und ihre Geschichte kennenlernen.

Nie hätte ich gedacht, dass daraus einmal ein Buch werden würde. Aber hier ist es. Ich hoffe, es inspiriert euch.

Teil 1.

Garten-
wissen

Was anbauen?

Beim Anlegen eines neuen Gartens macht nichts mehr Spaß als das Auswählen der Pflanzen, die man anbauen möchte. Bevor ihr euch jedoch unbedacht alles Mögliche anschafft, solltet ihr zuerst ein paar wichtige Aspekte in Betracht ziehen.

Auf die geografische Lage und das örtliche Klima habt ihr keinen Einfluss, trotzdem spielen sie eine entscheidende Rolle bei der Frage, was in eurem Garten wächst. Wählt eure Sorten sorgfältig aus. Wer in einer eher kühlen Gegend wohnt, bekommt mit 'Sweet Siberian' eine Tomatensorte, die dicke Triebe hat, schnell reift und auch bei niedrigeren Temperaturen Früchte ansetzt. 'Bleu de Solaise' wiederum ist ein wüchsiger, extrem kälteresistenter Porree, der sich nach einigen Frösten blauviolett färbt und süßer wird.

Kurzum: Wählt ganz gezielt Sorten aus, die in eurer Gegend am besten gedeihen. So bekommt ihr einen ertragreichen Garten, der Spaß macht.

In diesen Folientunneln ziehe ich nicht winterhartes Gemüse wie Tomaten, Paprika und Melonen. Kauft man es im Supermarkt, schmeckt es enttäuschend, doch selbst gezogen ist es sensationell gut.

Klima

Neben der geografischen Lage spielen weitere Faktoren eine Rolle. Ist der Garten exponiert und oft kräftigen Winden ausgesetzt oder liegt er in einer Senke, in der sich gelegentlich Wasser staut? Statt das als »Nachteil« zu sehen, überlegt lieber, wie ihr es euch zunutze machen könnt.

Ist Wind ein Problem, entscheidet ihr euch besser für Buschbohnen statt für kletternde Sorten, die gestützt werden müssen und von Böen leicht umgeknickt werden können. Habt ihr einen eher sumpfigen Boden, sind Knollen- und Staudensellerie das Gemüse eurer Wahl, denn ihnen behagt nasses Erdreich.

Ein weiterer Faktor ist die Ausrichtung. Wenn der Garten im Schatten liegt oder nur drei, vier Stunden Sonne am Tag abbekommt, solltet ihr Sorten auftreiben, denen diese Bedingungen behagen, statt euch Sonnenanbeter anzuschaffen, die bei Lichtmangel kümmern. Arbeitet mit dem Land und nicht dagegen, dann könnt ihr mit einer viel besseren Ernte rechnen.

Größe

Ganz gleich, ob ihr schon einen funktionierenden Garten habt oder ihn gerade erst anlegt, die Größe der Fläche spielt eine wichtige Rolle bei der Auswahl der Pflanzen. Wenn ihr ihn mit einer vielfältigen Mischung bestückt, bekommt ihr nicht nur eine große Palette an Geschmacksvarianten und Zutaten für die Küche, sondern macht ihn auch widerstandsfähiger gegen Schädlinge, Krankheiten und Extremwetter. Ich kann Gartenneulingen nur raten, ein bisschen etwas von allem zu pflanzen, statt große Mengen ein und derselben Nutzpflanze zu kultivieren.

Ist Platz Mangelware, überlegt euch, was euch am wichtigsten ist oder am meisten Spaß macht, und baut es an. Manches Gemüse, etwa Kohlgewächse und Kürbisse, braucht eine lange Saison und nimmt viel Platz in Anspruch. Selbst wenn euch beides schmeckt, solltet ihr, wenn eure Anbaufläche begrenzt ist, vielleicht nach Alternativen suchen, die auf wenig Raum viel liefern. Tomaten, Gurken und Auberginen aus dem Supermarkt sind für ihren faden Geschmack berüchtigt und nicht gerade billig. Wenn ihr sie selbst anbaut, zahlt sich euer Garten wesentlich mehr aus, als wenn ihr ihn mit Kohl füllt, der im Handel preiswert zu haben ist.

Kosten

Die Anschaffung von Saatgut, Erde und Ausrüstung wie Folientunneln kann schnell ins Geld gehen. Wenn ihr euch ein Budgetlimit setzt, müsst ihr vielleicht Prioritäten bei der Auswahl setzen.

Melonen, Auberginen, Chilis und andere wärmeliebende Gewächse gedeihen unter Glas besser. Lässt euer Budget kein Gewächshaus und keinen Folientunnel zu, solltet ihr vielleicht auf etwas umsteigen, das nicht so viel Schutz vor den Elementen braucht.

Wenn ihr euch ein festes Budget gegeben habt, setzt gute Erde (siehe S. 20) und hochwertiges Saatgut (siehe S. 350) ganz

Mein Garten auf der Four Acre Farm in Hampshire ist 196 m² groß. Das entspricht in etwa einem durchschnittlichen Hausgarten. Ich habe ihn angelegt, um zu zeigen, was man damit alles erreichen kann. Mein Fokus liegt dabei auf traditionellen Sorten, doch habe ich auch die Bodenregeneration im Blick. Zudem soll das Areal ein Refugium für Tiere sein.

Ein Garten kann ein vielfältiger Mix aus Lebensräumen sein, der die Biodiversität und den Ertrag fördert.

oben auf die Prioritätenliste. Schon allein durch die Verwendung von Samen anstelle von Setzlingen spart man Geld. Nicht vergessen sollte man auch, dass alles Geld, das in den Garten gesteckt wird, eine Investition in das eigene Wohlbefinden ist – und die abschließende Ernte die Belohnung für die Pflege der eigenen Scholle.

Zweck

Abgesehen davon ist das vielleicht Wichtigste beim Anlegen eines Gartens das Ziel, das man vor Augen hat. Ich zum Beispiel will einen Raum mit seltenen, ungewöhnlichen Nahrungspflanzen und vielen Blumen, die ihn optisch aufwerten, sodass ein stimmiges Ökosystem entsteht.

Habitate zu schaffen steht für mich im Mittelpunkt. Der Naturteich lockt etliche Insekten und Amphibien an, während mit heimischen Pilzen geimpfte Holzstapel ein unerlässlicher, aber oft ignorierter Lebensraum für viele weitere Kreaturen wie Holzkäfer und Hundertfüßer sind und mir zugleich frische, schmackhafte Pilze liefern.

Vielleicht ist jemand von euch ein echter Knoblauchkenner, hat aber nicht viel Platz. In diesem Fall kann für ihn an erster Stelle stehen, so viele Sorten wie möglich unterzubringen. Für andere zählt eventuell der Wettbewerbsgedanke – sie brauchen viel Raum für rekordverdächtige Kürbisse und superlange Bohnen. Eine Familie legt womöglich Wert auf einen Garten, in dem sich Kinder und Haustiere aufhalten können. Letztlich ist ein Garten Spiegelbild der eigenen Persönlichkeit. Deshalb steht im Vordergrund, Pflanzen zu ziehen, die begeistern und einen Raum entstehen lassen, in dem ihr Zeit verbringen wollt, der euch Spaß macht und gefällt und euch und eure Welt, in die ihr hineingeboren wurdet, widerspiegelt – eine Welt, die euch überhaupt erst dazu gebracht hat, einen Garten anzulegen.

Geht an euren Garten heran wie an eine Philosophie und nicht wie an eine Rezeptsammlung. In der Küche ist das Rezept nur Richtlinie. Wer Gerichte auf eine neue Stufe heben möchte, muss sich an die Vollendung heranfühlen und -schmecken, muss tun, was sich von selbst ergibt, muss experimentieren, kreativ sein und aus Fehlern lernen. Genauso ist es mit dem Garten.

Essbares kann man selbst in den ungewöhnlichsten Gartenecken anbauen. Pilze auf Holzstapeln (unten links) sind in meinem Garten ein ebenso wichtiger Bestandteil wie die Bilderbuchernte aus Knoblauchzwiebeln (unten).

Werkzeug & Co.

Werkzeug

Gartencenter sind bis zum Dach hinauf voll mit absurd vielen Geräten und Spielereien, von denen die meisten völlig unnötig sind. Es ist erstaunlich, wie wenig Werkzeug man tatsächlich braucht, um einen Garten in Schuss zu halten.

Zur Grundausstattung für den Garten gehören Dibber (Pflanzholz), Rechen, Spaten, Hacke, Handschaufel und Handgabel. Ich ziehe statt der üblichen Ausführungen in Eisen bzw. Stahl Kupferwerkzeug vor. Es sieht nicht nur hervorragend aus, sondern hat auch erstaunliche Vorteile. Eisen rostet, wenn es mit Wasser und Sauerstoff in Kontakt kommt, während Kupfer nie korrodiert, sondern höchstens eine schöne grüne Patina ansetzt. Sie löst sich nicht wie Rost, weshalb Kupfergeräte wesentlich länger als die Eisen- und Stahlkonkurrenz halten. Dem Kupfer wird beim Gießen eine geringe Menge Zinn hinzugefügt, sodass Bronze entsteht, was sie noch fester und haltbarer macht.

Aber Kupfer hat noch weitere Vorteile. Die Klingen bleiben länger scharf und reichern den Boden mit Spurenelementen an. Außerdem ist das Metall nicht magnetisch und stört das Magnetfeld des Bodens nicht. Das ist besonders wichtig, da das Blut von Menschen und anderen Säugetieren Eisen enthält, wodurch ein unabhängiges Magnetfeld entsteht. Schnecken wiederum haben Blut auf Kupferbasis, also kein unabhängiges Magnetfeld, wodurch sie von Natur aus empfänglicher für das Magnetfeld der Erde sind. Bei der Verwendung von Eisen- und Stahlwerkzeug für die Bodenbearbeitung hinterlässt man eine magnetische Signatur oder Anomalie. Kriecht eine Schnecke nachts herum, wird sie instinktiv von dieser Störung angezogen – die natürlich ausgerechnet dort zu finden ist, wo arglose Gärtnerinnen und Gärtner ihr Gemüse gepflanzt haben. Wenn wir Kupferwerkzeug verwenden, hinterlassen wir keine magnetischen Spuren im Boden. Somit lockt die bearbeitete Fläche Schnecken nicht so stark an.

»Erstaunlich, wie wenig Werkzeug man im Garten braucht.«

Stützkonstruktionen

Stützen sind bei der Kultur kletternder bzw. hängender Pflanzen wie Tomaten und Bohnen unerlässlich. Ich verwende dafür Haselnussstangen anstelle der allgegenwärtigen Bambusstäbe. Haselnussholz ist sehr fest und hält die harschen Winde auf meinem Grundstück ebenso aus wie das Gewicht reich tragender Stangenbohnen. Außerdem finde ich, dass ein Garten gewissen ästhetischen Ansprüchen genügen sollte, und von Natur aus knotige Haselstäbe sind wesentlich schöner anzusehen als Bambus. Tomaten, Gurken, Melonen und andere kletternde Pflanzen werden in der Regel an Schnüren gezogen. Das ist effektiv und sinnvoll, allerdings sind die meisten Schnüre sehr dünn und schnei-

Schiefe Haselnussstangen sind ein natürlicherer Anblick als Bambusstäbe. Zudem bieten sie Kletterbohnen durch ihre raue Oberfläche besseren Halt.

Bindegarn eignet sich hervorragend als tragfähige, haltbare Stütze für kletternde Nutzpflanzen. Man kann es direkt dort, wo man die Setzlinge pflanzen will, im Boden verankern und zum Dach des Gewächshauses bzw. Folientunnels spannen.

den leicht in die Triebe, wenn sie dick mit Früchten beladen sind. Verhindern lässt sich das, indem man dickes Bindegarn verwendet, das mehr Halt bietet, sich kaum dehnt und eine größere Oberfläche hat, sodass es nicht so stark in Triebe schneidet. Der Nachteil von Bindegarn: Es ist aus Kunststoff. Dafür kann es immer wieder verwendet und sogar unter den jeweils zu stützenden Pflanzen im Boden versenkt werden, denn es verrottet und zerfällt nicht schon im Verlauf der Saison.

Netze und andere Utensilien

Manche Kulturen müssen mit Gartenvlies oder Netzen abgedeckt werden. Das hält Schädlinge fern und verlängert die Saison etwas. Es lohnt sich, etwas mehr für hochwertige, feinmaschige Netze auszugeben, wenn man nicht Gefahr laufen will, plötzlich feststellen zu müssen, dass der Kohl von einer Armee von Raupen vernichtet wurde. Das Abdecken mit Gartenvlies schützt die Pflanzen in kühleren Monaten vor Kälte, wodurch sie mehr Zeit haben zu reifen oder außerdem früher abgeerntet werden können.

Wer Vliese des Öfteren einsetzt, sollte Metallgerüste aufstellen, über die sie gelegt werden können. Solche Gerüste sind allerdings oft teuer und wackelig. Ich habe mit 20 × 3 mm dicken Streben aus Baustahl gute Erfahrungen gemacht. Sie sind preiswert und halten lange.

Dauerhafte Elemente

Ihr braucht für eure Nutzpflanzen nicht unbedingt Folientunnel. Aber sie geben euch die Möglichkeit, in unserem gemäßigtem Klima etwas anzubauen, was ansonsten im Freiland nicht gedeihen würde. Sonnenanbeter wie Paprika, Melonen, Auberginen, Tomaten und Gurken wachsen unter Schutz oft besser. Ich kultiviere sie selten nur im Freiland.

Dennoch haben Folientunnel und Gewächshäuser auch Nachteile. Die Anschaffungskosten sind oft hoch, der Aufbau ist mitunter schwierig und braucht seine Zeit, und in exponierten, windigen Gärten muss man zusätzliche Fundamente bauen, damit sie sicher im Boden verankert sind. Im Sommer wird es im Inneren manchmal unerträglich heiß, sodass man tagsüber nicht allzu lange darin arbeiten kann und außerdem Unmengen wässern muss, damit die Pflanzen gedeihen.

Das soll euch aber nicht abschrecken. Selbst ein so simples bauliches Element wie ein Folientunnel eröffnet völlig neue Anbaumöglichkeiten, bietet euch einen geschützten Raum, in dem ihr selbst bei schlechtem Wetter arbeiten könnt, und gibt euch sogar die Möglichkeit, manche Gemüse den Winter hindurch zu ziehen, etwa Blattsalate.

Wenn ihr euer Aussaatsystem das ganze Jahr gut organisiert und im Griff haben wollt, solltet ihr euch eine spezielle Vermehrungsstation zulegen. Ein Topfschuppen ist ideal, sofern der Platz und die Mittel dafür vorhanden sind. Er bietet einen geschützten Raum zum Arbeiten und lässt über Vollglasfront Licht für die Aussaaten ins Innere. Außerdem hat man noch Platz, um Werkzeug, Erde, Abdeckungen, Reservetöpfe, Saatschalen und vieles mehr zu verstauen. Mein Topfschuppen geht nach Süden und bekommt viel Sonne ab. Ich verbringe meine Zeit am liebsten dort. Besonders lauschig ist es darin im Spätwinter und Vorfrühling, wenn ich mich mit einer angenehmen Tasse Tee dort zurückziehen und mit der Aussaat beginnen kann. Wer weder Platz noch Geld für einen richtigen Topfschuppen hat, kann sich mit einer Topfbank und einem Frühbeet in einer Ecke des Gartens oder des Gewächshauses behelfen.

»Ich verbringe meine Zeit am liebsten in meinem sonnigen Topfschuppen.«

Gebogene Stahlstreben sind eine einfache und kostengünstige Stütze für Netze und Gartenvliese.

Der Boden

Die »No-Dig«-Methode

Ich arbeite nach der »No-Dig«-Methode des Gartenbauingenieurs und Autors Charles Dowding. Ein großer Teil meines Erfolgs im Garten ist meiner Meinung nach darauf zurückzuführen, dass ich mich eng an seinen Prinzipien orientiere.

Das No-Dig-Gärtnern vereint in sich vorindustrielle landwirtschaftliche Methoden und Permakulturprinzipien, bei denen der Boden nicht umgebrochen wird. Statt ihn umzugraben, um ihn zu durchlüften oder Kompost einzuarbeiten, nährt man ihn mit einer jährlich aufgebrachten Schicht aus organischem Mulch von oben.

Weil das Erdreich unangetastet bleibt, wird auch das Nahrungsnetz im Boden nicht ge- bzw. zerstört. Diese komplexe Gemeinschaft aus Organismen – Bakterien, Nematoden, Pilzen, Insekten, Würmer usw. – bildet die Bodenstruktur. Sie recycelt Nährstoffe, speichert Kohlenstoff und vieles mehr. Viele Jahre lang hatte man nicht auf dem Schirm, wie wichtig das Nahrungsnetz im Boden ist und welche Rolle es bei der Pflanzengesundheit und Nährstoffverfügbarkeit spielt.

Durch den Umstieg auf das No-Dig-System können alle Gartenbesitzer dazu beitragen, einer der kostbarsten, aber oft übersehenen und vernachlässigten Ressourcen der Welt wieder zur angemessenen Bedeutung zu verhelfen: dem Boden. Und die Methode hat viele weitere Vorzüge:

- **Geringerer Wasserbedarf** Mulch speichert Feuchtigkeit, indem er den Boden vor Wind, Sonne und Hitze schützt, was die Verdunstung verringert, vor allem in heißen, trockenen Regionen.
- **Höhere Erträge** Ein 10-jähriger Feldversuch von Dowding ergab, dass No-Dig-Beete weit höhere Erträge liefern als konventionell umgegrabene Flächen.
- **Weniger Unkraut** Durch Umgraben holt man Unkrautsamen, die eigentlich im Untergrund schlummern, an die Oberfläche. Das Licht bringt sie zum Keimen, sodass man letztlich mehr unerwünschtes Grün als zuvor hat.
- **Bessere Struktur** Man kann über No-Dig-Beete laufen, ohne befürchten zu müssen, dass der Boden verdichtet wird. Umgegrabene Erde ist anfälliger für Verdichtung, weil ihre Struktur jahrelang beschädigt wurde.
- **Weniger Arbeit** Man kann sich das mühsame Umgraben Jahr für Jahr sparen.

In die No-Dig-Kultur einzusteigen ist easy. Wenn ihr schon etwas anbaut und eure Beete bisher umgegraben habt, braucht ihr nur mit dem Bearbeiten aufzuhören und sie mit gutem organischem Mulch (siehe S. 20–22) zu bedecken. Eine 10–15 cm dicke Schicht jährlich versorgt die Erde mit genug Energie für eine ganze Saison.

Wenn ihr aber von vorn beginnt, etwa indem ihr ein Blumenbeet, eine unkrautbewachsene Weide oder ein Rasenstück umwandelt, entfernt ihr zunächst alle Sträucher und Unkräuter wie Ampfer mit einer Handschaufel. Wichtig: Holt so viel Unkrautpfahlwurzeln heraus wie möglich.

Dann wird die Fläche gemäht und komplett mit Karton abgedeckt, von dem man vorher Klebebänder, Etiketten und Heftklammern entfernt hat. Die einzelnen Bögen sollten sich 25–30 cm überlappen. Ich feuchte sie mit dem Gartenschlauch an, damit sie schwerer werden und liegen bleiben. Die Nässe setzt außerdem den biologischen Abbauprozess in Gang.

So entsteht ein No-Dig-Beet: Die Kartonbögen müssen sich überlappen, um eine geschlossene Schicht zu bilden (oben links). Man wässert sie, damit sie schwer werden und sich schneller zersetzen (oben rechts). Zum Schluss kommt eine gleichmäßig dicke Kompostschicht darauf (unten).

Nun kommt eine 30–35 cm dicke Kompostschicht auf den Karton. So dick sollte sie aber nur beim Einstieg in das No-Dig-Gärtnern sein – später reichen jährlich 10–15 cm. Die Mulchdecke wird mit dem Rechen verteilt, wobei man Klumpen aufbricht. Dann tritt man sie fest, damit sie gut mit dem Boden verbunden ist und Unkräuter darunter vernichtet werden.

Karton und Mulch bilden eine Barriere, die den verbliebenen Unkräutern das Licht nimmt. In den nächsten Wochen sterben Gras und Pflanzen darunter ab, während sich die Würmer durch den Karton fressen. Übrig bleibt ein No-Dig-Beet.

Zum Schluss könnt ihr den Kompost mit Setzlingen bepflanzen. Frisch angelegte Beete werden in den ersten Wochen gut gewässert, bis die Wurzeln unter die Bodenoberfläche gedrungen sind.

Guter, reifer Kompost in rauen Mengen ist die Grundvoraussetzung für einen pflegeleichten, ertragreichen Nutzgarten.

Kompost

Kompost ist Trumpf. Diese Allzweckwunderwaffe entscheidet über Wohl und Wehe im Garten und spielt auch eine wichtige Rolle bei der Aussaat.

Größere Kompostmengen aufzutreiben kann allerdings schwierig sein und ins Geld gehen. Ich hatte das Privileg, mir verschiedene Typen genauer ansehen zu können, von selbst angesetztem Gartenkompost über Sackware bis hin zu Stallmist. Die Ergebnisse haben mir die Augen geöffnet. Es stellte sich heraus, dass Kompost der Marke Eigenbau für den Gartenboden am besten ist (siehe Tabelle gegenüber). Er enthält Unmengen autochthonen mikrobiellen Lebens und ist obendrein völlig kostenlos. Außerdem habe ich eine Pferdemistquelle vor Ort aufgetan. Das Material enthält reichlich Mikroorganismen und

Kompostieren mit einem statischen Haufen

Kompost selbst anzusetzen macht Spaß und zahlt sich aus. Je größer der Haufen, desto besser der Kompost. Am einfachsten und billigsten kommt man meiner Erfahrung nach zu einem Komposter von guter Größe, indem man vier Holzpaletten zu einer Box zusammenfügt oder aus Maschendraht eine runde Kompostmiete konstruiert.

Das Kompostieren wird oft wie eine Geheimwissenschaft behandelt, aber im Prinzip geht es darum, das korrekte Verhältnis zwischen Stickstoff (grünem Material) und Kohlenstoff (braunem Material) hinzubekommen und alles mit Feuchtigkeit, Wärme und Luft zu versorgen.

Das ideale Stickstoff-Kohlenstoff-Verhältnis ist wichtig, wenn man eine schnelle und gründliche Kompostierung erreichen will. Ich habe festgestellt, dass ein 50:50-Verhältnis ideal ist. Holziges, kohlenstoffreiches Material enthält Lignin, das nur langsam verrottet. Es gibt dem Haufen Struktur und Halt, schafft winzige Hohlräume und Lufteinschlüsse, die die zersetzenden Mikroben mit Luft versorgen. Grünes, stickstoffreiches Material verrottet wesentlich schneller. Ein Haufen mit zu viel Kohlenstoff wird nicht warm genug und verrottet langsam, einer mit zu viel grünem Material wird matschig und stinkt.

Ein Komposter kann unter einem Vordach oder im Freien stehen. Er sollte feucht gehalten werden, aber nie nass sein. Deshalb schützt man ihn vor Regen, indem man ihn mit Karton abdeckt, der mit Ziegeln oder Steinen beschwert wird. Hat der Karton seinen Dienst getan, kann er ebenfalls kompostiert werden.

Manche fragen sich, ob man auch krankes Pflanzenmaterial kompostieren kann. Ich mache es, denn bei der Zersetzung werden die Krankheitserreger abgetötet.

Um feinkrümeligen, gleichmäßigen Kompost zu bekommen, muss man den Haufen zur Halbzeit wenden. Wer Platz hat, schaufelt den Inhalt in einen zweiten Komposter – der erste Behälter kann dann wieder frisch befüllt werden. Es reicht aber auch, ihn nur durchzumischen.

In den warmen Monaten zersetzt sich das Material schneller, während es im Winter oft ruht. Normalerweise ist es in 3–6 Monaten verrottet. Kompostwürmer sind ein sicheres Zeiten, dass es einsatzbereit ist.

Stickstoff
Kaffeesatz
Grasschnitt
Küchenabfälle
Seetang
Blüten
Unkräuter
Grünes Laub und Pflanzenmaterial

Kohlenstoff
Trockenes Laub
Zweige, Stängel, holzige Triebe
Karton und Papier
Hackschnitzel
Stroh und Heu
Nussschalen
Sägemehl
Holzasche

Pilze und ist somit der perfekte Dünger. Kompost aus örtlichen Kompostieranlagen, hergestellt aus Haus- und Gartenabfällen, enthielt dagegen wenig Leben und war kaum zersetzt. Ähnliches gilt für die meisten in Plastiksäcken verkauften Komposte im Handel – viel Mikroorganismen fanden sich nicht darin. Der Grund: Diese Massenprodukte werden sterilisiert bzw. nicht ausreichend kompostiert oder verrotten unter anaeroben Bedingungen.

In den letzten Jahren ist Gartenarbeit ungemein populär geworden. Das hat zusammen mit der umweltschutzbedingten Abkehr von torfbasierten Erden zu einer verstärkten Nachfrage nach Kompost geführt, was unweigerlich eine Qualitätsverschlechterung nach sich zog. Viele Unternehmen etikettieren Produkte als Kompost, obwohl sie nicht genug verrottet oder etwas völlig anderes sind, etwa Reststoffe aus der Biokraftstoffherstellung.

Für Aussaaten verwendet man am besten spezielle Aussaaterde, denn sie enthält den passenden Nährstoffmix für eine gute Keimrate, ein frühes Wachstum und eine optimale Wurzelbildung. Im Gegensatz zur landläufigen Meinung bevorzugen Sämlinge nährstoffhaltige Substrate. Ich verwende eine hochwertige, torffreie Aussaaterde aus organischen Grünabfällen, die von Würmern zersetzt wurde und vor nützlichen Mikroben und Nährstoffen nur so strotzt. Sie ist zwar teuer, doch lohnt das Ergebnis die Investition. Vor dem Ansäen werfe ich den Kompost durch ein Sieb mit 6 mm Maschenweite, um große Klumpen aufzubrechen (sie hemmen die Keimung und das Wurzelwachstum). Dann mische ich etwas Perlit dazu, ein leichtes Mineraliengranulat. Es durchlüftet das Substrat, verbessert seine Durchlässigkeit und isoliert zudem etwas vor Kälte.

Wer seine Aussaaterde mit eigenem Gartenkompost anreichern möchte, muss sicher sein, dass die Abfälle einen langen Heißkompostierprozess durchlaufen haben, der Unkrautsamen und schädliche Mikroorganismen abgetötet hat. Nichts ist schlimmer als eine Saatkultur, in der mehr Unkräuter als Gemüsesämlinge wachsen. In Trommelkompostern werden hohe Temperaturen erreicht, wodurch das Material viel schneller verrottet als in herkömmlichen Kompostern, was unerwünschte Unkrautsamen zuverlässig abtötet.

Stallmist

Obwohl reifer Pferdemist zu den besten, preiswertesten organischen Substanzen gehört, hat er Nachteile. Ein schwer abbaubares Unkrautvernichtungsmittel namens Aminopyralid, das auf Weiden ausgebracht wird, reichert sich im Stallmist an. Nehmen Tomaten, Kartoffeln und Hülsenfrüchte wie Bohnen und Erbsen es auf, können ihre Triebspitzen sich einrollen oder verkrümmt wachsen. Man weiß nicht genau, wie lange der Stoff in Stallmist aktiv bleibt, aber berichtet wird von Pflanzendeformationen nach Düngung mit Stallmist, der 5 Jahre und älter war.

Man kann Stallmist einfach auf Aminopyralid testen, indem man einige Bohnen darin keimen lässt und sieht, ob sie verkrüppelt wachsen. Setzt die Samen aber an mehrere Stellen des Haufens, um zuverlässigere Ergebnisse zu bekommen. Bei Verdacht einer Verunreinigung mit Aminopyralid sollte dies den örtlichen Behörden gemeldet werden.

Eine weitere Gefahr sind Rückstände von Entwurmungsmitteln, obwohl sie mehr in frischem Dung vorkommen, denn die bei der Zersetzung entstehende Hitze beschleunigt den Abbau dieser Chemikalien. Nach einem mehrmonatigen Heißkompostierprozess sind sie verschwunden.

Doch diese Rückstände sollen euch nicht davon abhalten, Pferdemist einzusetzen. Er ist eine unglaublich wertvolle, biologisch vielfältige Kompostzutat und in der Regel preiswert und regional erhältlich. Ich rate lediglich zur Vorsicht. Es lag mir viel daran, Dung in meinem No-Dig-Garten einzusetzen. Nach einigem Herumsuchen habe ich jemanden in der Nähe aufgetrieben, der nur biologisches Futter einsetzt. Seine Pferde bekommen regionales Lärchensägemehl als Einstreu. Ich habe den Mist mit Bohnensamen auf Aminopyralid getestet und eine Tomate in den Kompost gepflanzt. Sie gedieh prächtig.

Andernorts im Garten

Als Bodenbelag verwende ich Hackschnitzel, auch für stark begangene Wege. Der Nachteil: Vor allem frisches Material enthält oft noch große Stücke, in denen sich Schnecken verstecken können. Manchmal werden sie auch vom Winde verweht und von Vögeln im Beet verteilt.

Im Folientunnel und in den Hauptbeeten im Garten kommen keine Hackschnitzel zum Einsatz – dort bevorzuge ich Kompost. Weil ich keine Wege angelegt habe, kann ich alles pflanzen, wo ich es will. Dabei entstehen natürliche Trampelpfade. Ausgedehntere Beete erlauben mir größere Freiheiten, wenn es ums Pflanzen geht, was sich wiederum in mehr Platz und höheren Erträgen niederschlägt.

Gebt euren Sämlingen optimale Startchancen, indem ihr den Kompost siebt, um große Klumpen zu entfernen.

Anbauplanung

Ein Garten ist ein lebender Organismus, der nie stillsteht. Nur zu leicht verliert man sich in allerlei Arbeiten, werkelt mal hier, mal da herum und vergisst dabei, wann ausgesät werden muss. Obwohl auch verspätete Aussaaten noch aufholen und eine gute Ernte liefern können, ist eine gewisse Planung doch entscheidend, wenn man fast das ganze Jahr gut versorgt werden will. Hier stelle ich meinen Monatsplaner vor, der mich durch das Jahr bringt. Vergesst dabei nicht, dass er auf das nördliche Klima Südenglands abgestimmt ist. In eurer Region können etwas andere Bedingungen herrschen, was ihr beim Timing berücksichtigen solltet.

Januar

Für Gartenbesitzer ist der erste Monat des Jahres für gewöhnlich die beste Zeit, Urlaub zu nehmen, denn draußen gibt es wenig zu tun. Ich säe im Januar Chilis und Paprika im beheizten Anzuchtkasten und stelle sie in kleinen Töpfen in ein Südfenster. Auch Zwiebeln können jetzt in Topfplatten oder Saatschalen ausgesät werden. Sie bleiben drinnen, bis sie keimen, dann siedelt man sie in ein unbeheiztes Gewächshaus, einen Folientunnel oder in ein Frühbeet um, wo sie weiterwachsen können.

»Gute Planung ist entscheidend, wenn man fast das ganze Jahr gut versorgt werden will.«

Februar

Die Tage werden länger, aber die Luft kann noch bitterkalt sein. Trotzdem darf es im Garten ruhig schon heiß zur Sache gehen.

Denn man kann bereits Dicke Bohnen, Spinat, Erbsen (als Sprossenlieferanten), Frühlingszwiebeln, Blumenkohl, Fenchel, frühe Kohlsorten, Speiserüben und Radieschen aussäen, ferner Kräuter wie Petersilie. Falls ihr ein Mistbeet mit frischem Dung im Gewächshaus oder Folientunnel habt, könnt ihr viele davon auf den Weg bringen, ohne die Wohnung mit Saatschalen füllen zu müssen.

Ab Mitte Februar sollte man auch darüber nachdenken, Tomaten und Auberginen auf Heizmatten, im Trockenschrank oder auf warmen Fensterbänken in die Saison zu schicken, ferner Chilis und Paprika, sofern nicht schon im Januar geschehen. Gerade Auberginen und Chilis brauchen, bis sie in die Gänge kommen, zeitiges Aussäen sorgt also für frühe Blüte und mehr Ertrag bis zum Saisonende.

Knoblauchsorten, die im Frühjahr ausgebracht werden, sät man jetzt an ihren Platz im Freien. In milden Gegenden kann man Möhren direkt in den Folientunnel oder ins Gewächshaus säen – das garantiert eine besonders frühe Ernte.

März

Je nach Gegend geht es mit den Bodentemperaturen im März schon steil nach oben. Mit Frost ist aber immer noch zu rechnen.

Alles, was sich im Februar aussäen lässt, kann auch jetzt ausgebracht werden. Auch die ersten Sommersalate sind nun an der Reihe, etwa Kopfsalat und Chicorée. Hinzu kommen Porree, Frühlingszwiebeln, Rote Beten, Pastinaken, Möhren und Speiserüben. Vorfreude kommt auf, wenn man weiß, dass Erbsen, jetzt ausgesät, bald erste Genüsse verheißen. Ab Mitte März dürfen auch die Samen von Stangen- und Knollensellerie bereits Erde schmecken. Zum Monatsende kommen die ersten Frühkartoffeln in den Boden. Vorausschauende säen Ende März sogar schon Melonen drinnen aus, sofern Platz dafür ist.

Im März kann es sein, dass man sich mit ersten Schnecken herumschlagen muss. Schützt vor allem frischen Austrieb – er ist über Nacht weg, wenn ihr nicht aufpasst. Manchmal lohnt es sich, die Sämlinge noch eine Weile drinnen zu lassen, bis sie größer und widerstandsfähiger sind. Auch Nager können Probleme verursachen. Trefft Vorkehrungen, um eure Kulturen davor zu schützen (siehe S. 50).

April

Im April ist der Frühling in der Regel schon in vollem Gange, trotzdem kann es noch zu Frösten kommen. Jetzt ist die letzte Gelegenheit, Stangen- und Knollensellerie zu säen. Wenn es Mitte des Monats wärmer wird, sind Basilikum, Rosenkohl, Gurken, Sommer- und Winterkürbisse, Mais und Melonen an der Reihe. Die mittelfrühen und späten Kartoffeln müssen in den Boden und auch Möhren, frühe und Herbstkohlsorten, Dicke Bohnen, Spinat, Frühlingszwiebeln und Radieschen können gesät werden.

Mai

Wenn die Tage länger werden, erwärmt sich der Boden und die Pflanzen treten in Aktion – leider auch Unkräuter. Der Mai ist ein arbeitsreicher Monat. Das Sommergemüse muss in die Erde, etwa Tomaten, während weiter nach Kräften ausgesät wird. Das betrifft Garten-, Feuer- und Sojabohnen ebenso wie Steckrüben und Kohl für den Winter, etwa den violetten Sprossenbrokkoli. Kopfsalat und Basilikum werden weiter ausgesät. Auch Gurken, Melonen, Kürbisse, Mais und Kartoffeln müssen Ende Mai ausgebracht worden sein.

Juni

Das Jahr ist schon halb vorbei, aber noch ist Zeit, die meisten Sommergemüsesorten zu säen – allerdings höchste Zeit. Nach der Sommersonnenwende liegt der Fokus auf dem Vorbereiten der Herbst- und Winterernte.

Juli

Der Sommer ist in vollem Gange. Jetzt gilt es vorauszudenken und den Anbau des Kaltwettergemüses zu planen. Sät zum Monatsanfang Kohl aus und wendet euch dann winterharten Blattsalaten wie Winterkopfsalat und Chicorée zu. Chinakohl und Pak Choi können am Monatsende ausgebracht werden. Ende Juli ist auch die letzte Gelegenheit, Wurzelgemüse wie Möhren, Rote Beten, Speiserüben, Winterrettiche und Steckrüben anzusäen.

August

Jetzt ist der perfekte Zeitpunkt gekommen, den Anblick des Gemüsegartens zu genießen, denn er steht in voller Pracht da und strotzt förmlich vor Genüssen. Werft noch einmal einen Blick in eure Samenvorräte und holt Päckchen mit Blattgemüse wie Spinat heraus.

September

Ausgesät wird inzwischen merklich weniger. Am Monatsanfang habt ihr die letzte Chance, Frühlingszwiebeln, winterharte Blattsalate und Frühjahrskohl zu säen.

Oktober

Ich bin Ende Oktober auf die Welt gekommen, deshalb ist er mein Lieblingsmonat. An den Wechsel der Jahreszeiten habe ich lebhafte Kindheitserinnerungen. Gegen Monatsende stecke ich Knoblauchzehen in die Erde, die ich den besten Zwiebeln entnehme. Auf alle Beete kommt nun die jährliche Mulchschicht aus Kompost.

November

In milden Gegenden kann man Dicke Bohnen zum Überwintern aussäen. Auch ist jetzt die letzte Gelegenheit, noch Knoblauch zu säen, der eine lange Kälteperiode braucht, wenn er im nächsten Jahr gute Zwiebeln liefern soll.

Dezember

Der Dezember ist der einzige Monat, in dem ich nichts aussäe. Hier in Großbritannien gibt es allerdings einen Brauch: Sät man am zweiten Weihnachtsfeiertag, also am 26. Dezember, Speisezwiebeln an, bringt das Glück und reiche Ernte. Die Tradition geht zurück auf Zwiebelzuchtwettbewerbe in früherer Zeit. Besonders gefragt unter den Teilnehmerinnen und Teilnehmern, die die dicksten Zwiebeln ernten wollten, waren Sorten wie 'Kelsae' (siehe S. 95).

Aussaatkalender

Die Übersicht zeigt, was ihr wann aussäen, auspflanzen und ernten könnt. Detailliertere Infos findet ihr in den Haupteinträgen weiter hinten. Die Angaben beziehen sich auf mitteleuropäische Klimaverhältnisse.

Januar

Aussäen Paprika, Schalotten, Speisezwiebeln

Auspflanzen Keine

Ernten Brokkoli, Chicorée, Grünkohl, Kopfkohl (Winter), Kopfsalat, Markkohl, Pastinaken, Petersilie, Porree, Radieschen, Rosenkohl, Steckrüben, Spinat

Februar

Aussäen Auberginen, Blumenkohl (Sommer), Brokkoli, Dicke Bohnen, Erbsen, Fenchel, Frühlingszwiebeln, Knoblauch, Kopfkohl (Sommer), Kopfsalat, Paprika, Petersilie, Radieschen (Frühjahr), Rote Beten, Rübstiel, Schalotten (einschließlich Steckzwiebeln), Speiserüben, Speisezwiebeln, Spinat, Tomaten, Wasabi

Auspflanzen Keine

Ernten Brokkoli, Chicorée, Grünkohl, Kopfkohl (Frühjahr/Winter), Kopfsalat, Markkohl, Pastinaken, Petersilie, Porree, Radieschen, Rosenkohl, Spinat, Steckrüben

März

Aussäen Auberginen, Blumenkohl, Brokkoli (alle), Chicorée, Dicke Bohnen, Erbsen, Fenchel, Frühlingszwiebeln, Grünkohl, Kartoffeln (früh), Knoblauch, Knollensellerie, Kopfkohl (Sommer), Kopfsalat, Mais, Markkohl, Melonen, Möhren (frühe), Pastinaken, Petersilie, Porree, Radieschen, Rote Beten, Rübstiel, Schalotten, Speiserüben, Spinat, Staudensellerie, Tomaten, Wasabi, Wassermelonen

Auspflanzen Brokkoli, Blumenkohl, Dicke Bohnen, Erbsen, Fenchel, Radieschen, Rübstiel, Schalotten, Speisezwiebeln, Spinat, Wasabi

Ernten Blumenkohl, Brokkoli, Grünkohl, Kopfsalat, Kopfkohl, Pastinaken, Porree, Petersilie, Steckrüben, Spinat, Radieschen, Wasabi

April

Aussäen Basilikum, Brokkoli (alle Formen), Dicke Bohnen, Erbsen, Frühlingszwiebeln, Grünkohl, Gurken, Kartoffeln (mittelfrüh und spät), Knollensellerie, Kopfkohl (Sommer/Herbst), Kopfsalat, Mais, Markkohl, Melonen, Möhren (früh), Pastinaken, Petersilie, Porree, Radieschen (Frühjahr), Rosenkohl, Rote Bete, Rübstiel, Sommerkürbisse, Spinat, Staudensellerie, Tomaten, Wassermelonen, Winterkürbisse

Auspflanzen Auberginen, Brokkoli (alle Formen), Blumenkohl, Erbsen, Fenchel, Kopfkohl (Sommer), Kopfsalat, Radieschen, Rote Beten, Rübstiel, Speiserüben, Wasabi

Ernten Blumenkohl, Brokkoli, Dicke Bohnen, Grünkohl, Kopfkohl (Frühjahr), Kopfsalat, Petersilie, Porree, Radieschen, Spinat, Wasabi

Mai

Aussäen Basilikum, Blumenkohl (Herbst), Bohnen, Brokkoli (Sprossen-), Dicke Bohnen, Erbsen, Frühlingszwiebeln, Grünkohl, Gurken, Kartoffeln (späte), Kopfkohl (Herbst/Winter), Kopfsalat, Mais, Markkohl, Melonen, Pastinaken, Petersilie, Radieschen, Rosenkohl, Sommerkürbisse, Steckrüben, Winterkürbisse, Zitronengras

Auspflanzen Auberginen, Bohnen, Brokkoli (alle), Dicke Bohnen, Erbsen, Fenchel, Frühlingszwiebeln, Grünkohl, Knollensellerie, Kopfkohl (Sommer/Herbst), Kopfsalat, Mais, Markkohl, Radieschen, Rote Beten, Sommerkürbisse, Speiserüben, Staudensellerie, Tomaten, Wasabi, Wassermelonen

Ernten Dicke Bohnen, Brokkoli, Blumenkohl, Erbsen, Grünkohl, Knoblauch, Kopfkohl (Frühjahr), Kopfsalat, Petersilie, Radieschen, Speiserüben, Wasabi

Juni

Aussäen Basilikum, Blumenkohl (Herbst), Bohnen, Brokkoli (Sprossen-), Chicorée, Frühlingszwiebeln, Grünkohl, Kopfkohl (Winter), Kopfsalat, Markkohl, Möhren, Pastinaken, Petersilie, Sommerkürbisse

Auspflanzen Auberginen, Basilikum, Blumenkohl (Herbst), Bohnen, Brokkoli (Sprossen-), Erbsen, Fenchel, Frühlingszwiebeln, Grünkohl, Gurken, Knollensellerie, Kopfkohl (Herbst), Kopfsalat, Mais, Markkohl, Melonen, Paprika, Petersilie, Porree, Radieschen, Rosenkohl, Rote Beten, Sommerkürbisse, Staudensellerie, Tomaten, Wassermelonen, Winterkürbisse, Zitronengras

Ernten Basilikum, Blumenkohl, Bohnen, Brokkoli, Dicke Bohnen, Erbsen, Fenchel, Grünkohl, Kartoffeln (früh), Knoblauch, Kopfsalat, Markkohl, Möhren, Petersilie, Radieschen, Rote Beten, Sommerkürbisse, Speiserüben

Juli

Aussäen Blumenkohl, Brokkoli, Chicorée, Chinakohl, Fenchel, Frühlingszwiebeln, Grünkohl (Winter), Kopfkohl (Frühjahr), Kopfsalat, Markkohl, Möhren (späte), Pak Choi, Rettiche (Winter), Rote Beten, Rübstiel, Speiserüben, Steckrübe

Auspflanzen Basilikum, Bohnen, Blumenkohl, Brokkoli (Sprossen-), Fenchel, Frühlingszwiebeln, Grünkohl, Kopfsalat, Markkohl, Paprika, Petersilie, Porree, Sommerkürbisse, Steckrüben, Tomaten, Winterkürbisse, Zitronengras

Ernten Auberginen, Basilikum, Blumenkohl, Bohnen, Brokkoli, Dicke Bohnen, Erbsen, Fenchel, Frühlingszwiebeln, Grünkohl, Gurken, Kartoffeln, Knoblauch, Kopfsalat, Markkohl, Möhren, Paprika, Petersilie, Radieschen, Schalotten, Sommerkürbisse, Speiserüben, Speisezwiebeln, Staudensellerie, Tomaten, Wassermelonen

August

Aussäen Brokkoli, Chicorée, Chinakohl, Frühlingszwiebeln, Kopfkohl (Frühjahr), Kopfsalat, Pak Choi, Radieschen und Rettiche, Rübstiel, Spinat

Auspflanzen Bohnen, Blumenkohl (Winter), Brokkoli, Chicorée, Chinakohl, Fenchel, Frühlingszwiebeln, Grünkohl, Kopfsalat, Markkohl, Paprika, Petersilie, Rettiche (Winter), Rübstiel, Steckrüben, Winterkürbisse, Zitronengras

Ernten Auberginen, Basilikum, Blumenkohl, Bohnen, Brokkoli, Erbsen, Frühlingszwiebeln, Fenchel, Grünkohl, Gurken, Kartoffeln (mittelfrüh, spät), Kopfkohl (Sommer), Kopfsalat, Mais, Markkohl, Melonen, Möhren, Paprika, Petersilie, Porree, Radieschen und Rettiche, Schalotten, Sommerkürbisse, Speiserüben, Speisezwiebeln, Staudensellerie, Tomaten, Wassermelonen, Zitronengras

September

Aussäen Frühlingszwiebeln, Kopfkohl (Frühjahr), Kopfsalat, Pak Choi, Rettiche (Winter)

Auspflanzen Brokkoli, Chicorée, Chinakohl, Frühlingszwiebeln, Grünkohl, Kopfkohl (Frühjahr), Kopfsalat, Markkohl, Petersilie, Radieschen und Rettiche (Winter/Frühjahr), Rübstiel, Speiserüben, Spinat

Ernten Auberginen, Basilikum, Blumenkohl, Bohnen, Brokkoli, Chicorée, Fenchel, Frühlingszwiebeln, Grünkohl, Gurken, Kartoffeln (spät), Kopfkohl (Sommer), Kopfsalat, Mais, Markkohl, Melonen, Möhren, Paprika, Petersilie, Porree, Radieschen, Schalotten, Sommerkürbisse, Speiserüben, Speisezwiebeln, Spinat, Staudensellerie, Steckrüben, Tomaten, Wassermelonen, Winterkürbisse, Zitronengras

Oktober

Aussäen Knoblauch

Auspflanzen Kopfsalat, Pak Choi, Rettiche, Speiserüben, Wasabi

Ernten Auberginen, Blumenkohl, Basilikum, Bohnen, Brokkoli, Chicorée, Chinakohl, Fenchel, Frühlingszwiebeln, Gurken, Grünkohl, Kartoffeln, Knollensellerie, Kopfkohl (Herbst), Kopfsalat, Kürbisse (Sommer und Winter), Markkohl, Melonen, Möhren, Paprika, Pastinaken, Petersilie, Porree, Radieschen, Rosenkohl, Schalotten, Spinat, Staudensellerie, Steckrüben, Tomaten, Speiserüben, Wasabi, Zitronengras

November

Aussäen Dicke Bohnen, Knoblauch, Schalotten (Steckzwiebeln)

Auspflanzen Speiserüben, Wasabi

Ernten Basilikum, Bohnen, Brokkoli, Chicorée, Frühlingszwiebeln, Grünkohl, Kopfkohl (Herbst/Winter), Knollensellerie, Kopfsalat, Markkohl, Möhren, Pak Choi, Paprika, Pastinaken, Petersilie, Porree, Radieschen, Rosenkohl, Schalotten, Sommerkürbisse, Speiserüben, Spinat, Staudensellerie, Steckrüben, Tomaten, Wasabi, Winterkürbisse, Zitronengras

Dezember

Aussäen Knoblauch, Schalotten

Auspflanzen Dicke Bohnen, Wasabi

Ernten Brokkoli, Chicorée, Grünkohl, Kopfkohl (Winter), Kopfsalat, Markkohl, Pastinaken, Petersilie, Porree, Rettiche, Rosenkohl, Speiserüben, Spinat, Steckrübe, Wasabi

Der »zweite Frühling«

Wenn der Sommer in vollem Gange ist, gibt es alle Hände voll zu tun. Verliert dabei aber nicht das Aussäen aus den Augen. Die zweite Sommerhälfte wird oft auch »zweiter Frühling« genannt, denn die Topfbank füllt sich wieder mit Sämlingen. Grünkohl, Wintersalate, Rote Beten, Fenchel, Speiserüben, Frühlingszwiebeln, Chicorée und Co. stehen nun im Fokus.

Aussaat & Sämlingspflege

Das Heranziehen eigener Pflanzen aus Samen hat etwas Magisches. So sehr man sich aber freut, neue Pflänzchen in die Welt zu setzen, so sehr schwingt leichte Sorge darüber mit, ob die empfindlichen Kulturen den Weg bis hin zu ausgewachsenen Pflanzen überleben. Faszinierend finde ich schon allein, die Sämlinge in der Hand zu halten und in Erfahrung zu bringen, wie die unterschiedlichen Typen aussehen.

Die Weichen für Erfolg stellen

Ganz wichtig: Besorgt euch hochwertiges Saatgut renommierter Hersteller, denn altes oder falsch gelagertes Material geht nicht gut auf. Treibt einen regionalen Anbieter auf, der Saatgut selbst erzeugt – so ist garantiert, dass es an die örtlichen Bedingungen angepasst ist. Auf S. 350 findet ihr einen QR-Code, der euch zu einer Liste empfehlenswerter Anbieter bringt.

Es mag selbstverständlich sein, aber vergesst nicht, Aussaaten stets zu etikettieren. Nur zu leicht verliert man den Überblick über seine Kulturen und nur anhand des Aussehens lassen sich Sämlinge kaum unterscheiden. Jede Sorte hat ihre eigenen Ansprüche, was Keim- und Kulturbedingungen anbelangt. Es zahlt sich also wirklich aus, gut organisiert zu arbeiten.

Eine kontrollierte Aussaat sieht so aus: Nehmt die Samen in die Hand, statt direkt aus dem Päckchen zu säen. Diese Pastinakensamen sind recht groß und lassen sich gut einzeln aussäen.

Aussäen

Als Erstes müsst ihr entscheiden, ob ihr direkt ins Freiland aussät oder in Saatschalen unter Glas. Was ohne Umwege in das Freilandbeet kommt, ist gefährdeter. Schädlinge wie Nager und Schnecken machen sich über die Samen her, während schwankende Witterungsbedingungen und Bodentemperaturen die Keimung verzögern oder die Samen ganz abtöten können. Ich säe meistens drinnen (im Topfschuppen oder Gewächshaus) aus, weil die Erfolgsrate höher ist. Nach draußen siedle ich die Sämlinge erst um, wenn der passende Zeitpunkt gekommen ist. So kann ich außerdem die kräftigsten und gesündesten Pflänzchen auswählen. Allerdings gibt es Ausnahmen von dieser Grundregel (siehe Direktaussaat, S. 32).

Breitwürfiges Aussäen unter Glas

Eine rasche und wirkungsvolle Methode ist die breitwürfige Aussaat in eine Saatschale. Füllt dazu die Schale mit Aussaaterde (siehe S. 22) und wässert leicht. Danach kommen die Samen gleichmäßig dünn verteilt auf die Oberfläche und werden minimal angedrückt. Manche bedecken sie mit einer ganz dünnen Lage Erde, doch ich lasse sie meistens auf der Oberfläche und gebe nur eine dünne Schicht Vermiculit

darüber. Dieses leichte, natürliche Mineral hält die Samen während der Keimung feucht, hat aber zugleich einen guten Wasserabzug und speichert Pflanzennährstoffe wie Kalium, Magnesium und Kalzium, die es langsam freigibt. Vorsicht: Manche Samen, etwa von Stauden- und Knollensellerie, brauchen Licht zum Keimen – sie dürfen nicht abgedeckt werden.

Wässert vorsichtig mit feiner Brause und deckt die Saatschale anschließend mit einer Plastikhaube oder einem Glasdeckel ab, damit das Substrat nicht austrocknet.

Eine andere Methode ist die Reihenaussaat. Zieht in der Saatschale kleine Rillen in das Substrat und streut die Samen dünn hinein. Reihenaussaat ist dann ideal, wenn man wenig Platz hat und unterschiedliches Gemüse in ein und demselben Gefäß kultivieren möchte, denn so ist eine klare Unterscheidung möglich. Die Reihen müssen gut beschriftet sein.

Aussaat in Töpfe und Topfplatten

Die Aussaat in Topfplatten ist eine höchst wirksame Methode, einzelne Samen oder bestenfalls einige wenige pro Modul auszusäen. Topfplatten sind im Grunde Saatschalen, die in einzelne, abgetrennte Module unterteilt sind. Der Vorteil ist, dass die Pflanzen untereinander nicht um Nährstoffe konkurrieren und auch nicht vereinzelt werden müssen (siehe S. 31), was gerade für die gut ist, die es nicht vertragen, wenn ihr Wurzelraum gestört wird.

Gemüse mit großen Samen, etwa Erbsen, Bohnen, Gurken und Kürbisse, werden am besten einzeln in die Module gesteckt. Manche Wurzel-, Zwiebel- und Stangengemüsesorten wie Rote Beten, Porree, Radieschen und Zwiebeln lassen sich auch zu zweit oder mehr in ein einzelnes Modul setzen (siehe Tabelle auf S. 30). Nach der Keimung können die Sämlinge als Grüppchen ausgepflanzt werden.

Man kann unterschiedliche Kulturen in ein und derselben Saatschale ziehen, muss sie aber gut kennzeichnen.

Geeignet für Mehraussaat in Topfplatten	Samen pro Modul
Rote Beten	4
Speisezwiebeln	4
Porree	4 oder 5
Erbsen	2
Radieschen	4 oder 5
Spinat	3
Speiserüben	4 oder 5
Frühlingszwiebeln	6–8

Keimung

Nach der Aussaat kommen die Gefäße an einen warmen Platz, damit die Samen keimen. Wie warm es dort sein soll, ist von Art zu Art verschieden. Erbsen keimen schon bei einer Bodentemperatur von 5 °C, während Melonen mindestens 18 °C und idealerweise etwa 27 °C brauchen. In der Tabelle auf S. 32 ist für viele der hier aufgeführten Nutzpflanzen die minimale und optimale Bodentemperatur angegeben.

Auf den ersten Blick erscheint ein Gewächshaus als ideales Ambiente für die Samenkeimung. Allerdings können die niedrigen nächtlichen Temperaturen darin Samen und Sämlinge faulen lassen. Umgekehrt werden in einem heißen Glashaus ohne Durchlüftung die Kulturen fast gebraten. Nicht vergessen sollte man auch, dass die Temperatur draußen nicht immer der Temperatur der Erde in Saatschalen und Töpfen entspricht. An kühlen, aber sonnigen Tagen wird es im Gewächshaus oft wärmer als gedacht, während die Bodentemperatur nachts viel stärker sinkt, als die Lufttemperatur vermuten lässt.

Zusätzliche Wärme drinnen

Wenn Saaten wegen zu geringer Temperaturen schlecht keimen, dann meist im Winter oder zeitigen Frühjahr. In diesen kühlen Monaten säe ich Pflanzen, die viel Sonne brauchen, drinnen aus und stelle die Saatschalen bzw. Töpfe auf eine Heizmatte oder in einen Folientunnel auf ein Mistbeet (mit einer dicken Lage frischem Pferdemist). Die konstant hohe Temperatur dort erweckt die Samen zum Leben. Kostenlose Wärme gibt es auch auf einem warmen, luftigen Regal. Behaltet aber die Schalen im Auge und stellt sie an einen hellen Platz, sobald die Samen austreiben, um ein Vergeilen zu verhindern.

Schutz draußen

Sobald die Außentemperaturen hoch genug sind, kann man einen Folientunnel, ein Gewächshaus oder sogar einen Schuppen für die Keimung nutzen.

Aber Vorsicht, Nager machen sich nur zu gern über frische Kulturen her, vor allem von Gurken, Kürbissen, Bohnen und Erbsen. Legt man eine mit Steinen beschwerte Abdeckung darüber, hält man sie einfach und wirkungsvoll fern. Im zeitigen Frühjahr sind Aussaaten in der Regel gefährdeter, da das Nahrungsangebot für Nager in dieser Zeit noch nicht allzu groß ist.

Obwohl die meisten Pflanzen kein Licht zum Keimen brauchen (Ausnahme: Stauden- und Knollensellerie), stelle ich meine Saatschalen in ein helles Fenster, denn bei Lichtmangel vergeilen sie. Ich habe schon aufgehört zu zählen, wie oft ich sie im Schuppen stehen gelassen habe, nur um dann festzustellen, dass alle Sämlinge langbeinig und schwach wuchsen und nur noch gut für den Komposter waren.

Pikieren

Dicht ausgesäte Samen in der Saatschale oder in Töpfen verdrängen sich bald gegenseitig und müssen in Einzelgefäße umgesetzt werden. Sobald Sämlinge nach der Keimung aus der Erde genommen werden können, vereinzelt man sie in Töpfe oder Topfplatten, in denen kein Konkurrenzdruck mehr herrscht. Dieses sogenannte Pikieren erfolgt am besten, solange die Sämlinge klein sind und noch kein großes Wurzelsystem haben. Pikiert eure Sämlinge, sobald sie zwei Keimblätter haben (die ersten sichtbaren Blätter) und nicht erst, wenn sie zwei »richtige« Blätter tragen, wie oft empfohlen wird.

»Dicht ausgesäte Samen verdrängen sich bald und müssen pikiert werden.«

Bevor man Sämlinge aus den Modulen nimmt, um sie zu vereinzeln, müssen sie so groß sein, dass sie beim Umsetzen keinen Schaden nehmen.

Der Topfschuppen (rechts) ist die ideale »Geburtsklinik« für wärmeliebende Pflanzen wie Paprika, solange es draußen noch zu kühl ist.

	Mindestbodentemperatur	Optimale Bodentemperatur
PFLANZEN, DIE SONNE BRAUCHEN		
Auberginen	16 °C	24–32 °C
Stauden-, Knollensellerie	10 °C	15–20 °C
Garten-, Feuer- & Sojabohnen	8 °C	16–32 °C
Mais	16 °C	16–34 °C
Gurken	16 °C	16–35 °C
Melonen	18 °C	24–32 °C
Paprika & Chilis	16 °C	21–34 °C
Sommer-/Winterkürbisse	16 °C	16–32 °C
Tomaten	10 °C	16–32 °C
Wassermelonen	18 °C	22–32 °C
PFLANZEN, DIE KÄLTE VERTRAGEN		
Rote Beten	4 °C	10–30 °C
Kohl (z. B. Kopfkohl)	4 °C	6–30 °C
Dicke Bohnen	5 °C	8–15 °C
Möhren	4 °C	8–30 °C
Knoblauch	0 °C	0–10 °C
Kopfsalat	2 °C	4–24 °C
Speisezwiebeln, Porree	2 °C	10–32 °C
Pastinaken	2 °C	10–20 °C
Erbsen	4 °C	4–24 °C

Stratifikation

Hierbei handelt es sich um eine Methode der Samenbehandlung. Mit ihr werden natürliche Bedingungen simuliert, die im Winter im Boden herrschen und letztlich die Keimung auslösen. Manche Samen, etwa die von Wasabi, keimen nicht ohne diese künstliche Kältebehandlung. Bei der Stratifikation werden Samen im Herbst in den Kühlschrank gelegt und bleiben dort 3 Monate. Anschließend sät man sie normal aus.

Umtopfen

Die meisten Pflänzchen können bis zu einem Monat problemlos in ihrem Topfmodul bleiben, bevor Platz und Nährstoffe knapp werden und sie in den Garten (siehe S. 34) oder einen größeren Topf umgesiedelt werden müssen. Die Zwischenstation in einem größeren Pflanzgefäß ist notwendig, wenn im Garten kein Platz frei ist, weiterhin Fröste drohen oder Pflanzen wie Tomaten, Kürbisse, Mais und Gurken noch ein bisschen zulegen müssen, weil sie standfest und kräftig sein sollten, wenn man sie an ihren endgültigen Platz im Freien setzt.

Direktaussaat

Möhren und Pastinaken gedeihen am besten, wenn sie direkt an ihren endgültigen Standort ausgesät werden. Dazu zieht man mit einem Pflanzholz eine flache Rille in die Erde, streut die Samen dünn hinein, füllt etwas Erde darüber und wässert gut. Auch Kartoffeln und anderes Wurzelgemüse sowie Knoblauch sollten direkt ausgesät bzw. gesteckt werden. Oft wird auch bei Bohnen, Erbsen und Mais Direktaussaat bevorzugt.

Lagert euer Saatgut in Samenpäckchen, die ihr in einem luftdichten, vor Mäusen sicheren Behälter verstaut, etwa einer Dose mit fest verschließbarem Deckel (ganz oben).

Sämlinge, die einzeln in Topfmodule gesät wurden (oben), lassen sich ganz leicht herausnehmen. Man drückt dazu nur auf die Unterseite des Moduls und schiebt das Pflänzchen mitsamt Wurzelballen heraus.

Aussaattipps

Samen brauchen bestimmte Bedingungen, um zu keimen. Ein Blick auf das Samenpäckchen verrät, welche das sind.

Erbsen- und Bohnensamen etwa weicht man vor dem Aussäen 3–4 Stunden lang in lauwarmem Wasser ein. Dabei können sie sich mit Wasser vollsaugen, was ihren Lebenszyklus in Gang setzt. Anschließend sät man sie ganz normal in Topfplatten aus.

Die Module müssen komplett mit Erde gefüllt sein. Je mehr Erde ihr in ihnen unterbringt, desto länger können die Sämlinge drin bleiben.

Achtet auf die korrekte Aussaattiefe. Kleine Samen werden am besten auf der Oberfläche des Substrats verstreut und mit einer dünnen Lage Erde bedeckt. Anschließend kommt eine Abdeckung darauf, etwa ein Glasdeckel, damit die Erde nicht austrocknet. Mittelgroße Samen können bis 5 mm tief gesteckt werden, aber auch auf der Oberfläche verteilt und anschließend mit einer dünnen Erd- oder Vermiculitschicht abgedeckt werden. Große Samen drückt man am besten etwa 2–3 cm tief in das Substrat.

Übereilt nichts. Als Erstes bringt ihr am besten langsam wachsende Kulturen aus, etwa Auberginen und Paprika bzw. Chilis. Viele wärmeliebende Nutzpflanzen hingegen werden schnell größer, wenn sie erst einmal gut eingewachsen sind.

Sät mehr an, als ihr braucht. Es lohnt sich immer, eine kleine Reserve in der Hinterhand zu haben, falls Pflänzchen eingehen oder verletzt werden. Ersatzsetzlinge sind ein schönes Geschenk für Verwandte und Bekannte. Und wenn keiner sie brauchen kann, bereichern sie eben den Kompost.

Plant von Anfang an Folgesaaten. Wer alle paar Wochen einen neuen Posten aussät, staffelt die Ernte, vermeidet zu hohe Erträge auf einmal und nutzt das volle Potenzial des Gartens. Kaum ist etwas geerntet, kommen schon die Nachrücker an die Reihe.

Die Aussaaterde sollte nie völlig austrocknen, da sie sonst das Wasser abweist und sich dann nur noch schwer vollsaugt. Prüft regelmäßig, ob Erde und Sämlinge Wasser brauchen.

Weitere Pflege

Erde, Wärme, Licht und Feuchtigkeit ... diese Faktoren sind für gesunde Sämlinge entscheidend. Gerade im empfindlichen Frühstadium muss man seine Pflänzchen gut im Auge behalten und ihre Umgebung so zu ihren Gunsten verändern, dass sie optimal gedeihen und zu kräftigen, ertragreichen Nutzpflanzen heranwachsen.

Nach dem Keimen brauchen Sämlinge Licht, Luft und Wasser. Auch frühe Aussaaten von Sonnenanbetern kommen in diesem Stadium noch mit kühleren Bedingungen zurecht. Eine sonnige Fensterbank in der Wohnung ist für sie die ideale Kinderstube, bis sie nach draußen umziehen.

Bekommen Sämlinge nicht genug Licht, werden sie hoch, knicken leicht um und bleiben dünn, da sie nach Licht suchen, statt sich auf die Wurzelbildung zu konzentrieren. Sie müssen deshalb hell stehen oder von Pflanzenlampen mit ausreichend Licht versorgt werden. Genauso wichtig ist eine ausreichende Durchlüftung, aber ohne Zugluft. Wer mit Abdeckungen arbeitet, muss für eine gute Luftzirkulation sorgen, indem er den Deckel offen lässt.

Unerlässlich ist außerdem ein angemessenes Wässern. Zu viel Wasser lässt die Pflänzchen faulen, aber wenn sie austrocknen, werden sie von der Sonne gebraten. Wie oft ihr Sämlingskulturen wässert, hängt also vom Wetter ab. An heißen, sonnigen Tagen muss man vielleicht sogar zweimal täglich gießen, während an verhangenen Tagen und bei kühler Witterung ein Spritzer alle 3–4 Tage womöglich reicht. Gewässert wird am besten morgens, damit Pflanzen und Erde bis zum Abend trocknen können, was das Risiko von Pilzinfektionen senkt.

Mit einem Pflanzholz bohrt man Löcher für die Setzlinge in die Erde. Durch Drehen und Hin- und Herwackeln des Pflanzholzes vergrößert man das Loch gerade so weit, dass es etwas größer als der Wurzelballen ist.

Den Boden vorbereiten

Wer nach der No-Dig-Methode arbeitet, hat die Beete im Handumdrehen vorbereitet. Weil sie jährlich im Herbst gemulcht werden, muss man oft nicht recht viel mehr tun, als die Oberfläche einmal kurz mit dem Rechen einzuebnen und Erdklumpen aufzubrechen.

Auspflanzen

Das Auspflanzen gehört zu den vielen Freuden des Gärtners. Immer wenn ich eine Pflanze in den Boden setze und sie somit ins Leben hinausschicke, muss ich schon an den Tag denken, wenn ich sie blühen sehe oder die Früchte meiner Arbeit ernten darf.

Zeigen sich am unteren Ende des Ballens gesunde weiße Wurzeln, ist das ein Zeichen, dass der in Multitöpfen zu mehreren ausgesäte Porree ins Freiland kann.

Mit einer feinen Brause lässt sich der Boden behutsam wässern, ohne dass die empfindlichen Setzlinge Schaden nehmen.

Die meisten Nutzpflanzen lassen sich relativ klein auspflanzen. Kleinere Setzlinge wachsen sogar schneller ein als größere, außerdem wird dann der Platz auf der Topfbank und in den Saatschalen rascher wieder für den Nachschub frei.

Normalerweise werden Sämlinge abgehärtet, also langsam an die Freilandbedingungen gewöhnt. Dazu stellt man sie vor dem endgültigen Auspflanzen 1–2 Wochen lang tagsüber nach draußen. Wurden sie in einer warmen Wohnung kultiviert, ist das vor dem Umzug ins kühle Freilandbeet sicher sinnvoll. Meiner Meinung nach kann man aber darauf verzichten, wenn man seine Kulturen mit Vlies abdeckt. Allerdings muss man dazusagen, dass ich meine frühen Aussaaten im Schuppen lasse, wo es nachts nicht viel wärmer ist als draußen.

Ich brauche für das Auspflanzen drei Werkzeuge: eine kupferne Handschaufel, ein kleines Pflanzholz, ebenfalls aus Kupfer, und ein Pflanzholz mit langem Stiel. Am schnellsten und effektivsten bringt man das Auspflanzen über die Bühne, wenn man mit dem Pflanzholz ein Loch in die Erde drückt, das etwas tiefer und breiter als der Wurzelballen des Sämlings ist. Das ist auch der geringstmögliche Eingriff in den Boden. Auf diese Weise bekommt man im Handumdrehen möglichst viele Setzlinge ins Beet. Das kleine Pflanzholz mit Kupferspitze ist ideal, wenn ich kniend oder hockend arbeite, um Sämlinge zu setzen, die ich in Topfplatten gezogen habe. Das lange Pflanzholz mit dickerer Spitze dagegen brauche ich, wenn ich Saatreihen für Möhren vorbereite und größere Löcher für Kopfkohl und ähnliches Gemüse steche, ferner für Ballenware direkt aus der Topfplatte. Mit dem langstieligen Holz kann ich Löcher auf größeren Flächen stechen, ohne mich bücken zu müssen.

Mit der Handschaufel grabe ich kleine Löcher für Kartoffeln und größere Setzlinge, was relativ bodenschonend ist. Für Saatkartoffeln sticht man Schlitze in den Boden und wackelt die Handschaufel hin und her, bis der Spalt groß genug für die Kartoffel ist. Dann gibt man Erde darüber und mulcht. Sobald das Kraut groß genug ist, wird gehäufelt.

Ihr erleichtert euch später das Leben, wenn ihr nun die Gelegenheit nutzt, Tomaten, Gurken und andere Pflanzen, die Stützen brauchen, jetzt schon anzubinden. Macht einen Schlaufenknoten in das Ende eines Stücks Bindegarn und legt die Schlaufe auf den Boden des Pflanzlochs. Dann pflanzt ihr den Setzling darauf. Wenn ihr Erde in das Loch füllt, wird die Schlaufe damit bedeckt. Die Schlaufe verletzt die Wurzeln nicht, sondern verankert nur die Schnur. Bindet nun das andere Ende der Schnur an das Dach des

Gewächshauses bzw. Folientunnels. Müssen die Pflänzchen wegen Spätfrostgefahr abgedeckt werden, ist die Schnur schnell gelöst. (Hat der Folientunnel keine Querstreben, an denen man sie anbinden kann, spannt ihr Drähte zwischen die Reifen und befestigt die Schnür daran.)

Pflanzt eure Setzlinge, falls möglich, an einem wolkigen Tag, aber wartet nicht zu lange. Das Auspflanzen ist auch eine gute Gelegenheit, Unkräuter mit der Hand zu jäten. Ich habe mein Pflanzholz und meine Handschaufel oft in einem Eimer dabei, in den später gejätetes Unkraut wandert.

Die Abstände zwischen den Setzlingen sind eine Glaubensfrage. Was auf den Samenpäckchen steht, ist mitunter irreführend. Weil ich so viel wie möglich in meinen Garten hineinpacken möchte, pflanze ich so dicht wie möglich. Freilich brauchen Pflänzchen Platz, um zu wachsen und zu gedeihen, aber enge Verhältnisse haben auch Vorteile. Pflücksalate etwa bilden kleine, kompakte Köpfe, von denen man nur die äußersten Blätter zupft, weshalb sie eng stehen können. Damit nutzt man den vorhandenen Platz optimal. Aber auch die Pflanzen selbst genießen die Enge und bilden eine Art Gemeinschaft (siehe S. 40).

Wässern

Wässert gepflanzte Setzlinge gut ein und seht in den nächsten Tagen regelmäßig nach, ob sie auch genug Feuchtigkeit haben, bis die Wurzeln eingewachsen sind.

»Lasst den Pflänzchen Platz zum Wachsen und Gedeihen.«

Ein paar Tipps zum Wässern

Schafft euch einen Regenmesser an, dann braucht ihr nicht mehr so viel herumzurätseln, ob eure Freilandkulturen gewässert werden müssen.

Hülsenfrüchte wie Bohnen und Erbsen, aber auch Fruchtgemüse wie Tomaten und Gurken brauchen viel Wasser, sobald sie blühen, damit sie Hülsen und Früchte ansetzen können.

Wässert immer nur am Pflanzenansatz und nie auf das Laub. Nasse Blätter fangen sich leicht Fäule (siehe S. 51) und andere über die Luft übertragene Krankheiten ein. Wer zielgenau über den Wurzeln wässert, sorgt dafür, dass das Wasser dorthin gelangt, wo es aufgenommen werden kann. Wasser braucht ein bisschen, bis es versickert – wenn ihr mit feiner Brause wässert, kann es allmählich die Erde durchdringen und fließt nicht von der Oberfläche ab.

Gerade in Folientunneln und Gewächshäusern sollte man den Boden öfter prüfen, da die Erde dort wegen der hohen Temperaturen rascher austrocknet.

Wässert morgens. So können die Bodenoberfläche und das Laub noch vor dem Abend trocknen. Das senkt das Risiko für Schneckenfraß und eine Ausbreitung von Krankheitserregern, die über die Luft übertragen werden.

Wenn ihr nicht sicher seid, wie viel zu wässern ist, gießt lieber gründlicher und weniger oft.

Ob die Erde noch feucht ist, prüft man ganz einfach, indem man den Finger tief hineinsteckt. Spürt ihr an der Fingerspitze keine Feuchtigkeit mehr, ist es an der Zeit zu wässern.

Pflanzen an exponierten, windigen Standorten müssen eventuell häufiger gegossen werden, denn Wind erhöht die Verdunstung über die Blätter und im Boden.

Regenwasser ist immer ideal. Was ihr von Haus-, Schuppen- und Garagendächern in einer Wassertonne oder einem Tank auffangt, enthält von Natur aus viele Mineralien und ist in der Regel auch wärmer als das Wasser aus der Leitung, sodass die Pflanzen nicht Gefahr laufen, einen Kälteschock zu erleiden.

Es gibt viele Methoden, Pflanzen mit Wasser zu versorgen, angefangen von automatischen Sprinklern und Tropfbewässerung (mit perforierten Schläuchen) bis hin zum Gartenschlauch oder der guten alten Gießkanne. Ich verwende meist Gießkannen oder Gartenschläuche mit Brauseaufsatz. Damit kann man Pflanzen gezielt einzeln wässern und bei dieser Gelegenheit gleich prüfen, ob sie gedeihen. Bei automatischen Systemen hat man diese Verbindung nicht und weiß auch nicht, ob sie ihre Aufgabe korrekt erfüllen.

Wie oft soll man wässern? Dabei gilt es mehrere Faktoren in Betracht zu ziehen. Oft richtet man mit zu viel Wasser mehr Schaden an als mit zu wenig, deshalb solltet ihr auf ein ausgewogenes Verhältnis achten. Wie viel Wasser eine Pflanze braucht, hängt von der Art, ihrem Lebenszyklus, dem Boden, dem Standort (unter Glas oder Freiland, Topf oder Beet) und natürlich vom örtlichen Klima ab, um nur einige Faktoren zu nennen. Neupflanzungen werden gründlich gewässert, damit die Wurzeln gut in ihrer neuen Umgebung einwachsen und Kontakt mit dem Erdreich haben. Vor allem bei sonnigem, heißem Wetter behält man frisch Gepflanztes in den ersten Wochen im Auge und wässert jeden zweiten Tag, bis die Wurzeln eingewachsen sind, was etwa 7–10 Tage dauert.

Eine dicke Mulchschicht auf No-Dig-Beeten verhindert die Verdunstung von Bodenfeuchtigkeit. In meinem Garten habe ich unter dem Mulch ein sandiges, kiesiges Erdreich, das jahrelang mit Pflügen und schweren Maschinen traktiert wurde. Zum Glück ist es nicht verdichtet, denn es wurde gelockert, bevor ich meinen Garten darauf angelegt habe. Sandboden ist naturgemäß stark durchlässig, sodass ich den Garten bei Hitze trotz der Mulchdecke zwei- oder dreimal in der Woche komplett wässern muss.

Jeder Garten und jede Saison sind anders, was sich auch in eurem Gießverhalten niederschlagen sollte. Sandböden trocknen schneller aus als schwere Tonböden. Hochbeete müssen häufiger gewässert werden, weil sie erhöht platziert und normalerweise mit stark durchlässigem Substrat gefüllt sind. An heißen Tagen verdunstet die Feuchtigkeit darin viel schneller als in Freilanderde.

Wässert Pflanzen in Töpfen und anderen Pflanzgefäßen sehr vorsichtig. Das Substrat kann schnell austrocknen und muss gerade im Hochsommer oft täglich mit Nass versorgt werden. Deshalb ziehe ich relativ wenig in Töpfen. Eine Ausnahme mache ich bei Paprika einschließlich Chilis. Sie wachsen bei mir in schweren, quadratischen Plastikkübeln mit 11 Liter Fassungsvermögen, die ich neben die Wege in meinem Folientunnel stelle, damit der Platz optimal genutzt ist. Dort habe ich sie im Auge und kann sie anheben, um zu sehen, ob sie gegossen werden müssen. Wässert Töpfe immer gründlich, denn wenn die Erde komplett austrocknet, wird sie wasserabweisend und lässt sich nur noch schwer durchweichen.

In das Mulchmaterial für No-Dig-Beete kann man getrockneten Seetang mischen. Er liefert wichtige Nährstoffe und ist eine ausgezeichnete Alternative zu synthetischen Düngern.

Seetang ist ein erneuerbarer Rohstoff, den man – in Maßen – selbst sammeln kann, wenn man an der Küste lebt.

Düngen

Wer Boden und Pflanzen gut mit Nährstoffen versorgen möchte, sollte sie wöchentlich mit dem Wässern düngen. Ich verwende eine Reihe nährstoffreicher Flüssigdünger, von denen viele selbst angesetzt sind, etwa Beinwell- und Kompostjauche. Alles natürlich – synthetisches Zeug hat in meinem Garten nichts zu suchen.

Mein liebster Flüssigdünger ist Seetangextrakt, ein Breitbandpräparat, das das Pflanzenwachstum über und unter der Erde ankurbelt. Es enthält komplexe Kohlenhydrate und reichlich Mineralien in bioverfügbarer Form (was bedeutet, dass die Pflanzen sie gut aufnehmen können) und versorgt alle Gewächse mit dem, was sie brauchen, um zu wachsen und die Chlorophyllproduktion zu erhöhen. Chlorophyll ermöglicht Pflanzen, Nahrung mithilfe von Sonnenlicht herzustellen – ein Vorgang, der Fotosynthese genannt wird.

Ich dünge wöchentlich oder zweiwöchentlich, indem ich Seetangdünger ins Gießwasser gebe. Damit der Dünger auch tief in den Boden gelangt, muss er vorher ordentlich eingeweicht werden.

Da ich in Küstennähe lebe, hole ich mir oft Seetang vom Strand und setze Dünger an, indem ich den Tang mit Wasser und Zuckermelasse mehrere Monate lang in einer Wassertonne gären lasse. Wer es mir nachmachen will, muss sich aber erkundigen, ob das Sammeln von Seetang überhaupt zulässig ist. Ich kaufe außerdem Seetangextrakt dazu, denn es gibt einige gute Präparate auf dem Markt. Meinen Pflanzen schmecken sie.

»Jeder Garten und jede Saison sind anders, was sich auch im Wässern niederschlagen sollte.«

Mischkultur & Begleitpflanzen

Im Garten bietet sich die Möglichkeit, etwas zur Biodiversität beizutragen. Indem wir unterschiedliche Pflanzen kombinieren, schaffen wir eine natürlich ausgewogene Vegetation, die zahlreiche Vorteile mit sich bringt. Ein biodiverser Garten ist ein gesunder, ertragreicher Garten.

Mischkultur ist ein gutes Beispiel. Kultiviert man bestimmte Arten in der Nähe von Nutzpflanzen, schützt und unterstützt man sie. Manche Begleitpflanzen holen Nährstoffe aus tieferen Bodenschichten, während andere sie über ihre Wurzeln freigeben und damit ihre Nachbarn düngen. Einige verwirren durch ihren Duft hungrige Schädlinge, andere locken Nützlinge wie Marienkäfer, Florfliegen und Schwebfliegen an, die sich über Blattläuse hermachen. Begleitpflanzen brechen Monokulturen auf und machen Schädlingen und Krankheitserregern das Leben schwer.

Die Kombination kleiner Mengen unterschiedlicher Nutzpflanzen mit bestäuberfreundlichen Blumen senkt das Risiko eines Krankheits- und Schädlingsbefalls.

Natürlich gibt es auch Kombinationen, die man lieber lassen sollte. Zu ausbreitungsfreudige Nachbarn wie Minze überwuchern ein Beet im Nu. Nicht empfehlenswert ist es auch, hohe Arten neben niedrige Pflanzen zu setzen, wenn Letztere dadurch beschattet werden (was manchmal aber auch ein Vorteil sein kann, etwa bei Kopfsalat, der so vor praller Sonne geschützt wird und dadurch nicht so leicht schosst, also blüht und Samen ansetzt). Feuchtigkeitsliebende Gewächse wie Staudensellerie, ursprünglich ein Sumpfbewohner, vertragen sich nicht mit Tomaten, die darben, wenn sie nasse Füße haben.

Mischkultur wird von indigenen Bauern schon seit Jahrtausenden praktiziert. Zu den bekanntesten Beispielen gehören die »drei Schwestern« der nordamerikanischen Irokesen, die Kürbisse, Bohnen und Mais eng an eng kultivierten (siehe S. 154, 174, 322 und 338). Die Pflanzen unterstützen sich gegenseitig und bilden wie in einer Familie eine Art Symbiose, von der alle profitieren.

Seit einiger Zeit vertreten manche die Auffassung, dass das, was in der Küche harmoniert, auch im Nutzgarten gut miteinander auskommt. Ein gutes Beispiel sind Tomaten und Basilikum. Sie bevorzugen nicht nur beide warme, sonnige, durchlässige Standorte, das Basilikum hält durch sein aromatisches Laub auch Blattläuse und andere Tomatenschädlinge auf Distanz. Außerdem sondern die Wurzeln des Krauts Substanzen ab, die Exudate genannt werden und angeblich den Geschmack der Tomaten verbessern.

Der strenge Duft von Studentenblumen hält Blattläuse und andere fliegende Schädlinge fern.

Die Tomaten wiederum spenden dem Basilikum lichten Schatten und schützen die empfindlichen Blätter vor den schlimmsten Unbilden der Witterung.

Ein weiteres Dream-Team sind Möhren und Lauchpflanzen wie Porree und Speisezwiebeln. Der strenge Duft der Lauchgewächse schreckt die Möhrenfliege ab, während der Duft von Möhren angeblich die Zwiebelfliege fernhält.

Mischkultur ist im Garten gang und gäbe. Es gibt zahllose heimliche Helden wie das Mycel, das unterirdische Netzwerk aus Pilzen und Billionen mikroskopischer Bakterien, von denen manche bei der Zersetzung eine Rolle spielen und andere eine Symbiose mit Pflanzen eingehen. Die Bedeutung dieser Netze und Gemeinschaften – ein faszinierendes Forschungsfeld übrigens – beginnt man erst allmählich zu verstehen. Wie sehr alles Leben miteinander verwoben ist, erstaunt mich immer wieder. Gerade im Nutzpflanzenanbau kann man sich dieses komplexe Zusammenspiel zunutze machen.

Leguminosen (z. B. Bohnen und Erbsen) machen Stickstoff, der für gutes Blattwachstum unerlässlich ist, im Boden leichter verfügbar. Sie fixieren ihn und stehen im Prinzip für eine weitere Form der Symbiose, nämlich der zwischen Bakterium und Pflanze. Die im Boden bereits vorhandenen Bakterien der Gattung *Rhizobium* besiedeln das Wurzelsystem der Leguminosen und regen es an, Knöllchen zu bilden, in denen sie siedeln. Dort absorbieren und fixieren sie Stickstoff, der wiederum von der Pflanze aufgenommen wird. Schneidet man die Pflanzen nach dem Abernten ab, bleiben die Wurzeln und damit der Stickstoff im Boden.

Auch logistisch lässt sich das Prinzip der Mischkultur vorzüglich nutzen: Um den vorhandenen Platz besser zu nutzen, kann man mit Zwischenpflanzungen und -aussaaten arbeiten, etwa indem man jederzeit Setzlinge oder Samen zwischen bestehenden Reihen platziert. Sät man beispielsweise eine Reihe Möhren zwischen Kopfsalat, können die Salate geerntet werden, während die Möhrensamen keimen. Wenn die Möhren nach einigen Wochen munter wachsen, wird der Kopfsalat, der nichts mehr hergibt, entfernt und macht so Platz für die Möhren. Bleiben wir beim Kopfsalat: Man kann auch Frühlingszwiebeln neben die Köpfe setzen. Denn steht der Salat in Reihen, ist dazwischen noch etwas Platz für die Zwiebeln, die hoch und gerade wachsen, dadurch mit winzigen Fleckchen nackter Erde auskommen und dem Kopfsalat kein Licht wegnehmen.

Das bekannteste Prinzip der Mischkultur ist die Kombination von Nutzpflanzen mit Blumen als Begleitpflanzen. Ich kultiviere etliche Blumen, die den Garten nicht nur ansehnlicher machen, sondern auch Nützlinge anlocken, die bei der

Selbst wenn man nur einen kleinen Teil des Gartens heimischen Pflanzen überlässt, bekommt man diese Investition vielfach durch die vermehrte Anwesenheit von Bestäubern zurück.

Bestäubung mit anpacken und Schädlinge dezimieren. Ziel ist es, einen Garten zu bekommen, der vor unterschiedlichen Früchten, Gemüsepflanzen, Kräutern und Blumenarten nur so strotzt und dadurch viele Tiere anlockt. Hier meine liebsten Begleitpflanzen aus der Blütenfraktion:

Ringelblumen (oben) bringen Sonne in das Gemüsebeet und sind ein Insektenmagnet.

Kornblumen (gegenüber) überzeugen durch ihre filigrane Art. Auch sie locken Bestäuber an.

Ringelblume (*Calendula officinalis*)

Viele kennen die Pflanze bereits als hervorragende Pollenquelle, die Nützlinge anlockt. Sie erhöht die Biodiversität und ist in vielerlei Farben erhältlich. Meine Favoritin heißt 'Indian Prince', eine dunkelorange Sorte mit karminroter Mitte.

Kulturtipp

Wenn man welke Blüten abzwickt, wirft man sie nicht weg, sondern trocknet sie und setzt sie in Tees ein.

Großblütige Katzenminze (*Nepeta grandiflora*)

Der Duft, nach dem Katzen verrückt sind! Obwohl Katzenminze für ihre betörende Wirkung auf Samtpfoten bekannt ist, lockt sie auch anderes Getier herbei. Die lang blühende Staude versorgt Bienen und viele weitere Bestäuber vom späten Frühjahr bis zum Sommerende mit Nektar und Pollen.

Kulturtipps

Katzenminze könnt ihr zu jeder Jahreszeit als Topfpflanze kaufen, in den Garten gepflanzt wird sie aber am besten im Frühjahr oder Herbst. Vorsicht: Sie breitet sich ungebührlich stark aus. Im Lauf des Sommers kann sie von innen heraus verkahlen. Wer das verhindern will, verpasst ihr einen »Chelsea Chop« (siehe gegenüber).

Kornblume (*Centaurea cyanus*)

Die Old-School-Wildblume ist unkompliziert, stellt wenig Ansprüche an den Boden und verträgt Trockenheit. Mir gefällt, dass sie mehr als 75 cm hoch werden kann. Die langen, schmalen, behaarten Stängel und fransigen Blüten geben hervorragende Schnittblumen ab.

Am beliebtesten ist die saphirblaue Form. Dieses Jahr habe ich sie mit einer orangen Ringelblume kombiniert, ein verblüffender Kontrast, der auch Bienen und Schmetterlingen zu gefallen scheint. Ich nutze Kornblumen eher als Randbepflanzung, statt sie zwischen Gemüse zu setzen.

Kulturtipps

Kornblumen können direkt auf frisch geharkten Kompost oder Erde gesät werden. Mischt man die Samen mit dem von Mohn, Borretsch und Kamille, bekommt man eine Mini-Wildblumenwiese.

Studentenblumen (*Tagetes*)

Studentenblumen sind für viele die erste Wahl, wenn es um Begleitpflanzen geht, vor allem bei Kopfsalat und Tomaten. Die Wurzeln setzen Pheromone frei, die Erdraupen fernhalten. Zwischenpflanzungen aus Studentenblumen halten die lästigen Schädlinge wirkungsvoll auf Abstand. An der Seite von Tomaten haben sie sogar einen doppelten Nutzen: Sie schrecken durch den intensiven Duft ihrer Blätter und Blüten Schädlinge ab (etwa Blattläuse) und locken zugleich Nützlinge wie Bestäuber und Schädlingsvertilger an. Manchmal schlägt man die Hände über dem Kopf zusammen, wenn man sieht, wie Ameisen Blattläuse auf den Tomaten halten, doch Studentenblumen locken Marienkäfer und deren Larven an, deren Leibspeise was ist? Genau – Blattläuse.

Ich empfehle Zwergsorten, da sie wenig Platz brauchen und auch in die Ecken von Beeten gesät werden können. Außerdem passen sie unter Gurken und Tomaten, die an Schnüren oder Stäben wachsen.

Kulturtipp

Sobald eine Studentenblume vier Verzweigungen hat, zwickt man die Triebspitze ab, damit sie buschiger wächst und mehr Blüten ansetzt.

Der »Chelsea Chop«

Diese Schnittmethode begrenzt die Größe und Ausbreitung vieler Blütenstauden. Besonders empfehlenswert ist sie für Arten, die zum Wuchern neigen. Ihren Namen hat sie von der Chelsea Flower Show der Königlichen Englischen Gartenbaugesellschaft RHS in England. Wenn sie stattfindet, was in der Regel Ende Mai der Fall ist, wissen Gärtnerinnen und Gärtner, dass es nun an der Zeit ist, die Pflanzen zu schneiden. Der »Chelsea Chop« hält Stauden kompakt und verlängert die Blühsaison. Man stutzt dazu einfach die äußeren Triebe mit einer sauberen Gartenschere um ein Drittel bis zur Hälfte zurück.

Große Kapuzinerkresse (*Tropaeolum majus*)

Die wüchsige, niedrige Art gehört zu den besten »Opferpflanzen« für Kohlweißlinge. Wer Kohl anbaut, weiß, dass man den ganzen Sommer damit zubringt, Raupen abzulesen, wenn man ihn nicht abdeckt. Aber pfeffrige Kapuzinerkresseblätter mögen die Raupen noch mehr. Setzt man sie also neben Kohl, hat man eine natürliche Form der Schädlingsbekämpfung. Der arme Kohlweißling muss Schimpf und Schande über sich ergehen lassen, dabei ist er ein wichtiger Teil der Natur. Bietet man ihm eine Alternative zum Kohl, ist man ihn los. Wie bei Studentenblumen rate ich bei der Kapuzinerkresse zu Zwergformen.

Kulturtipp

Kapuzinerkresse verträgt das Umpflanzen nicht, deshalb sät man sie direkt an ihren endgültigen Platz. Stecht für die Samen ein Loch, das etwas breiter als das Korn und rund 5 cm tief ist.

Es gibt viele Blüten, die in der Insektencommunity hoch im Kurs stehen, aber ich suche mir als Begleitpflanzen immer Arten, die auch für uns Menschen nützlich sind, etwa weil wir sie essen können. So entsteht ein Biotop, in dem jede Pflanze ihren Nutzen hat. Trotzdem gefallen mir auch reine Zierpflanzen. Der Clou dabei ist, sich eine vielfältige, harmonische Mischung aus Nutz- und Zierpflanzen zuzulegen.

Unkraut, Schädlinge & Krankheiten

Ein Stück Land, das von Unkräutern, Schädlingen oder Krankheiten geplagt wird, ist der Albtraum aller Gartenbesitzer. Ich finde allerdings, Mutter Natur hat die Antwort auf all diese Probleme – schließlich hat sie sie ja selbst geschaffen. Deshalb habe ich nie synthetische Unkrautvernichter, Schneckenkorn, Dünger, Insektizide oder Fungizide eingesetzt. Ich baue mein Gemüse vor allem deshalb an, weil ich damit frisches, chemiefreies Essen bekomme. Deshalb wäre es widersinnig, »Zauberwässerchen« mit verdächtigen Ingredienzen einzusetzen, die angeblich Wunder für Pflanzen bewirken oder lästige Insekten abtöten. Stattdessen setze ich auf eine ganzheitliche, regenerative Methode, bei der der Schwerpunkt auf der Arbeit mit der Natur statt gegen sie liegt.

Jäten

Fest steht: Beim No-Dig-Gärtnern muss man sich mit weniger Unkraut herumschlagen. Aber jeder Garten ist anders und hat seine eigenen Probleme. Gejätet werden sollte wenig, aber oft, weshalb ich immer einen Unkrauteimer dabeihabe, ganz gleich, ob ich etwas pflanze oder wässere, ob ich Seitentriebe abzwicke (die sich in den Blattachseln bilden) oder ernte. Der Eimer erinnert mich ständig daran, alle Unkräuter auszuzupfen, die seit meinem letzten Besuch zum Vorschein gekommen sind. Das Jäten nebenher spart Zeit und verhindert das Überhandnehmen, sodass man sich auf das konzentrieren kann, was Spaß macht, etwa Säen und Ernten. Das

Tipps zum Jäten

Blattunkräuter wie Ampfer und Löwenzahn jätet man mit einer Schaufel. Die Pfahlwurzeln müssen möglichst vollständig ausgegraben werden.

Nach dem Wässern wird Unkraut auch mit der Hand ausgezupft. In frisch gegossenen No-Dig-Beeten sollte es sich leicht aus der Erde lösen lassen.

Bei schönem Wetter jätet ihr mit der Hacke und lasst die Pflanzen auf der Erdoberfläche vertrocknen.

Grasunkräuter und Klee werden am besten mit der Hand ausgerissen. Ihre zähen Faserwurzeln treiben wieder aus, wenn man sie in der Erde lässt.

Pflegt die Ränder von Gras- oder stark unkrautbewachsenen Flächen, indem ihr sie gut mäht, damit nichts in die Gemüsebeete eindringt.

Welke Blüten müssen regelmäßig abgezwickt werden, damit sie keine Samen ansetzen. Wer keine Zeit hat, Unkraut zu jäten, kann durch Entfernen der Blüten wenigstens verhindern, dass es sich aussät. In Blumengarten und Rabatten mag Selbstaussaat erwünscht sein, aber im Gemüsegarten braucht niemand Unkräuter.

Material, das viele Samenreste enthält, sollte heiß kompostiert werden. Bei 54–60 °C über 7 Tage hinweg sterben die meisten Samen ab. In einem Trommelkomposter (siehe S. 22) kann diese Temperatur erreicht werden.

Bleibt auf der Hut. Entdeckt man wüchsige mehrjährige Unkräuter früh, etwa Zaunwinden, kann man sie effektiver loswerden. Ein kleiner oder mittlerer Befall lässt sich am wirksamsten durch Auszupfen von Hand bekämpfen.

Nackte Erde ist eine Extraeinladung für Unkraut. Kultiviert also mehr Pflanzen oder setzt gezielt Bodendecker bzw. Gründünger ein, d. h. Pflanzen, die Bodenerosion und Unkrautbefall verhindern und die Bodenqualität verbessern.

Ihr bekommt eine größere Fläche unkrautfrei, indem ihr sie mit einer Doppellage Plane oder einer dicken, lichtundurchlässigen schwarzen Plastikfolie abdeckt. Nach 6–8 Wochen hat das Unkraut darunter aufgegeben.

Mulchen statt umgraben, lautet die Devise. Eine Lage Kompost oder Hackschnitzel nimmt Unkräutern das Licht und erstickt die Samen. Umgraben holt nur schlummernde Samen an die Oberfläche, wo sie neu austreiben.

Finger weg von synthetischen Unkrautvernichtern. Die meisten enthalten Substanzen, die für Mensch und Bodenlebewesen giftig sind.

Mit einer Hacke (gegenüber und oben) holt ihr Unkraut aus der Erde, ohne die wertvollen Nutzpflanzen zu beeinträchtigen.

Wichtigste dabei ist, die verschiedenen Unkrauttypen zu kennen und entsprechend zu bekämpfen.

Schädlinge und Krankheiten

Jeder Garten ist irgendwann davon betroffen. Schädlinge und Krankheiten zu bekämpfen, bedeutet für mich, das Risiko für meine Nutzpflanzen gering zu halten und zugleich ein ökologisch ausgewogenes, vielfältiges und integriertes System zu schaffen. Es gibt vielerlei Methoden, Schädlinge zu kontrollieren und dabei die Gesundheit und den Ertragreichtum des Ökosystems im Garten zu fördern und zu erhalten. Eine gesunde Pflanze ist widerstandsfähiger und nicht so anfällig für das, was die Welt ihr zumutet. Schädlingen begegnet man am besten mit einem ganzheitlichen, ökologischen Ansatz, durch den ein ausgewogenes, gesundes Ökosystem im Garten entsteht und bewahrt wird.

Die Augen offen halten

Wer die Pflanzengesundheit, den Schädlingsbefall und die Dynamik des Ökosystems im Blick behält, entdeckt Probleme, ehe sie überhandnehmen. Greift frühzeitig ein, etwa indem ihr Schädlinge oder infiziertes Laub von Hand entfernt, bevor der Schaden schlimmer wird.

Biodiversität

Biodiversität bedeutet, ein gesundes Gleichgewicht im Ökosystem zu erhalten, was das Risiko eines Schädlings- und Krankheitsbefalls senkt. Mit am besten lässt sich das durch Anlegen verschiedener Habitate bewerkstelligen. Tierfreundliche Teiche, Holzstapel, Insektenhotels, Naturhecken, Vogelhäuschen und Pflanzen für Bestäuber leisten alle einen Beitrag zu einem Mosaik aus Lebensräumen, das Nützlinge anlockt. Schließlich ist jeder Schädling auch Nahrung für andere Lebewesen. Das Ziel ist ein ausgewogenes Ökosystem, in dem Insekten, Vögel, Amphibien und Co. bei der Schädlingsbekämpfung mithelfen. Marienkäfer, Florfliegen, Spinnen, Käfer, Kröten und Igel sind eine machtvolle Phalanx gegen unerwünschte Mitesser.

Mischkultur und Begleitpflanzen

Damit reduziert man die von Schädlingen verursachten Schäden und erhöht insgesamt die Erträge. Mischkultur bedeutet, Pflanzen auf eine Art zu kombinieren, die für alle Vorteile bringt. Manche Begleitpflanzen halten Schädlinge fern, andere locken Nützlinge an, die sich von Schädlingen ernähren. Siehe auch S. 40.

Schutz

Physische Barrieren wie Netze oder Gitter sind manchmal die einzige Möglichkeit, anfällige Pflanzen vor Raupen, Vogelfraß oder der Möhrenfliege zu schützen. Sie bieten sich als simple, aber wirksame Methode der Schädlingsbekämpfung an.

Gesunde Böden

Sie sind die Grundlage funktionierender Gärten. Wer sich auf die Bewahrung gesunder Böden konzentriert, indem er sie nährt, aufbaut und schützt, muss sich weniger mit Schädlingen und Krankheiten herumschlagen. Die No-Dig-Methode, Mulchen, etwa mit Kompost, Stallmist oder Seetang, und Gründünger halten Erde und Pflanzen in bestem Zustand.

Liegen die Netze zu dicht auf, kann der Kohlweißling seine Eier trotz Netz ablegen. Achtet deshalb auf einen genügend großen Abstand zwischen Netz und Pflanzen.

Häufige Schädlinge

Asseln
Diese Krebstiere sind eher Nützlinge als Schädlinge. Allerdings können sie Wurzelgemüse und Sämlinge schädigen. Man hält sie fern, indem man den Garten pflegt und totes oder verrottendes Material wegräumt.

Blattläuse
Man unterscheidet unterschiedliche Blattlausarten anhand ihrer Farbe. Sie können verheerende Schäden anrichten, das Wachstum von Sämlingen hemmen und Viren übertragen, die Blattdeformationen oder Gelbfärbung infolge von Chlorophyllmangel (Chlorose) verursachen. Zugleich sind Blattläuse eine wichtige Nahrungsquelle für zahllose Insekten und Vögel – diese anzulocken ist deshalb die beste Bekämpfungsmaßnahme. Sind die befallenen Pflanzen jung und anfällig oder ist der Befall sehr stark (etwa zu Saisonbeginn, wenn manche Blattlausvertilger noch nicht aktiv sind), sammelt man sie von Hand ab, indem man vorsichtig an die Pflanze klopft oder sie schüttelt und die Tierchen mit einem Wasserstrahl davonkatapultiert. Auch kann man aus Wasser, Knoblauch und Chili ein Spray mixen, das die Tiere abtötet. Von Viren befallene Pflanzen müssen entfernt und auf den Komposter geworfen werden.

Blattminierer
Ein Überbegriff für verschiedene Insektenlarven, die sich von Blättern ernähren. Sie sind im Frühjahr und Sommer am aktivsten. Unübersehbare Befallszeichen sind die Fraßgänge im Laub. Schützen kann man seine Pflanzen mit Netzen oder mit Begleitpflanzen, die die Tiere anlocken (siehe S. 40).

Drahtwürmer
Sie fressen sich in Kartoffeln und anderes Wurzelgemüse, lassen sich aber leicht ködern. Man schneidet vor dem Pflanzen alte Kartoffeln in große Stücke, legt sie auf die Erde und sieht alle paar Tage nach, ob sich darin Drahtwürmer finden. Falls ja, entsorgt man sie mitsamt dem Köder. Das wiederholt man, bis man sie los ist.

Erbsenwickler
Die braunen Falter legen Eier auf Erbsen. Ihre Raupen fressen sich in die Hülsen und leben von den Samen, weshalb man die Schäden erst beim Schälen der Erbsen bemerkt. Am aktivsten sind die Wickler im Früh- und Hochsommer, am gefährdetsten sind also spätere Aussaaten und Erbsen, die zum Trocknen gedacht sind. Bei starkem Befallsdruck rate ich zu Netzen.

Blattläuse werden von saftreichem frischem Wuchs angelockt.

Erdflöhe
Die kleinen schwarzen, braunen oder rotbraunen Käfer springen wie Flöhe und sind im Frühjahr und Sommer am aktivsten. Wenn sie gestört werden, hüpfen sie von der Pflanze. Sie fressen runde, unappetitliche Löcher in die Blätter. Zum Schutz spannt man ein feinmaschiges Netz über die Kulturen.

Erdraupen
Ein Überbegriff für die Raupen mehrerer Schmetterlingsarten, die im Boden leben und sich von Pflanzen ernähren. Am häufigsten treten sie im Frühjahr und Sommer auf. Man erkennt sie an fehlenden, umfallenden Trieben oder solchen, die nur noch locker in der Erde stehen oder halb angefressen sind. Mit Kragen aus leeren Toilettenpapierrollen kann man die Setzlinge schützen. Durch reichliches Wässern oder das 24-stündige Abdecken des Erdreichs mit Folie oder einer Plane lockt man die Raupen an die Oberfläche, wo man sie leicht findet, sodass man sie aufsammeln und entsorgen kann.

Gestreifter Blattrandkäfer
Obwohl diese kleinen, hellbraunen Käfer im Frühjahr auffallend große Kerben in die Blätter fressen, ist der Schaden überschaubar und beeinträchtigt den Ertrag nicht sonderlich. Schützen kann man überwinternde Kulturen mit Vlies.

Kleine Kohlfliege
Die Larven dieser grauschwarzen Fliege fressen im Frühjahr und Sommer an den Wurzeln von Kohlgewächsen. Typische Befallssymptome sind Kümmerwuchs und gelbes oder welkendes Laub. Man kann vorbeugen, indem man seine Pflanzungen mit feinmaschigen Netzen schützt.

Kohldrehherzmücke
Die Larven dieser kleinen Mücke befallen im Spätfrühling und Frühsommer

die Triebspitzen von Kohlgewächsen. Das Laub wächst verkrümmt, wird braun und welkt. Kohlgewächse mit Köpfen (etwa der Kopfkohl) wirken verkrüppelt. Zum Schutz spannt man feinmaschige Netze über die Pflanzen.

Lauchminierfliege
Ihre Larven sehen aus wie weiße Punkte und sitzen im Frühjahr und Herbst auf Porree. Sie fressen sich in die Stangen und Wurzeln, verursachen Krankheiten und Fäule. Ein Insektennetz verspricht Schutz.

Möhrenfliege
Die Larven dieser winzigen schwarzen Fliege fressen sich vom Spätfrühling bis in die Herbstmitte in die Wurzeln von Möhren, Pastinaken und Sellerie. Das Laub welkt und wird gelb oder rötlich, außerdem sieht man Fraßtunnel in den Wurzeln. Schützt eure Pflanzungen mit einem feinmaschigen Netz.

Nager
Nager können frisch Angesätes über Nacht völlig vernichten oder Setzlinge auf der Suche nach Samen abbrechen. Sie knabbern Kürbisse an, um an die süßen Samen im Inneren zu gelangen, können Maiskolben bis auf den Strunk abfressen und in heißen Sommern Tomaten stehlen, um an die Flüssigkeit im Inneren zu gelangen. Ohne die Mithilfe von Katzen geraten sie schnell außer Kontrolle. Viele Naturgärtnerinnen und -gärtner behaupten, Knoblauchspray würde sie vertreiben. Ihr könnt es auch mit physischen Barrieren probieren oder die Pflänzchen dort kultivieren, wo die Nager sie nicht erreichen und ihr sie im Auge behalten könnt, um sofort einzugreifen, sobald Fraßschäden zu erkennen sind.

Von Ratten vernichteter Mais

Schmetterlinge
Vor Schmetterlingen schützt ihr Kulturen wie Blumenkohl, Brokkoli und Kopfkohl am besten mit einem feinmaschigen Netz. Behaltet die Pflanzen aber trotzdem immer im Blick, denn die Falter legen Eier auch auf Blätter, die das Netz berühren. Sobald man Raupen sieht, sollte man sie ablesen. Sind alle anfälligen Pflanzen mit einem Netz geschützt, kann man zusätzlich Fangpflanzen wie Kapuzinerkresse setzen (siehe S. 45), um den Kohlweißling vom Kohl wegzulocken.

Schnakenlarven
Die madenartigen Larven leben im Boden und sind im Frühjahr am aktivsten. Befallene Pflanzen kippen um und gehen ein, da ihre Haupttriebe am Ansatz abgefressen werden. Mit leeren Toilettenpapierrollen kann man einen Schutzkragen basteln, den man um die Triebe von Jungpflanzen legt. Durch großzügiges Wässern und indem man den Boden einen ganzen Tag mit lichtundurchlässiger Folie bedeckt, lockt man die Tiere an die Oberfläche, wo man sie aufsammeln und entsorgen kann.

Schnecken
Die Weichtiere richten unter Sämlingen verheerende Schäden an. Sie verstecken sich am Rand von Hochbeeten, unter Töpfen und Holzblöcken oder in Hackschnitzeln. Haltet Rabatten und Rasenränder sauber, damit sie keine Versteckmöglichkeiten finden. In nassen Jahren wird man ihnen fast nicht mehr Herr und muss dann notgedrungen in der Dämmerung mit einer Taschenlampe bewaffnet durch den Garten ziehen, um sie zu dezimieren. Ich zerteile sie und werfe sie auf den Kompost oder lasse sie liegen, damit Vögel sie finden. Wer sie nicht killen, sondern wegbringen will, sollte sich darüber im Klaren sein, dass er das Ungleichgewicht damit auf ein anderes Ökosystem überträgt. Käfer, Hundertfüßer, Enten, Igel, Kröten und Blindschleichen sind natürliche Feinde von Schnecken und können sie dezimieren helfen.

Selleriefliege
Die Larven dieser Fliege fressen sich durch das Laub von Stauden- und Knollensellerie. Sie sind von der Frühjahrsmitte bis in den Frühwinter hinein aktiv. Man erkennt sie an Minierspuren auf dem Laub, das anschließend vertrocknet. Verhindern kann man einen Befall mit feinmaschigen Netzen.

Spinnmilben
Die winzigen Milben überziehen Pflanzen mit einem dünnen, spinnwebenartigen Geflecht. Sie können im Sommer zum Problem werden, vor allem bei Trockenheit. Wässert anfällige Pflanzen in Folientunneln und Gewächshäusern gut, um die Luftfeuchtigkeit zu erhöhen. Befallene Pflanzen werden entfernt und kompostiert.

Stängelälchen
Die mikroskopisch kleinen Fadenwürmer gehören zu den wenigen Nematoden, die sich von oberirdischen Pflanzenteilen ernähren. Befallene Triebe können schwellen, faulen, platzen und absterben; Blätter färben sich braun und vertrocknen. Um die Älchen zweifelsfrei festzustellen, ist oft ein Labortest nötig. Der beste Schutz vor ihnen ist ein gesunder Boden (siehe S. 18).

Thripse
Sie sind winzige, aber sehr aktive Insekten und können im Sommer viel Schaden anrichten. Das Laub befallener Pflanzen wird gelb, Triebspitzen verkrümmen, der Wuchs wird gehemmt. Pflegt die Pflanzen gut, schneidet sie regelmäßig und spült die Tiere mit Wasser weg, sobald ihr sie seht. Stark befallene Exemplare entsorgen.

Vögel
Sie picken an Kohl, Erbsensprossen und anderen Kulturen. Fernhalten lassen sie sich am wirksamsten durch Netze. Diese müssen jedoch am Rand so fixiert werden, dass die Tiere nicht darunter durchschlüpfen können.

Zwiebelfliege
Die Larven der Fliege fressen an Wurzeln, Zwiebeln und Trieben von Lauchgewächsen. Sie treten im Sommer auf. Man erkennt einen Befall an welkendem Laub und weichen, fauligen Zwiebeln. Mit einem feinmaschigen Netz kann man seine Pflanzen schützen.

Krankheiten

Bakterienwelke bei Tomaten
Diese verheerende Krankheit dringt über offene Wunden in Trieben, Stielen oder Früchten in die Pflanze ein, wird aber auch über infiziertes Saatgut übertragen, besonders unter warmfeuchten Bedingungen. Das Laub wird gelb oder braun und vertrocknet, Triebe können ebenfalls braun werden und bilden lange nekrotische Stellen, die Früchte weiße Flecken. Wichtig sind vorbeugende Maßnahmen. Haltet das Laub beim Wässern nach Möglichkeit trocken und schneidet die Pflanzen regelmäßig, damit Luft zirkulieren kann.

Blütenendfäule
Am Ansatz von Tomatenfrüchten bilden sich faulige, dunkelbraune Stellen. Ursache ist Kalziummangel, der oft auf falsches Wässern zurückzuführen ist, denn die Pflanzen nehmen das Mineral über ihre Wurzeln auf. Abhilfe schafft regelmäßigeres Wässern.

Grauschimmel
Der Pilz bildet auf Blüten, Trieben, Blättern und Früchten vieler Pflanzen einen grauen, pelzigen Schimmelrasen; die Pflanzen welken und gehen ein. In Gewächshäusern und Folientunneln reduziert man die Luftfeuchtigkeit und entfernt abgestorbene und kümmernde Blätter regelmäßig.

Kohlhernie
Eine bodenbürtige Krankheit, die schlechte Wurzelbildung bei Kohlgewächsen zur Folge hat, sodass sie kümmern. Die Erreger können bis zu 15 Jahre im Boden bleiben. Befallene Pflanzen haben ein geschwollenes Wurzelsystem, aber wenig oder gar keine Faserwurzeln. Am Standort dürfen 5–7 Jahre lang keine Kohlgewächse mehr angebaut werden.

Krautfäule
Gefährdet sind Kartoffeln (vor allem solche der Haupternte) und Tomaten unter feuchten Bedingungen. Wenn ihr Befallszeichen bemerkt, schneidet das gesamte Kraut weg und lasst die Knollen ein paar Tage in der Erde, bevor ihr sie ausgrabt. Bei Tomaten achtet man auf faulendes Laub und entfernt befallene Teile. Am gefährdetsten sind Tomaten, die draußen ungeschützt wachsen. Krautfäule lässt sich bis zu einem gewissen Grad durch gute Pflege verhindern. Besonders wichtig sind eine optimale Luftzirkulation und eine gute Stütze. Außerdem sollte man Wild- und Seitentriebe bei Tomaten entfernen. Im Gegensatz zum oft gehörten Rat müssen befallene Pflanzenteile nicht isoliert oder vernichtet werden – es reicht, sie zu kompostieren.

Mehlkrankheit
Ihre Erreger schlummern im Boden und können ihn auf Jahre verseuchen. Die Pilzkrankheit schlägt sich in gelbem, welkendem Laub, schlechter Wurzelbildung und Schimmel- sowie Fäulnisspuren am Zwiebelboden und der Zwiebel nieder. Sie tritt vor allem im Früh- und Hochsommer auf. Verwendet keine infizierten Steckzwiebeln und baut in infizierten Böden mehrere Jahre keine Lauchgewächse mehr an.

Mehltau
Ein weißer Schimmel breitet sich rasch auf dem Laub aus, vor allem im Frühjahr und Herbst. Mehltau befällt insbesondere geschwächte Pflanzen. Man stutzt und entfernt infizierte Blätter, um die Ausbreitung zu verlangsamen.

Mosaikvirus
Mehrere Viren können diese Krankheit verursachen. Das Laub wird runzlig, welkt und rollt sich ein; es bekommt Flecken und wirkt fast panaschiert. Die Viren werden oft von Blattläusen und anderen Insekten übertragen, weshalb man eine Infektion am besten durch ihre Bekämpfung verhindert. Befallene Pflanzen wandern auf den Kompost.

Rost
Rost ist meistens nur bei extremer Nässe ein Problem. Wer aber die typischen roten oder gelben Streifen auf den Blättern sieht, entfernt und vernichtet sie. Alle Pflanzen brauchen ausreichend Platz, damit eine gute Luftzirkulation gewährleistet ist.

Schokoladenfleckenkrankheit
Die Pilzkrankheit befällt meist Dicke Bohnen und ist besonders im Frühjahr präsent. Auf dem Laub bilden sich rote bis rostbraune Flecken. Unter günstigen Bedingungen können sie sich rasch ausbreiten und die Blätter welken lassen. Verbesserte Luftzirkulation durch guten Schnitt senkt das Befallsrisiko.

Schorf
Schorf auf Kartoffeln sieht zwar unansehnlich aus, doch sind die Kartoffeln noch uneingeschränkt genießbar.

Schwarzbeinigkeit
Sie tritt vor allem auf, wenn auf kühle, nasse Bedingungen warmes Wetter folgt, und macht Kartoffeln den Garaus, indem sie Kümmerwuchs verursacht und sie absterben lässt. Gesunde Triebe welken, Blätter werden gelb, es bilden sich schwarze Flecken und oft faulen Triebe am Ansatz. Pflanzt Kartoffeln in stark durchlässige Erde und sorgt für gute Luftzirkulation.

Sellerie-Blattfleckenkrankheit
Die Pilzkrankheit befällt das Laub von Stauden- und Knollensellerie, oft während anhaltend heißer, trockener Witterung. Auf den Blättern erscheinen gelbe, später rostbraune Flecken. Wässert bei Hitze gut und lasst den Boden nicht austrocknen.

Wurzelfäule
Eine bodenbürtige Krankheit, die Wurzeln faulen lässt. Die Pflanzen wachsen kaum noch, welken und bekommen braune Blätter. Kultiviert eure Pflanzen in stark durchlässigen Böden und verbessert schwere Böden mit Kies.

Zwiebelhalsfäule
Gelagerte Zwiebeln faulen, wenn sie sich diese Pilzkrankheit einfangen. Nach der Ernte fault zunächst der Hals, später die ganze Zwiebel. Verhindern lässt sich das nur durch gutes Trocknen und richtiges Lagern der Zwiebeln.

Ernte & Lagerung

Die Ernte ist das Schönste am Anbau von Nutzpflanzen. Aber einfach nur mit einem malerischen Korb unter dem Arm loszuziehen, damit allein ist es nicht getan. Man muss auch wissen, wann eine Kultur die optimale Reife hat. Wer korrekt erntet, stimuliert die Pflanzen zu weiterem Wachstum und sorgt bei vielen dafür, dass sie noch eine ganze Weile Essbares liefern.

Es gehört fast ein siebter Sinn dazu zu wissen, wie man ernten muss und wann Geschmack und Konsistenz am besten sind, doch mit der Zeit lernt man das. Jeder Eintrag im Buch enthält Tipps, wann ihr am besten erntet. So bekommt ihr von Anfang an ein Gefühl dafür.

Durch das Abernten kommt man auch direkt mit den Pflanzen in Kontakt. Nutzt die Gelegenheit nachzusehen, ob sie gesund sind, und entfernt abgestorbenes und kümmerndes Laub. Nehmt beim Ernten zwei Eimer mit – einen für die Erträge und einen für Unkraut und Schnittabfall, der auf den Komposter wandert.

Putzen (Maniküre)

Wenn ich das Geerntete gleich in der Küche verwerte, putze und wasche ich es noch im Garten – ich nenne das »Maniküre«. Man glaubt gar nicht, wie viel Laub und Erde beim Ernten mit eingesammelt werden. Ich bin nicht scharf auf Erde oder einen überquellenden Komposteimer auf der Arbeitsfläche in der Küche – vielleicht sträubt sich der Koch in mir dagegen.

Es hat auch etwas für sich, die Ernte in eben jenem Garten, in dem sie gewachsen ist, in eine küchenfertige Zutat zu verwandeln. Bei dieser beschaulichen Tätigkeit kann man zurückdenken an den Tag, an dem man die Pflanzen angesät hat, die Wochen danach, in denen man sie gehegt und gepflegt hat, bis zu dem perfekten Zeitpunkt, an dem man sie vom Stiel geschnitten oder aus dem Boden geholt hat. Der Mensch schüttet bei der Ernte Dopamin aus. Das versetzt uns in einen Zustand milder Euphorie – eine evolutionäre Entwicklung, die sich im Verlauf von Hunderttausenden Jahren herausgebildet hat. Kein Wunder, dass man sich so gut fühlt, nachdem man ein paar saftige Melonen geerntet hat!

Die Maniküre von Gemüse draußen im Garten erleichtert die Arbeit in der Küche ungemein. Zum einen hat man den Komposter für die Abfälle in unmittelbarer

Geerntet wird mithilfe eines scharfen Messers oder einer Gartenschere, um die Pflanze so wenig wie möglich zu verletzen.

Nähe, zum anderen kann man die Erde im Eimer von den Früchten waschen, sodass man das Schmutzwasser anschließend nur in den Garten zu gießen braucht. Allerdings sollte die Ernte dann innerhalb der nächsten Tage verwertet werden, denn Eingelagertem tut es nicht gut, wenn es allzu sauber ist. Mehr dazu unter den jeweiligen Einträgen.

Lagerung

Als ich angefangen habe, mir einen Garten anzulegen, war eines meiner Hauptziele, genug anzubauen, um das ganze Jahr versorgt zu werden. Selbstgezogenes lässt sich weitaus länger lagern als Supermarktware, und wenn man es auch noch selbst aussät, kann man lagerfähige Sorten wählen.

Wie etwas gelagert wird, hängt vom Gemüse ab. Knoblauch, Zwiebeln und Schalotten lassen sich zusammenflechten und an einem warmen Platz aufhängen. Das sieht schön aus und man kann die Zöpfe in Küchennähe aufhängen, sodass man nicht weit laufen muss. Wurzel- und Knollengemüse wie Möhren, Knollensellerie und Kartoffeln lagert man am besten in Säcken an einem kühlen, dunklen Ort. Bohnen, Erbsen und andere Hülsenfrüchte werden getrocknet, geschält und kommen in Gläser, während man Überschüsse von anderem Obst und Gemüse vergären und einmachen kann. Jede Nutzpflanze ist anders. In diesem Buch erfahrt ihr auch, wie ihr Überschüsse lagert, verarbeitet und haltbar macht.

Legt euch lagerfähige Sorten zu. Ich versuche immer, mehrere Züchtungen mit unterschiedlichen Lagereigenschaften zu kultivieren. 'Walla Walla' etwa ist eine große, süße, knackige Zwiebel, die am besten gleich nach der Ernte verspeist wird. 'Jaune Paille des Vertus' dagegen gehört zu den leckersten Lagerzwiebeln und hält bis zu einem Jahr. Ihr Geschmack verbessert sich wie der eines guten Weins mit der Zeit, wird runder und süßer.

»Es gehört fast ein siebter Sinn dazu, zu wissen, wie und wann man ernten muss.«

Saatgut gewinnen

Ohne die unglaubliche Arbeit von Züchtern, die Samen anbauen, lagern und weiterentwickeln, gäbe es nicht die historischen Traditionssorten, wie wir sie heute kennen. Durch Sammeln eigener Samen schafft ihr ein geschlossenes System, kürzt die Versorgungskette und bekommt Pflanzen, die sich mit der Zeit an die örtlichen Bedingungen anpassen, sodass sie mehr Widerstandskraft gegen Schädlinge und das Klima vor Ort entwickeln.

Die Gewinnung von Saatgut mag wie ein Kinderspiel anmuten, doch könnte man damit Bücher füllen. Wer Pflanzen speziell als Saatgutlieferanten anbaut, muss einiges berücksichtigen, angefangen von der Fremdbestäubung (Kreuzung zwischen verschiedenen Sorten) bis zum Anbau einer genügend großen Anzahl von Individuen der gleichen Sorte, um einen diversen Genpool zu erhalten.

Lasst euch davon aber nicht abschrecken. Wir Gartenbesitzer sind Hüter des Landes und indem wir Samen sammeln, bewahren wir in unseren Gärten ein winziges Stück Biodiversität, das von unseren Vorfahren weitergegeben wurde. Private Kleingärtnerinnen und -gärtner haben viele großartige Gemüsesorten hervorgebracht, die wir heute noch genießen – tatsächlich gibt es die »professionelle« Zucht erst seit letztem Jahrhundert. Lasst euch auf dieses Abenteuer ein und ihr bekommt bald Saatgut der Spitzenklasse, das von Jahr zu Jahr samenecht bleibt, mit jeder Generation besser, resilienter und ertragreicher wird, höhere Keimraten hat und gesündere Pflanzen hervorbringt.

Nach Angaben der Ernährungs- und Landwirtschaftsorganisation der Vereinten Nationen sind im 20. Jahrhundert 75 Prozent der landwirtschaftlichen Saatgutvielfalt verloren gegangen, ganz zu schweigen von dem damit verbundenen Know-how. Es liegt nun an der nächsten Generation, alte Sorten zu bewahren und weiterzuzüchten, um sie für künftige Generationen zu sichern. Außerdem macht es viel Spaß, Samen auszusäen und zuzusehen, wie sie keimen, wenn man selbst oder Freunde sie gesammelt haben.

Ein Blütenstand wie hier der eines Kopfsalats liefert ausreichende Mengen Saatgut für die nächste Saison.

Was sind alte Sorten?

»Samenechte« oder »offen abblühende« alte Sorten sind von großer genetischer Vielfalt und wurden von Generation zu Generation weitergegeben. Sie sind über einen langen Zeitraum entstanden und das Werk von Züchtern, die die Pflanzen von Hand nach bestimmten Charakteristiken selektiert haben, damit sie nicht nur besser schmecken, sondern auch widerstandsfähiger gegen örtlich vorkommende Schädlinge, Krankheiten und klimatische Besonderheiten sind. Viele Wissenschaftler sehen den Schutz und die Bewahrung alter Sorten als wichtig für den Erhalt der genetischen Vielfalt unserer weltweiten Nahrungspflanzen an. Im Gegensatz zu F1-Hybriden und (gentechnisch veränderten) GVO-Pflanzen, die nicht lebensfähige Samen ansetzen oder nicht vermehrt werden dürfen, lassen sich alte Sorten von allen und überall sammeln und aussäen.

Die unkomplizierten Sechs

Es gibt sechs Gemüsepflanzen, von denen man relativ leicht Samen nehmen kann, weil eine kräftige, gesunde Pflanze reicht und sie selten fremdbestäubt werden. Sie sind die perfekten Einsteigerpflanzen in die Welt der Vermehrung durch Samen. Jeder Gartenbesitzer kann sie sammeln und somit ihren Lebenszyklus fortsetzen.

Gartenbohnen

Sie sind selbstbestäubend, weshalb Pflanzen aus selbst gesammelten Samen selten fremdbestäubt sind. Sucht euch die Exemplare aus, die am besten wachsen und tragen, und lasst die Hülsen an der Pflanze, bis sie trocken und braun, hellbraun oder gelb werden. Zur Erntezeit sollte man die Bohnen in den Hülsen klappern hören. Erntet nun alle Hülsen und werft verletzte oder schimmelige weg. Die übrigen kommen an einen gut durchlüfteten Ort, wo sie weiter trocknen können. Sobald sie trocken sind, schält man sie und wirft kleine, runzlige, verfärbte oder von Insekten angefressene Exemplare weg. Was übrig bleibt, wird noch einige Tage an der Luft getrocknet und dann gelagert.

Knoblauch

Dabei handelt es sich streng genommen nicht um Samen, aber wenig lässt sich aus eigenen Vorräten leichter vermehren als Knoblauch; außerdem ist er stets samenecht. Bewahrt die Zehen der besten Zwiebeln im Herbst für das nächste Jahr auf. Man muss die Sorten nicht getrennt aufbewahren – es reicht, sie klar zu etikettieren.

Lasst die Hülsen komplett vertrocknen, bevor ihr die Erbsen herausholt, die ihr als Saatgut aufbewahren möchtet.

Kopfsalat

Den besten und schönsten Kopf erntet ihr nicht, sondern lasst ihn blühen und Samen ansetzen. Sind die Samenstände getrocknet, hart und braun, zwickt ihr sie ab und gebt sie in eine Papiertüte oder ein Gefäß. Schüttelt sie, damit die Samen aus den Samenständen fallen, und lasst sie ein paar Tage an der Luft trocknen. Dann kommen sie in ein luftdicht verschließbares Gefäß und werden kühl und trocken gelagert.

Erbsen

Die Samen werden genauso gesammelt wie die getrockneten Erbsen für die Küche (siehe S. 313). Zunächst lässt man die Hülsen vollständig an der Pflanze trocknen, bis sie braun und brüchig sind. Dann

»Durch das Sammeln selbst gezogener Samen entsteht ein geschlossener Kreislauf.«

Tomatensamen brauchen eine Spezialbehandlung: Samen (oben) aus der Frucht kratzen und in Wasser einweichen, um das Gel zu entfernen, in das sie eingebettet sind (oben rechts), auf Backpapier ausbreiten und trocknen (unten rechts).

bricht man sie vorsichtig ab, öffnet sie und holt die Samen heraus. Exemplare mit Fraßspuren werden weggeworfen, den Rest trocknet man an einem gut durchlüfteten Ort und lagert ihn schließlich ein.

Kartoffeln

Auch dabei handelt es sich streng genommen nicht um Samen, trotzdem ist es kinderleicht, sich aus der Ernte selbst gezogener Kartoffeln einzelne Exemplare herauszuholen und im Frühjahr wie Saatkartoffeln einzusetzen. Legt einfach Kartoffeln, die grün geworden sind, weil sie zu viel Licht abbekommen haben, beiseite und pflanzt sie im folgenden Jahr.

Tomaten

Nehmt von den kräftigsten Pflanzen eine reife, gesunde Frucht, schneidet sie auf und kratzt die Samen in einen kleinen Behälter mit Deckel. Dann füllt ihr den Behälter so weit, dass die Samen von Wasser bedeckt sind, schließt ihn und lasst ihn ein paar Tage bei Zimmertemperatur stehen. Das setzt einen Gärprozess in Gang, durch den die geleeartige Ummantelung der Samen aufgebrochen wird. Sie enthält keimhemmende Substanzen, die verhindern, dass die frostempfindlichen Samen im kalten Herbst und Winter austreiben. Rührt die Mixtur 5–7 Tage lang täglich um. Wenn sich nach ein paar Tagen Schimmel auf der Oberfläche bildet, ist das nicht schlimm. Nach 3 Tagen spült ihr die Samen gründlich im Küchen- oder Teesieb unter fließendem kaltem Wasser, um das Gel zu entfernen. Nun legt ihr die Samen ein paar Tage lang auf Backpapier zum Trocknen. Anschließend kommen sie auf eine nicht klebende Oberfläche, etwa einen Porzellanteller oder eine Metallschale, wo sie 2–3 Wochen lang an einem kühlen, trockenen Platz ohne direkte Sonne weitertrocknen müssen. Danach kann man sie in einen Briefumschlag stecken und an einem kühlen, trockenen Ort lagern.

Tipps zum Sammeln von Samen

Sammelt nur Samen von offen, also natürlich bestäubten Sorten. F1-Hybriden sind nicht samenecht, entsprechen also nicht den Elternpflanzen. Außerdem sind viele durch Patentrechte geschützt.

Sammelt nur Samen von den gesündesten Pflanzen mit den besten Früchten. Trefft eure Auswahl mit Bedacht, denn durch sie greifen wir in den natürlichen Selektionsprozess ein.

Lasst Früchten, die nur zur Samengewinnung an der Pflanze bleiben, Zeit zum Ausreifen. Nur so bekommt ihr auch reifes Saatgut.

Sammelt die reifen Samen am besten an einem trockenen Tag, nachdem der morgendliche Tau verdunstet ist.

Säubert das Saatgut gründlich von Spreu und anderen anhaftenden Pflanzenresten, da sie die Samen faulen lassen können, wodurch diese unbrauchbar werden.

Die Samen müssen gut getrocknet werden, bevor ihr sie lagert. Sind sie noch feucht, schimmeln sie während des Winters.

Haltet Nager fern. Sie machen sich bevorzugt über euer Saatgut her, solange es sich noch an der Pflanze befindet oder drinnen getrocknet wird.

Beschriftet euer Saatgut immer sofort. Ihr wollt schließlich nicht in der nächsten Saison Überraschungen erleben. Auf dem Etikett sollten Art, Sorte und Erntezeitpunkt stehen.

Getrocknete und gesäuberte Samen müssen korrekt gelagert werden. Ich stecke die meinen in Papiersäckchen oder Briefumschläge und lege sie in eine alte Dose, die ich in einen kühlen, aber frostfreien und trockenen Raum im Haus stelle. Lagert man Samen an einem zu warmen oder feuchten Ort, verderben sie rasch.

Wenn ihr nicht sicher seid, ob und wie gut eure selbst gesammelten Samen keimen, probiert es aus, indem ihr ein paar Körnchen in ein gefaltetes, feuchtes Küchentuch aus Papier einschlagt und wartet, ob sie keimen.

Teil 2.

Pflanzen-führer

Zwiebeln & Stangen

Mit ihrem herzhaften Geschmack sind sie unverzichtbarer
Bestandteil des Gemüsegartens und der Speisekammer.

Staudensellerie

Apium graveolens var. dulce

Heißt in anderen Ländern Apio, Kereviz, Sedano oder Celery

Staudensellerie verdient unseren größten Respekt, obwohl er in Küchen immer mehr ein Schattendasein fristet. Alte Sorten sind wesentlich schmackhafter als Supermarktware. Die hohen, geraden Stangen haben saftigen Biss und eine erfrischende Textur.

Geschichte

Staudensellerie ist in seiner heutigen Kulturform ein Abkömmling einer Sumpfpflanze, die wohl aus Asien und dem Mittelmeerraum stammt. Wie archäologische Funde vermuten lassen, handeln Menschen schon seit 4000 v. Chr. mit Selleriesamen. Die Blätter der Wildform sind unglaublich bitter, die Stangen dünn und hohl. Trotzdem wurde der wilde Vorfahr unseres Staudenselleries in frühen Zivilisationen als Arzneipflanze eingesetzt. Die alten Griechen schätzten ihn als »Liebesnahrung« zur Stärkung der männlichen Libido. Auch die Römer entdeckten seine Vorzüge und entwickelten eine Vorliebe für ihn. Sie kauten an den rohen Stangen, um nach wilden Nächten ihren Kater loszuwerden.

Der Ruf des Selleries als Mittel zur Stärkung der Manneskraft kam im 18. Jahrhundert auch dem italienischen Abenteurer Giacomo Casanova zu Ohren, der vielen als größter Liebhaber aller Zeiten gilt. Er konsumierte Sellerie in rauen Mengen, um sein sexuelles Stehvermögen zu verbessern. Selbst in neuerer Zeit setzte man auf die Kraft der Triebe: Hassy's Garden Fresh Celery, einst ein führender britischer Sellerieproduzent, machte vor geraumer Zeit einen bleibenden Eindruck mit einer frechen Werbekampagne, bei der er zweideutige Fotos von Pin-up-Girls in Umlauf brachte, die verführerisch an Selleriestangen knabberten.

Im Lauf der Jahrtausende hat sich Sellerie sogar schon das Treppchen mit Spitzenathleten geteilt. So wurden aus ihm Siegertrophäen ähnlich den Lorbeerkränzen der Olympischen Spiele geflochten: Bei den Nemeischen Spielen, einem antiken Wettstreit mit musikalischen Darbietungen zu Ehren des griechischen Gottes Zeus, bekamen die siegreichen Athleten einen Selleriekranz aufgesetzt.

Im 17. Jahrhundert züchteten italienische Bauern den Sellerie, wie wir ihn heute kennen. Sie trieben ihm die Bitterkeit aus und verbesserten seine Textur, indem sie Exemplare mit dicken, saftigen Stangen anstelle der dünnen, hohlen Stängel seiner wilden Vorfahren selektierten.

Allmählich wurde Sellerie nicht nur ein wichtiger Bestandteil vieler traditioneller Gerichte, sondern feierte auch in der Getränkeindustrie Erfolge. Ein Limonadenhersteller in Brooklyn begann in den späten 1860er-Jahren eine Selleriebrause abzufüllen. Ihr Geschmack erinnert etwas an die würzige Schärfe von Ginger Beer, hat aber einen unverkennbaren, intensiven Sellerieeinschlag. Das Getränk, Cel-Ray genannt, wurde in jüdischen Delikatessenläden an der Ostküste der USA populär und ist noch heute, 150 Jahre später, in jüdischen Vierteln beliebt.

Der Cocktail Bloody Mary, ursprünglich ein Frühstücksdrink gegen Kater, wurde 1921 vom französischen Bartender Fernand Petiot kreiert, der damals in New York arbeitete. Allerdings fehlte Petiots Urversion, was heute als wesentliche Garnierung einer Bloody Mary gilt: die Selleriestange. In den 1960er-Jahren wartete ein Gast in einem schicken Chicagoer Hotel ungeduldig darauf, dass ihm der Barmann einen Rührstab für seinen Cocktail lieferte. Als der nicht kam, schnappte er sich als Ersatz schließlich verärgert eine Selleriestange aus einem Behälter mit Garnierungen. Ein scheinbar unbedeutender Akt, mit dem er jedoch Geschichte schrieb.

In der Küche

Vorbereitung

Um beim Verwerten von Selleriestangen Geschmack und Textur zu verbessern, quetscht man sie leicht mit der flachen Seite einer Messerklinge und schneidet sie dann vorsichtig in große Stücke.

Gerichte

Es verwundert nicht, dass Sellerie seine Popularität eingebüßt hat: Das in Plastik verpackte Zeug aus dem Supermarkt schmeckt meistens nach gar nichts. Dabei verdient das bescheidene Gemüse, das sich in Gerichten oft mit einer Statistenrolle begnügen muss, durchaus den Hauptpart, vor allem, wenn selbst gezogene alte Sorten zum Einsatz kommen, die ungleich besser schmecken als handelsübliche Ware.

Sellerie ist eine beliebte Zutat der chinesischen Küche, obwohl die im Reich der Mitte kultivierten Sorten sich von denen in anderen Teilen der Welt unterscheiden: Sie sind kleiner, bissfester und haben einen kräftigeren Geschmack. In der Regel werden sie nicht roh gegessen, sondern gedünstet oder mit aromatischen Gewürzen in der Pfanne geschmort.

Eine der beliebtesten Selleriespeisen des Landes ist ein Wok-Gericht, in dem Sellerie mit würzigen Zutaten wie frischem Chili, Sojasauce, Reiswein, Essig und Hühnerbrühe angebraten wird, bevor geschnetzeltes Schweinefleisch dazukommt.

Im Großbritannien des 18. Jahrhunderts war Selleriesauce eine beliebte Beilage zu Geflügel, vor allem Fasan. Zubereitet wurde sie, indem man gehackten Sellerie mit Muskatblüten in Wasser

In der Küche

Die Stangen sind (mit Zwiebeln und Möhren) ein wesentlicher Bestandteil von *Mirepoix* und *Sofrito*, der Grundlage vieler Saucen, Suppen, Eintöpfe und Schmorgerichte in aller Welt. Für mich als ehemaligen Koch gehört das Arbeiten mit *Mirepoix* und *Sofrito* aus eigenen Zutaten zu den schönsten Crossover-Erlebnissen.

Staudensellerie ist so viel mehr als die hohen, blassen Stangen aus dem Supermarkt. Von links nach rechts die drei Sorten 'Gigante Dorato', 'Chinese Pink' und 'Liyang White'.

»Die hohen, geraden Stangen sind erfrischend knackig und saftig.«

köcheln ließ, mit Butter und Mehl eindickte und mit einem Klecks Sahne abschmeckte.

1919 veröffentlichte die Rezeptredakteurin des *San Francisco Chronicle*, Belle De Graf, in der Zeitung ein Rezept, für das Sellerie ähnlich wie Zwiebelringe gebraten wird. Damit lassen sich, so De Graf, die zähen äußeren Stangen vorzüglich verwerten. Man schneidet sie in 8 cm lange Stücke und blanchiert sie, bis sie weich und zart, aber nicht zerkocht sind. Nach dem Abkühlen werden sie in Frittierteig gewälzt, frittiert und mit Tomatenketchup serviert.

Kultur

Vermehrung

Staudensellerie und sein knubbeliger Cousin, der Knollensellerie (siehe S. 266), gehören zu den Gemüsepflanzen, die sich am schwersten durch Aussaat vermehren lassen. Die winzigen Samen brauchen Wärme und Licht. Selbst eine hauchdünne Erdschicht darauf kann das Keimen verhindern. Um die Keimrate zu verbessern, sät ihr dünn in kleine Saatschalen auf ver-

Das Bleichen mithilfe von Kartons ist schonender als das Anhäufeln.

Auf einen Blick

Aussäen im Frühjahr bei 15–20 °C

Pflanzen Spätfrühling–Frühsommer

Ausdünnen auf 20–30 cm

Ernten Sommer–Herbst

gewässerte Erde. Drückt die Samen leicht an, damit sie guten Kontakt mit dem Substrat haben – sie müssen aber auf der Oberfläche bleiben. Um sie mit Feuchtigkeit zu versorgen, deckt ihr sie mit etwas Durchsichtigem ab, damit die Luftfeuchtigkeit darunter hoch bleibt und dennoch Licht zu den Samen dringt. Das Wässern mit der Gießkanne ist nicht ratsam, selbst wenn sie einen feinen Brauseaufsatz hat, denn die Samen können weggeschwemmt werden. Besser, ihr wässert mit einer Sprühflasche, mit der ihr die Erde anfeuchtet.

Normalerweise dauert es 2 Wochen, bis Selleriesamen keimen. Sobald das erste Blattpaar erscheint, nimmt man die Abdeckung ab. Lasst die Pflanzen noch 2–3 Wochen lang wachsen und siedelt sie dann in die Einzelmodule von Topfplatten um. Sellerie ist empfindlich und blüht oft zu früh, wenn er jung und zart Kälte abbekommt, deshalb stellt man ihn an einen hellen, frostfreien Platz. Dort bleibt er weitere 4–5 Wochen. Sobald kein Frost mehr droht, kann er in den Garten umziehen. Pflanzt ihn so tief, dass die Ansätze sich etwas unter dem Bodenniveau befinden, da sie so windgeschützt sind. Wässert sie gut ein. Im ersten Monat lohnt es sich eventuell, sie mit Vlies oder einem Netz vor Schädlingen zu schützen.

Weitere Pflege

Staudensellerie wird traditionell in Furchen kultiviert und angehäufelt, um die Triebe zu bleichen, damit sie ihre Bitterkeit verlieren und zarter werden. Das Anhäufeln ist allerdings ein drastischer Eingriff in das Bodengefüge. Eine unproblematische Alternative im Einklang mit No-Dig-Praktiken ist das Umwickeln der Pflanzen mit Pappe 3–4 Wochen vor der Ernte. Zusammengehalten wird die Pappe mit einem Jutefaden oder Gummiband.

Während der Sellerie zulegt, zwickt ihr Seitentriebe am Ansatz ab, damit die Pflanzen gleichmäßig wachsen. Am zartesten und süßesten wird Sellerie durch ausgiebiges Wässern, vor allem während der Zeit, in der er am intensivsten wächst. Regnet es zu wenig, gießt ihr ihn dreimal pro Woche. Selbst wenn die Pflanzen noch üppig, kraftstrotzend und gesund aussehen, versorgt man sie ab und zu mit Wasser, damit die Stangen knackig und saftig bleiben.

Gut gewässerter Sellerie liefert herrlich zarte, saftige Stangen.

»Das Gemüse, das sich in Gerichten oft mit einer Statistenrolle begnügen muss, verdient durchaus den Hauptpart.«

Probleme

Blattläuse, Fäule, Sellerie-Blattfleckenkrankheit, Blattminierer, Kaninchen und Hasen, Schnecken (siehe S. 49–51).

Ernte

Für eine frühe Ernte zieht ihr am besten ein paar Exemplare und behandelt sie wie Pflücksalat, wobei ihr immer nur die größten äußeren Stangen abschneidet. Je nach Aussaatdatum beginnt die Ernte der ganzen Köpfe im Sommer und zieht sich bis in den Herbst hinein. Alle Pflanzen müssen bis zum ersten Frost aus der Erde. Auch darf Sellerie nicht zu lange reifen, sonst werden die Stangen fädig und faserig. Die kompletten Köpfe schneidet man knapp unterhalb der Erdoberfläche mit einem Messer ab. Lässt man zu viel im Boden, treiben die Reste oft wieder aus.

Lagerung

Damit die Stangen knackig und saftig bleiben, schneidet ihr das Laub ab (es kann für Brühen, Eintöpfe und Suppen verwendet werden) und legt es in eine wassergefüllte Schüssel. Sogar vermehren kann man Sellerie mithilfe der Stangen. Stellt sie in ein Wasserglas, dann bilden sie nach 2–3 Wochen Wurzeln. Danach könnt ihr sie in einen Topf mit Erde pflanzen.

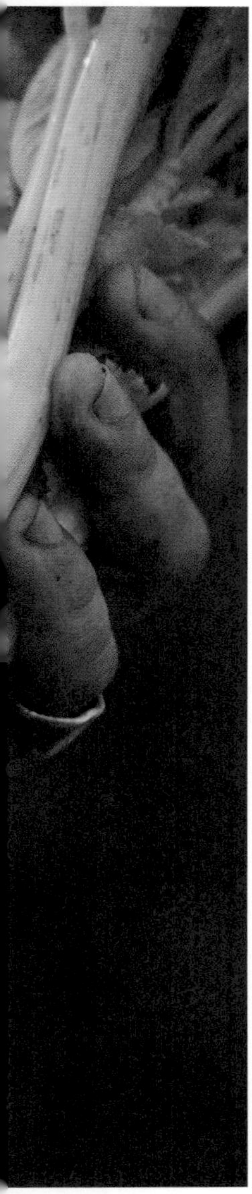

Schneidet den gesamten Kopf unter der Erdoberfläche ab (gegenüber). Auch der Wurzelhals muss mitgeerntet werden (oben).

Empfehlenswerte Sorten

'Chinese Pink' Ein Staudensellerie aus Nordchina mit dünnen Stangen, deren Farbe an die von rosa Zuckerwatte erinnert. Die Sorte reift früher als andere Züchtungen mit größeren Stangen und ist wesentlich unkomplizierter. Im Gemüsebeet sorgt sie für einen neonrosa Akzent, in der Küche bringt sie Farbe in Suppen und Brühen. Ihre Stangen sind knackig und haben einen süßeren, herzhafteren Geschmack als grüne Sorten. Im 19. Jahrhundert war rosa Sellerie in Europa der letzte Schrei, doch geriet er in Vergessenheit, als neue kulinarische Trends aufkamen. Die Stangen werden am besten gekocht genossen; sie haben einen delikaten, milden Geschmack. In China gilt die Sorte als Edelzutat der Haute Cuisine und findet sich auf den Speisekarten von Pekinger Spitzenrestaurants.

'Giant Red' Eine alte Sorte mit roten Stangen. Sie kann über 60 cm hoch werden. Auf den Markt kam sie erstmals im England des 18. Jahrhunderts. Das rubinrote Gemüse ist sehr verlässlich und mäßig kälteresistent, weshalb es sich insbesondere für eine Ernte im Spätherbst eignet.

'Gigante Dorato' Ein dickstängeliger, saftiger grüner Sellerie aus der italienischen Provinz Alessandria im Piemont. Die Stangen eignen sich ausgezeichnet für rohen Verzehr, vor allem wenn sie gebleicht wurden, was ihnen eine schöne hellgelbe Farbe beschert. Deshalb wird die Sorte unter Einheimischen auch 'Golden Legs' genannt.

'Golden Pascal' Eine kältetolerante Sorte, ideal für die spätherbstliche Ernte und die Kultur in kühleren Klimazonen. Die Sorte wurde 1885 in Frankreich gezüchtet und zeichnet sich durch hohe weiße Stangen sowie goldgelbes Laub aus, das im Garten einen leuchtenden Farbakzent setzt. Die kräftigen, festen Stangen haben eine gute Konsistenz und schmecken gekocht angenehm nussig.

'Hopkins Fenlander' Diese große, saftige Sorte wurde Mitte des 20. Jahrhunderts von Stanley Hopkins in Stretham bei Ely in der englischen Grafschaft Cambridgeshire gezüchtet. Sie ist die Weiterentwicklung einer älteren Fenland-Züchtung und eine von nur drei Selleriesorten mit einer geschützten geografischen Angabe (g.g.A.). Fenland-Sellerie gilt als weißer Wintertyp, den es nur für kurze Zeit im Spätherbst und Frühwinter gibt. Das alte britische Traditionsgemüse stand beim reichen viktorianischen Landadel einst hoch im Kurs. Seinen delikaten, süßen Geschmack und die knackige Textur verdankt es altüberlieferten Anbaumethoden und dem torfigen Fenland-Boden, auf dem es wächst.

'Kintsai' Die Sorte ist fester Bestandteil der chinesischen Küche. Ihre dunkelgrünen, dünnen Stangen sind schon mindestens seit der Ming-Dynastie (1368–1644) in Kultur. Stangen und Laub schmecken intensiv, bitter und leicht würzig. Sie werden am besten gekocht serviert, da sie dadurch einen süßen, milden, ausgewogenen Geschmack annehmen.

'Liyang White' Der schneeweiße Sellerie mit schlanken Stangen wird seit mindestens 800 Jahren in den Feuchtgebieten um Changzhou im Osten Chinas angebaut. Das chinesische Landwirtschaftsministerium verlieh ihm eine geschützte Herkunftsbezeichnung, was seine Bedeutung für die Region widerspiegelt. Inzwischen wird die Sorte auch in andere Teile Chinas exportiert, wo man sie als hochpreisige Spezialität vermarktet. Die hellen Stangen haben eine scharfen Geschmack und eignen sich vorzüglich für Suppen und Brühen. Bleicht man sie vor der Ernte 3 Wochen, werden sie noch heller.

Knollenfenchel

Foeniculum vulgare var. *azoricum*

Heißt in anderen Ländern Finocchio, Florence Fennel oder Hinojo

Fenchel hat einen intensiven, lakritzähnlichen Geschmack, der sicher nicht jedermanns Sache ist. Dennoch verfeinert das Gemüse, an dem sich die Geister scheiden, mit seinem delikaten Aroma viele Speisen. Es bildet wie Zwiebeln ein saftiges Herz aus mehreren Lagen. An hohen grünen Stängeln sitzen gefiederte Blätter, die sich elegant im Wind wiegen.

Geschichte

Die Wildart des Fenchels ist an den Küsten des Mittelmeerraums zu Hause, wo sie auf trockenen Böden vorkommt. Seine Kulturformen wurden im Italien des 17. Jahrhunderts gezüchtet.

Der Begriff »Marathon« ist vom griechischen Wort für Fenchel, *máratho*, abgeleitet. Es heißt, die berühmte Schlacht bei Marathon im Jahre 490 v. Chr. sei auf einem Fenchelfeld ausgetragen worden. In ihrem Verlauf gelang es dem athenischen Heer, die zahlenmäßig weit überlegenen Perser zu besiegen. Nach dem Kampf wurde ein griechischer Bote die 42 km lange Strecke nach Athen geschickt, um die Nachricht vom Triumph zu überbringen. Diese Leistung soll Vorbild für den modernen Marathonlauf gewesen sein.

Im Mittelalter kamen Fenchelknollen als Heilkraut gegen Tollwut zur Anwendung. Außerdem hängte man sich Fenchelstauden über Türen, da sie angeblich böse Geister abwehrten. Als zusätzlicher Schutz wurde Fenchelsamen in Schlüssellöcher gestopft, um übelmeinende Kräfte am Hindurchschlüpfen zu hindern.

In der Küche

Vorbereitung

Roh wird Fenchel so dünn wie möglich geschnitten serviert, am besten mit einer Mandoline. Werft das Kraut nicht weg – die fiedrigen Blätter können als würzige Garnierung und Zutat für Salate, Pestos oder andere Saucen verwendet werden.

»Das Gemüse, an dem sich die Geister scheiden, verfeinert mit seiner delikaten Aromatik viele Speisen.«

'Romanesco'

Gerichte

Fenchelknollen sind knackig und saftig. Sie haben einen ausgeprägten Anisgeschmack mit Bitternote und eine pikante Zitrusschärfe. Mit ihrer erfrischenden, sauberen Note verfeinern sie viele Speisen und bilden ein Gegengewicht zu schwereren Zutaten. Roh genossen ergänzt Fenchel Kraut- und andere Salate, etwa den sizilianischen Klassiker *insalata di finocchi e arance*, Fenchel-Orangen-Salat. Es gibt ihn in vielen Versionen, aber mein Favorit enthält dünn geschnittenen Fenchel, frische Orangen und schwarze Oliven, abgerundet mit Minzeblättern, zerkleinerten Walnüssen und einem Spritzer Olivenöl.

Fenchel wird gekocht zart und buttrig. An die Stelle des typisch aromatischen Geschmacks tritt eine üppig nussige, zuckrige Komponente mit nur noch einem Hauch Anis. Ich finde Fenchel am besten, wenn er goldbraun gebraten wird, bis er karamellisiert. Das drängt seine Lakritznote stark in den Hintergrund und bringt das Gemüse jenen nahe, die über alles die Nase rümpfen, was auch nur den Anflug von Anis hat. Ein Spritzer Balsamico-Essig verleiht frisch gebackenem Fenchel Komplexität und rundet seine Süße ab.

Der grüne Teufel

Absinth ist eine Spirituose, die aus Knollenfenchel, Anis und Wermut gebrannt wird. Er hat eine lange Geschichte, die bis ins alte Griechenland zurückreicht, wo ein mit Wermutkraut aromatisierter Wein als *absinthites oinos* zu Heilzwecken verabreicht wurde. Der erste offizielle Absinth mit Fenchel als Bestandteil entstand jedoch im 18. Jahrhundert. Ursprünglich war er ein Heiltrunk, doch im 19. Jahrhundert lernte man ihn als alkoholisches Getränk zu schätzen. Besonders die Bohème in den Metropolen sprach ihm mit Vorliebe zu. Eine Zeit lang war er in vielen Ländern verboten, weil man ihm nachsagte, dass er eine psychoaktive Droge sei und Halluzinationen verursache. Nachdem sich diese Vorwürfe als haltlos erwiesen, ist er inzwischen wieder erhältlich.

Kultur

Obwohl Fenchel selten von Schädlingen geplagt wird, gilt er oft als anspruchsvolles Gemüse, denn er neigt zum Blühen, bevor er eine Knolle bildet. Man kann die Erfolgsaussichten allerdings erhöhen, indem man den Aussaatzeitpunkt sorgfältig wählt und passende alte Sorten kultiviert.

Vermehrung

Fenchel neigt zum Schossen, bevor die Knollen voll entwickelt sind. Der Grund: Seine natürliche Blütezeit fällt in den Hochsommer. Entscheidend ist der Zeitpunkt der Aussaat. Ideal sind der Spätwinter oder Vorfrühling – spätere Aussaaten bekommen keine voll entwickelten Knollen mehr hin, bevor sie schossen. Allerdings brauchen frühe Aussaaten Frostschutz, weshalb man sie auch im Hochsommer ausbringen und im Herbst ernten kann.

Frühe Aussaaten benötigen Wärme, um zu keimen. Deshalb stellt man sie drinnen in ein sonniges Fenster. Nach dem Austreiben bringt ihr sie in ein Frühbeet, ein Gewächshaus oder einen Folientunnel, wo sie rund 4 Wochen bleiben. Droht Frost, müssen die empfindlichen Sämlinge aber schnell wieder in die Wohnung gebracht werden. Sommeraussaaten wachsen wesentlich schneller und können normalerweise schon nach 3 Wochen ins Freie.

Die Triebe von Fenchelsetzlingen brechen leicht. Um sie vor starkem Wind zu schützen, gräbt man ihnen ein etwas tieferes Pflanzloch als nötig, sodass der Ansatz sich unterhalb des Bodenniveaus befindet.

Gesunden Fenchel erkennt man am dunkelgrünen Laub und der festen, weißen Knolle.

Weitere Pflege

Im Frühjahr gepflanzte Fenchelsetzlinge werden mit Vlies vor Frost und Wind geschützt. Im Spätfrühling kann man die Abdeckung abnehmen, denn dann sollten die Pflanzen robust genug sein.

Wässert frisch gepflanzte Setzlinge gut und achtet darauf, dass sie immer genug Feuchtigkeit haben. Regnet es länger nicht, muss man wässern, bis die Pflänzchen gut eingewachsen sind. Beginnen im Frühjahr

Auf einen Blick

Aussäen Spätwinter–Vorfrühling; Hochsommer bei 10–20 °C

Pflanzen Vollfrühling–Spätsommer

Ausdünnen auf 20 cm

Ernten Frühsommer–Herbstmitte

Fenchelknollen brauchen viel Wasser, um dick und groß zu werden.

ausgesäte Pflanzen anzuschwellen, brauchen sie wieder viel Wasser. Später gesäte Posten müssen wegen der herbstlichen Niederschläge nicht mehr gegossen werden.

Probleme

Hasen, Schnecken (siehe S. 49–51).

Ernte

Auf das Timing kommt es an. Der perfekte Moment ist gekommen, wenn der süße Anisgeschmack und die zarte Textur am besten sind. Wer zu früh erntet, bekommt Knollen, die nicht sonderlich fest sind. Wartet man andererseits zu lange, werden die Knollen lang, faserig und holzig. Die ideale Knolle ist dick, fest und in gutem Zustand. Auf jeden Fall muss sie aber vor dem ersten Frost aus der Erde. Ihr erntet die ganze Pflanze, indem ihr sie auf Bodenhöhe mit einem Messer abschneidet und die Wurzeln im Erdreich lasst.

Lagerung

Im Sommer geernteter Fenchel wird frisch verarbeitet, denn er lässt sich gekühlt nur etwa eine Woche aufbewahren. Herbstfenchel hält im Schuppen oder in anderen Nebengebäuden 2–3 Wochen. Schneidet vor dem Lagern das Kraut ab, lasst aber ein paar Wurzeln an der Knolle.

Empfehlenswerte Sorten

'Di Parma sel. Prado' Diese nach der italienischen Stadt Parma benannte Sorte mit gedrungenen, breiten, flachen Knollen wird am besten spät ausgesät. Sie zeichnet sich durch ein dichtes saftiges, köstliches Fleisch und üppiges Laub aus.

'Mantovano' Seine großen, schweren Knollen reifen schneller als die der meisten anderen Sorten. Zudem schosst die Sorte nur schwer, weshalb sie ideal für die erste Aussaat der Saison ist. Ihre köstlich süßen, weißen Knollen fallen durch die flache Form ins Auge.

'Montebianco' Eine Sorte mit dicht bepackten, schneeweißen Knollen. Sie ist benannt nach dem höchsten Alpengipfel, dem Mont Blanc. Die Pflanzen neigen zwar nicht zum vorzeitigen Schossen, dennoch sollte die Sorte eher später ausgesät werden. Sie ist wüchsig, trägt intensiv grüne Blätter und bildet eine große, runde Knolle.

'Romanesco' Diese verlässliche alte Sorte stammt aus Florenz und liefert dicke, ovale Knollen, dicht gewundene Stängel und einen großen Busch aus gefiedertem Laub. Sie ist die vielleicht beliebteste Fenchelsorte und wird oft auch als die schönste bezeichnet. Ihre Knollen schätzt man wegen ihres süßen Geschmacks und ihrer zarten, saftigen Konsistenz. Eine vielseitige Züchtung, die sich bei früher wie später Aussaat wacker schlägt.

Blühender Fenchel

Grämt euch nicht, wenn die Pflanzen schossen, denn mit der Blüte bildet sich Pollen, den man ernten kann. Er zeichnet sich durch einen intensiven Anisgeschmack aus und ist eine begehrte Zutat in Spitzenrestaurants. Nach der Blüte setzt Fenchel süße, duftende Samen an, die man ebenfalls ernten, trocknen und ins Gewürzregal stellen kann. Sie sind ein wesentlicher Bestandteil der indischen Küche, speziell von *mukhwas pan masala*, eine aromatische Mischung aus Kräutern und Nüssen, die gern als Gaumenreiniger bzw. Geschmacksneutralisator und Verdauungshilfe eingesetzt wird.

Knoblauch

Allium sativum

Heißt auch Vanille des armen Mannes, Knofl und Stinkzwiebel

Man hasst oder liebt ihn. Gleichwohl ist die Zwiebel mit dem stechenden Geruch ein fundamentaler Bestandteil fast jeder Küche auf der Welt. Knoblauch zeichnet sich durch sein kräftiges Aroma aus. Roh schmeckt er würzig und intensiv, gekocht wesentlich milder, kernig, süß und nussig. Die Zwiebeln bestehen aus Zehen mit einer papiernen Schale, die oft weiß ist (mitunter mit violetten Streifen), aber auch beige, hellbraun, rot, rosa oder violett sein kann.

Geschichte

Knoblauch gehört zu den ältesten Nutzpflanzen der Welt. Er stammt aus Asien, eventuell aus einer Region zwischen Westchina und Kasachstan (was allerdings strittig ist). Bei archäologischen Ausgrabungen wurde Knoblauch in Höhlen gefunden, was darauf hindeutet, dass ihn bereits Jäger und Sammler vor rund 10 000 Jahren nutzten. Die alten Kulturen von Mesopotamien, Ägypten, China, Griechenland, Rom und im Indus-Tal schätzten ihn als Nahrung und Arzneipflanze. In Ägypten galt er vermutlich als heilig, weshalb man ihn sogar Pharaonen mit ins Grab gab; zudem war er eine Art Währung. Als 1922 das Grab von Tutanchamun entdeckt wurde, fanden sich zwischen den Schätzen mehrere perfekt erhaltene Knoblauchknollen. Im antiken Griechenland und Rom verzehrten Athleten und Gladiatoren die scharfen Zwiebeln vor Wettbewerben und Schlachten zur Leistungssteigerung. Später schätzte man Knoblauch als entzündungshemmende Pflanze, die auf Wunden gerieben wurde, um Infektionen zu verhindern.

In der Küche

Vorbereitung

Um den scharfen, kräftigen Geschmack optimal zu nutzen, muss Knoblauch korrekt eingesetzt werden. Zu viel erschlägt ein Gericht, brät man ihn zu sehr, wird er bitter. Ob er besser gehackt oder zerdrückt wird, hängt davon ab, wozu man ihn braucht. Das Zerdrücken mit einer Presse liefert einen intensiven Geschmack, der beim Schneiden oder Hacken etwas weicher und dezenter ausfällt.

Gehackter Knoblauch verbrennt nicht so leicht wie zerdrückter und wird am besten für Saucen, Suppen und Eintöpfe verwendet. Ich zerdrücke die Zehen ganz leicht mit dem flachen Teil einer Messerklinge. Dadurch lassen sie sich besser schälen. Dann schneide ich sie möglichst dünn und gleichmäßig.

'Violet de Cadours', auch 'Rhapsody Wight' genannt, ist eine beliebte Sorte des Echten Knoblauchs.

Vor dem Einlagern der Zwiebeln werden die Wurzeln gekürzt (rechts).

Knoblauchstängel (unten) gibt es selten zu kaufen. Umso kostbarer sind sie, wenn man sie im eigenen Garten ernten kann.

Bei der Zubereitung nicht gekochter Saucen wie Chimichurri, Salsa verde und Pesto oder von Knoblauchbutter verwende ich zerdrückten Knoblauch. Ich arbeite aber nicht mit einer Knoblauchpresse, sondern bereite eine Paste aus fein gehacktem Knoblauch zu, den ich mit Salz bestreue Dann mische ich den Knoblauch und das Salz mit der flachen Seite einer Messerklinge. Das ergibt eine wesentlich feinere, weichere Konsistenz als mit der Presse.

In beiden Fällen darf der Knoblauch nicht zu früh in die Pfanne, sonst verbrennt er. Ich gebe ihn in der Regel rund eine Minute vor dem Hinzufügen von Flüssigkeit wie Brühe, Wein oder Passata dazu, denn sie senken die Temperatur und damit die Gefahr, dass der Knoblauch anbrennt.

Gerichte

Natürlich verlangen etliche Rezepte nach Knoblauch, aber ich möchte hier ein paar empfehlen, in denen er der unumschränkte Star ist. An vorderster Stelle steht *Aioli*, eine intensive Sauce aus rohem Knoblauch, Zitronensaft, Olivenöl, Wasser und Salz. Im Mittelpunkt steht Knoblauch auch in *Bagna cauda*, einer einfachen norditalienischen Dipsauce mit gebratenem Knoblauch und Sardellen, die warm zu rohem Gemüse und Brot serviert wird.

Knoblauch lässt sich auf mehrere Arten haltbar machen. Laba (siehe Kasten

Laba-Knoblauch

Kennt ihr grünen Knoblauch? Wenn nicht, stelle ich euch Laba-Knoblauch vor, eine sauer eingelegte, in Nordostchina beliebte Beilage. Sie schmeckt süß-sauer mit pikanter Note. Zubereitet wird Laba, indem man rohen geschälten Knoblauch mit etwas Zucker in Reisweinessig einlegt und im luftdicht verschlossenen Behälter ziehen lässt, bis der Knoblauch jade- oder smaragdgrün wird, was ungefähr 20 Tage dauert. In China wird Laba mit Klößen serviert. Wer einen ungewöhnlichen Snack mit Wow-Faktor sucht, sollte ihn als Appetizer wie Oliven oder Cornichons servieren.

oben) ist eine chinesische Delikatesse. In Korea kennt man schwarzen Knoblauch, der entsteht, wenn man ganze Zwiebeln über einen Monat lang niedriger Hitze und moderater Feuchtigkeit aussetzt. Dabei bekommt er einen supersüßen Geschmack mit dattelähnlicher Textur und einer Note, die an die englische Würzsauce Marmite erinnert. Auf krustiges Sauerteigbrot geschmiert und mit Tomaten sowie Kräutern belegt ist er einfach unschlagbar.

Ein altes französisches Rezept zur Konservierung von Knoblauch ist langsam geröstetes Knoblauch-Confit. Dazu werden geschälte Zehen mit Olivenöl und Kräutern 90 Minuten oder länger im Herd auf niedriger Hitze gegart. Mit Balsamico-Essig schmeckt es köstlich als Dipsauce für Brot. Das mit Knoblauch aromatisierte Öl kann in jedem Gericht mit Olivenöl als Zutat eingesetzt werden.

Auch durch Fermentieren lässt sich Knoblauch haltbar machen. In dieser Form eignet er sich bestens für ein Dressing zu gerösteten Möhren oder als Glasur für Schweinefleisch. Geschälte Zehen werden in Honig getaucht und 3–12 Monate bei Zimmertemperatur in einem luftdicht verschlossenen Behältnis gelagert. Die Mixtur muss alle paar Tage umgerührt werden, damit die Gase entweichen.

»Knoblauch gehört zu den ältesten Nutzpflanzen.«

Kultur

Der Spaßfaktor von Knoblauch ist enorm. Er lässt sich ohne Schwierigkeiten anbauen und gut lagern. Man unterscheidet zwei Varietäten bzw. Typen: Schlangenknoblauch und Echten Knoblauch. Der intensivere Schlangenknoblauch hat einen harten, holzigen Stängel. Er verläuft mitten durch die Zwiebel, die sich aus nur wenigen großen Zehen zusammensetzt, weshalb er in der Küche leichter zu verarbeiten ist. Echter Knoblauch ist milder und trägt weiche, blattähnliche Stängel, während die Zwiebel sich aus vielen kleinen Zehen zusammensetzt. Schlangenknoblauch braucht eine Kälteperiode, um Zwiebeln zu bilden, Echter Knoblauch dagegen wächst in milden Regionen besser, ist schneller reif und hält länger, weshalb man in Supermärkten eher ihn antrifft. Es gibt ferner zahlreiche Subtypen. Ich empfehle, die Typen zu mischen, damit man das ganze Jahr versorgt wird und die Auswahl aus mehreren Geschmacksvarianten für unterschiedliche Gerichte hat.

Knoblauchstängel

Im Spätfrühling und Frühsommer treibt Schlangenknoblauch einen Stängel aus, also einen dünnen, geringelten Schaft mit ungeöffneter Blütenknospe. Er muss abgeschnitten werden, sobald sich die Knospe zu bilden beginnt, damit die Pflanze ihre Energie in die Zwiebel statt die Blüte steckt. Brecht den Stängel einfach direkt am Ansatz ab.

Das zarte grüne Gemüse ist eine saisonale Delikatesse, die man kaum je im Handel findet. Man kann sie wie Spargel verarbeiten, dem sie geschmacklich ähnelt, aber mit Knoblauchnote. Ich sautiere die Stängel gern in Olivenöl und lasse sie mir zum Frühstück mit Rührei schmecken.

Auf einen Blick

Aussäen/Stecken Mitte/Ende Herbst bis Frühwinter; im zeitigen Frühjahr bei 0–10 °C

Ausdünnen auf 10 cm, Reihenabstand 30 cm

Ernten
Spätfrühling–Hochsommer

Vermehrung

Am leichtesten lässt sich Knoblauch vermehren, indem man die Zehen direkt an ihren endgültigen Standort ins Freiland setzt. Verwendet aber nicht den Knoblauch aus dem Gemüseregal von Supermärkten, sondern kauft Pflanzknoblauch aus Gartencentern oder online.

Knoblauch wird meist in der zweiten Herbsthälfte oder im Frühwinter gesteckt, bevor der Boden gefriert. Manche Sorten sät man auch im Frühling. Sie sind in der Regel als »Frühjahrsknoblauch« etikettiert.

Die Aussaat in No-Dig-Gärten ist ein Kinderspiel. Sucht einen sonnigen Platz mit leichten, durchlässigen Böden, trennt die Zehen von der Zwiebel und werft kleine oder dünne Zehen weg. Dann drückt ihr ein 5 cm tiefes Loch in die Erde, steckt die Zehen mit dem spitzen Ende nach oben hinein und bedeckt sie mit Erde. Zum Schluss kommt eine 5–10 cm dicke Kompostschicht auf das Beet.

Knoblauch lässt sich auch in Töpfen vermehren, wenn man sie in die Sonne stellt. Ihr braucht gutes Substrat, idealerweise mit etwas Perlitanteil, um die Durchlässigkeit zu verbessern. Steckt drei Zehen in einen 15-cm-Topf, sechs in einen 20-cm-Topf, acht in einen 25-cm-Topf usw. Die Töpfe sollten mindestens 15–20 cm hoch sein. Steckt die Zehen in gleichen Abständen im Kreis, aber nicht direkt an den Rand. Vorgepflanzter Knoblauch ist ein originelles Weihnachtsgeschenk.

Weitere Pflege

Wässert Knoblauch (vor allem in Töpfen kultivierten) während der gesamten Saison, wenn es länger nicht regnet, nicht jedoch in den letzten Wochen, damit er nicht fault. Wichtig: regelmäßig jäten.

Probleme

Lauchminierfliege, Zwiebelfliege, Mehlkrankheit, Rost, Stängelälchen (siehe S. 50), Zwiebelnematoden.

Ernte

Schlangenknoblauch kann in der ersten Sommerhälfte geerntet werden, Echter Knoblauch in der Regel 3–4 Wochen früher, wenn die Stängel umfallen.

Man holt die Knollen aus der Erde, bevor das Laub gelb wird. Fasst in den Boden, um zu fühlen, ob die Zwiebel sich geteilt hat, bevor ihr sie herausholt. Mit einer Handschaufel hebelt ihr sie vorsichtig aus dem Erdreich. Zieht nie am Stängel, da er brechen kann. Entfernt die äußerste Schale über dem weißen Inneren, solange der Stängel noch am Knoblauch ist, und schneidet die Wurzeln ab.

Lagerung

Knoblauch wird meist getrocknet, damit er lange haltbar bleibt. Legt die Zwiebeln auf eine Bank, einen Tisch oder ein Drahtgitter an einen trockenen, gut durchlüfteten Platz, etwa in einen Schuppen, eine Garage oder auf eine schattige Veranda. Nach 20–30 Tagen sollte er trocken sein. Bei schönem Wetter darf man ihn auch in die Sonne legen, dann geht es schneller.

Danach kann man ihn flechten und an einen Platz mit guter Luftzirkulation aufhängen. Bei mir hängt er in der Küche.

Manche wollen Knoblauch frisch statt getrocknet genießen. Frisch schmeckt er sehr intensiv ohne die stechende Note und wirft oft halbiert und gegrillt genossen. Nach dem Ernten und Säubern schneidet man den Stängel etwa 10 cm über der Zwiebel ab und lagert ihn im Kühlschrank.

Schlangenknoblauch

Asiatic

Verglichen mit anderen Sorten des Schlangenknoblauchs werden die der Asiatic-Gruppe relativ rasch reif und lassen sich auch länger lagern. Roh sind sie scharf und würzig, gekocht süß.

'Korean Red' Ein pikanter, intensiver Knoblauch von den malerischen gebirgigen Halbinseln Koreas. Er hat große, runde Zwiebeln mit spektakulären violetten Streifen. Die wüchsigen Pflanzen können bis zu 50 cm hoch werden.

Creole

Die ursprünglich aus Spanien stammende Sortengruppe wurde von den Konquistadoren weltweit verbreitet. Ihre Vertreter haben meist feste, dunkelviolette bis rosa oder rote Zehen in einer papierweißen Schale. Sie schmecken deftig und süß, sind also ideal für rohen Genuss.

'Morado de las Pedroñeras' Die auffallend violettschalige Sorte stammt aus der autonomen spanischen Region Castilla-La Mancha, wo sie seit mindestens 200 Jahren fester Bestandteil der Küche ist. Die Zehen schmecken kräftiger und würziger als die der meisten spanischen Sorten.

'Rose de Lautrec' Sie wird oft als die beste französische Sorte bezeichnet und hat einen einzigartig pikanten Geschmack, der an Dijonsenf erinnert.

'Rosso di Sulmona' Unter der weißen Schale der Zwiebel stecken rote Zehen. Die Sorte ist benannt nach der Stadt Sulmona im Peligna-Tal der Abruzzen, wo sie seit dem 18. Jahrhundert kultiviert wird. Mit ihrem delikaten, süßen Geschmack eignet sie sich besonders für Speisen, in denen roher Knoblauch zum Einsatz kommt, allen voran Bruschetta.

Knoblauch ist fundamentaler Bestandteil vieler Küchen in aller Welt.

Die Legende der 'Rose de Lautrec'

Der Legende nach konnte ein Handelsreisender im südfranzösischen Département Tarn sein Abendessen in einer Taverne nicht bezahlen. Er bot dem Wirt an, die Zeche mit seltsam anmutenden rosa Knoblauchzwiebeln zu begleichen. Der Knoblauch wurde vom Wirt gepflanzt und gepflegt und ist seither eine wichtige Feldfrucht in der Gegend.

Porzellan

Die Sortengruppe gilt als die intensivste und schmackhafteste. Ihre Zwiebeln haben wenige große Zehen, weshalb sie sich leicht schälen lassen und länger halten als viele andere Schlangenknoblauchsorten. Die Farbe ihrer Hülle variiert von violett bis braun, die Zwiebeln tragen eine dicke weiße oder violett gestreifte Schale.

'German Giant' Diese außergewöhnlich winterharte Sorte fand während der Römerzeit über Handelsrouten ihren Weg von Italien nach Norddeutschland, wo sie an kühlere Bedingungen angepasst wurde. Sie liefert sehr große, elfenbeinweiße Zwiebeln. Die Zehen haben eine dunkelrote, leicht zu lösende Schale. Wegen des hohen Zuckergehalts und seiner Größe gehört dieser Knoblauch zu den am leichtesten zu röstenden Sorten.

'Music' Ihren Namen hat diese verlässliche, leicht zu kultivierende Sorte von Al Music, einem kanadischen Tabakfarmer, der beschloss, die Welt des Knoblauchs zu erschließen, und Anfang der 1980er Samen aus Italien importierte. Die Sorte hat große weiße Zwiebeln mit herzhaftem Geschmack. Roh schmecken sie würzig und aromatisch, gekocht voll und körperreich.

Purple Striped

Die für ihre lebhaft violett gestreiften oder gefleckten Zwiebeln bekannte Sortengruppe gilt vielen als ältester und genetisch einheitlichster Knoblauch. Er wird schon seit Jahrhunderten angebaut und schmeckt roh, süß und reichhaltig. Ihm fehlt die würzige Schärfe vieler anderer Sorten.

'Chesnok Red' Eine unkomplizierte Sorte mit großen, pflaumenblauen Zwiebeln, die nach dem Rösten besonders süß schmecken. Die Züchtung heißt auch 'Shvelisi', nach der Stadt Skhvilisi in Georgien nahe der türkischen Grenze,

'Morado de las Pedroñeras' ist ein intensiver Schlangenknoblauch aus Spanien.

aus der sie stammt. Als die Rote Armee 1921 in Georgien einfiel, benannten ihn die Sowjets in *chesnok* um, das russische Wort für Knoblauch.

'Persian Star' ('Samarkand') Eine süße, komplexe, sehr alte Sorte. Sie gelangte zu Ruhm, nachdem man sie auf einem Basar im usbekischen Samarkand, einer der ältesten Städte Zentralasiens, entdeckte. Erworben wurde sie 1989 von John Swenson, einem respektablen Knoblauchfan aus den USA, der auf der Suche nach neuen Sorten durch die Welt reiste und der Seed Savers Exchange Bank 150 Sorten zur Aufbewahrung und Sicherung des Fortbestands überließ.

Marbled Purple Striped

Diese Sorten bilden wenige, aber große und intensiv aromatische Zehen. Die Schale um die Zwiebeln ist, anders als der Name nahelegt, nicht gestreift, sondern meist violett marmoriert.

'Bogatyr' Als die Arzneimittel der Sowjets im Zweiten Weltkrieg knapp wurden, verwendete man diese Sorte als Ersatz für Antibiotika, was ihr den Namen »russisches Penicillin« einbrachte. Erst mit dem Zusammenbruch der Sowjetunion 1989–1991 fand die Sorte mit den auffällig violett gestreiften Zwiebeln den Weg über die Grenzen der ehemaligen UdSSR. Sie gilt als eine der würzigsten, ist sehr scharf und bildet riesige, braunrote Zehen.

Rocambole

Köche schätzen den tiefgründigen, komplexen Geschmack der rundlichen Zwiebeln. Außerdem lassen sich die Zehen sehr leicht schälen, weil ihre Hülle locker sitzt. Allerdings gehört die Gruppe zu den am wenigsten lagerfähigen Sorten und hält nur 3–4 Monate.

'Italian Purple' Die violett gestreifte Züchtung zeichnet sich durch einen reichhaltigen Geschmack aus, der nicht von den knoblauchtypischen scharfen, würzigen Noten überlagert wird. Züchter mögen sie, weil sie sich früh ernten lässt, doch braucht sie einen kalten Winter, um sich gut zu entwickeln.

Turban

Typisch ist ihr scharfer, würziger Geschmack und die kantigen, dicken Zwiebeln. Turban-Sorten haben meist eine farbenfrohe, hell- bis dunkelviolette Außenschale. Sie reifen wesentlich früher als andere Sorten, halten aber nur rund 5 Monate.

'Basque' Die schöne Sorte stammt aus der baskischen Region Navarra in Nordspanien. Aus ihren kantigen Zwiebeln wird die traditionelle *sopa de ajo* (Knoblauchsuppe) zubereitet. Die Sorte ist mittelstark würzig, wird gekocht aber sehr süß.

'Sonoran' Die nach der Sonora-Wüste in Nordwestmexiko und dem Südwesten der USA benannte Sorte schmeckt nach Moschus. Sie wird auf der mexikanischen Seite der Grenze angebaut und ist dort fester Bestandteil der örtlichen Küche. Roh überwältigt sie fast durch ihren stechenden, würzigen Geschmack, aber gekocht ist sie wesentlich milder. Die silbrige, violett gestreifte Schale wirkt wie Papier.

Echter Knoblauch

Artischocke

Ihren Namen haben die Sorten dieser Gruppe bekommen, weil sie an Gemüseartischocken erinnern. Sie sind wüchsig und bilden große Zwiebeln aus bis zu 20 Zehen. Die perlweiße, papierne Schale ist mitunter violett getönt. Typisch ist der milde, angenehme, verglichen mit dem des stechenderen Schlangenknoblauchs eher dezente Geschmack und die lange Lagerzeit von 8–10 Monaten.

'Lorz Italian' Benannt ist diese Sorte mit den großen Zwiebeln nach der Familie Lorz, die sie in die USA mitbrachte, als sie im 19. Jahrhundert aus Italien auswanderte, um den amerikanischen Traum zu verwirklichen. Sie ließ sich im Bundesstaat Washington nieder, wo sie sich wie schon in der Heimat im Knoblauchanbau betätigte. Die Sorte ist heute besonders bei US-Züchtern beliebt. Man schätzt ihren scharfen, kräftigen Geschmack, der gut zur italienischen Küche passt.

'Tochliavri' ('Red Toch') Die früher nur in der georgischen Kleinstadt Tochliavri angebaute Sorte bildet große, flache Zwiebeln und Zehen mit einem süßen, milden, aber dennoch komplexen Geschmack fast ohne Schärfe. Die Zwiebel hat eine weiße, auffällig rot gestreifte Schale.

Sorte	Typ	Subtyp	Zahl der Zehen pro Zwiebel	Lagerfähig
'Basque'	Schlangenk.	Turban	6–8	5 Monate
'Bogatyr'	Schlangenk.	Marbled Purple Striped	4–6	bis 9 Monate
'Chesnok Red'	Schlangenk.	Purple Striped	8–12	bis 6 Monate
'German Giant'	Schlangenk.	Porzellan	4–6	bis 10 Monate
'Italian Purple'	Schlangenk.	Rocambole	bis 8	6–8 Monate
'Korean Red'	Schlangenk.	Asiatic	6–8	5–6 Monate
'Morado de las Pedroñeras'	Schlangenk.	Creole	8–10	8 Monate und mehr
'Music'	Schlangenk.	Porzellan	4–6	3–6 Monate
'Persian Star'	Schlangenk.	Purple Striped	8–12	6–8 Monate
'Rose de Lautrec'	Schlangenk.	Creole	6–10	bis 8 Monate
'Rossa di Sulmona'	Schlangenk.	Creole	10–14	4–5 Monate
'Sonoron'	Schlangenk.	Turban	6–8	4–6 Monate
'Lorz Italian'	Echter K.	Artischocke	12–15	bis 8 Monate
'Rose du Var'	Echter K.	Silverskin	10–18	12 Monate und mehr
'Sicilian Silver'	Echter K.	Silverskin	bis 15	rund 12 Monate
'Tochliavri'	Echter K.	Artischocke	bis 18	6–7 Monate
'Violet de Cadours'	Echter K.	Artischocke	10–12	bis 8 Monate

'Violet de Cadours' ('Rhapsody Wight') Ein auffallend violetter Knoblauch von den sonnigen Hängen um das Dorf Cadours bei Toulouse. Eine der am schnellsten reifenden Sorten des Echten Knoblauchs, die sich zudem bis weit in den Frühwinter lagern lässt.

Silverskin

Die Silverskin-Gruppe umfasst die haltbarsten Knoblauchsorten (12 Monate und mehr). Sie unterscheiden sich in Größe und Farbe, aber die meisten beeindrucken durch einen würzigen, moschusartigen, komplexen Geschmack. Silverskin-Züchtungen bilden, anders als die meisten Sorten des Echten Knoblauchs, manchmal einen Stängel (siehe S. 75).

'Rose du Var' Eine bei Züchtern begehrte Sorte aus Frankreich. Die rosarote Zwiebel lässt sich lange lagern. Ihre Zehen haben das richtige Maß an Süße und Würze. Aus der alten Sorte wurden mehrere registrierte Züchtungen entwickelt, darunter 'Cristo'.

'Sicilian Silver' Eine alte Sorte aus Sizilien, wo man ihren scharfen, würzigen Geschmack schätzt. Sie ist außerdem so lange lagerfähig, dass sie bis zur Ernte im nächsten Jahr hält.

Die Zwiebeln legt man zum Trocknen aus, bevor sie eingelagert werden.

'Bulgarian Giant'

Porree

Allium porrum

Heißt auch Lauch, Hawar, Negi und Poireaux

Die hohen, eleganten Stangen mit ihrem ansprechend grünen Laub machen im Beet eine buchstäblich herausragende Figur, vor allem im trüben Wintergrau. Porree ist mehr als nur eine unbedeutende Zutat: Er ist ein kulinarisches Kraftpaket, das Gerichte bereichert, indem es ihnen Tiefe und Komplexität verleiht.

Geschichte

Die uralte Gemüsepflanze stammt wohl aus dem östlichen Mittelmeerraum und dem Nahen Osten. Ihre wilden Vorfahren wurden schon von den alten Sumerern, Assyrern und Ägyptern kultiviert. Die Menschen damals bauten Porree jedoch nicht nur als Feldfrucht an, sondern schrieben ihm auch Inhaltsstoffe zu, die das Grauwerden von Haar verzögern und sogar »heilen« konnten. Von den alten Römern ist überliefert, dass sie Porree regelmäßig aßen, um ihre Singstimme zu verbessern. Kaiser Nero stopfte aus diesem Grund solche Mengen in sich hinein, dass man ihm den Spitznamen Porophagus, »Lauchesser«, verpasste. Im Mittelalter wurde Porree in Europa ein wichtiges Gemüse, da er auch in den kalten, dunklen Wintermonaten, in denen es sonst wenig Frisches gab, verfügbar war.

Der Name »Porree« ist vom Lateinischen *porrum* abgeleitet und in Europa seit Langem bekannt. Cadwaladr, der walisische Fürst von Gwynedd, befahl seinen Kriegern vor der großen Schlacht gegen die eindringenden Sachsen, sich Porree an ihre Helme und Rüstungen zu stecken, um Freund und Feind unterscheiden zu können. Die Waliser gingen siegreich aus dem Kampf gegen die Sachsen hervor, woraufhin Porree zum Symbol des Landes erkoren wurde. Nicht geklärt ist allerdings, wann er seinen Weg nach Wales fand. Nach Ansicht mancher Historiker brachten ihn phönizische Seeleute auf Gauloi-Handelsschiffen mit, die um 1100 v. Chr. nach Zinn suchten. Andere vermuten, dass die Römer ihn bei der Invasion Britanniens 43 n. Chr. mit einführten.

In der Küche

Vorbereitung

Während Porree reift, können sich Erdreste zwischen den Schichten sammeln. Wer also die Stangen ganz verarbeiten möchte, etwa um sie zu dünsten, zu braten oder zu grillen, entfernt dickes Laub und Wurzeln, wobei die Wurzelscheibe intakt bleiben muss, und schneidet der Länge nach durch das grüne Ende, während das weiße Ende ganz bleibt. Löst nun vorsichtig die einzelnen Schichten und fächert die Blätter auf. So lassen sich Erd- und Schmutzreste wegwaschen. Die zähen grünen Blätter werden vor dem Kochen abgeschnitten, aber nicht weggeworfen oder kompostiert – man kann sie noch für Brühen verwenden. Das dunkelgrüne Laub hat einen intensiven Geschmack und ist manchmal schwer zu bekommen, denn Supermärkte verkaufen die Stangen oft fertig zugeschnitten und geputzt.

Gerichte

Da Porree und Speisezwiebeln verwandt sind, überrascht es nicht, dass sie sich geschmacklich ähneln und gleichermaßen vielseitig einsetzbar sind. Dennoch hat Porree auch Besonderheiten, dank derer sich allerlei Speisen mit ihm ergänzen und aufwerten lassen. Da er wesentlich milder, süßer und leichter im Geschmack ist als Zwiebeln, dient er als aromatische Bereicherung herzhafter Gerichte wie Aufläufe, Eintöpfe, Suppen, Tartes und Risottos an. Roh genossen hat er eine knackige Konsistenz und einen dezenten Zwiebelnachgeschmack. Man schneidet ihn dazu am besten dünn und bereichert mit ihm Salate, etwa Krautsalat, als Alternative zu Frühlingszwiebeln. In Brühen, Eintöpfen und Saucen gekocht ist er eine Basiszutat, die für süße, pikante Geschmackstiefe sorgt. Gedünsteter oder ganz gebratener Porree kann als Hauptgericht oder Beilage eingesetzt werden.

Ein Gaumenkitzel der besonderen Art ist verbrannter Porree. Dünstet man ihn in einer Brühe mit Aromagebern, bevor man ihn auf den Grill legt, reduziert das nicht nur die Garzeit, sondern sorgt auch für eine bessere Kohlung der Schale und eine gewisse Würze. Das Ergebnis: ein karamellisierter, bemerkenswert zarter und geschmacksintensiver Porree.

Kultur

Vermehrung

Die verschiedenen Porreesorten werden zu unterschiedlichen Zeiten reif. Ich kultiviere daher eine ganze Reihe von Züchtungen. Manche können im Spätsommer und Herbst geerntet werden, andere überstehen sogar den Winter. Letztere sind auch der eigentliche Grund, warum Porree eine solche Bereicherung für Gemüsegärten ist: Er liefert in den kalten, rauen Wintermonaten Stangen mit herzhaftem Geschmack.

Ihr sät die langsam wachsenden Pflanzen am besten im April jeweils zu viert in die Module von Topfplatten – was früher

---

Zeytinyağlı pırasa

Porree bereichert Speisen mit einer reichen, herzhaften Zwiebelnote, ohne sie zu dominieren. Ein außergewöhnliches Gericht, in dem er besonders gut zur Geltung kommt, ist das pikante, süß-saure *zeytinyağlı pırasa* (Lauch mit Olivenöl) aus der türkischen Küche. Man braucht dafür langsam gedünsteten Lauch, Möhren und Bulgur oder Reis, dazu frische Petersilie und Zitronensaft, der für eine säuerliche Note sorgt. Die Speise lässt sich warm genießen, doch noch besser schmeckt sie, wenn man sie abkühlen lässt und etwa einen Tag lang in den Kühlschrank stellt, um sie schließlich bei Zimmertemperatur zu servieren.

Auf einen Blick

Aussäen April bei 10–32 °C

Pflanzen Frühsommer–Hochsommer

Ausdünnen auf 30 cm

Ernten Spätsommer–April

gesät wird, neigt wegen des unbeständigen Wetters zum Schossen. Etwa 4 Wochen nach dem Keimen vereinzelt man die Horste in 7–9 cm breite Töpfe, wo sie weitere 4 Wochen wachsen können. Wenn sie schließlich ins Freiland kommen, lässt man 30 cm Abstand zwischen den Grüppchen. Riesensorten werden einzeln ausgesät und weiterkultiviert. Die Pflanzen brauchen 10 cm Abstand zueinander, damit sie dicker und gerader wachsen. Um Porree mit einer größeren Zahl süßer weicher Blätter zu bekommen, setzt man die Sämlinge 5–10 cm tief.

Weitere Pflege

Porree ist durstig und braucht gerade bei Trockenheit reichlich zu trinken. Auch vom Spätsommer bis in den Herbst hinein, wenn die Stangen rasch zulegen, muss er großzügig gewässert werden.

Probleme

Lauchminierfliege, Mehltau, Rost (siehe S. 49–51).

Ernte

Geerntet werden kann Porree mit beliebiger Größe. Babylauch ist ein saisonaler Genuss – ich ziehe oft ein paar Sämlingsgrüppchen extra dafür. Wichtig ist, die Sommer- und Herbstsorten nicht zu lange im Beet zu lassen, damit sie bei Kälte nicht faulen und unbrauchbar werden. Der gesamte Sommerlauch muss im Spätsommer und Frühherbst aus der Erde, während die Herbstsorten in der Herbstmitte und im Frühwinter reif werden.

Die harten Wintersorten sind im Spätwinter bis in den April hinein am besten. Wer den Überblick darüber behalten will, wann welche Stangen erntereif sind, pflanzt frühe Sorten am besten vorn ins Beet und staffelt entsprechend der Erntezeit, sodass die Wintersorten ganz hinten stehen. Man erntet entweder ganze Gruppen, indem man sie mit der Handschaufel vorsichtig aus der Erde hebelt, wobei darauf zu achten ist, dass eine erkleckliche Menge Wurzeln an den Stangen bleibt, oder zieht das größte Exemplar heraus und lässt die anderen noch etwas weiterwachsen.

Lagerung

Porree wird am besten gleich nach der Ernte verarbeitet, lässt sich aber auch bis zu 6 Wochen lagern (die größten Stangen halten am längsten). Legt sie in eine Kiste, ohne sie zu putzen oder Laub und Wurzeln abzuschneiden. In einer kühlen, aber frostfreien Garage oder einem Schuppen sind sie am besten aufgehoben.

»Um mehr süße weiße Blätter zu bekommen, setzt man die Sämlinge besonders tief.«

Empfehlenswerte Sorten

'Bartek' Die spät reifende Wintersorte gehört zu den ältesten Porreezüchtungen Polens und entstand in der Mitte des 19. Jahrhunderts. Sie ist sehr frosthart, trägt schönes dunkelgrünes Laub an einer dicken weißen Stange, zeigt gute Widerstandskraft gegen Krankheiten und hält rauestem Wetter stand.

'Bleu de Solaise' Ein verlässlicher Winterporree mit auffallend bläulichem Laub, das nach Frost dunkelviolett wird. Die Sorte wurde im 19. Jahrhundert gezüchtet und zeichnet sich durch kurze, dicke, sehr schmackhafte Stangen aus. Ihre pflaumenblauen Blätter sorgen in den kalten Wintermonaten für einen willkommenen Farbtupfer im Garten. Eine außergewöhnlich winterharte Sorte.

'Bulgarian Giant' Sie wurde vor über 100 Jahren in Osteuropa gezüchtet und gehört zu den Porreesorten mit der größten Höhe. Die schnell wachsenden, dünnen, langen Stangen tragen hellgrüne Blätter mit gelbem Einschlag. Erntereif ist die frühreife Züchtung schon ab dem Sommer. Sie schmeckt köstlich und hat eine kurze Garzeit. Bei Wettbewerben kommt sie bevorzugt zum Einsatz, denn sie kann unglaubliche 100 cm hoch werden.

'Carentan' Eine alte Sorte, die inzwischen so etwas wie eine Rarität ist. Sie wird in der französischen Normandie schon seit dem 19. Jahrhundert angebaut und liefert hochwertige, kurze, kräftige Stangen, die selbst kälteste Winter überstehen. Ein knackiger, milder Porree, dessen Geschmack nach dem ersten Frost viel besser wird.

'Esther Cook' Vor dem Verschwinden gerettet wurde diese Sorte von Suzanne Ashworth. Sie erwarb die Samen nach einem Gemüsewettbewerb in Sacramento, Kalifornien, in den 1980er-Jahren von Esther Cook. Ihren Weg in die Vereinigten Staaten fand die Züchtung mit Cooks jugoslawischer Familie, die Anfang des 20. Jahrhunderts dorthin auswanderte. Sie ist wesentlich dünner und höher als andere Wintersorten und hat einen süßen, milden Geschmack.

'Jaune du Poitou' Ein seltener, schöner Porree aus der historischen Provinz Poitou im Westen Frankreichs. Er entstand um 1850 und liefert ungewöhnlich helle, gelblich grüne Blätter an dicken, fleischigen Stangen. 'Jaune du Poitou' reift früh, hat eine unglaublich zarte Konsistenz und schmeckt umwerfend gut. Sie wird zwar nicht als klassische Wintersorte gehandelt, ist aber bekannt dafür, Kälte gut wegzustecken.

'Long de Mézières' Ein langer Porree aus dem Städtchen Mézières bei Rennes in Nordwestfrankreich. Die außergewöhnlich kältetolerante Sorte übersteht selbst raueste Winter und hält bis ins zeitige Frühjahr durch. Auf ihren Stangen sitzen dunkel blaugrüne Blätter, die dem Garten im Winter Höhe und Kontrast geben.

'Lyon Prizetaker' Ein alter englischer Klassiker aus dem Jahr 1886. Wie der Name schon andeutet, ist er ideal für Schauen und Wettbewerbe. Die Sorte hat einen milden Geschmack, ist verlässlich und leicht zu kultivieren. Ihre langen, dicken, einheitlich weißen Stangen können bis zu 90 cm hoch werden und sind im Frühherbst erntereif. Man sollte diesen Porree als Solitär wachsen lassen, um ihn in seiner ganzen Pracht genießen zu können.

'Monstrueux d'Elbeuf' Die französische Sorte wird auch unter der Bezeichnung 'Eel Head' angeboten. Sie stammt ursprünglich aus den Schwemmlandebenen der Seine in der Normandie, reift rasch und ist sehr geschmacksintensiv. Geerntet wird sie vom Spätsommer bis in den Spätherbst. Die Stangen sind kurz, dick und fest. Sie tragen einen leuchtend hellgrünen Blattschopf.

'Musselburgh' Eine verlässliche alte Sorte aus Schottland. Sie wurde im 19. Jahrhundert von niederländischen Einwanderern im Städtchen Musselburgh bei Edinburgh gezüchtet und ist berühmt für ihre dicken, zarten Stangen und die schneeweiße Zwiebel mit einnehmend mildem Geschmack. 'Musselburgh' gehört zu den am leichtesten zu kultivierenden Sorten und übersteht selbst kälteste Winter.

'Poireau de Liège' Ein Porree mit hoher Kälteverträglichkeit. Die alte belgische Sorte stammt aus den Ardennen im Südosten des Landes und ist so schön wie die Landschaft, in der sie gezüchtet wurde. Ihre hohen Stangen werden von langen, dunkel blaugrünen Blättern gekrönt. Sie können den ganzen Winter hindurch bis in das Frühjahr hinein geerntet werden.

'Verdonnet' Der sehr alte, strahlend hellgrüne Riesenporree aus Genf ist nach dem Marktgärtner benannt, der ihn entwickelt hat. Er reift extrem schnell und gehört in der Regel zu den ersten erntereifen Sorten, verträgt aber auch kalte, winterliche Bedingungen. Ein sehr schöner, eleganter hoher Porree mit ausgezeichnetem Geschmack.

'Esther Cook' (links) und 'Jaune du Poitou'

Zwiebel

Allium cepa

Auch bekannt als Speisezwiebel, Küchenzwiebel und Gartenzwiebel

Die bescheidene Zwiebel gehört zu den faszinierendsten Gemüsepflanzen. Sie ist überaus vielseitig und ein unverzichtbarer Bestandteil vieler Länderküchen. Es gibt sie in allerlei Formen und Größen. Zahllose Saucen, Brühen, Suppen, Eintöpfe und Sauerkonserven kommen nicht ohne sie aus. Zwiebeln sind im Handel recht preiswert, aber wer sie selbst anbaut, kann ungewöhnliche Sorten ausprobieren.

Das Speicherorgan einer Zwiebel besteht aus vielen fleischigen Lagen, die von einer dicken, papierartigen Schale umhüllt sind. Bei den Lagen handelt es sich um modifizierte Blätter, die sich im Erdreich bilden und den Triebansatz umhüllen. Die schuppenartigen Lagen wachsen im Inneren und schieben die älteren nach außen. Dabei entsteht die Zwiebel. Als Energiespeicher ermöglicht sie der Pflanze das Überwintern und Blühen im zweiten Jahr.

Geschichte

Die Zwiebel gehört zu den ältesten Gemüsepflanzen und wird seit mehr als 5000 Jahren angebaut. Ihre Herkunft liegt wie die vieler wichtiger Nutzpflanzen im Dunkeln. Manchen Archäologen zufolge wurde sie in Zentralasien aus Wildformen gezüchtet, während andere ihren Ursprung auf dem Gebiet des heutigen Iran und in Westpakistan sehen. Eines jedoch ist sicher: Die alten Ägypter verehrten die Zwiebel, denn für sie symbolisierten die Ringe das ewige Leben. Deshalb bestatteten sie ihre Toten auch mit Zwiebeln und Knoblauch (siehe S. 72). In manchen Kulturen wurde die Zwiebel sogar als Währung eingesetzt und oft mehr geschätzt als Geld. Ganz und gar ungewöhnlich nutzten die römischen Gladiatoren das Gemüse: Um ihre Muskeln anzuregen und zu kräftigen, rieben sie sich mit frischen Zwiebeln ein. Als ab der Mitte des 16. Jahrhunderts Handelsrouten rund um den Globus erschlossen wurden, fand die Zwiebel ihren Weg auf alle Kontinente. Bis dahin hatten die indigenen Völker der Neuen Welt nur Wildzwiebeln gegessen, die heute in manchen Regionen als Unkraut gelten.

In der Küche

Vorbereitung

Gehackte oder in Scheiben geschnittene Zwiebeln sind die wichtigste Zutat unzähliger Gerichte. Das Problem: Sie rühren

Die Zwiebel ist als Gemüse allgegenwärtig, aber in einer unglaublichen Vielfalt an Formen, Größen, Farben und Geschmacksrichtungen erhältlich.

Passt das Wetter, kann man Zwiebeln gut draußen trocknen.

bekanntermaßen zu Tränen. Wer sie nicht gern mit dem Messer schneidet oder viele Zwiebeln würfeln muss, kann die grobe Seite eines Hobels einsetzen. Damit lassen sich erstaunlich viele Zwiebeln verarbeiten.

Gerichte

Zwiebeln werden oft als Grundzutat eingesetzt, doch gibt es auch etliche Speisen, in denen das vielseitige Gemüse ganz im Vordergrund steht, etwa in der klassischen französischen Zwiebelsuppe, im Blätterteig-Zwiebelkuchen, in karamellisierten Chutneys und in Zwiebelkonfitüre.

Sie lassen sich auf vielerlei Arten haltbar machen. Ich lege sie am liebsten sauer ein, ob kräftig-malzig frittiert oder in Form der milden Silberzwiebeln, die Bestandteil des britischen Traditionsgerichts *Ploughman's Lunch* sind. Kurzum: Für jeden Geschmack gibt es die passende eingelegte Zwiebel. Mir schmecken vor allem die traditionellen italienischen Balsamico-Zwiebeln, für die die kleine, flache Sorte 'Borettana', auch *cipollini* genannt, verwendet wird. Die wie fliegende Untertassen geformten Zwiebeln werden in ganz Italien wegen ihres weichen, süßen Geschmacks geschätzt. Weil sie mild sind und in Balsamico-Essig eingelegt werden, schmecken sie wesentlich süßer und reicher, als man erwartet, womit sie sich als perfekte Begleiter von Käseplatten anbieten.

Ich mag auch *cebolla curtida*, in Limettensaft statt Essig eingelegte rote Zwiebeln nach mexikanischer Art. Schmeckt toll und lässt sich ganz leicht zubereiten. Die roten Zwiebeln färben sich kräftig rosa, was für Kontraste auf dem Esstisch sorgt. Einfach einige Zwiebeln dünn schneiden, mit Salz bestreuen, mit frisch gepresstem Limettensaft abdecken und 30 Minuten ziehen lassen. Die Speise wird traditionell mit Tacos serviert, ist dank ihres säuerlichen Geschmacks aber auch eine vorzügliche Beilage für Chili con carne und Nachos.

Im Ofen gebratene Zwiebeln sind der Stoff, aus dem kulinarische Träume gewirkt werden. Ein Tipp: Schält die Zwiebeln und lasst sie 10–15 Minuten köcheln. So werden die Schichten zart und süßer. Dann die Zwiebeln in der Mitte durchschneiden und mit der Schnittseite nach unten auf ein Backblech legen. Ihr könnt sie einfach mit Olivenöl und Salz braten, doch gibt es eine fantastische Alternative: Gebt Crème double darüber, würzt alles mit frischen Thymianblättern, Salz und gemahlenem schwarzem Pfeffer, streut eine ordentliche Handvoll geriebenen Parmesan darüber und backt alles rund 30 Minuten, bis die Zwiebeln goldgelb sind.

Man kann noch einen Schritt weiter gehen und Roscoff-Zwiebeln zubereiten. Sie werden traditionell mit Käse, Sahne und Brotkrumen gefüllt und zu Roastbeef serviert. Die beste Sorte dafür ist 'Rose de Roscoff', eine süße, perlrosa Zwiebel, die seit dem 17. Jahrhundert in der Bretagne angebaut wird, sehr geschmacksintensiv ist und im Mund förmlich schmilzt.

Auf einen Blick

Aussäen im März bei 10–32 °C

Pflanzen zeitiges Frühjahr

Ausdünnen auf 30–40 cm

Ernten Hochsommer–Frühherbst

Zwiebeltypen

Gelbe/braune Zwiebeln Die Alltagszwiebeln. Wenn für ein Rezept Zwiebeln gebraucht werden, ohne dass genau angegeben ist, welche es sein sollen, dann sind sie gemeint. Diese alten Arbeitsrösser haben eine dicke, braune, pergamentartige Schale und elfenbeinweißes, scharfes Fleisch. Sie werden selbst nach langem Garen nicht matschig.

Rote Zwiebeln Die schönsten Zwiebeln, so süß, dass man sie sogar roh genießen kann. Ihr Fleisch variiert von magenta bis rosenrot. Sie eignen sich gut als Farbtupfer für Salate. Vor dem Servieren kann man sie 20 Minuten in Eiswasser legen, damit sie knackiger werden und etwas von ihrer Schärfe verlieren.

Weiße Zwiebeln Sie haben eine dünne, papierne Schale und sind weicher und süßer als die gelben und roten Varianten; auch haben sie einen weniger schwefeligen Nachgeschmack. Besonders beliebt sind sie in Süd- und Mittelamerika sowie Mexiko. Perfekt als rohe Zutat von Salsas und Guacamole.

Süßzwiebeln Sie sind größer und etwas flacher als gelbe Zwiebeln, haben eine hellere, nicht so durchscheinende Schale und einen hohen Zuckergehalt, weshalb sie sich vor allem zum Karamellisieren eignen. Dank ihrer Größe und ihres Geschmacks sind sie der ideale Rohstoff für Zwiebelringe.

Perlzwiebeln Diese sehr kleinen Zwiebeln können weiß, gelb oder rot sein und zeichnen sich durch einen süßen, zarten Geschmack aus. Meist werden sie eingelegt als Beilage serviert, doch kann man sie auch dämpfen und braten. Weil sie aber so klein sind, ist das Schälen manchmal etwas mühsam.

Cipollini Die kleinen, flachen »Zwiebelchen« sehen ganz anders aus als ihre *Allium-cepa*-Verwandten. Traditionell werden aus ihnen die berühmten Balsamico-Zwiebeln der Emilia-Romagna zubereitet. Man kann sie gut ganz kochen, doch eignen sie sich auch zum Braten. Fantastisch schmecken sie, wenn man sie aufspießt und über einem Grill röstet.

Wenn eingelegte und gebratene Zwiebeln nicht euer Ding sind, wie wäre es dann mit gerösteten? Geröstete Zwiebelringe mag schließlich jeder, ob in Paniermehl, Tempura oder Bierteig. Am besten schmecken Röstzwiebeln vielleicht in Form von *Bhaji*. Diese Speise stammt aus dem südindischen Bundesstaat Karnataka und wird zubereitet, indem man dünn geschnittene Zwiebeln in einen einfachen, duftig gewürzten Teig packt und knusprig röstet. Zum Rösten eignen sich vor allem Sorten wie 'Walla Walla' und 'Mauis'. Wenn es um Röstzwiebeln geht, sollte auch das persische Traditionsgericht *piaz dagh* mit knusprig gerösteten und gelegentlich mit Safran gewürzten Zwiebeln nicht unerwähnt bleiben. Es wird vor allem als Beilage für Klassiker wie *aash reshteh* und *adas polow* (persischer Reis mit Linsen) gereicht und besteht aus den knusprigsten Röstzwiebeln, die ich je genossen habe. Man schneidet dazu gelbe Zwiebeln so dünn wie möglich und röstet sie knackig wie Kartoffelchips.

Sumaklı soğan salatası (Sumach-Zwiebeln) heißt eine superschnell und -einfach zubereitete Zwiebelspeise mit fabelhaftem Geschmack. Sie ist fester Bestandteil der türkischen Küche und hat einen säuerlichen Pfiff, der sogar gegrilltes Fleisch und Kebab aufwertet. Man kann sie als Beilage servieren. Sie passt gut zu Gegrilltem, auch Fisch und Halloumi, sowie Falafel. Schneidet dazu rote Zwiebeln dünn, salzt sie und lasst alles 5 Minuten ziehen. Dann werden die Zwiebeln unter fließendem kaltem Wasser gespült, mit einem sauberen Geschirrtuch trockengetupft, in eine Schüssel gegeben und mit Zitronensaft, Olivenöl, frisch gehackter Petersilie und reichlich Sumach abgeschmeckt. Das Ganze lässt man eine Weile ziehen. Wer es süß mag, kann noch einen Spritzer Granatapfelmelasse dazugeben, für Freunde des Scharfen dürfen es Chiliflocken sein. Ich bereite meine Sumach-Zwiebeln eine Stunde vor dem Servieren zu und stelle sie in den Kühlschrank, damit sie durchziehen, Geschmack bekommen und kalt und knackig werden. Lecker!

Schön anzusehen: zum Trocknen in Reihen ausgelegte Zwiebeln in einem üppigen Gemüsebeet (gegenüber).

Manikürt (siehe S. 52), **also für die Küche geputzt werden können Zwiebeln direkt nach dem Ernten** (rechts).

Kultur

Es gibt kaum ein Gemüse, dessen Anbau so viel Spaß macht. Außerdem sind Zwiebeln überaus lagerfähig, sodass man sie das ganze Jahr genießen kann. Wer mehrere Typen kultiviert, kann mit verschiedenen Geschmacksrichtungen experimentieren.

Vermehrung

Ich säe meine Zwiebeln im Spätwinter aus. (Überwinternde Zwiebeln lassen sich im Spätsommer ansäen und im Frühherbst ins Freiland setzen, aber ich überwintere meist nur Frühlingszwiebeln.) Bewährt hat sich, je sechs Samen pro Modul in Topfplatten zu säen. Das liefert mir mehrere mittelgroße Zwiebeln, mit denen der Platz optimal genutzt ist. Lasst die Topfplatte im Haus stehen, bis die Samen keimen. Dann stellt ihr sie einige Wochen in den Topfschuppen, bevor ihr sie – in der Regel im März – ins Freiland pflanzt.

Weitere Pflege

Zwiebelsetzlinge sind trotz ihres schmalen Wuchses erstaunlich hungrig, weshalb man sie am besten ins Beet verfrachtet, solange sie noch klein sind. Stecht die Löcher so tief, dass der Setzling halb verschwindet, und deckt die Reihen anschließend mit Gartenvlies ab. Das soll verhindern, dass Vögel sie ausrupfen.

Dünnt die Grüppchen im Mai auf drei bis vier Setzlinge aus. Die ausgezupften Pflänzchen kann man in der Küche als Frühlingszwiebeln verwerten. Wer nicht ausdünnen will, erntet zwar mehr Zwiebeln, doch sie bleiben kleiner. Sinnvoll ist es, Dreier-, Vierer- und Sechsergrüppchen zu behalten, damit man Zwiebeln in mehreren Größen bekommt. Die Knollen bilden sich, sobald die Tage kürzer werden. Wenn ihr die Zwiebeln also so früh wie möglich pflanzt, haben sie mehr Zeit, ein gutes Wurzelsystem und eine gesunde Laubmenge anzusetzen.

Probleme

Vögel, Mehltau, Zwiebelfliege, Rost (siehe S. 49–51).

Ernte

5–6 Monate nach der Aussaat kann man die Zwiebeln ernten. Aber wie erkennt man, dass es an der Zeit ist? Ein guter Anhaltspunkt ist das umfallende Laub:

Tränenreich

Warum muss man weinen, wenn man Zwiebeln, das Tränengas der Natur, schneidet? Natürlich liegt es nicht daran, dass man von Gefühlen überwältigt wird. Schuld sind Enzyme und Sulfensäure, die bei einer Verletzung der Zwiebelschichten freigesetzt werden. Es handelt sich dabei um einen Mechanismus zur Abwehr von Maulwürfen und Mäusen, die nur zu gern an Wurzeln, Knollen und Zwiebeln knabbern. Die Stoffe gelangen in die Luft und verursachen bei Kontakt mit den Augen ein Brennen. Daraufhin setzt das Gehirn zum Schutz der Augen eine Reaktion in Gang, die die Chemikalien mittels Tränen wegschwemmt.

Beim Ernten sollte man die Wurzeln mitsamt der Zwiebel aus der Erde holen. Anschließend kann man die Zwiebeln je nach Witterung draußen oder drinnen trocknen. Hier die beliebte Sorte 'Bedfordshire Champion'.

Samen oder Steckzwiebeln?

Speisezwiebeln lassen sich gut mit Steckzwiebeln, also unreifen Zwiebeln, vermehren, aber fast alle der von mir empfohlenen Sorten gibt es nur als Saatgut. Auch sonst lasse ich die Hände von Steckzwiebeln. Zunächst sind aus ihnen gezogene Pflanzen krankheitsanfälliger. Zwiebeln wachsen zweijährig, blühen also im zweiten Jahr. Steckzwiebeln sind im Prinzip Minizwiebeln aus dem Vorjahr, die monatelang wärmebehandelt wurden, damit sie im darauffolgenden Jahr nicht schossen. Ich halte das für eine unnötige und zu energieintensive Prozedur, die man leicht durch Aussaat umgehen kann. Wer dennoch Steckzwiebeln einsetzt, sollte sie vor der Tagundnachtgleiche im Frühjahr setzen, damit sie nicht so leicht schossen.

Sind zwei Drittel umgekippt, knickt man die restlichen in rechtem Winkel, damit der Hals weich wird und die Wurzeln besser trocknen und länger halten. Achtet auch auf die Zwiebelform und -farbe, denn wenn sie reif sind, werden sie oft dunkler.

Geerntet wird, indem man die Zwiebeln leicht nach unten drückt und mit einer Drehbewegung herauszieht. Das Laub muss nicht abgeschnitten werden – ihr braucht es später noch, wenn ihr Zöpfe flechten wollt.

Lagerung

Geerntete Zwiebeln müssen getrocknet werden, damit sie sich gut lagern lassen. Bei schönem Wetter legt man sie dazu einfach auf das Beet, ansonsten stapelt ihr sie in Kisten und stellt sie in einen Schuppen, ein Gewächshaus oder ein anderes Nebengebäude. Die Zwiebeln brauchen viel Platz, damit die Luft gut zirkulieren kann. Nach 2–3 Wochen sollten sie ordentlich getrocknet sein, sodass ihr beim Schälen das typische Rascheln und Knistern der Schale hört. Jetzt kann man die Zwiebeln zusammenflechten und an einem warmen, trockenen Platz im Haus aufhängen, um sich das ganze Jahr an ihnen zu bedienen.

Empfehlenswerte Sorten

Gelb/braun

'Amish Bottle' Eine sehr kältetolerante, lange lagerfähige Sorte. Sie wurde von den Amischen in Pennsylvania seit dem späten 18. Jahrhundert gezüchtet. Wie der Name schon andeutet, sind die Zwiebeln länglich und erinnern ein bisschen an antike Flaschen. Die fantastische, aber seltene Züchtung ist nur noch schwer aufzutreiben. Sie schmeckt so süß, dass man sie auch roh genießen kann, ist aber dennoch robust und übersteht langes Garen. Sie ist von einer goldbraunen Schale umschlossen und schmeckt angenehm nussig.

'Bedfordshire Champion' Die im ostenglischen Bedfordshire gezüchtete Sorte zeichnet sich durch große, goldbraune Zwiebeln aus. Sie hat früher zahllose Preise gewonnen, lässt sich in der Küche vielseitig verwenden und gedeiht verlässlich. Kein Wunder also, dass sie bei Gärtnern seit mehr als 200 Jahren beliebt ist.

'Buan' Ein Stück irische Gartenbaugeschichte. Der Name ist ein irisches Wort und bedeutet »langes Leben«, ein Anspruch, den die Sorte auf jeden Fall erfüllt, denn sie lässt sich bis ins nächste Frühjahr und oft sogar in den Sommer lagern. Sie ist von guter Qualität, resilient und trotzt auch widrigen Bedingungen. Streng genommen handelt es sich zwar noch nicht um eine alte Sorte, da sie erst um 1980 von Barnie Crombie gezüchtet wurde, aber sie ist auf besten Weg, eine zu werden. Besonders empfehlenswert ist sie für alle, die in rauen Klimazonen wohnen.

'Dorato di Parma' Die prächtige goldschalige, runde Sorte wird seit 100 Jahren in der italienischen Emilia-Romagna angebaut. Sie ist berühmt für ihre Lagerfähigkeit, hat aber auch einen hervorragenden Geschmack, der mit der Zeit sogar noch intensiver wird. Die Zwiebeln der seltenen Züchtung halten locker den Winter hindurch und sollten bis ins Frühjahr, wenn schon der nächste Posten ausgesät wird, in gutem Zustand bleiben.

'Jaune Paille des Vertus' Eine schwer aufzutreibende Sorte. Sie wird seit dem späten 18. Jahrhundert in der französischen Champagne angebaut und ist nach dem Dorf Vertus benannt. Geschätzt wird sie seit Jahrhunderten wegen ihrer exzellenten Lagerfähigkeit. Die flachen Zwiebeln mit bronzeroter Schale sehen in der Küche als geflochtener Zopf hängend ausgesprochen dekorativ aus. Ihr auffallend gelbes Fleisch hat einen milden, süßen Geschmack.

'Ramata di Milano' Sie wird traditionell in der Lombardei angebaut und gehört zu den ungewöhnlichsten Sorten überhaupt. Ihre bronzeroten Zwiebeln sind geformt wie ein großes, breites Ei. Die Allzweckzwiebel lässt sich gut lagern und hat einen fantastischen Geschmack. Ihr rosaweißes Fleisch ist süß, ausgewogen, deftig und gekocht wie roh ein Genuss.

Rot

'Bronze d'Amposta' Die Sorte ist nach dem mittelalterlichen Städtchen Amposta in Nordwestspanien benannt, wo *granjeros* (Bauern) diese bronzerosa Schönheiten anbauen. Sie sind aber nicht nur schön anzusehen, sondern schmecken auch. Das weißliche Fleisch hat einen rosa Einschlag, der die Zwiebel leicht glänzen lässt. Sie eignet sich für rohen Verzehr, denn sie ist nicht allzu scharf, und lässt sich gut lagern.

'Di Genova' Eine bedrohte Sorte aus Zerli in Nordwestitalien. Sie wird traditionell roh gegessen und hat eckige, flache Knollen mit unvergleichlichem süßem Geschmack, weshalb sie zu den besten roten Zwiebeln überhaupt gehört. Der Grund für ihren Niedergang ist ihr Nährstoffhunger, weshalb viele Landbesitzer ihren *contadini* (Bauern) verboten, sie anzubauen.

'Red Creole' Die scharfe, würzige Sorte wurde in Louisiana von den 1850er-Jahren bis zum Zweiten Weltkrieg kommerziell angebaut, dann aber durch süßere Züchtungen ersetzt. Die teilweise flachen Zwiebeln halten bis zu 7 Monaten. Wer es etwas schärfer mag und die Cajun-Küche bevorzugt, liegt mit ihr genau richtig.

'Rose de Roscoff' Streng genommen ist diese Sorte aus der Bretagne zwar rosa und nicht rot, doch gehört sie zu den besten und vielseitigsten Speisezwiebeln überhaupt. Sie beeindruckt in rohem Zustand mit ihrem süßen, fruchtigen Geschmack und gekocht durch große Komplexität. Einst fuhren die sogenannten »Zwiebeljohnnys « mit ihnen und Knoblauch beladen per Rad nach England, um sie dort zu verkaufen. In Supermärkten ist sie kaum zu finden, doch Spitzenköche sind ganz wild nach ihr.

'Rossa di Toscana' Eine glänzende alte Sorte aus Italien mit magentaroter Schale und intensivem Geschmack. Sie wird in der Toskana seit Jahrhunderten angebaut. Begehrt ist sie wegen ihrer Lagerfähigkeit – sie hält 8–10 Monate –, doch gehört sie angeblich auch zu den Züchtungen mit dem höchsten Nährwert und enthält einen besonders hohen Anteil an Antioxidantien, die das Immunsystem stärken. Die abgeflachten, großen Zwiebeln machen sich geflochten sehr gut.

'Rossa Lunga di Firenze' Die auch als 'Lange Rote von Florenz' bekannte Sorte stammt aus der Gegend um die berühmteste Stadt der Toskana. Sie ist dort seit Jahrhunderten bekannt und wird wegen ihrer dunkelvioletten, langen, schmalen, in der Mitte breiteren Zwiebeln geschätzt. Als fester Bestandteil der einheimischen Küche bereichert sie *ribollita* (weiße Bohnensuppe) und *panzanella* (Brotsalat). So gut die torpedoförmigen Zwiebeln aber auch schmecken, sie halten nicht sonderlich lang und sollten binnen 3–4 Monaten verbraucht werden.

'Rossa Lunga di Firenze'

'Rouge Pâle de Niort' Eine hellrote alte Sorte aus Niort in Westfrankreich. Ihre rundlichen, abgeflachten Zwiebeln sind außen kupferrot und innen hellviolett. Sie halten lange und lassen sich in der Küche vielseitig einsetzen. Dank ihres feinen, milden Geschmacks können sie roh oder gekocht genossen werden. Bei den Einheimischen ist die Züchtung nach wie vor beliebt, andernorts aber nur schwer zu finden.

'Violet de Galmi' Sie stammt aus dem Ader-Tal im Südosten des Staates Niger und fällt durch flache, dicke, rosaviolette Zwiebeln ins Auge. Inzwischen wird sie in mehreren afrikanischen Staaten angebaut. Sie ist überaus scharf und würzig und nimmt gekocht einen komplexen Geschmack an. Zudem ist sie sehr lagerfähig und gut geeignet für den Anbau in heißen Klimazonen. Für Currypasten und andere würzige Saucen gibt es kaum eine bessere Zwiebel.

'Wethersfield Red' Die einst ausgesprochen beliebte Sorte hat ihren festen Platz in der Gartenbaugeschichte Amerikas. Sie entstand im 18. Jahrhundert und war im 19. Jahrhundert ein lukratives Handelsgut von Yankee-Händlern in Neuengland. Die großen, abgeflachten violetten Zwiebeln eignen sich gut für den Einsatz als rohe Salatzutat. Weil sie nicht lange halten, sollten sie spätestens einige Monate nach der Ernte verbraucht werden.

Weiß

'Bianca di Maggio' Eine kleine, flache, cremeweiße alte Sorte aus Italien. Die echte Spezialität geht für entsprechend hohe Preise über den Ladentisch. Man erntet sie am besten leicht verfrüht, damit sie besonders süß ist. Roh eignet sie sich für Salate, doch kann man sie auch einlegen, braten oder als Ganzes grillen.

'Gujarati White' Die riesige, völlig weiße Zwiebel erinnert etwas an einen Schneeball. Sie hat einen milden, süßen Geschmack und wird vor allem verwendet, um Gerichten einen süß-sauren Touch zu geben. Weiße Zwiebeln sind besonders in Indien beliebt; einige der besten wachsen im Bundesstaat Gujarat im Westen des Landes.

'Tonda Musona' Eine prächtige weiße, bis zu 7 Monate lagerfähige Sorte. Sie stammt aus dem Dorf Tonda in der Toskana und zählt zu den süßesten, schmackhaftesten weißen Zwiebeln. Da sie sehr winterhart ist, kann man sie im September aussäen, um sie früh in der Saison zu ernten, oder ganz normal im Frühjahr ausbringen.

'Unzen Flat' Sie stammt aus Nagasaki und ist inzwischen in ganz Japan eine geschätzte Zutat. Ihren Namen hat sie von dem majestätischen Vulkan bekommen, der die Stadt überragt. Die dicken, sehr saftigen, flachen Zwiebeln werden wegen ihrer knackigen Textur und Süße oft in Salaten genossen.

Süß

'Kelsae' Eine in den 1950er-Jahren gezüchtete schottische Riesensorte. Ein Exemplar hat mit einem unglaublichen Gewicht von 6,8 kg Eingang ins Guinnessbuch der Rekorde gefunden. Umso überraschender ist es, dass ein solcher Gigant trotzdem noch angenehm süß schmeckt und eine feine Konsistenz hat. Die Sorte kommt gut mit kühlem Klima zurecht und lässt sich lange lagern. Sie anzubauen macht Spaß, doch muss man ihr viel Platz einräumen. Wer besonders große Exemplare bekommen will, sollte sie nicht zu mehreren aussäen.

'Mauis' Die Sorte ist so süß, dass sie wie ein Apfel verzehrt werden kann. Sie wird auch oft roh gegessen und gilt auf Hawaii, wo sie auf dem Vulkanboden des Mount Haleakalā wächst, als Delikatesse. Als mutmaßlich süßeste Zwiebel der Welt fehlt ihr fast völlig der Schwefel, der für die typische Zwiebelschärfe verantwortlich ist. Ursprünglich war sie eine Hybride von 'Yellow Granex', doch durch Züchtung konnten ihre Eigenschaften stabilisiert werden. Auf Hawaii baut man sie seit dem frühen 20. Jahrhundert an.

'Valenciana Tardiva' Die spanischen Zwiebeln gehören zu den wohlschmeckendsten der Welt – und die besten kommen aus Valencia. Zu den gesuchtesten Sorten zählt diese sensationelle Allzweckzwiebel. Sie hält unglaublich lange, ist sehr robust und süß und kann roh wie gekocht verarbeitet werden.

'Walla Walla' Eine der wenigen Nichthybriden unter den süßen Zwiebeln. Sie ist nach dem Walla-Walla-Tal im US-Bundesstaat Washington benannt, stammt jedoch aus Korsika und wurde um 1880 von Auswanderern nach Amerika gebracht. Dort entwickelten Züchter sie zu einer größeren, süßeren und runderen Sorte, die mild schmeckt, eine knackige Textur hat, sich aber nicht gut hält und am besten frisch aus dem Garten genossen wird.

Sonstige

'Borettana of Parma'
Eine *cipollini*-Sorte, deren Ursprung bis ins 15. Jahrhundert zurückverfolgt werden kann. Sie wird vor allem in Boretto in der Emilia-Romagna angebaut. Ihre kleinen, flachen Zwiebeln werden traditionell in Balsamico-Essig eingelegt.

Etagen-Zwiebel Eine ungewöhnliche Pflanze, die am Ende ihrer Triebe Luft- bzw. Tochterzwiebeln bildet. Irgendwann werden sie so schwer, dass die Triebe umfallen, woraufhin die Zwiebeln einwurzeln und der ganze Zyklus von vorn beginnt. Die ganze Pflanze ist essbar. Wer nicht will, dass sie sich im ganzen Garten ausbreitet, erntet ihre Luftzwiebeln, bevor die Triebe umfallen.

'Onion de Paris' Sie werden sauer eingelegt und kommen als Silber- oder Cocktailzwiebeln in Gläsern in den Handel. Die alte französische Sorte entstand um 1850. Sie reift rasch und hat einen zarten, süßen Geschmack. Ihre kleinen, reinweißen Zwiebelchen eignen sich jedoch nicht nur zum Einlegen, sie sind auch eine vorzügliche rohe Zutat für Salate und bereichern gekocht Suppen und Eintöpfe.

'He Shi Ko'

Frühlingszwiebel

Allium fistulosum

Heißt auch Winterzwiebel, Lauchzwiebel oder Frühlingslauch

Das vielleicht meistunterschätzte Mitglied der Lauchfamilie ist eng mit der Zwiebel verwandt, hat im Gegensatz zu deren scharfem Biss aber eher einen milden, wenn auch zwiebeltypischen Geschmack.

Geschichte

Frühlingszwiebeln werden in China seit Jahrhunderten angebaut und sind dort ein wichtiges Gemüse, das einen festen Platz in der heimischen Küche hat. In der alten chinesischen Literatur fanden sie schon im 3. Jahrhundert v. Chr. Erwähnung, doch werden sie in vielen weiteren Ländern kultiviert, unter anderem in Japan und Korea.

In der Küche

Vorbereitung

Die bleistiftdicken, hohlen Blätter der Frühlingszwiebel lassen sich roh oder gekocht genießen. Wer sie als schmackhafte grüne Garnierung in Ringeln servieren möchte, öffnet das Laub, indem er die Röhren der Länge nach aufschneidet und ausbreitet. Dann werden sie so dünn wie möglich in Streifen geschnitten und 5 Minuten in eine Schale eiskaltes Wasser gelegt. Je dünner die Streifen, desto besser ringeln sie sich im Eiswasser.

Gerichte

Frühlingszwiebeln sind ein so unverzichtbarer wie allgegenwärtiger Bestandteil asiatischer Länderküchen. Man isst sie mit Brot, Klößen und vergorenen Produkten und gibt sie in Eintöpfe, Pfannengerichte und Nudelsuppen, wo sie für Geschmacksintensität, Farbe und Kontrast sorgen. Gerne rundet man mit ihnen auch andere Gerichte ab.

Die pikanten Pfannkuchen *cong you bing* sind ein chinesischer Frühstücksklassiker, der traditionell mit einem Glas Sojamilch

Frühlingszwiebel ist nicht gleich Frühlingszwiebel

Die Frühlings- bzw. Winterzwiebel ist eine eigene Art in der Gattung *Allium* und mit der zweijährigen Speisezwiebel nur verwandt. Im Handel werden allerdings oft unreif geerntete Speisezwiebeln als Frühlingszwiebeln angeboten. Richtige Frühlingszwiebeln sind dagegen mehrjährig und entwickeln keine Zwiebel (ihre Blätter heißen auch Schlotten). Sie sind milder, süßer und weicher als ihre Doppelgänger.

oder Reisporridge serviert wird und der Frühlingszwiebel zu besonderer Strahlkraft verhilft. Er ist vollgepackt mit den süßen, feinen Blättern, die knackig gegart und mit einer Dipsauce aus schwarzem Essig und Soja serviert werden. Für die Pfannkuchen verwendet man einen Ziehteig aus vielen dünnen, mit Ziehfett getrennten Schichten und keinen Pfannkuchenteig. Das Ergebnis ist ein blättriger Pfannkuchen, in dem sich Biss und Elastizität die Waage halten.

Pa-kimchi (Frühlingszwiebel-Kimchi) heißt ein koreanisches, salzig-saures Ferment mit sehr intensivem Geschmack. Dafür braucht ihr ganze, rohe Frühlingszwiebeln, die in Fischsauce mit der Chilipaste *gochujang* und anderen Gewürzen vergoren werden. *Pa-kimchi* ist die perfekte Beilage zu Brühen und Schmorgerichten, kann aber auch gehackt in Reis gerührt werden, um ihm einen scharfen, würzigen Kick mit einem vollen, süßen Zwiebelgeschmack zu geben.

Die weißen Bestandteile der Zwiebel lassen sich hacken, knusprig anbraten und zur Garnierung von Salaten nutzen. Sie bereichern sie durch eine knackig-süße Zwiebelnote mit lediglich einem Anflug von Bitterkeit.

Frühlingszwiebeln neigen zur Horstbildung. Deshalb könnt ihr mit jedem Jahr mehr ernten.

Kultur

Frühlingszwiebeln brauchen wenig Pflege und sind leicht zu kultivieren. Sie treiben jedes Jahr zuverlässig aus und bilden Horste, die sich nach und nach ausbreiten, sodass man sie teilen und umpflanzen kann, damit sie neue Kolonien bilden. Dank ihrer kompakten Größe nehmen sie nicht viel Platz in Anspruch und sind zudem sehr frosthart – selbst Temperaturen weit unter dem Gefrierpunkt können ihnen nichts anhaben. Als immergrüne Stauden lassen sie sich fast überall das ganze Jahr ernten. Ihre dekorativen, elfenbeinweißen, rundlichen Blütenstände bilden sich im Sommer. Sie duften, sind essbar und üben eine unwiderstehliche Anziehungskraft auf Bienen und andere Bestäuber aus.

'He Shi Ko'

Auf einen Blick

Aussäen Vorfrühling–Sommer bei 10–32 °C

Pflanzen Spätfrühling–Frühherbst

Abstände 35–45 cm

Ernten Hochsommer–Herbst

Vermehrung

Sät sie in Gruppen zu sechs bis acht aus und pflanzt sie nach draußen, wenn sie kräftig zulegen, also etwa 4–6 Wochen nach dem Keimen.

Weitere Pflege

Weil sie wenig Platz brauchen, kann man sie zwischen Kräuter und Gemüsereihen pflanzen oder in andere Lücken im Garten. Sie müssen gut gewässert werden, vor allem bei Trockenheit. Sobald die Blüten welken, werden sie abgezwickt.

Probleme

Lauchminierfliege, Zwiebelfliege, Mehlkrankheit (siehe S. 49–51).

Ernte

Frühlingszwiebeln wachsen schnell und sind in der Regel 55–70 Tage nach dem Auspflanzen erntereif. Am einfachsten

Ein italienischer Klassiker aus China

Der Legende zufolge diente *cong you bing* als Vorlage für die Pizza. Als der italienische Händler und Entdecker Marco Polo im 13. Jahrhundert China bereiste, gehörte der Pfannkuchen zu seinen Lieblingsspeisen. Nach seiner Rückkehr ins italienische Mutterland ersann er das Pizzarezept zusammen mit einem neapolitanischen Koch, der beschloss, die Füllung auf den Teig zu legen, statt sie darin einzubacken. So entstand die Pizza – erzählt man sich zumindest.

»Frühlingszwiebeln brauchen wenig Pflege und sind leicht zu kultivieren.«

lassen sie sich ernten, indem man das Laub knapp über dem Boden abschneidet. Nach ein paar Wochen treiben sie wieder neu aus und bilden noch wohlschmeckendere Blätter, die wieder genauso geerntet werden können. Ihr könnt auch die Pflanze komplett aus der Erde holen, was aber nur sinnvoll ist, wenn ihr die Zwiebeln als Ganzes verwerten möchtet oder das schärfere, helle Wurzelende braucht.

Wer große Horste älterer Pflanzen hat, die geteilt werden müssen, kann den gesamten Horst ernten. Hebelt ihn einfach mit einem Spaten oder einer Handschaufel als Ganzes aus der Erde, teilt ihn in kleinere Horste und pflanzt sie dorthin, wo ihr sie haben möchtet. Das geht zwar zu jeder Jahreszeit, sollte aber doch am besten im Frühjahr erfolgen.

Lagerung

Frühlingszwiebeln werden am besten kurz nach der Ernte gegessen. Holt man sie als Ganzes aus der Erde, kann man sie in feuchte Papier- oder Stofftücher wickeln, in eine Plastikdose legen und im Kühlschrank lagern. Durch die Feuchtigkeit bleiben sie bis zu einer Woche lang frisch. Sind die Wurzeln intakt, kann man sie auch wie einen Blumenstrauß ins Wasser stellen. Wird das Wasser alle paar Tage gewechselt, halten sie auf diese Weise bis zu 2 Wochen.

Empfehlenswerte Sorten

Dae-pa Die dicken Triebe haben einen kräftigen Geschmack, eine robuste Konsistenz und eignen sich gut zum Kochen. Man nennt sie wegen ihrer Größe und weil sie in Korea gezüchtet wurde auch Koreanischer Lauch. Sie ist dort inzwischen fester Bestandteil der Küche und wird unter anderem in Brühen und Suppen wie *seolleongtang* (eine trübe Ochsenknochensuppe) und *galbitang* (aus Rinderrippen) eingesetzt. Ihr kräftiger Zwiebelgeschmack wird von einer knoblauchartigen Süße unterlegt, die intensiver ist als bei den meisten anderen Sorten.

'He Shi Ko' Diese alte japanische Sorte entstand um 1880. Sie gehört heute zu den beliebtesten Frühlingszwiebeln, ist wenig anfällig für Schädlinge und außerordentlich winterhart. Ihre langen, schmalen, flaschengrünen Blätter werden nach unten zu silbrig. Der untere Teil der Pflanzen ist angenehm scharf, wenn man ihn roh isst, und damit ideal als Ingredienz für Salate.

'Kyoto Kujo Negi' Die hohe, alte japanische Sorte gelangte angeblich während der Nara-Zeit (710–794 n. Chr.) von China über Korea nach Japan. Von Osaka aus fand sie den Weg in die Präfektur Kyoto, die für ihre innovative Küche bekannt war. Mit ihrem milden Geschmack ist die Sorte ein geschätzter Bestandteil von Alltagsspeisen wie *sukiyaki* und Nudelgerichten.

'Red Welsh' Mit ihren magentaroten Enden ist diese Sorte sehr dekorativ. Sie schmeckt intensiver als Züchtungen mit weißer Zwiebel und ist überaus winterhart, verträgt aber auch sengend heiße Bedingungen. Trieb und Blätter haben einen kräftigen Geschmack und sind weich gekocht in Suppen vorzüglich.

'Shimonita Negi' Die nach einem ruhigen Städtchen in der japanischen Gebirgspräfektur Gunma benannte Sorte wird wegen ihrer sehr großen, dicken Zwiebel auch »Königin der Frühlingszwiebeln« genannt. Sie bildet keine Horste und lässt sich daher nicht teilen. Aus Urkunden, die aus der Edo-Zeit (1603–1868) stammen, geht hervor, dass die Daimyo, die Feudalherren, hohe Summen für sie zahlten. Wer große Exemplare will, muss sie einzeln aussäen und mindestens 6, besser noch 12 Monate wachsen lassen.

'Red Welsh'

Schalotten

Allium cepa Aggregatum-Gruppe

Auch bekannt als Eschalotte oder Edelzwiebel

Schalotten geben Gerichten eine dezente Geschmackskomponente. Köche nutzen sie als Geheimwaffe, um eine delikate und dennoch komplexe Note ins Spiel zu bringen. Sie sind milder als Speisezwiebeln und haben einen süßen, knoblauchartigen Nachgeschmack. Wie alle Lauchgewächse zeigen sie sich vielseitig, so süß, dass sie sich auch für Salate eignen, und robust genug, um gekocht und karamellisiert zu werden. Die Farben rangieren von hellem Violett bis Goldbraun, das Fleisch kann lila, rosa oder grün getönt sein.

Geschichte

Am berühmtesten sind Schalotten wohl durch ihre tragende Rolle in der Entwicklung der französischen Gastronomie geworden. Zahllose klassische französische Saucen und Speisen verlangen nach ihrem unverkennbaren Geschmack und ihrer Vielseitigkeit. Im Land werden sie schon seit dem 12. Jahrhundert kultiviert, vor allem in der Bretagne und in Anjou. Nach Europa gelangten sie vermutlich mit den Kreuzzüglern, die aus dem Heiligen Land heimkehrten. Obwohl sie also eng mit der französischen Küche verbunden sind, liegen ihre Wurzel noch weiter zurück. Der Name selbst stammt vom altfranzösischen *escalogne*, das wiederum abgeleitet ist vom lateinischen *Ascalonia caepa*, »Zwiebel von Ascalon«, nach der alten Stadt Aschkelon, die heute in Israel liegt und den alten Griechen zufolge die Heimat der Schalotten ist.

Vermutlich aber stammt die Schalotte aus Zentral- oder Südostasien. Ihre Geschichte ist also viele Tausend Jahre alt und umspannt mehrere Zivilisationen und Regionen. Bei den alten Ägyptern galt sie als heilige Pflanze. Sie stellten sie in Kunstwerken dar und boten sie den Göttern als Opfer dar. Im Mittelalter wurden Schalotten auch in Europa bekannt, vor allem der Adel kam auf den Geschmack. Er ließ sie in den herrschaftlichen Gärten anbauen und in seiner Küche zum Einsatz bringen. Ab dem 15. Jahrhundert gelangte sie mit Händlern und Entdeckern schließlich auch in andere Teile der Welt. Heute ist sie ein wesentlicher Bestandteil der Kultur und Küche vieler Länder rund um den Globus.

Die *eschalot grise* oder graue Schalotte (links) und die Sorte 'Longor'

In der Küche

Vorbereitung

In der Küche und vor allem der französischen Kochkunst werden Schalotten zumeist mit der *Brunoise*-Technik in 3 mm große Würfel geschnitten, also wesentlich kleiner, als man Zwiebeln normalerweise würfelt, was eine gewisse Übung erfordert. Lasst die Wurzelscheibe an der Zwiebel, damit die Lagen nicht auseinanderfallen, während ihr schneidet und würfelt. Beste Ergebnisse erzielt man durch langsames Anschwitzen bei niedriger Hitze, da Schalotten dabei wie Zwiebeln karamellisieren. Sie neigen nämlich zum Verkochen und werden wie Knoblauch schnell bitter.

Gerichte

Wenn es gelingt, Schalotten ihren göttlichen Geschmack zu entlocken, kann man sie in allem einsetzen, angefangen von Pasteten und Tartes über Eingelegtes bis hin zu Saucen und Salaten. Sie sind wesentlicher Bestandteil französischer Saucen, von der einfachen emulgierten Buttersauce *beurre blanc*, die im 19. Jahrhundert in Nantes entstand, bis zur aufwendigen *sauce bordelaise*, einer klassischen reduzierten Kreation aus Rotwein und Schalotten, benannt nach Bordeaux, der Weinhauptstadt der Welt. In Thailand sind sie ein so wichtiger Bestandteil der Länderküche, dass sich Familien oft mit größeren Mengen für das ganze Jahr eindecken. Sie bilden die Grundlage fast jeder Thai-Currypaste und -sauce und werden fast so oft verwendet wie Knoblauch. Man kann sie als Basiszutat oder Garnierung nutzen. Ich finde, ihren natürlichen Geschmack bringt man am besten zur Geltung, wenn man sie 35–45 Minuten lang als Ganzes mitsamt der Schale langsam im Ofen brät, bis sie weich sind. Kurz bevor man sie herausnimmt, würzt man sie mit reichlich frischem Thymian und schwarzem Pfeffer.

Kultur

Ich vermehre Schalotten meist mit selbst geernteten Steckzwiebeln; jede liefert acht bis zehn ausgewachsene Zwiebeln. Man kann sie aber auch aussäen. Ob Steckzwiebel oder Aussaat, hängt nicht zuletzt von der Sorte ab, denn manche sind nur als Saatgut erhältlich. 'Zebrune' etwa (siehe S. 107) teilt sich nicht und muss daher zwangsläufig ausgesät werden.

Vermehrung

Aus Steckzwiebeln

Steckzwiebeln liefern oft schneller Ergebnisse als Aussaaten. Man bekommt sie online und im Gartencenter, kann sie aber auch der letzten Ernte entnehmen. Sie werden am besten direkt ins Freie gepflanzt. Stecht dazu ein Loch in die Erde und gebt die Zwiebel mit der Wurzelseite nach unten hinein, sodass die Spitze noch aus dem Boden ragt. Die Flachwurzler brauchen Platz zum Ausbreiten und für die Zwiebelbildung. Pro Steckzwiebel kann man mit sechs bis zwölf Exemplaren rechnen. Frisch gepflanzte Steckzwiebeln werden manchmal von Vögeln angepickt und sollten daher anfangs mit Netzen geschützt werden.

Schalotten lassen sich bei schönem Wetter wie Zwiebeln auf dem Beet trocknen.

Schalotten wurzeln relativ flach und sollten geerntet werden, sobald sich das Laub gelb färbt, aber noch bevor es ganz vertrocknet ist.

Auf einen Blick

Aussäen/Pflanzen Spätherbst, Spätwinter–Vorfrühling (Steckzwiebeln ins Freiland); Winter (Aussaat) bei 10–32 °C

Auspflanzen Vorfrühling (Setzlinge)

Ausdünnen auf 30 cm

Ernten Hochsommer–Herbst

Durch Aussaat

Saatgut ist günstiger als Steckzwiebeln, allerdings bekommt man pro Samen nur eine einzige Zwiebel. Ausgesät wird in Topfplatten, wobei in jedes Modul fünf bis sechs Samen passen. Die Kultur wird in ein Fenster oder auf ein Mistbeet gestellt (siehe S. 28). Schalottensämlinge sehen schwach und kränklich aus und wachsen zunächst auch sehr langsam, doch sind sie ziemlich robust und mausern sich zu kräftigen Pflanzen. Die Horste werden direkt ins Freiland gesetzt, aber die ersten Wochen noch mit Vlies abgedeckt, um sie vor Vögeln und schlechtem Wetter zu schützen. Wie Speisezwiebeln und Porree sind sie sehr nährstoffhungrig und sollten daher nicht zu lange in den Topfplatten bleiben.

Weitere Pflege

Die widerstandsfähigen Pflanzen brauchen feuchte, aber stark durchlässige Böden und viel Sonne. Sind sie erst einmal eingewachsen, müssen sie kaum noch umsorgt werden. Ich gebe ihnen nur Wasser, wenn es länger nicht regnet, höre aber mit dem Gießen komplett auf, sobald die Zwiebeln im Hochsommer dick werden. Lauchgewächse sind Flachwurzler, weshalb gut gejätet werden muss, da das Unkraut ihnen Nährstoffe und Wasser wegnimmt. Wenn ihr mit der Hacke jätet, seid vorsichtig – besser ist das Auszupfen per Hand. Bilden sich an Schalotten Blütenstängel,

schneidet man sie ab und merkt sich die Zwiebeln, von denen sie stammen, denn sie sind nicht gut lagerfähig und müssen zuerst verbraucht werden. Ursache für das Schossen kann Kälte im Frühjahr sein.

Probleme

Vögel, Rost, Mehltau, Zwiebelfliege, Zwiebelhalsfäule, Mehlkrankheit, Schnecken (siehe S. 49–51).

Ernte

Erntereif sind Schalotten, wenn das Laub gelb wird und umfällt. Holt die Zwiebeln aber aus der Erde, bevor es ganz einzieht. Dazu müsst ihr sie nur mit einer Handschaufel aus dem Erdreich hebeln und die Horste in einzelne Zwiebeln trennen. Dann trocknet man sie wie Speisezwiebeln (siehe S. 93), was je nach Temperatur und Luftfeuchtigkeit 10–20 Tage dauert.

Lagerung

Schalotten sind lagerbereit, wenn die Schale glänzend und papierartig und das Laub trocken und brüchig ist. Lagert nur unbeschädigte Exemplare, denn sie halten sich am längsten. Sie können in Zöpfen an einen trockenen Platz im Haus gehängt werden, doch darf man das Laub auch abschneiden und die Zwiebeln in Netzsäcken an einem hellen, kühlen, trockenen und gut durchlüfteten Ort lagern. Im Dunkel bewahrt man sie am besten nicht auf, da sie dort austreiben.

Reibt die papierne Schale mitsamt Erdresten vor dem Trocknen und Einlagern weg (links).

Die graue Schalotte (unten) ist im Frühsommer erntereif.

Empfehlenswerte Sorten

Graue Schalotte (*A. oschaninii*) Eine alte Art aus den Bergen Kasachstans. Sie wurde bisher nicht groß durch züchterische Bemühungen verändert und ähnelt daher noch stark der Wildart. Unter Spitzenköchen ist sie wegen ihres intensiven Geschmacks die begehrteste Schalotte. Die Zwiebeln haben eine dicke, hellbraune Schale und werden am besten ab der Herbstmitte gepflanzt und im Frühsommer geerntet. Mit ihrer Schale und dem festen Fleisch eignen sie sich sehr gut für die Lagerung den Winter über.

'Hative de Niort' Diese längliche, birnenförmige Sorte stammt aus der Stadt Niort in Westfrankreich, wo sie seit Generationen gezüchtet wird. Die Gegend ist inzwischen für ihre Schalotten berühmt. Das einnehmende rosa Fleisch der Sorte wird wegen seines außergewöhnlichen, süßen, milden Geschmacks und der knackigen Konsistenz geschätzt. Ausstellungszüchter arbeiten gern mit ihr, da sie sehr gleichförmige, perfekte Zwiebeln liefert.

***Hom daeng* (thailändische Schalotte)** Diese kleine, scharfe Zwiebel wird in Thailand wegen ihres einzigartigen Geschmacks geschätzt und in Sisaket sowie Chiang Mai seit Generationen angebaut. Sie ist kleiner und runder als ihre westlichen Cousinen, schmeckt schärfer und intensiver und hält sich bei korrekter Lagerung 6 Monate. Die ideale Schalotte, um die Authentizität traditioneller thailändischer Speisen zu unterstreichen.

'Longor' Eine sehr lange, bananenförmige Schalotte. Sie kann aus einer Elternzwiebel vermehrt werden, die Horste aus neuen Zwiebeln bildet. 'Longor' ist eine Selektion von 'Jersey Long', die für ihren robusten, süßen Geschmack und ihre enorme Lagerfähigkeit bekannt ist.

'Zebrune' ('Cuisse de Poulet du Poitou') Angebaut wird sie in Vienne südlich von Lyon. Sie heißt auch Bananenschalotte oder Eschalion und ist eine Kreuzung aus Speisezwiebel und Schalotte, die das Beste beider Welten in sich vereint. Bananenschalotten werden größer als reguläre Schalotten und lassen sich daher leichter verarbeiten. Zudem sind sie viel milder und nussiger im Geschmack und der klassischen Speisezwiebel vorzuziehen, obwohl sie botanisch zu ihr, also zu *Allium cepa*, gehören. Sie lassen sich nicht teilen und müssen angesät werden. Die sehr milden, süßen Zwiebeln sehen so elegant aus, wie sie schmecken, obwohl der französische Name übersetzt »Hühnerbein« bedeutet. Sie liefern hohe Erträge und halten bei richtiger Lagerung mindestens 6 Monate.

'Longor' (links) und die Graue Schalotte

Blüten

Blütengemüse ist schön und nahrhaft zugleich. Es ziert den Teller mit gesunden Genüssen und lebendigen Farben.

Brokkoli

Brassica oleracea var. *italica*,
B. o. botrytis cymosa

Auch bekannt als Spargelkohl und Winterblumenkohl

Was die Natur an Köstlichkeiten hervorzubringen vermag, stellt Brokkoli eindrucksvoll unter Beweis. Seine Röschen sind – sofern perfekt gegart – zart, fleischig und bissfest. Sie begeistern mit erdiger Süße sowie einem Hauch Bitterkeit und saugen Saucen wie ein Schwamm auf. Zudem enthalten sie viele Vitamine und Mineralien und sind damit ein ultragesundes Superfood.

Geschichte

Die züchterisch veränderte Varietät des wilden Gemüsekohls (*Brassica oleracea*) hat ihren Ursprung in Italien. Ihre Odyssee als Gemüse begann vermutlich mit den Etruskern, die als ausgezeichnete Gärtner galten. Zugleich war dieses Volk, das einst in Etrurien auf dem Gebiet der heutigen Toskana, von Umbrien und dem Norden von Latium lebte, eine Seefahrernation und berühmt dafür, durch Handelsexpeditionen andere Zivilisationen im Mittelmeerraum zu erschließen. Vor der Eroberung durch die Römer brachten die Etrusker wahrscheinlich frühe Formen des Brokkolis nach Griechenland und Phönizien (etwa auf dem Gebiet des heutigen Libanon), außerdem auf die Inseln Sizilien, Sardinien und Korsika.

Auch die alten Römer kultivierten die Kreuzblütengewächse (so benannt nach der Form ihrer Blüten). Die Pflanze fand sogar Eingang in Apicius' *De re culinaria*, eines der ältesten Kochbücher der Welt. Es entstand vermutlich im 5. Jahrhundert n. Chr. und enthält Kochtechniken und Rezepte. Empfohlen wird darin, Brokkoli durch Garen zuzubereiten und anschließend »mit einer Mischung aus Kreuzkümmel und Koriandersamen, gehackten Zwiebeln sowie ein paar Tropfen Öl und sonnenverwöhntem Wein« zu würzen. Patrizier und reiche Römer verzehrten der Überlieferung zufolge vor Banketten rohen Brokkoli, da man glaubte, er helfe dem Körper, Alkohol abzubauen.

Außerhalb Italiens und im restlichen Europa begann sich Brokkoli kurz nach 1533 zu verbreiten, als die Florentiner Adelige Caterina de' Medici den französischen König Heinrich II. heiratete. Die neue Königin, die zum Zeitpunkt der Eheschließung gerade einmal 14 Jahre alt war, brachte eine Brigade italienischer Köche, beladen mit Ingredienzen aus ihrer toskanischen Heimat, nach Frankreich mit.

Rasch wurden die züchterischen Bemühungen intensiviert, vor allem in Süditalien und Sizilien. Die erste Brokkolisorte, die dabei in ihrer noch heute bestehenden Form entstand, war wohl der Calabrese. Doch Italiens Züchter brachten weitere Formen hervor, etwa *cima di rapa* (Stängelkohl) aus einer anderen *Brassica*-Linie.

Inzwischen gibt es eine ganze Reihe von Varianten. Die älteste ist der Sprossenbrokkoli aus der Italica-Gruppe. Er liefert viele kleine, zarte Röschen anstelle eines einzigen großen Kopfs. Der Standard-Brokkoli oder »Calabrese«, eben jene großen, kompakten Köpfe, wie man sie heute oft im Gemüseregal findet, ist eine verfeinerte Version der alten Sprossenformen und zählt zur Botrytis-Gruppe. Dem Brokkoli ähnlich – und manchmal auch »Broccoli raab« genannt – ist der Stängelkohl (*B. rapa* subsp. *sylvestris* var. *esculenta*), eine italienische Spezialität, die wie Brokkoli geerntet und gegessen wird, in Wirklichkeit aber zum Rübsen zählt und näher mit der Speiserübe verwandt ist.

In der Küche

Vorbereitung

Die zarten Röschen werden traditionell nur wenige Minuten gedämpft oder gekocht, aber braten bringt ihren nussigen, Umami-artigen Geschmack zum Vorschein. Verwendet das ganze Gemüse. Die Stiele, die allzu oft unnötigerweise weggeworfen werden, lassen sich hacken und in Suppen oder mit anderen Zutaten wie Knoblauch, Chili oder Pancetta braten. Perfekt wird die Kombination mit einer cremigen Pastasauce.

Gerichte

Die Röschen, die gern als Superfood deklariert werden, stehen als universell einsetzbare Zutat auf der ganzen Welt hoch im Kurs. Brokkoli ist ein unverzichtbares Gemüse, das alle möglichen Speisen abrundet, von apulischen Nudeln über thailändische Pfannengerichte bis hin zu japanischen Tempura.

Auf das nahrhafte Allzweckgemüse mit Fülle und Biss kann man sich verlassen, ob in Quiches, Frittata oder auf Pizza. Die Köpfe lassen sich als Ganzes braten, mit Käse überbacken, mit Nüssen, Samen und Kräutern garnieren und als vegetarisches Hauptgericht servieren. Eine

Schon die unreifen Röschen verheißen Gutes. Damit die Pflanze aber ordentlich wächst, muss sie gut gewässert werden.

»Brokkoli enthält viele Vitamine und Mineralien und ist damit ein ultragesundes Superfood.«

'Early Purple Sprouting' ist eine robuste, köstliche Sorte, die selbst harscher Witterung trotzt.

simple Verbeugung vor dem Gemüse ist der *broccoli di Natale*, der »Weihnachtsbrokkoli«, für den die Röschen al dente gegart, mit Extra-Vergine-Olivenöl beträufelt und mit Knoblauch, Chili und Zitronensaft gewürzt werden.

Kultur

Es wurden viele Kreuzungen entwickelt, um schneller reifende, brokkoliähnliche Formen hervorzubringen, meist mit kleineren Röschen und längeren Stielen. Man kann sie im Wesentlichen genauso wie andere Brokkoliformen kultivieren, muss aber bei Bedarf die Aussaatzeitpunkte und Abstände etwas anpassen.

Vermehrung

Standardbrokkoli und Stängelkohl sät ihr am besten im Saisonverlauf zeitlich gestaffelt in mehrwöchigen Abständen aus, damit ihr kontinuierlich ernten könnt. Junge Kohlgewächse sind sehr anfällig für Schädlinge, müssen also unter Glas kultiviert werden. 3–4 Wochen nach dem Keimen kommen sie an ihren endgültigen Standort. Bei den Abständen orientiert

Auf einen Blick

Aussäen Spätwinter–Vollfrühling oder zweite Sommerhälfte (Standard/Stängelkohl); Vorfrühling–Frühsommer (Sprossenbrokkoli), 6–30 °C

Auspflanzen Vorfrühling–Vollfrühling oder Spätsommer–Frühherbst (Standard/Stängelkohl); Vollfrühling–Hochsommer (Sprossenbrokkoli)

Abstände 30–50 cm (Standard); 25–35 cm (Stängelkohl); 50–60 cm (Sprossenbrokkoli)

Ernten ganzjährig (alle Formen)

man sich an den Angaben oben, wobei man bedenken sollte, dass geringere Abstände kleinere Köpfe hervorbringen. Stecht mit einem Dibber ein Pflanzloch, das gerade so tief ist, dass es die langen Triebe aufnimmt. So werden die Pflanzen auch bei Wind gut gestützt.

Weitere Pflege

Alle Formen müssen vor Schädlingen geschützt werden, etwa mit Abdeckungen. Wässert Sämlinge, bis sie gut eingewachsen sind. Danach müssen sie kaum noch zusätzlich gegossen werden, bis sie anfangen, die Röschen zu bilden, und man wieder mehr Wasser zuschießen sollte, vor allem bei längeren trockenen Phasen. Jätet um die Pflanzen herum gut und zupft abgestorbenes oder welkes Laub ab, sobald es sich verfärbt, damit nicht noch mehr Schnecken über die Pflanzen herfallen.

Probleme

Blattläuse, Kleine Kohlfliege, Raupen, Erdflöhe, Schnakenlarven, Tauben, Schnecken (siehe S. 49–51).

Ernte

Brokkoliröschen bestehen aus zahllosen unreifen Blüten. Sie müssen geerntet werden, solange sie noch fest und grün sind, also bevor sich die kleinen gelben Blüten öffnen. Prüft die reifenden Köpfe alle paar Tage, denn es ist immer besser, Brokkoli zu früh als zu spät zu ernten. Die jungen Stiele sind süß, zart und knackig, während ältere faserig und fädig werden.

Manchmal kann man die Standardformen auch zu einem zweiten Austrieb kleinerer, zarter Triebe bringen. Erntet dazu den Hauptkopf, indem ihr ihn mit einem Messer abschneidet, solange die Röschen noch sehr fest und leicht unreif sind, also wenn sie etwa zwei Drittel der endgültigen Erntegröße erreicht haben. Bald bilden sich aus dem Hauptstrunk Seitentriebe, die sich gut von Hand abbrechen lassen.

Sprossenformen checkt man zweimal die Woche, sobald sie zu blühen beginnen. Je öfter ihr erntet, desto mehr treibt nach. Junge, zarte Röschen kann man im Handumdrehen abbrechen.

Wird Stängelkohl geerntet, lasst ihr die unteren Triebe und Blätter intakt. Dann treibt die Pflanze neu aus und bildet Blüten, sodass ihr noch ein zweites oder sogar drittes Mal Nachschub bekommt.

Lagerung

Da Brokkoli dazu neigt, binnen weniger Tage gelb zu werden, verbraucht man ihn am besten gleich nach der Ernte. Große Köpfe halten am längsten – im Kühlschrank etwa eine Woche. Wer sie länger aufbewahren möchte, muss die Röschen blanchieren und einfrieren.

Stängelkohl/Broccoli raab/ *Cima di rapa* (*B. rapa* subsp. *sylvestris* var. *esculenta*) Dieser brokkoliähnliche Kohl ist eigentlich eine Unterart des Rübsens mit Stängeln und Knospen, doch gibt es auch Formen *senza testa*, also ohne Kopf. Das Gemüse wird in Italien sehr geschätzt, vor allem im Süden. Er trägt lange, zarte Röschen und Blätter, die spiralig am Stängel wachsen. Sie schmecken kräftiger und bitterer als Brokkoli und erinnern an Spinat mit einem süßen, grünen Einschlag. Es gibt mehrere Sorten, die jeweils zu unterschiedlichen Zeiten reifen – oft heißt es, je länger eine braucht, desto höher ist ihre Qualität. Am häufigsten findet man Quarantina, Sessantina, Novantina und Centoventina, auch 40, 60, 90 und 120 genannt, nach den Tagen, die sie bis zur Reife brauchen. Es gibt sogar 130- und 150-Tage-Formen und eine Reihe regionaler alter Sorten, etwa die Fasano-Typen, darunter die 'Natalina di Fasano Cima Grande' aus Apulien. Von den Einheimischen werden sie auch *cima grossa* (dicker Kopf) genannt, da sie große, feste Röschen bilden.

'Di Ciccio' Eine alte italienische Brokkolisorte mit unglaublich feinem Geschmack. Sie gilt als eine der besten überhaupt und ist seit dem 19. Jahrhundert in Kultur. Die kompakte, aber sehr ertragreiche Pflanze reift schnell, bildet einen dunkel blaugrünen, asymmetrischen Kopf und sehr viele zarte Seitentriebe. Der Kopf wird geerntet, sobald er 8–10 cm Durchmesser hat, damit die Pflanze noch einmal Seitentriebe ansetzt.

'Early Purple Sprouting' Der Violette Sprossenbrokkoli, wie er im Deutschen auch heißt, wurde speziell zum Überwintern gezüchtet, um während der ertragsarmen Zeit im Frühjahr geerntet zu werden (siehe S. 229). Er ist sehr winterhart und verträgt Temperaturen weit unter dem Gefrierpunkt. Statt einen großen Kopf zu bilden, setzt er viele kleine Seitentriebe an, die vom Winter bis in das Frühjahr hinein reichlich Nachschub für die Küche liefern. Sprossenbrokkoli neigt dazu, bei starkem Herbstwind umzufallen, aber solange die Wurzeln noch im Boden bleiben, überlebt die Pflanze das meist. Statt sie zu stützen, kann man sie auch einfach nur auf dem Boden liegen lassen; sie erholt sich rasch und wächst wieder senkrecht nach oben.

'Piracicaba' Die meisten Brokkolisorten welken in der Hochsommerhitze, doch 'Piracicaba' scheint das sogar noch zu beflügeln. Sie wurde eigens von der Escola Superior de Agricultura Luiz de Queiroz in Piracicaba, São Paulo, der ältesten Landwirtschaftsuniversität Brasiliens, gezüchtet, um die sengenden Temperaturen im Landesinneren zu überstehen. 'Piracicaba' liefert hohe Erträge, wächst phänomenal schnell und bildet statt eines geschlossenen großen Kopfes mehrere Seitentriebe. Die süßen, saftigen Röschen sind viel größer und lockerer als die anderer Sorten und werden beim Kochen wesentlich schneller gar.

'Ramoso' Die außergewöhnlich schmackhafte alte Sorte aus Kalabrien in Süditalien liefert verlässlich und rasch hohe Erträge, obwohl sie nicht allzu groß wird. Zuerst bildet sich ein einzelner, sattgrüner Kopf mit feinem Geschmack, dann erscheint eine Vielzahl großer, speerförmiger Seitentriebe, die über Wochen hinweg kontinuierlich geerntet werden können.

'Spigariello a Getti di Napoli' Die alte Sorte aus Neapel wird am besten im Frühjahr und Herbst kultiviert. Lässt man sie voll ausreifen, blüht sie weiß statt gelb wie andere Brokkolisorten. Verbreitet angebaut wird die angenehm mild und süß schmeckende Züchtung in Kampanien, einer Region, die für ihr mildes Klima, ihre fruchtbare Erde und ihre erstaunlich einnehmende Landschaft berühmt ist. Sie treibt gedrehte blaugrüne Blätter aus, die ähnlich wie Grünkohl verwertet werden (siehe S. 225). Nach dem Abernten bilden die Pflanzen viele Seitentriebe mit zartem Stiel. *Getto*, »Fontäne«, heißt die Sorte, weil ihre Blätter aussehen wie Wasserkaskaden, die am Stängel herabfließen. Sie hat einen süßen Geschmack, der stärker an Brokkoli erinnert als der körperreiche Stängelkohl (*cima di rapa*).

'Waltham 29' Die in den 1950er-Jahren von Wissenschaftlern der University of Massachusetts entwickelte Sorte ist benannt nach der Waltham Field Station in Massachusetts, wo sie speziell für das raue Klima des pazifischen Nordwestens und der Ostküste Amerikas gezüchtet wurde. Der sehr gefragte Brokkoli hat eine dunkel blaugrüne Farbe und einen intensiven Geschmack. Er bildet feste, dichte, mittelgroße Köpfe, treibt aber, nachdem sie abgeschnitten sind, noch eine erkleckliche Menge an Seitentrieben aus.

'Palla di Neve'

Blumenkohl

Brassica oleracea var. *botrytis*

Regional auch bekannt als Karfiol

Der Aristokrat der Kohlfamilie gehört zu den Meisterwerken im Gemüsebeet. Seine eleganten Köpfe bestehen aus unreifen Blütenknospen in allerlei Farben und Formen. So gibt es lebhaft violette Röschen, rundliche und solche mit ungewöhnlichen grünen Fraktalstrukturen. Das vielseitige Gemüse hat eine fleischige Konsistenz und einen reichen, nussigen Geschmack mit delikatem, süßem Nachhall.

Geschichte

Wie alle Kulturformen des Kohls stammt auch der Blumenkohl vom Gemüsekohl (*Brassica oleracea*) ab, der an den Küsten Süd- und Westeuropas beheimatet ist. Die früheste Erwähnung findet sich in den Schriften des römischen Naturforschers und Philosophen Plinius des Älteren, der 79 n. Chr. beim Ausbruch des Vesuvs ums Leben kam. Plinius beschrieb eine Pflanze, die er *cyma* nannte und die möglicherweise eine frühe Form des Blumenkohls war. Ihm zufolge hatte sie den angenehmsten Geschmack aller Kohlgewächse, doch wies er auch darauf hin, dass beim Kochen in Wasser die Brühe anschließend übel roch.

Im 12. Jahrhundert schrieb der arabische Botaniker Ibn al-'Awwam, dass Blumenkohl vermutlich in der Stadt Kythrea auf Zypern entstanden sei. Das würde auch erklären, warum er im Mittelalter in Großbritannien *Cyprus colewort*, »zypriotischer Grünkohl«, genannt wurde, während er in Frankreich *choux de Chypre*, »Kohl aus Zypern«, hieß. Viele Historiker glauben, dass er in der Levante gezüchtet wurde, bevor er nach Europa gelangte.

Mit der Zeit wurde Blumenkohl immer bekannter und avancierte in Europa zur Delikatesse. Auf den Tafeln des Adels stand er im Mittelpunkt, vor allem beim französischen König Ludwig XIV. im 17. Jahrhundert. Auch im viktorianischen England war er groß angesagt. Um 1820 brachten die Briten den Blumenkohl nach Indien, wo er zum festen Bestandteil der heimischen Küche und eines der meistangebauten Gemüse des Landes wurde.

Behaltet euren Blumenkohl vor der Ernte gut im Auge, damit er nicht überreif wird.

»Will man Blumenkohl erfolgreich anbauen, braucht er ein gerüttelt Maß an Zuwendung.«

In der Küche

Vorbereitung

Blumenkohl hat gegrillt oder gebraten eine vorzügliche Konsistenz und einen ausgezeichneten Geschmack. Die Röschen werden roh gekocht – sie müssen nicht blanchiert werden. Man sollte keine Angst haben, sie knackig werden zu lassen. Es sollten karamellisierte, bissfeste Röschen entstehen, die süß und nussig zugleich schmecken. Die Blätter werden nicht weggeworfen, sie sind ein feines, gesundes Grüngemüse. Die in der Mitte schmecken am süßesten und intensivsten. Die Blätter kann man als Alternative zu anderem Blattgrün einsetzen, etwa von Kopf- und Grünkohl (siehe S. 196 und 225). Besonders schmackhaft sind sie geröstet oder in der Pfanne gebraten.

Gerichte

In Großbritannien wurde Blumenkohl lange vor allem mit Käse überbacken. Das leckere Gericht diente als klassische Beilage für den Sonntagsbraten.

Eine Zeit lang kam Blumenkohl aus der Mode, doch in den letzten Jahren erlebt er zu Hause und in Restaurants eine Renaissance als herzhafter Bestandteil der vegetarischen und veganen Küche, was er seiner Vielseitigkeit, dem frischen Geschmack und der festen Textur verdankt. Ob gebraten, gegrillt oder gedünstet, sauer eingelegt, als Eingemachtes, in Suppen oder Pürees oder fein gehackt und als kohlenhydratarme Alternative zu Reis und anderem Getreide es gibt viele Arten, ihn in der Küche einzusetzen.

Blumenkohl wird in Indien geschätzt, weil er viele Geschmacksstoffe aufnimmt. Er ist Bestandteil von allerlei Currys wie *aloo gobi* und *Bobi masala*, Pfannengerichten und Eingemachten wie dem süß-sauren Eingelegten für den Winter, *gobhi gajar ka achar*, das in Punjab beliebt ist, und dem dicken, auf Kokosnüssen basierenden *gobi gashi* aus der Küstenregion Mangalore. Gehobelt, gewürzt und in eine Paratha (ein blättriges, buttriges Fladenbrot) gerollt ist er ein beliebtes Frühstück.

Wenn Blumenkohl in Scheiben geschnitten und über offener Flamme gegrillt wird, gerät er sehr zart und schwingt sich dank seiner robusten Textur zu einer echten Delikatesse auf, die sogar als Hauptspeise serviert werden kann. Gekohlte Blumenkohlsteaks werden mit Salsa verde oder anderen frischen Kräutersaucen bedeckt. Ein weiteres kreatives vegetarisches Gericht heißt Buffalo-Blumenkohl-Wings, eine originelle Alternative zu klassischen Fleisch-Snacks oder Appetitanregern.

Kultur

Blumenkohl gilt im Garten oft als anspruchsvolles, problematisches Gemüse. Will man ihn erfolgreich anbauen, braucht er ein gerüttelt Maß an Zuwendung. Es gibt drei Typen: Sommer-, Herbst- und Frühjahrsblumenkohl (siehe S. 118–119). Wer mehrere Sorten kultiviert, kann ihn fast das ganze Jahr ernten.

Vermehrung

Blumenkohl sollte stets unter Glas ausgesät werden. Es gibt zwei zeitliche Hauptfenster für die Aussaat – was wann gesät wird, hängt von der Sorte ab (siehe »Empfehlenswerte Sorten« auf S. 118–119).

Weitere Pflege

Die Setzlinge lassen sich etwa 6 Wochen nach der Keimung an ihren endgültigen Platz verpflanzen. Die Abstände hängen davon ab, wie groß die Köpfe sind. Kleine Köpfe brauchen 40 cm, mittelgroße 50 cm und große 60 cm Abstand zueinander. Ist der Platz beim Auspflanzen von Frühjahrssorten im Juli im Beet knapp, könnt ihr versuchen, Blumenkohl mit anderem Gemüse zu kombinieren, das bald geerntet wird.

Auf einen Blick

Aussäen Spätwinter–Vorfrühling (Sommerformen); Spätfrühling–Frühsommer (Herbstformen); Hochsommer (Winterformen), 6–30 °C

Auspflanzen Vorfrühling–Vollfrühling (Sommerformen); Frühsommer–Hochsommer (Herbstformen); Spätsommer (Winterformen)

Abstände 40–60 cm

Ernten Frühjahr–Herbst

Frühe Kulturen werden mit Vlies abgedeckt, damit sie nicht vom Frost geschädigt werden. Ansonsten müssen Setzlinge immer ordentlich gewässert werden, bis sie gut eingewachsen sind. Sobald sie ein gesundes Wurzelwerk gebildet haben und kräftig wachsen, reduziert man die Wassergaben, erhöht sie aber wieder, wenn die Köpfe sich bilden und anschwellen, vor allem bei Hitze.

Manche Sorten sind selbstbleichend, andere müssen künstlich gebleicht werden. Das Bleichen ist eine Methode, mit der man die Köpfe vor direkter Sonne schützt, da sie sonst gelb werden und einen bittereren Geschmack annehmen. Dazu muss

'Purple Cape'

man nur die Blumenkohlblätter vorsichtig zusammenbinden (ich fixiere sie mit Gummibändern), sodass sie eine schützende Hülle um die Köpfe bilden, und sie vor der prallen Sonne schützen. Gebleicht wird in der Regel, sobald sich die Köpfe zu bilden beginnen und etwa 5–8 cm Durchmesser haben. Die besten Ergebnisse erzielt man, wenn man sie an einem trockenen Tag zusammenbindet, damit sich im Inneren kein Schimmel bildet.

Probleme

Vögel, Schmetterlinge, Kleine Kohlfliege, Kohlhernie, Erdflöhe (siehe S. 49–51).

Ernte

Blumenkohl wird am besten geerntet, wenn die Köpfe fest und kompakt sind und bevor die Röschen vom Strunk wegzuwachsen beginnen. Wartet nicht zu lange, sonst blühen sie. Dabei nehmen sie eine minderwertige, luftige, schwammige Konsistenz an. Im Auge behalten muss man sie vor allem im Sommer, denn in dieser Zeit werden sie in 1–2 Wochen reif, während es in kühleren Monaten 4 Wochen dauern kann, bis sie den optimalen Zustand erreicht haben.

Geerntet wird, indem man den Kopf vom Strunk schneidet. Nehmt dabei einige Blattschichten mit, da die Köpfe dann länger halten. Der Strunk kann nach dem Ernten aus dem Beet geholt, zerkleinert und auf den Komposter geworfen werden.

Lagerung

Blumenkohl verfärbt sich nach dem Ernten rasch und wird am besten im Kühlschrank oder an einem kühlen, dunklen Platz gelagert. Dort hält er sich etwa eine Woche lang.

Empfehlenswerte Sorten

Sommerformen

Die im Sommer erntereifen Sorten gelten zumeist als die, die sich am leichtesten kultivieren lassen. In der Regel brauchen sie 4–5 Monate bis zur Ernte und bilden relativ kleine Köpfe. Ausgesät werden sie drinnen oder im Mistbeet.

'Di Jesi' Diese erstaunliche alte Sorte stammt aus Jesi in den italienischen Marken, wo sie auch »Schneckenblumenkohl« genannt wird. Ihre spiraligen Röschen werden wegen ihres außerordentlich schönen geometrischen Wuchses und des süßen erdigen Geschmacks geschätzt. Die schnellwüchsige, kompakte Pflanze liefert knackige, cremeweiße Köpfe mit fraktalen Röschen. Man kann sie auch für die Herbsternte aussäen.

'Palla di Neve' Der Name dieser schnell reifenden Sorte aus den italienischen Dolomiten bedeutet übersetzt »Schneeball«, ein Hinweis auf die perfekt runden, festen, reinweißen Köpfe. Sie haben einen kurzen Stiel, sind kompakt und vielseitig einsetzbar und kommen mit kühlen wie warmen Bedingungen gleichermaßen zurecht.

Herbstformen

Sie wachsen etwas langsamer als die Sommerformen und wurden speziell darauf gezüchtet, die hohen Temperaturen im Sommer auszuhalten. Man sollte sie vor dem ersten Frost ernten.

'Di Sicilia Violetto' Ein bemerkenswert gefärbter Blumenkohl aus dem sonnigen Sizilien. Wird er gekocht, verwandelt sich sein psychedelisches Dunkelviolett in Grün. Wer die ursprüngliche Farbe bewahren will, muss ihn entweder sauer einlegen oder braten. Die Sorte wird ziemlich groß und bildet Seitentriebe, nachdem der Hauptkopf geerntet ist, sodass sich insgesamt ein hoher Ertrag mit ihr erzielen lässt. Ihr solltet ihr beim Auspflanzen viel Platz zugestehen, damit die Seitentriebe Platz haben, sich zu entwickeln.

'Di Jesi'

'Gigante di Napoli' Diese riesige, wüchsige Sorte aus Neapel bildet hohe Pflanzen mit dichten, schneeweißen Rosetten, die gelb werden, wenn man zu lange wartet. Sie kommt traditionell in dem altehrwürdigen neapolitanischen Weihnachtssalat *insalata di rinforzo* mit Paprika, sauer Eingelegtem, Anchovis und Oliven zum Einsatz.

'Romanesco' Eine spektakuläre Sorte mit faszinierenden, lindgrünen Röschen. Sie sind wie eine Fibonacci-Spirale angeordnet und damit ein echtes Kunstwerk der Natur. Bei dieser mathematischen Folge ist jede Zahl die Summe der beiden vorherigen Zahlen. Unter Gartenbauwissenschaftlern wird heiß diskutiert, ob die Sorte, die aus der italienischen Region Latium stammt, nun ein Blumenkohl oder ein Brokkoli ist. Auf jeden Fall aber ist sie eine Augenweide – und mit ihrem nussigen, süßen Geschmack sowie der knackigen Konsistenz auch ein Gaumenschmaus.

'Verde di Macerata' Die neongrüne alte Sorte stammt aus der italienischen Provinz Macerata an der Adriaküste und ist in ganz Italien ein sehr geschätztes Gemüse. Die hübsch gefärbten Röschen verlieren ihre Farbe beim Garen nicht, weshalb Köche sie mit Vorliebe als optischen Akzent, aber auch wegen ihrer köstlich nussigen Note in Gerichten einsetzen.

Frühjahrsformen

Diese winterharten Sorten werden im Sommer ausgesät und überwintern, um im zeitigen Frühjahr geerntet zu werden. Daher eignen sie sich hervorragend als Gemüse für die ertragsarme Zeit zu Saisonbeginn (siehe S. 229). Sie wachsen langsam, sind breiter als andere Sorten und haben einen größeren Kopf. Oft brauchen sie 6 Monate oder noch länger bis zur Reife und viel Platz, um ungehindert wachsen zu können.

'Leamington' Die alte englische Sorte läuft auch unter 'Mr Perkins', nach einem gewissen Mr F. Perkins aus der Regent Street in Leamington Spa. Perkins züchtete sie angeblich Ende des 19. Jahrhunderts und verkaufte die Samen seiner geschätzten Sorte an Einheimische. 1873 wurde sie von der Königlichen Englischen Gartenbaugesellschaft RHS mit einem Zertifikat Erster Klasse ausgezeichnet. Sie bildet riesige Köpfe mit großen Röschen und eignet sich hervorragend zum Rösten und Überbacken mit Käse.

'Purple Cape' Ein ungewöhnlich violetter Blumenkohl, der in Südafrika seit 1808 kultiviert wird. Seine großen, festen Köpfe zeichnen sich durch exzellenten Geschmack und einen hohen Anteil gesundheitsfördernder Anthocyanine aus.

'Tardif d'Angers' Die fabelhafte alte Sorte entstand im französischen Pays de la Loire und liefert sehr große, reinweiße Köpfe höchster Qualität.

'Verona Tardivo' Eine der Blumenkohlsorten mit dem außergewöhnlichsten Geschmack. Ihre elfenbeinweißen, abgeflachten Köpfe haben einen süßen, blumigen Geschmack mit reichen erdigen und nussigen Tönen sowie einem cremigen Fleisch. Die hohe, wüchsige Züchtung stammt von den Ausläufern der italienischen Monti Lessini, wird aber außerhalb der Gegend um Verona nur selten kommerziell angebaut.

Die ungewöhnlichen, scheinbar blütenblattlosen Körbchen der Parakresse sorgen im Gemüsebeet auf jeden Fall für Gesprächsstoff.

Essbare Blüten

Blüten sind faszinierende, komplexe Gebilde, die eine wichtige Rolle beim Erhalt des Lebens auf der Erde spielen. Sie liefern Nahrung für Bestäuber und andere Insekten, machen die Welt aber auch ein bisschen zu einem fröhlicheren, farbigeren Ort. Viele haben besondere Eigenschaften, die genutzt werden können, um Gerichte durch neue Geschmacksnuancen oder einfach nur Farbakzente zu bereichern.

Gelbe Kosmee

(*Cosmos sulphureus*)
Gelbes Schmuckkörbchen

Schmuckkörbchen sind bekannt für ihre feuerroten Blüten, die sie im Sommer in großer Zahl öffnen. Sie schmecken leicht süß und haben eine knackige Konsistenz, womit sie sich perfekt zum Garnieren von Salaten und Kuchen eignen.

Kultur

Ausgesät wird einzeln in Topfplatten. Die hohen, buschigen Pflanzen brauchen viel Platz – knapp 50 cm sollten es schon sein. Auch eine Stütze ist empfehlenswert.

Parakresse

(*Acmella oleracea*)
Jambu

Mutter Naturs Knallbrause. Parakresse stammt aus dem Regenwald am Amazonas und wird von den Indigenen dort seit Jahrhunderten zur Linderung von Zahnschmerzen eingesetzt. Sie kauen auf den Blüten, die dabei einen Zitrusgeschmack freisetzen und ein leicht elektrisierendes, betäubendes Prickeln auf der Zunge verursachen. Verantwortlich für die schmerzlindernde Wirkung, die etwa 5–10 Minuten anhält, ist die Substanz Spilanthol.

Kultur

Die nicht winterharte Staude verträgt Halbschatten, wächst niedrig und breitet sich kriechend aus. Angesät wird sie zunächst in Topfplatten, nach dem letzten Frost kommen die Pflänzchen mit 30–40 cm Abstand in den Garten.

Art	Verwendung	Bedingungen	Aussaat	Auspflanzen	Ernte	Höhe
Schmuckkörbchen	Garnierung	vollsonnig, feucht, durchlässiger Boden	März	Juni	Sommer/ Herbst	10–50 cm
Parakresse	Cocktails	sonnig bis halbschattig, leichter, sandiger Boden	April	Mai	Sommer/ Herbst	10–50 cm
Färberdistel	Würzen, Färben	vollsonnig, durchlässiger Boden	März	Mai	Sommer	50–100 cm
Sonnenblume	Samen, Färben	vollsonnig, feucht, durchlässiger Boden	April–Juni	Juni	Sommer	2,5–4 m
Schlafmohn	Samen	vollsonnig bis halbschattig, jeder durchlässige Boden	März	Mai	Sommer	1–1,2 m
Blaue Klitorie	Tee	vollsonnig, feucht, durchlässiger Boden	März	Mai	Sommer	1–1,2 m

Färberdistel

(*Carthamus tinctorius*) Saflor, Falscher Safran

Die lebhaft orangefarbenen Blüten dieser wüchsigen Distel können als Ersatz für Safran verwendet werden, schmecken aber wesentlich weicher und milder mit Anklängen an Schokolade. In Japan nennt man sie *benibana*. Sie werden dort traditionell getrocknet und als Textilfarbe sowie in der Töpferei, Kunst und Kosmetik eingesetzt.

Kultur

Die Einjährige (sie vollendet ihren Lebenszyklus binnen einer Saison) wird am besten einzeln in die Module von Topfplatten gesät und ausgepflanzt, sobald die Sämlinge groß genug dafür sind. Erntet die Blüten regelmäßig – das regt die Pflanze zum Ansatz neuer Blüten an. Man kann sie in jeder Blühphase schneiden, ältere Blüten sind aber oft dunkler. Zum Trocknen hängt man sie kopfüber auf.

Kosmeen tragen exquisite Blüten mit herrlich süßen Blütenblättern.

Die schmalen Blütenblätter der Färberdistel ähneln Safran und können auch ähnlich verwendet werden, also zum Färben und milden Aromatisieren von Reis und anderen Gerichten.

Sonnenblume
(*Helianthus annuus*)

Das indigene Volk der Arikara, das einst auf dem Gebiet des heutigen North und South Dakota lebte, kultivierte Sonnenblumen wegen ihrer nahrhaften, ölhaltigen Samen. Die Art, die eine oder auch mehrere Blüten bilden kann, erreicht eine stattliche Höhe. Große Samen kann man als Ganzes essen, kleine wurden traditionell geröstet und zu einem Mehl zerstampft, aus dem man Energieballchen für die Krieger auf ihren Eroberungszügen formte. Eine weitere bedeutende Züchtung heißt »Färberschwarz der Hopi« oder *tceqa' qu' si*. Sie lieferte nicht nur schmackhafte schwarze Samen, sondern wurde auch zum Färben von Textilien und Töpferwaren sowie als Körperfarbe für Tänze und Rituale genutzt.

Kultur

Pflanzt Sonnenblumen mit großzügigen Abständen (rund 45–65 cm) zueinander. Ihre hohen Stängel werden leicht vom Wind umgeworfen, die reifen Samen mit Vorliebe von hungrigen Vögeln und Eichhörnen stibitzt.

Schlafmohn
(*Papaver somniferum*)
Blaumohn

Der Mohn der ersten Wahl, wenn man Samen zum Kochen und Backen selbst ziehen möchte. Die hohen Pflanzen öffnen violette und lila Blüten, gefolgt von dicken Samenständen, die man an der Pflanze trocknen und grau werden lässt, bevor man sie erntet. Sobald man in den Samenständen etwas klappern hört, schneidet man sie ab und hängt sie drinnen auf, damit sie vollends austrocknen können.

Kultur

Wichtig: Der Anbau von Schlafmohn ist in Deutschland genehmigungspflichtig. Mohn wird am besten direkt ausgesät. Man mischt die Samen mit etwas Erde und streut sie auf ein unkrautfreies Beet. Die Sämlinge sind leicht zu erkennen und können bei Bedarf ausgedünnt werden. Mohn eignet sich hervorragend für sonnige Rabatten und halbschattige Stellen.

Blaue Klitorie
(*Clitoria ternatea*)
Blaue Schamblume

Die Tropenstaude wird in unserem gemäßigten Klima meist einjährig gezogen. An ihren kletternden Trieben bilden sich zahlreiche intensiv blaue Blüten, die die Farbe wechseln, wenn man sie als Tee aufbrüht: Wird der pH-Wert gesenkt, also sauer, etwa durch Zugabe von Zitronensaft, verwandelt sich das Tiefblau in kräftiges Violett oder Rosa. Die Pflanze ist in ganz Südostasien berühmt, vor allem in Thailand, wo man dem Tee, *an chan* genannt, Anti-Aging-Eigenschaften zuschreibt.

Kultur

Sät die Samen einzeln in Module und pflanzt sie nach dem letzten Frost mit 30 cm Abstand aus. Die hohen Kletterpflanzen brauchen eine Kletterhilfe.

Früchte

Fruchtgemüse belohnt unsere Geduld mit vielen köstlichen süßen Früchten, wie der Name schon sagt.

Auberginen

Solanum melongena

Auch bekannt als Brinjal, Eierpflanze, Melanzana und Berenjena

Die Aubergine, fester Bestandteil vieler Kochkulturen in aller Welt, ist ein unglaublich vielseitiges Gemüse. Sie nimmt Geschmack auf und hat sich in Eintöpfen, Suppen und Currys bewährt, eignet sich aber auch bestens zum Grillen, Rösten und Braten.

Das süße, zarte Gemüse, bei dem es sich botanisch gesehen um eine Frucht handelt, ist von einer glänzenden Schale ummantelt, die verschiedene Farben haben kann. Bei der häufigsten Sorte, 'Black Beauty', ist sie glänzend schwarzviolett und schwarz, doch gibt es auch rotviolette, rote, gelbe, weiße und grüne Varianten und sogar eine mit lila und violetten Streifen. Selbst bei der Größe und Form zeigt die Aubergine Vielfalt: Es gibt sie lang und schmal, kurz und dick, klein und rund, oval und birnenförmig. Alle Varianten fordern eine lange, warme Saison ein und sind in der zweiten Sommerhälfte sowie im Herbst erntereif.

Geschichte

Die Entwicklung dieses Nachtschattengewächses ist ein Thema, bei dem es mehr Fragen als Antworten gibt. Wissenschaftlichen Untersuchungen zufolge wurden Auberginen vor Tausenden von Jahren erstmals in China und Indien gezüchtet. Neuere Forschungen allerdings beweisen, dass die Kulturformen mit einer Wildart verwandt sind, die aus der afrikanischen Savanne stammt. Nun rätseln Experten, wie die Pflanze vor Jahrtausenden von Afrika nach Asien gelangt ist.

Zweifellos sind Auberginen ein wichtiger Bestandteil der Küchen und Kulturen vieler asiatischer Länder. Im 5. Jahrhundert pflegten sich reiche Adelsdamen in China ihre Zähne mit Farbstoff zu schwärzen, der aus der Schale von Auberginen gewonnen wurde. Nach Europa gelangten Auberginensamen mit den Mauren, die

Spanien im 8. Jahrhundert eroberten. Seither hat das Gemüse in der mediterranen Küche einen festen Platz.

Im Handel ist sie heute meist als Aubergine erhältlich, doch wird sie auch Eierpflanze genannt. Die Bezeichnung stammt noch aus der Zeit, als sie nach Europa gelangte, weiß oder gelb war und eine elliptische Form hatte, womit sie Ähnlichkeit mit einem Vogelei aufwies.

In der Küche

Vorbereitung

Mit Auberginen zu kochen erfordert einen gewissen Aufwand. Sie müssen nicht geschält werden, doch wenn man die Schale entfernen will, dann der Länge nach, wobei man zwischen den geschälten Bereichen einen Schalenstreifen lässt. Dadurch zerfällt die Frucht beim Kochen nicht so schnell zu Brei.

Auberginen werden traditionell vor dem Kochen in Scheiben geschnitten und gesalzen, um ihnen die Bitternote auszutreiben. Vielen hier aufgeführten Sorten hat man die Bitternote weggezüchtet, weshalb sie nicht gesalzen werden müssen. Wenn man sie jedoch in Scheiben schneiden und in der Pfanne braten möchte oder sie groß sind und viele Samen enthalten, kann man ihnen durch Salzen Feuchtigkeit entziehen, wodurch sie schneller karamellisieren und knusprig werden und besser schmecken.

Gerichte

Klassische Auberginengerichte sind Ratatouille, ein Gemüseeintopf aus Südfrankreich, Moussaka, eine gebackene Speise aus dem östlichen Mittelmeerraum mit mehreren Lagen Auberginen, Tomatensauce und Lammhackfleisch sowie Béchamelsauce, und *parmigiana di melanzane*, ein süditalienischer Klassiker aus Auberginen, Mozzarella, Parmesan und Tomatensauce. Zu meinen Favoriten gehört *baba ghanoush*, ein cremiger, geräucherter Dip aus der Levante. Für ihn werden die Auberginen über offener Flamme geröstet oder gegrillt, bis die Schale verkohlt ist. Dann hackt man das Fleisch und kombiniert es mit Olivenöl, Zitronensaft und Tahini.

Andere, weniger bekannte Gerichte, in denen Auberginen eine Hauptrolle spielen, sind das persische *torshi bademjan*, ein eingelegtes Gemüse, für das die Früchte mit Knoblauch, Kräutern und Gewürzen (Minze, Dill, Estragon, Chilipulver, Koriandersamen, Schwarzkümmel) gefüllt und in aromatisiertem Essig gekocht werden. Die Mischung kommt in Gläser und gärt dort mindestens 48 Stunden. Sie soll verdauungsfördernd wirken und wird traditionell mit Fleisch-Kebab und Eintöpfen serviert, eignet sich aber auch als Begleiterin von Falafel, Hummus und Tabbouleh.

Weitere beliebte Auberginengerichte sind *baingan bharta*, ein würziger, rauchiger Curry aus Punjab in Indien, für den Auberginen gekohlt werden, und *nasu dengaku*, eine japanische Speise mit geschnittenen Auberginen, die in einem Mantel aus süßsaurer Misosauce gebacken werden.

Für die meisten Rezepte werden die Auberginen gekocht. Die japanische Sorte 'Senshu Kinukawa Mizu' (siehe S. 130–131) mit weichem, buttrigem Fleisch dagegen mischt roh in Sashimi mit.

Kultur

In unserem gemäßigten Klima sind Auberginen nicht immer leicht zu kultivieren, was euch aber nicht abschrecken soll. Wenn ihr ein paar einfache Tipps beherzigt, könnt ihr lange und viel ernten.

Warnung

Triebe, Blätter und Blüten von Auberginen tragen oft nadelspitze Stacheln. Fasst die Pflanzen daher am besten mit Handschuhen an.

»Alle Auberginen brauchen eine warme, lange Anbausaison.«

'Ping Tung' (links) ist eine fast absurd lange und dünne Sorte

'Senshu Kinukawa Mizu' (unten, oben links), 'Nagasaki Long' (oben Mitte und rechts), 'Ping Tung' (unten links und rechts) und 'Listada de Gandia' (unten Mitte)

Vermehrung

Im gemäßigten Klima wird empfohlen, Auberginen im beheizten Anzuchtkasten, auf einer Heizmatte, einer warmen Fensterbank oder einem luftigen Regal auszusäen. Sobald sie keimen, kommen sie an einen hellen Platz. Nach etwa 2 Wochen pikiert man sie in Topfplatten. Dort lässt man sie 3–4 Wochen weiterwachsen und siedelt sie schließlich in 7–10 cm breite Töpfe um. Diese bleiben drinnen auf einer sonnigen Fensterbank oder im beheizten Gewächshaus, bis man sie nach dem letzten Frost an ihren endgültigen Platz nach draußen setzt.

Weitere Pflege

Auberginen gedeihen in der Sonne am besten, vorzugsweise unter Glas. Ihr könnt sie in Töpfen, Pflanzsäcken oder im Freiland ziehen. In Pflanzgefäßen braucht ihr gute torffreie Bio-Erde und müsst sie gut wässern – im Sommer mindestens täglich.

Ich ziehe Auberginen als Büsche und stütze sie in der Mitte, denn mit Früchten beladen fallen sie leicht um. Platziert die

Auf einen Blick

Aussäen Spätwinter–Vorfrühling bei 20–30 °C

Pflanzen Vollfrühling (im beheizten Gewächshaus), Spätfrühling (im unbeheizten Gewächshaus/Folientunnel), Frühsommer (Freiland)

Abstände 40–60 cm

Ernten Hochsommer–Vollherbst

Stütze am besten schon beim Einpflanzen, solange die Setzlinge klein sind, denn wenn ihr sie nachträglich in die Erde drückt, könnt ihr die Wurzeln verletzen. Sobald die Pflanzen 30–40 cm hoch sind, zwickt ihr die Triebspitzen ab, damit sich Seitentriebe bilden. Beginnen sie Früchte anzusetzen, lasst ihr fünf bis sechs Auberginen an jeder Pflanze und zwickt alle weiteren Blüten, die sich bilden, gleich ab, sodass die Pflanze ihre Energie in das Ausreifen der vorhandenen Früchte steckt. Zupft alte Blütenblätter und abgestorbenes Laub ab, so können die Gewächse keinen Schimmel und andere Krankheiten bekommen.

Neben der Erziehung als Busch kann man Auberginen auch als Kordons an einem einzigen langen Trieb kultivieren. Dazu braucht ihr eine stabile Stütze. Seitentriebe und untere Blätter werden entfernt, den Haupttrieb bindet man nach und nach an die Stütze. Das spart Platz und liefert weniger, aber bessere Früchte.

Probleme

Blattläuse, Blütenendfäule, Rote Spinnmilben, Thripse, Weiße Fliegen (S. 49–51).

Ernte

Ich empfehle, Auberginen leicht unreif zu ernten, sofern man sie nicht füllen möchte. Kleinere Exemplare schmecken süßer, haben eine dünnere Schale und mehr Fleisch. Lässt man sie voll ausreifen, wird die Schale stumpf und runzlig, das Fleisch bitter und die Konsistenz schwammiger.

Geerntet wird, sobald die Früchte eine ordentliche Größe und glänzende Schale haben und sich fest anfühlen. Schneidet sie vom Trieb, lasst aber am besten ein Stück Stiel an der Frucht, damit sie länger hält. Häufiges Abernten fördert den Fruchtansatz und liefert höhere Erträge.

Lagerung

Auberginen sind nicht gut lagerfähig – nach 3–4 Tagen verschlechtert sich der Geschmack –, weshalb man sie so bald wie möglich verwertet. Wenn ihr zu viel auf einmal erntet, macht *torshi bademjan* (siehe S. 126) daraus. Rohe Auberginen lassen sich nicht gut einfrieren, sollten also vorher noch zu einer Speise verarbeitet werden.

'Ping Tung' (gegenüber) und 'Thai Round White'

'Aswad' Eine Sorte aus dem Irak, die angeblich schon von den Menschen in der alten Hochkultur Mesopotamiens gezüchtet wurde. Sie bildet riesige schwarzviolette Früchte, von denen jede unglaubliche 1 kg oder sogar noch mehr wiegt und an Pflanzen sitzt, die 1 m hoch werden können. Die kurzen, dicken Früchte haben eine sehr glänzende Schale und süßes, cremiges Fleisch, das sich perfekt zum Schneiden und Grillen als Veggiesteak oder Zutat des klassischen sudanesischen Gerichts *salata aswad be zabadi* eignet. *Aswad* ist das arabische Wort für »schwarz« und zufällig auch im Sudanesischen die Bezeichnung für die Aubergine.

'Blanche Dourga' Die aus Frankreich stammende Sorte bildet ihre elfenbeinweißen Früchte früh in der Saison aus und trägt bis in den Spätherbst. Die kompakten Pflanzen werden rund 60 cm hoch und eignen sich gut für die Topfkultur. Ihre 10–15 cm langen Früchte schmecken süß, cremig und fast pilzartig.

'Lao Lavender' Eine Traditionssorte aus den majestätischen Bergen von Laos in Südostasien. Die ertragreichen Pflanzen liefern eine Vielzahl winziger, rundlicher, nur etwa 2–3 cm breiter Früchte. Sie sind mit ihrer marmorierten violetten, cremeweiß gesprenkelten Schale auch noch ausgesprochen dekorativ. Man serviert sie am besten als bissengroße Leckereien, doch kann man sie auch am Spieß grillen oder in Pfannengerichte und Eintöpfe geben.

'Aswad'

'Listada de Gandia' Ein echter Schatz. Diese Sorte trägt auffällig weiß gestreifte, violette Früchte. Der Name verweist auf ihren Ursprung in der gleichnamigen spanischen Stadt, wo sie im klassischen andalusischen, süß-pikanten Gericht *berenjenas con miel* (Auberginen mit Honig) zum Einsatz kommt. Die Pflanzen werden 35 cm hoch und eignen sich gut für die Topfkultur. Sie bilden viele dünnschalige, längliche Früchte aus.

'Melanzana Rossa di Rotonda' Die sehr wohlschmeckenden, runden, leuchtend roten Früchte dieser Sorte haben einen ungewöhnlich pikanten Einschlag, der eine Mischung aus Tomate, Paprika und Aubergine ist. Sie wird vorwiegend in der süditalienischen Provinz Potenza angebaut, wo sie traditionell Eingang in das süß-saure sizilianische Gemüse *caponata* findet. Aufgetaucht ist die Sorte in Italien das erste Mal um 1930, als italienische Kolonisten Samen aus Äthiopien mitbrachten. Voll ausgereift erinnern die Früchte an Tomaten und haben eine bitter-würzige Note, weshalb sie in der Regel geerntet werden, solange sie noch orange mit grünen Streifen und nicht rot sind. Die Pflanzen werden etwa 80 cm hoch.

'Nagasaki Long' Eine alte japanische Sorte von unschätzbarem Wert. Die langen, schmal zulaufenden, tintenschwarzen Früchte haben einen sehr intensiven Geschmack mit supersüßem Einschlag, fast keine Bitternote und reifen an Pflanzen, die rund 1 m hoch werden.

'Ping Tung' Eine der ungewöhnlichsten Auberginen überhaupt.

'Rosa Bianca' (links) und 'Violetta di Firenze'

Sie ist nach der südtaiwanesischen Stadt Ping Tung benannt und trägt schmale, 25–40 cm lange Früchte mit lebhaft violetter Schale sowie cremeweißem Fleisch, das so süß und zart ist, dass man es sogar roh genießen kann. Die Pflanze trägt reichlich und eignet sich bestens für die Topfkultur, denn sie bleibt mit 70 cm Höhe relativ kompakt. Da die Früchte rasch gar werden, sind sie ideale Kandidaten für Pfannengerichte und Tempura.

'Ronde de Valence' Die Sorte ist für ihre leicht abgeflachten, runden Früchte mit auffallend dunkelvioletter Schale bekannt. Sie stammt aus der kleinen Stadt Valence, die im Südwesten Frankreichs an der Rhône liegt. Eine sehr ertragreiche, gegen Krankheiten widerstandsfähige Sorte, die zarte, milde Früchte von Grapefruitgröße (10–15 cm) an teilweise über 1 m hohen Pflanzen liefert.

'Rosa Bianca' Die Sorte stammt aus Sizilien, wo sie von den Einheimischen wegen ihres milden, cremigen Geschmacks und der zarten, fleischigen Konsistenz geschätzt wird. Der Name bedeutet »Rosa und Weiß« und nimmt Bezug auf die cremegelb bis violettrosa überlaufene Schale der Früchte. Die auffällig runden, leicht gerippten Früchte werden etwa 12 cm lang, die Pflanzen selbst erreichen fast 1 m Höhe.

'Senshu Kinukawa Mizu' Diese Sashimi-Aubergine, bisweilen auch »Seidenschale« genannt, hat eine dünne, zarte Schale und ein äußerst weiches, saftiges weißes Fleisch mit süßem Geschmack, weshalb sie auch roh genossen werden kann. Sie stammt aus Osaka in Japan, wo sich ihre Ursprünge bis in die Muromachi-Zeit (1338–1573) zurückverfolgen lassen, wird aber inzwischen auch in anderen Landesteilen angebaut. Die dunkelvioletten, fast schwarzen, rund 12 cm langen Früchte sitzen an knapp 1 m hohen Pflanzen und werden am besten gleich nach der Ernte verwertet. Man ritzt sie traditionell ein, teilt sie in Längsspalten und genießt sie mit Miso, Wasabi (siehe S. 302) oder Sojasauce. Häufig finden sie im salzigen, leicht sauer Eingelegten *shibazuke* Verwendung. Achtet darauf, beim Schneiden und Erziehen der Pflanzen die Früchte nicht zu quetschen oder zu verletzen, und wässert gut. Kultiviert wird die Sorte traditionell in den Ecken von Reisfeldern.

'Thai Green' Die Sorte wird häufig in Nordthailand angebaut, wo sie *Makhuea* heißt. Sie liefert hohe Erträge, sieht gut aus und bildet zahllose nur 2–3 cm lange, grün-weiß gestreifte Früchte, die sich ausgezeichnet für Spieße zum Grillen oder als Ganzes in Thai-Currys gekocht eignen. Die buschige Pflanze wird etwa 35 cm hoch und ist damit wie geschaffen für die Kultur in beengten Verhältnissen oder Töpfen.

'Violetta di Firenze' Eine geschätzte italienische Sorte aus Florenz, wo sie bei Köchen wegen ihres milden, cremigen, stets süßen und nie bitteren Geschmacks hoch im Kurs steht. Ihre schönen zweifarbigen, rund 15 cm langen Früchte sind sattlila mit weißen Streifen und haben eine gedrungene, ovale Form sowie eine runzlige Schale. Die Pflanzen selbst werden etwa 75 cm hoch und bilden weniger Stacheln als andere Sorten. Die Züchtung schmeckt verlässlich gut und eignet sich zum Rösten, Füllen oder in Scheiben Schneiden.

'Senshu Kinukawa Mizu'

Gurken

Cucumis sativus

Heißt in anderen Ländern Cuke, Cetriolo, Kheera, Pepino

Ihre unbestreitbare Coolness macht sie im Gemüsegarten zu etwas Besonderem. Gurken haben ein erfrischend saftiges und knackiges Fleisch. Sie sind aber viel mehr als nur Salatzutat: Ihr Geschmack, leicht süß und minimal salzig, funktioniert bestens in Dips und Suppen, aber auch in Gins und Tonics sowie dem urbritischen Pimm's.

Geschichte

Die genaue Herkunft der Gurke herauszufinden, ist nicht einfach. Viele Wissenschaftler aber sind sich einig, dass sie vor Tausenden von Jahren in Nordindien und Nepal auf den Ausläufern des Himalajas entstand. Von dort aus trat sie ihren Siegeszug an und etablierte sich zunächst in den Küchen benachbarter Kulturen, vor allem in den sumerischen Städten am Euphrat, aber auch in China, wo oft behauptet wird, eingelegte Gurken seien für die Arbeiter entwickelt worden, die die Chinesische Mauer bauten. Fast 4000 Jahre alte Inschriften auf der elften und zwölften Tafel des Gilgamesch-Epos aus Mesopotamien erzählen von einer »dornigen Pflanze, die unter den Wellen wächst und Wie-der-alte-Mann-wieder-zum-jungen-Mann-wurde genannt wird«. Man vermutet, dass dieses Gewächs eine Urform der Gurke war. Sie scheint ihrem Ruf auch gerecht geworden zu sein, denn Gilgamesch, König von Uruk, galt als Halbgott mit übernatürlichen Kräften und soll ein Alter von 126 Jahren erreicht haben.

Später gelangten Gurken ins alte Ägypten, wo sie mithilfe eines Bewässerungssystems aus Kanälen am Nil angebaut wurden. Schließlich landeten sie bei den Römern, die die Pflanzen als willkommene Bereicherung ihres Speiseplans empfanden. Kaiser Tiberius ließ sich im 1. Jahrhundert jeden Tag frische Exemplare servieren. Um seine Gier nach Gurken zu stillen, wurden sie im Winter in frühen Versionen transportabler Gewächshäuser angebaut, die man an den sonnigsten

»Oft wird behauptet, Gurken seien für die Arbeiter entwickelt worden, die die Chinesische Mauer bauten.«

So unterschiedlich die Gurkensorten sind, so vielfältig lassen sie sich auch verwenden.

Plätzen aufstellte und über Glimmersteine im Garten mit zusätzlichem Licht versorgte. Später gelangte die Gurke mit den Spaniern in die Karibik und die Neue Welt. Kolumbus brachte ihre Samen 1494 auf die heute Haiti genannte Insel.

In der Küche

Vorbereitung

Gurken lassen sich hobeln, dünn schneiden, in gröbere Stücke hacken, zu Stäbchen schneiden oder ganz genießen. Man kann sie roh, gekocht oder eingelegt essen (siehe S. 136). Ihr schmackhaftes, durststillendes, mildes, knackiges Fleisch passt zu vielen anderen Ingredienzen und veredelt viele Speisen unterschiedlicher Länder.

Gerichte

Rohe Gurken sind kühlend, belebend und frisch. Sie wirken Wunder in Salaten, auf belegten Broten und als Garnierung, vor allem im Sommer. Man kann sie in Dips verwenden, etwa in Zaziki, und in kalten Suppen wie Gazpacho. Eingelegt – gleich, zu welcher Jahreszeit – bringen sie eine süße Säure ins Spiel, die das Fette eines Burgers abmildert. Am anderen Ende des Spektrums sind gekochte Gurken, die in

Die Triebe werden behutsam um die Stützen gewunden.

Asien geschätzt werden und einen völlig anderen Charakter als rohe Gurken haben. Sie bleiben mild, fein und süß, doch der größte Unterschied ist die weiche und zarte Konsistenz. Mit der Mandoline dünn geschnitten verfeinern Gurken Gerichte und machen sie harmonischer, etwa als Bett für elegante Räuchermakrelen-Rillettes. Als Stückchen haben sie Textur, Körper und Biss. Ihr erfrischender Geschmack neutralisiert salzige Zutaten wie Feta und Oliven in griechischen Salaten. Das ultimative Gurkensandwich mit Weißbrot stammt aus dem Jahr 1840, als in England der Afternoon Tea populär wurde, blieb zunächst aber den Reichen vorbehalten. Heute wäre kein Nachmittagstee – der übrigens nicht nur aus Tee besteht, sondern eher als Zwischenmahlzeit zu verstehen ist – komplett ohne die noblen Gurkensandwiches.

Am besten kommt der erfrischende Geschmack von Gurken der Marke Eigenanbau vielleicht zur Geltung, wenn man sie zerkleinert. Rohe Gurkenstückchen werden traditionell mit würzigen Speisen der Sichuan-Küche kombiniert. Leicht zerdrückt, mit einer Mischung aus Knoblauch, Reisessig und Sojasauce sowie weiteren Gewürzen angemacht und mit Sesam bestreut mildern sie deren Schärfe und balancieren sie aus. Das Kleinschneiden bricht ihre Schale auf und setzt den Saft frei. Klein geschnittene Gurken absorbieren Geschmacksnuancen und Saucen besser, denn die aromatischen Bestandteile können sich in Zwischenräumen festsetzen. Gurkensalat lässt sich auch ganz minimalistisch zubereiten: Schneidet die Gurken in kleine Stücke, zerdrückt sie leicht und salzt sie etwas. Dann 30 Minuten in den Kühlschrank stellen. Die helle Mitte wird dabei frischgrün und das Fleisch besonders schmackhaft und würzig.

Kultur

Die Kultur frei abblühender alter Gurkensorten (im Gegensatz zu F1-Hybriden) hat den Vorteil, dass man keine männlichen Blüten abzwicken muss und sie nicht bitter werden, wenn man mehrere Sorten auf ein und demselben Areal anbaut. Die Pflanzen sind allerdings sehr frostempfindlich und brauchen viel Wärme, werden also in unserem gemäßigten Klima am besten unter Glas gezogen. Trotzdem gibt es auch ein paar Freilandsorten, die auch in kühlen Klimazonen ordentlich Erträge liefern, wenn man sie kriechend wachsen lässt.

Vermehrung

Gurken werden am besten etwa 3 Wochen, bevor der letzte Frost zu erwarten ist, einzeln in Topfplattenmodule gesät. Sie früher auszusäen hat keinen Sinn, denn dann nehmen sie zu viel Platz in Anspruch, bevor man sie auspflanzen kann. Gurkensamen brauchen konstant Wärme, um zu keimen, deshalb stellt man sie ins Haus oder auf eine Heizmatte. Die Sämlinge werden schnell größer und müssen schon nach 10 Tagen in 9-cm-Töpfe umziehen.

Auf einen Blick

Aussäen zweite Frühlingshälfte bei 16–35 °C

Auspflanzen Frühsommer

Abstände 60–75 cm

Ernten Hochsommer – Vollherbst

Wässert mit Bedacht, denn nasse Füße mögen sie gar nicht: Sie faulen dann rasch am Ansatz. Selbst im unbeheizten Folientunnel oder Gewächshaus werden Gurken nur ausgepflanzt, wenn kein Frost mehr droht. Kriechende Freilandsorten brauchen 60 cm Abstand. Zieht man sie an einer Schnur, sollten es sogar 75 cm sein. Pflanzt man kletternde Formen in einen Folientunnel oder ins Gewächshaus, dann so tief, dass die sukkulenten Triebe guten Halt haben. Die Schnur wird unter den Wurzeln verankert, bevor man sie am Dach des Tunnels bzw. des Gewächshauses festbindet.

Die Barattiere oder Armenische Gurke ist eigentlich eine Melone.

'Aonaga Jibai'

Weitere Pflege

Erzieht Gurkenpflanzen vertikal, indem ihr den Haupttrieb um die gespannte Schnur oder durch ein Rankgitter windet.

Damit Gurkenpflanzen kräftige Wurzeln bilden, schneidet ihr alle kleinen, unreifen Früchte und Blüten ab, bis die Pflanzen mindestens 50 cm hoch sind. Während sie weiterwachsen, zwickt ihr jeden zweiten Seitentrieb ab – die Gurken bilden sich an diesen Seitentrieben, deshalb sollten nicht alle entfernt werden. Die Größe der Seitentriebe lässt sich beeinflussen, indem man die pelzige Triebspitze abkneift, sobald die Triebe mindestens 1 m lang sind. Wenn der Haupttrieb die Spitze der Stütze erreicht, biegt man ihn um und lässt ihn nach unten weiterwachsen. Bei Freilandgurken wird die Triebspitze abgezwickt, sobald die Pflanze sieben Blattpaare gebildet hat, damit sich Seitentriebe bilden. Auch die Triebspitzen der Seitentriebe können abgezwickt werden, um sie zur Bildung weiterer Triebe anzuregen.

Gurken wachsen unglaublich schnell und brauchen entsprechend viel Wasser. Selbst Freilandsorten sollten bei trockener Witterung zweimal die Woche gut gewässert werden. Pflanzen unter Glas sind für eine großzügige Dosis alle 3 Tage dankbar.

Probleme

Mehltau, Gurkenmosaikvirus, Schnecken, Spinnmilben (siehe S. 49–51).

Ernte

Sobald die kletternden Triebe Früchte zu tragen beginnen, kann man mit bis zu einer Gurke pro Tag rechnen. Erntet häufig, damit sich immer neue Früchte bilden. Um zu vermeiden, dass man zu viel auf einmal bekommt, erntet man sie, solange sie noch klein, süß, weichschalig und nicht zu samenhaltig sind.

Lagerung

Am besten schmecken Gurken frisch vom Trieb. Im Kühlschrank halten sie bis zu einer Woche – dickschalige Lagersorten sogar mehrere Wochen. Wer sie länger aufbewahren möchte, legt sie ein. Damit sie fest bleiben, schneidet man vor dem Vergären 15 mm vom Blütenansatz ab, da er Enzyme enthält, die Eingelegtes weich machen. Für festes Gurkenfleisch sorgt auch das Anreichern der Salzlake mit Gerbstoffen. Dazu verwendet man meist frische Weinblätter, doch auch Meerrettich-, Brombeer- und Himbeerblätter oder grüner und schwarzer Tee eignen sich.

»Die unglaublich schnell wachsenden Pflanzen brauchen jede Menge Wasser.«

Echte Gurken

Die einzelnen Sorten unterscheiden sich in Größe und Form beträchtlich. Das Spektrum reicht von winzigen, warzigen Cornichons bis zu langen, glattschaligen Salatgurken mit sehr wenig Samen. Wenn sie erntereif werden, ist das Fleisch in der Regel noch weiß, später färben sich die meisten goldgelb oder hellbraun, sofern man sie und die Samen voll ausreifen lässt.

'Ancashino' Die Samen dieser klassischen peruanischen Gurke gelangten im 16. Jahrhundert von Spanien aus nach Südamerika. Die Sorte wurde züchterisch an das kühle Andenklima angepasst und eignet sich daher ausgezeichnet für den Anbau in gemäßigten Gegenden. Sie ist äußerst ertragreich und hat eine schöne dunkelgrüne Farbe. Berühmt geworden ist sie wegen ihrer Widerstandsfähigkeit gegen Schädlinge und Mehltau und weil sie bis zum Saisonende trägt.

'Aonaga Jibai' Diese wüchsige Sorte verträgt Kälte, Hitze und Trockenheit und zeigt gute Widerstandskraft gegen Mehltau. Sie wird von einer Familie in Beppu auf der japanischen Insel Kyushu seit Generationen gezüchtet. Ihre langen, schlanken, dunkelgrünen Gurken sind unwiderstehlich süß, zart, überhaupt nicht bitter und haben fast keine Kerne.

'Boothby's Blonde'

'Boothby's Blonde' Diese ungewöhnliche, warzige, cremeweiße Gurke hat die Form eines großen Eies. Sie wurde in Livermore im US-Bundesstaat Maine gezüchtet und trägt viele mittelgroße Früchte, die am besten rund 10 cm lang geerntet werden. Geschält werden müssen sie nicht, denn die weiße Schale ist dünn und zart. Das hellgrüne Fleisch hat einen milden Geschmack und eine feste, knackige Konsistenz.

'Boston Pickling' Die wüchsige Klettersorte trägt viele kleine, leicht spitz zulaufende, glatte Früchte mit schwarzen Stacheln, die sich bestens für Dillgurken eignen. Wenn ich Gurken fermentiere, dann sie, denn ihr dickes Fleisch bleibt knackig und nimmt zugleich die Aromen der Einlegeflüssigkeit auf. Die Samen wurden 1877 von D. M. Ferry & Co. auf den Markt gebracht, die sie als »die einzigen Gewürzgurken, die Sie jemals brauchen« bewarb.

'Çengelköy' Die ertragreiche, dünnschalige Traditionssalatgurke aus der Türkei liefert auch in gemäßigtem Klima gute Ergebnisse. Benannt ist sie nach einem Viertel am Ostufer des Bosporus in Istanbul. Es war für seine kleinen Gurkenfarmen bekannt, die inzwischen der Ausbreitung der Stadt zum Opfer gefallen sind. Die einst beliebte Sorte ist heute eine Rarität. Damit sie möglich knackig bleibt, erntet man die Früchte klein und solange die Schale noch einen grünen Ton hat. Sie enthält kaum Samen, schmeckt süß und eignet sich vorzüglich im Ganzen als Snack oder in Dips wie Hummus und Zaziki getunkt.

'Chinese Yellow' Eine schöne gelbe Rarität, selbst in ihrer Heimat China. Sie findet für *lou wong kua tong* (alte Gurkensuppe) Verwendung, ein süßsaures Traditionsgericht, dem Anti-Aging-Eigenschaften zugeschrieben werden Die Pflanzen setzen viele Früchte an, deren Schale zunächst grün ist und später orange und gelb panaschiert wird, ganz ohne bitteren Geschmack. Das feste weiße Fleisch schmeckt reif mild, leicht süß und pikant säuerlich.

'Little Potato'

'Crystal Lemon' Die Erfolgsgeschichte dieser runden Gurke, die fast wie eine Zitrone aussieht, begann Ende des 19. Jahrhunderts, als sie in die USA importiert wurde. Bald drehten Betrüger arglosen Kunden die goldgelben Früchte für viel Geld als Kreuzung zwischen Zitrone und Gurke an. Sie gehört zu den ertragreichsten Sorten, die ich je angebaut habe, und liefert süße, knackige Früchte mit knackigem weißem Fleisch und frisch-würzigem Geschmack. Die Züchtung wächst auch kriechend gut. Sie ähnelt sehr stark 'Richmond Green Apple', eine unkomplizierte, kleine runde australische Traditionssorte, die zunächst apfelgrün ist, sich aber bald zitronengelb färbt.

'Eden's Burpless Tasty Green' Die großartige »moderne« alte Sorte ist eine stabilisierte, verbesserte Selektion der F1-Hybride 'Burpless Tasty Green' aus dem 20. Jahrhundert. Die frei abblühende Version wurde von Eden Weiss von der St Giles' Farm in New Forest, Hampshire, nur 1500 m von meinem Garten entfernt gezüchtet. Wie ich erfahren habe, hat er viele Jahre lang darauf hingearbeitet, die Sorte zu stabilisieren, und schließlich eine gerillte Gurke hervorgebracht, die durch ihren intensiven, komplexen Geschmack überzeugt, außerordentlich resilient ist und sich bestens für die Kultur im Freiland oder in Folientunneln bzw. Gewächshäusern eignet. Die Samen gibt es inzwischen bei Real Seeds.

'Crystal Lemon' (links oben) und 'Sikkim'

'Little Potato' (*khira balam*) Wie der englische Name andeutet, sieht die Frucht dieser Sorte eher wie eine Kartoffel als wie eine Gurke aus. Der robuste, halbbuschige Typ wird in Westbengalen und Südindien kultiviert und liefert jede Menge runder, brauner Gurken, die sich bis zu 70 Tage lagern lassen. Sie bleiben knackig und fest und offenbaren eine ausgeprägte Zitrusnote.

'Parisian Pickling' Eine verlässliche, ertragreiche französische alte Sorte, die Ende des 19. Jahrhunderts entstand und ursprünglich 'Parisienne Cornichon de Bourbonne' hieß. Angeblich ist sie die Gewürzgurke Nummer eins. Sie wurde speziell für die kühlen Regionen Nordfrankreichs gezüchtet, liefert Gurken mit festem, dickem Fleisch und einer kleinen, unscheinbaren Kernmasse und eignet sich bestens zum Fermentieren. Jung geerntet verwendet man sie als Cornichons, etwas größer als Gewürzgurken. Man kann sie auch wachsen lassen und als Salatgurke nutzen, allerdings wird die Schale dadurch derb, sodass man sie schälen muss.

'Poona Kheera' Eine schöne, uralte Gurke aus dem indischen Poona. Die Früchte sind zunächst blassgrün, werden aber mit der Zeit orangebraun und schließlich sattbraun. Sie wird oft als erfrischender Snack verkauft, wenn es glühend heißt ist, und schmeckt würziger als reguläre Salatgurken. 'Poona Kheera' eignet sich gut zum Kochen. Sie findet im südindischen Gurkencurry *Dosakaya masala* Verwendung. Allerdings kann sie mit der Zeit bitter werden, weshalb man sie spätestens im goldorangen Stadium erntet.

'Sikkim' Die alte Sorte stammt aus dem Himalaja und hat eine rissige Schale, die an Alligatorhaut erinnert. Sie kann riesig und über 1 kg schwer werden. Außerdem lässt sie sich bis zu einem Monat lang lagern. Genossen wird sie roh, geschnitten und mit Gewürzen gebraten.

Armenische Gurken

Sie werden auch Barattiere oder Gurkenmelone genannt und sind botanisch tatsächlich eine Melone (*Cucumis melo* var. *flexuosus*). Ihr melonenartiges Fleisch schmeckt frisch wie eine Gurke, aber süßer, da ihnen Cucurbitacine fehlen, die Gurken den leicht bitteren Geschmack geben und schwer verdaulich sind. Armenische Gurken wurden dem Vernehmen nach erstmals im 15. Jahrhundert in Westasien und insbesondere in Armenien kultiviert, von wo aus sie in die Türkei und nach Ägypten gelangten. Im 16. Jahrhundert brachte man ihre Samen nach Italien. Dort wurden sie vor allem im Süden sowie auf Sardinien und Sizilien populär. Es gibt sie in unzähligen Längen, Farben und Zeichnungen.

'Facussa' Die Sorte wurde ab 1541 in Sardinien angebaut, nachdem tunesische Siedler ihre Samen mitbrachten. Im Fischerort Carloforte auf einer kleinen Insel vor Sardiniens Südwestküste wird sie noch heute angebaut. Sie mag es warm und liefert kontinuierlich lange, schöne Früchte mit auffälligen Zebrastreifen.

'Metki Dark Green' Die alte armenische Traditionssorte setzt schlangenähnliche Gurken an. Die dünnen, dunkelgrünen Früchte werden am besten geerntet, wenn sie 30–45 cm lang sind. Lässt man sie wachsen, können sie bis zu 1 m lang werden. Sie haben eine dünne Schale, schmecken mild und süß und sind einfach nur köstlich.

'Mezzo Lungo di Polignano' Die »Halblange von Polignano«, wie ihr Name übersetzt lautet, stammt aus Süditalien und gehört zu den am frühesten reifen Kürbisgewächsen. Ihre gedrungenen, leicht gerillten, zylindrischen Früchte sind hellgrün und mit feinen Haaren besetzt, die sich jedoch abstreifen lassen, bevor man das süße, knackige, zarte Fleisch ganz ohne Bitternote genießt.

'Scopatizzo Barese' Eine wüchsige apulische Sorte, die sehr früh reift und hohe Erträge liefert. Ihre zylindrischen grünen Früchte tragen tiefe Rillen, haben eine feste, glatte Schale und festes weißes Fleisch fast ohne Kerne.

'Tondo Massafra' Eine runde, tennisballgroße, süße Leckerei mit köstlich komplexem, zuckrigem Fleisch, das zum Besten gehört, was armenische Gurken zu bieten haben. Die Sorte stammt aus der Stadt Massafra in der Provinz Taranto und hat eine schön gestreifte und gesprenkelte Schale in mehreren Grünschattierungen.

Sonstige

Viele weitere Kürbisgewächse werden ähnlich wie Gurken kultiviert. Mehrere sind inzwischen fast in Vergessenheit geraten, es sind unerforschte Köstlichkeiten mit reicher Geschichte. Die hier beschriebenen Sorten werden am besten unter Glas an Gittern oder Schnüren gezogen. Sie brauchen Wärme zum Keimen und sollten erst ausgepflanzt werden, wenn kein Frost mehr zu erwarten ist.

Inkagurke (*Cyclanthera pedata*) Sie stammt aus den Anden und war bei den Inka ein wichtiges Gemüse. Das dunkelgrüne, handförmige Laub ähnelt dem von Ahornen oder Cannabis. An den kriechenden Trieben bilden sich gebogene, spitz zulaufende Früchte, die an Pantoffeln oder eine Kreuzung aus Gurke und Paprika erinnern. Man erntet sie am besten unreif mit 5–8 cm Länge, wenn Geschmack und Textur einer Salatgurke am ähnlichsten sind und sie eine weiche, essbare Kernmasse sowie ein knackiges, frisches Fleisch bilden. Lässt man sie komplett ausreifen, werden sie hohl und flach und bekommen harte, schwarze Samen, die entfernt werden müssen. Die ausgereiften Früchte bäckt man, wodurch sich ihr Geschmack intensiviert und an gebratene Paprika erinnert.

Horngurke (*Cucumis metuliferus*) Die Früchte der Pflanze mit dem prähistorischen Aussehen sind unter der Bezeichnung Kiwano im Handel. Sie stammen aus den Savannen der Kalahariwüste im südlichen Afrika, wo sie fester Bestandteil der Nahrung nicht nur der indigenen Khoisan, sondern auch mehrerer Wildtierarten sind, etwa von Elefanten und Giraffen, die sie als natürliche Verdauungshilfe nutzen. Die Khoisan essen das zu 80 Prozent aus Wasser bestehende Fleisch roh und rösten die Rinde und die Blätter. Die Frucht lässt sich dank ihrer dicken, orangen, stacheligen Schale bis zu 6 Monate lang lagern. Sie darf aber nicht im Kühlschrank aufbewahrt werden. Mit ihrem süßen, erfrischenden, würzigen Geschmack ist die Horngurke in der Trockenzeit eine der wenigen Wasserquellen in der Wüste.

'Scopatizzo Barese'

Achocha

Schwammkürbis (*Luffa aegyptiaca*) Nutzt man ihn als Gemüse, erntet man ihn klein und grün, ansonsten lässt man ihn am Trieb ausreifen, bis er goldgelb und sattbraun ist. In diesem Zustand trocknet und schält man ihn, um die zähe, faserige Masse als Schwamm zu nutzen. Im frühen 20. Jahrhundert wurden Schwammkürbisse als Ölfilter für Dieselmotoren eingesetzt und noch heute sind sie als Naturschwamm, Matratzenfüllung, Isolierung und Wasserfilter in Gebrauch. Woher die Art stammt, ist unklar, aber die meisten Botaniker sind sich einig, dass sie aus Asien stammt und früh in Indien angebaut wurde. Sie braucht eine lange Saison und muss Wochen vor Salatgurken ausgesät werden, aber so lange drinnen bleiben, bis kein Frost mehr droht. Will man sie als Schwamm verwenden, lässt man sie möglichst lange an der Pflanze, erntet sie aber noch vor dem ersten Frost.

Mexikanische Minigurke (*Melothria scabra* syn. *Zehneria scabra*) Diese traubengroße, ovale, glattschalige Frucht, auch *Pepquiño* genannt, sieht aus wie eine Mini-Wassermelone. Sie ist in Mexiko und Mittelamerika beheimatet, schmeckt mild herb und sauer, nicht süß, und hat ein frisches Gurkenaroma. Man kann sie für Salate und in Olivenöl gedünstet verwenden oder einlegen. Jung ist die Pflanze sehr empfindlich. Sie wird mit 15 cm Abstand gepflanzt und an Rankhilfen gezogen. Ihre Knollen kann man aufnehmen und den Winter über einlagern. Für eine frühere und größere Ernte pflanzt man sie im Frühjahr zeitig aus.

Anguriagurke (*Cucumis anguria*) Die Anguriagurke oder Antillengurke stammt aus dem östlichen und südlichen Afrika. Mit dem Sklavenhandel gelangte sie im 17. Jahrhundert in die Karibik. Die hellgrüne, längliche, stachelige Frucht hat ein weißlich grünes Fleisch mit feinem, zwischen Gurke und Zucchini angesiedeltem Geschmack. Ihre Triebe brauchen eine Stütze. Ältere Früchte entwickeln einen kräftigen, bitteren Geschmack. Deshalb werden sie am besten früh geerntet und fermentiert oder zu Würzsauce verarbeitet.

Melonen

Cucumis melo

Auch bekannt als Zuckermelonen

Wenig Früchte können mit so faszinierenden Geschmackswelten aufwarten wie Melonen aus dem eigenen Garten. Ihr saftiges, zuckriges Fleisch verströmt einen einnehmenden Duft. Manche Sorten locken mit Honig- oder Birnennoten, andere mit würzig-tropischen Düften. Reifen sie, verwandelt sich ihre schlichte grüne Schale in ein abstraktes Kunstwerk.

Geschichte

Melonen und ihre Samen gehörten zur Handelsware, die Händler mit Kamelen oder Pferden auf den Karawanenrouten der alten Seidenstraße durch Südasien, Persien und Arabien transportierten. Umstritten ist allerdings, woher die Art stammt. Manche Botaniker verorten sie in der Levante und im alten Ägypten, andere in Iran, Indien und Zentralasien. Und wieder andere sind sich sicher, dass sie afrikanischen Ursprungs ist. Tatsächlich gibt es noch heute in mehreren ostafrikanischen Ländern wie Äthiopien, Somalia und Tansania wild wachsende Melonen.

Das alte Persien war führend in der Züchtung und dem Anbau von Melonen, doch auch der Südkaukasus, Afghanistan und Indien mischten fleißig mit. Irgendwann gelangten die Früchte über den gebirgigen Westhimalaja nach China und Ostasien. Die ältesten Hinweise auf die Existenz einer Frucht, die Experten als Melone identifizieren, finden sich in altägyptischer Grabkunst aus der Zeit um 2400 v. Chr. Die alten Griechen und Römer kultivierten nachweislich Melonen, denn sowohl Plinius als auch der griechische Arzt Galen beschrieben sie.

Mit der Zeit breiteten sich Melonen nach Westen aus. Im späten 15. Jahrhundert waren sie bereits in Spanien und Frankreich verbreitet. Kolumbus nahm sie auf seiner zweiten Reise in die Neue Welt 1493 mit und brachte ihre Samen nach La Isabela, Spaniens erste Siedlung auf amerikanischem Boden im Norden der Insel Hispaniola, heute in der Dominikanischen Republik. Bald danach fanden Melonen den Weg nach Mittel- und Nordamerika.

In der Küche

Vorbereitung

Um eine Melone sicher zu schälen, schneidet man eine dünne Scheibe von beiden Enden. So entsteht eine glatte Oberfläche und man kann die Schale mit einem

»Die Melonenernte ist ein Sommerspaß, den man am besten mit Freunden genießt.«

Messer entfernen, ohne dass die Frucht wegrollt oder -rutscht. Höhlt sie aus und entfernt die Kerne, bevor ihr das Fleisch in Scheiben oder Würfel schneidet.

Gerichte

Die Melonenernte ist ein Sommerspaß, den man am besten mit Freunden genießt. Nichts macht mehr Freude, als den lebendigen Geschmack der Tropen mit noch sonnenwarmen Früchten frisch vom Trieb zu genießen. Aber Melonen sind vielseitiger, als man denkt. Sie eignen sich auch als Zutat für allerlei Gerichte, nicht nur von Süßem wie Obstsalat, Sorbet und Smoothies, sondern auch von Herzhaftem und Pikantem. In eine Scheibe Prosciutto gewickelt ergeben sie ein schmackhaftes Antipasto und in einem griechischen Salat harmonieren sie bestens mit salzigen Zutaten wie Schafskäse und Gepökeltem.

Herzhafte Speisen bereichern Melonen um ein erfrischendes Element, das den Gaumen reinigt und das Essen auf eine neue Stufe hebt. Sommerliche Hitze lässt sich am besten mit einem Gazpacho aus Cantaloupe-Melonen und Tomaten lindern. Es kombiniert klassische spanische Geschmacksnoten mit der dezenten, erfrischenden Süße der Melone. Perfek-

'Banana' mag ein bisschen so aussehen wie die Frucht, nach der sie benannt wurde, aber ihr Fleisch ist saftig und würzig.

ter Begleiter dieser kalten Suppe ist eine dünne Scheibe Sauerteigbrot mit der süßen, fast fruchtigen, cremigen Rohstreichwurst *sobrasada de Mallorca.*

Kavun dolma (gefüllte Melonen) sind eine Edelspeise, die es schon seit mindestens dem 15. Jahrhundert gibt. Sie stand bei den Sultanen im Osmanischen Reich hoch im Kurs und kombiniert Fleisch – traditionell Lamm – mit Reis, Pistazien, Kräutern und Gewürzen. Man schneidet das obere Ende ab (so, als würde man einen Kürbis schnitzen), füllt die Melone mit der Mischung, gibt den Deckel wieder darauf und brät das Ganze im Ofen.

Kultur

Jedes Jahr warte ich freudig gespannt auf den Augenblick, wenn ein herrlich exotischer Duft durch den Folientunnel zieht. Melonen gehören zweifellos zu den lohnendsten Nutzpflanzen. Allerdings kultiviert man sie am besten unter Glas, vor allem in kühlen, feuchten Klimazonen mit unberechenbaren Sommern.

Vermehrung

Sät Melonen einzeln in die Zellen von Topfplatten. Sie brauchen zum Keimen konstante Wärme, müssen also drinnen oder auf einer Heizmatte stehen. Dabei brauchen sie viel Sonne, sonst werden sie langbeinig und schwächlich. Zugleich faulen sie leicht und dürfen daher nicht zu viel Wasser bekommen, vor allem nicht bei verhangenem Himmel. Ein paar Wochen nach dem Keimen werden die Sämlinge in 7er- oder 9er-Töpfe umgesetzt und an einen frostfreien, hellen Platz gestellt. Erst wenn keine Minusgrade mehr drohen, dürfen sie in einen Folientunnel, ein Gewächshaus oder ins Freiland umziehen.

Nach dem Eintopfen stellt man die Setzlinge an einen frostfreien Platz, bevor man sie an ihren endgültigen Standort auspflanzt.

Auf einen Blick

Aussäen Vor- und Vollfrühling bei 24–32 °C

Auspflanzen Frühsommer

Abstände 50–60 cm

Ernten Spätsommer–Vollherbst

Weitere Pflege

Pflanzt die Setzlinge tief, damit der empfindliche Trieb gut gestützt ist. Ich ziehe meine an Schnüren oder anderen Stützen. Schnüre grabe ich tief ein und verankere sie unter dem Wurzelballen. Man kann die Pflanzen aber auch kriechend ziehen.

Sind Melonenpflänzchen erst einmal in der Erde, wachsen sie sehr schnell. Verwendet man Schnüre als Stütze, schlingt man den Haupttrieb täglich um sie, damit er einen guten Halt hat, bevor er Früchte ansetzt. Sie bilden sich an Seitentrieben, weshalb man wartet, bis sie drei Blattpaare tragen, bevor man ihre Triebspitzen abzwickt. Kriechende Exemplare kann man ungehindert wachsen lassen, doch reifen die Früchte schneller, wenn ihr auch ihre Seitentriebe entspitzt, sobald sie Früchte ansetzen.

Melonen müssen regelmäßig gewässert werden, vor allem in der heißen Sommersonne. Sobald sich im Spätsommer die Früchte bilden, reduziert man das Gießen. Das verbessert den Geschmack und verhindert, dass die Melonen aufplatzen.

Zieht man Melonen in beengten Verhältnissen an Schnüren, wird der Platz optimal genutzt.

Probleme

Blattläuse, Mehltau, Schnecken, Spinnmilben (siehe S. 49–51).

Ernte

Ob Melonen reif sind, erkennt man an ihrem Duft und daran, dass ihr Stiel holzig und rissig aussieht. Lasst ein kurzes Stück Stiel an der Frucht, dann hält sie länger.

Lagerung

Der verlockende Geschmack von Melonen verfliegt rasch und auch das Fleisch wird schnell weich. Verspeist sie am besten gleich nach der Ernte oder bewahrt sie ein paar Tage im Kühlschrank auf.

Empfehlenswerte Sorten

'Banana' Diese Sorte war in den 1880er-Jahren in den USA der letzte Schrei. Ihre Früchte sorgten auf Landwirtschaftsausstellungen für Furore – und das aus gutem Grund, denn sie sehen tatsächlich aus wie Riesenbananen. Unter der zitronengelben Schale verbirgt sich ein lachsfarbenes Fruchtfleisch mit stechendem Aroma und einem süßen, fast würzigen Geschmack. Die Früchte können über 60 cm lang und beeindruckende 4 kg schwer werden, allerdings lassen sie sich deshalb nicht mehr an Schnüren ziehen. Sie werden am besten frisch vom Trieb verspeist. (Reifezeit: 90 Tage)

'Bateekh Samara' Die Sorte begeistert mit einem ungewöhnlichen, fast zitrusartigen Geschmack. Sie ist uralt und stammt aus dem goldenen Zeitalter des Abbasiden-Kalifats, eines Reichs, das sich über den Nahen Osten, Westasien und Nordostafrika erstreckte und Bagdad als Hauptstadt hatte. Der Name bedeutet übersetzt »alte Melone von Samarra«, nach der gleichnamigen Stadt im Irak, in der die Sorte wohl ihren Ursprung hat und über 1000 Jahre lang kultiviert wurde. Leider wird sie wegen des Kriegs in ihrer Heimat immer seltener. Sie hat eine ungewöhnlich längliche Form mit einem runderen und einem spitzeren Ende. Die Schale ist braun-grün gefleckt, das Fleisch verblüffend gelbgrün. (Reifezeit: 95 Tage)

'Queen Anne's Pocket'

'Blenheim Orange' Die alte englische Sorte wurde 1881 in den Gewächshäusern von Blenheim Palace in Oxfordshire, dem Geburts- und Stammhaus von Winston Churchill, gezüchtet. Sie stammt aus der Mitte des 19. Jahrhunderts und trägt Früchte mit graugrüner Netzschale und grünen Streifen. Das mandarinenorange Fleisch begeistert durch einen typischen Melonengeschmack. Die Sorte war in der Viktorianischen Zeit in England äußerst gefragt, vor allem in den besseren Kreisen, die sich Gewächshäuser leisten konnten.
(Reifezeit: 90–100 Tage)

'Casaba Golden Beauty' Eine alte türkische Sorte mit harter, runzliger gelber Schale und saftigem, süßem weißem Fleisch. Gut lagerfähig.
(Reifezeit: 120 Tage)

'Delice de Table' Die französische Klassikerin gibt es schon seit dem 18. Jahrhundert, sie ist heute aber nur noch selten außerhalb ihres Heimatlandes anzutreffen. Die dekorativ gerippte Frucht mit glatter oranger Schale erinnert an einen Kürbis. Ihr Name lautet übersetzt »Tafelköstlichkeit«, denn das feste, orange Fleisch ist süß und schmackhaft mit Moschusnoten und erfüllt Küchen mit einem einnehmenden Aroma.
(Reifezeit: 85 Tage)

'Eden's Gem' Die samenechte Cantaloupe-Melone mit lebhaft grünem Fleisch wurde 1905 in Rocky Ford, Colorado, gezüchtet. Sie ist klein, reift relativ schnell und empfiehlt sich damit für Regionen mit kurzer Anbausaison. 'Eden's Gem' gehört zu den Lieblingssorten von Amy Goldman, einer Sammlerin von Samen alter Sorten und Autorin des 2002 erschienen Buchs *Melons for the Passionate Grower* (Melonen für den leidenschaftlichen Züchter). Sie schätzt ihren komplexen Geschmack, der einen förmlich »sabbern« lässt, wie sie behauptet.
(Reifezeit: 65–75 Tage)

'Jenny Lind' Die in den 1840er-Jahren vom Samenhändler William Henry Maule in Philadelphia gezüchtete Sorte wurde nach der berühmten schwedischen Opernsängerin Jenny Lind benannt, die in den 1850er-Jahren durch die USA tourte, um Kapital aus deren Bekanntheit zu schlagen. Mit der Zeit geriet die Sorte mit dem cremigen grünen Fleisch fast in Vergessenheit, feiert jedoch nun dank ihres köstlich süßen Geschmacks und der kurzen Reifezeit ein Comeback.
(Reifezeit: 75 Tage)

'Kajari' Die uralte Honigmelone sucht ihresgleichen. Sie kommt aus dem Punjab in Nordindien und gelangte mit dem Pflanzenjäger und Ökologen Joseph Simcox 2014 in die USA, nachdem er über 8 Jahre lang auf dem Subkontinent nach ihr gesucht hatte. Die auffallende, kleine runde Frucht ist ausgesprochen dekorativ, hat aber auch einen hervorragenden Geschmack. Sie ist grün und elfenbeinweiß gestreift und nimmt mit der Zeit eine grüne, weiße und orange Farbe an. Nicht minder farbenfroh ist das Fleisch, das zur Schale hin eine grüne Farbe hat und nach innen zu den Samen hin cremeweiß wird. Trotz ihrer geringen Größe hat die Melone ein kompaktes, saftiges Fleisch mit süßem Geruch. Eine so ungewöhnliche Sorte außerhalb Indiens zu finden ist etwas Besonders. Sie gedeiht auch in gemäßigtem Klima.
(Reifezeit: 70–75 Tage)

'Kiku Chrysanthemum' Diese so schöne wie seltene japanische Sorte hat ihren Namen bekommen, weil sie Chrysanthemenblüten ähnelt, die Buddha dargebracht werden. Sie setzt viele kleine Früchte mit cremeweißer Schale an, deren betörendes Aroma und köstlicher Geschmack dem von Litchis oder Nashi-Birnen ähnelt. In Japan gilt sie als Luxusspeise. Man kann sie wegen ihrer weichen, dünnen Schale wie einen Apfel aus der Hand essen. Die kleine Sorte wurde in der japanischen Präfektur Shiga aus einer chinesischen *Makuwa uri* (orientalischen Melone) gezüchtet. Sie ist pflegeleicht und im Handumdrehen erntereif.
(Reifezeit: 60 Tage)

'Kolkhoznitsa' Die alte Sorte stammt von der Krim und wird gelegentlich auch englisch 'Collective Farm Woman' genannt, übersetzt »Kolchosenfrau«. Sie reift in Nordosteuropa noch vor den Herbstfrösten aus und ist sehr ertragreich. Gezüchtet wurde sie um 1930 für Gegenden mit kürzerer Saison und war bald bei den Moskauer Datscha-

'Petit Gris de Rennes'

Gärtnern beliebt. Noch heute ist sie die beliebteste Melonensorte Russlands. Ihren Namen hat sie von einer Frau, die auf einer Kolchose arbeitete und die Samen in den 1990er-Jahren der Samenbörse American Seed Savers überließ. Die Frucht hat eine grüne und goldgelbe Schale sowie ein süßes weißes Fleisch. Sie reift rasch und lässt sich wochenlang lagern, womit sie die erste Wahl für den Anbau in kühlen Klimazonen und für langsame Esser ist. (Reifezeit: 80 Tage)

'Noir de Carmes' Diese kürbisförmige Cantaloupe-Melone gehört zu den ältesten französischen Sorten. Sie wurde in den Klostergärten von Karmelitermönchen gezüchtet, die sie im 19. Jahrhundert registrieren ließen, obwohl Fachleute davon ausgehen, dass sie schon wesentlich länger existiert. Die runde Frucht ist gerippt, dunkelgrün, ja, fast schwarz, und bekommt einen merklich goldenen Ton, wenn sie sich dem Reifestadium nähert. Das saftige orange Fleisch schmeckt umwerfend, weshalb die Melone bei französischen Marktgärtnern im 19. Jahrhundert hoch im Kurs stand. Sie lässt sich leicht kultivieren und kommt auch mit einem gemäßigten Klima zurecht. (Reifezeit: 75 Tage)

'Petit Gris de Rennes' Die Sorte wurde 1636 wild wachsend im Garten des Bischofs von Rennes in Frankreich entdeckt. Sie ist vermutlich ein Abkömmling von 'Noir de Carmes' (siehe oben). Ihr Name, wörtlich »Kleine Graue«, bezieht sich auf die Größe und die in unreifem Zustand graugrüne Schale. Wegen ihrer Kompaktheit, ihres hervorragenden Geschmacks und ihres weichen, süßen orangen Fleisches war sie im 18. Jahrhundert außerordentlich begehrt und wurde als Luxusfrucht feilgeboten. Im Westen des Landes, vor allem entlang der Küste von Finistère, baute man sie in großem Umfang an, um die Nachfrage zu decken. (Reifezeit: 85 Tage)

'Prescott Fond Blanc' Eine einzigartige Sorte mit ungewöhnlicher Form. Sie wird wegen ihrer ausgeprägten Rippen und warzigen Oberfläche oft für einen Kürbis gehalten. Das feste Fleisch ist außen gelbgrün und wird nach innen zu pfirsichorange. Ganz und gar auffällig ist das kräftige Moschusaroma. Die alte französische Sorte wird seit über 200 Jahren angebaut und meist kriechend kultiviert. Ich habe sie aber auch schon erfolgreich an Schnüren gezogen. (Reifezeit: 75 Tage)

'Prescott Fond Blanc'

'Tiger'

'Queen Anne's Pocket' Die auch als 'Plum Granny' bezeichnete Züchtung mit winzigen Früchten hat eine faszinierende Geschichte. Sie kann mit ihrem Aroma einen ganzen Raum erfüllen. Vor dem Aufkommen von Deodorants trugen viktorianische Damen der hohen Gesellschaft sie oft in ihren Taschen, um sich mit ihrem Duft zu umgeben. Benannt ist die Sorte nach Königin Anne, die sie angeblich stets zu diesem Zweck mitführte. Die samtig orange Schale ist rotbraun und golden gestreift, weshalb die Melonen nicht nur gut riechen, sondern auch schön anzusehen sind. Man kann sie zwar essen, doch schmecken sie verglichen mit ihrem exquisiten, unvergesslichen Wohlgeruch recht fad. (Reifezeit: unter 70 Tagen)

'Tiger' Die Melone hat eine ähnlich wie ein Tigerfell gefärbte, glatte Schale in Rostorange und Gelb. Man nimmt an, dass sie aus Armenien stammt, wo sie auf den Feldern der Bergtäler entlang des Flusses Tigris wuchs. Vermutlich wurde sie im Lauf der Zeit durch züchterische Erfolge immer mehr verbessert und von fahrenden Händlern in Nachbarregionen exportiert. Die dekorative Frucht hat ein cremiges, fast weißes, saftiges und süßes Fleisch. Im Geschmack erinnert sie an eine Birne mit intensivem, verlockendem Aroma. (Reifezeit: 80 Tage)

'Zatta' In Italien wird sie »Brutto ma Buono« genannt – »hässlich, aber gut«. Die alte Sorte stammt aus Padua in Venetien. Erstmals beschrieben wurde sie von Giacomo Castelvetro in seinem 1614 erschienenen Buch über die Früchte, Kräuter und Gemüse Italiens. So wird die schorfige, warzige Melone seit nachweislich über vier Jahrhunderten kultiviert, wahrscheinlich sogar schon wesentlich länger. Sobald man die »hässliche« Schale aufgeschnitten hat, stößt man auf das »Gute« in Form eines einladenden, lebhaft orangefarbenen Fleisches mit intensivem Duft und supersüßem Geschmack. Jede Frucht kann bis zu 2 kg wiegen. (Reifezeit: 85–90 Tage)

Paprika

Capsicum annuum

Heißt in anderen Ländern Biber, Gochu, Mirch, Peperoncino, Phrik, Pimienta

Süß-würzige Paprika ist in vielen Länderküchen eine wichtige Zutat. Sie hat die kulinarische Welt verändert und Köchen eine lebendige, aromatische Ingredienz an die Hand gegeben, die die Geschmacksknospen mit feuriger Schärfe oder zuckriger Schmackhaftigkeit verführt. Außerdem gilt Paprika als Immunbooster. Alle Varianten enthalten viel Vitamin C und andere gesunde Antioxidantien, Mineralien und Nährstoffe.

Geschichte

Die Paprika stammt aus Mittel- und Südamerika, wo ihre Samen über Vogelkot verbreitet werden. Sie gilt als eines der ältesten Kulturgemüse und wird seit Jahrtausenden angebaut – manches deutet darauf hin, dass man sie im Amazonasbecken und in Mexiko schon vor 6000 Jahren als Nahrungspflanze nutzte.

Angeblich brachte Christoph Kolumbus das Gemüse von seiner berühmten Entdeckungsreise 1493 mit nach Europa. Die scharfen Chilis gelangten erstmals im 16. Jahrhundert mit portugiesischen Händlern nach Asien, genauer gesagt, nach Goa in Indien. Von dort aus breiteten sie sich über den ganzen Kontinent aus und avancierten bald zu einer gesuchten Zutat der Küche Indiens, Chinas, Thailands und anderer asiatischer Länder, die schon vorher gern mit würzigen, aromatischen Zutaten wie Kreuzkümmel, Ingwer, Zitronengras (siehe S. 218), Galgant, Szechuan- und schwarzem Pfeffer hantiert hatten.

Der Begriff »Chili« stammt aus der aztekischen Nahuatl-Sprache. Bei den Azteken, Maya und anderen indigenen Kulturen Süd- und Mittelamerikas standen Chilis in hohem Ansehen. Man glaubte, der Verzehr der scharfen Früchte sei ein Weg, die Götter zu ehren. Die Menschen verwendeten sie gegen allerlei Krankheiten, von Asthma über Husten bis hin zu Halsschmerzen. Sie glaubten, die Schärfe der Frucht würde die Luftröhre reinigen und die Atmung verbessern.

Chilis sind für ihren scharfen Geschmack und das Brennen bekannt, das sie

'Leutschauer Paprika' (links) und 'Malaysian Goronong'

im Mund verursachen. Schuld daran ist die chemische Substanz Capsaicin, die in Gemüsepaprika nicht enthalten ist. Wenn Capsaicin mit den Schmerzrezeptoren im Mund und auf der Zunge in Kontakt kommt, setzt es eine Reihe von Reaktionen in Gang, die dem Gehirn Schmerz signalisieren. Capsaicin ist hydrophob, mischt sich also nicht mit Wasser, weshalb man es durch Wassertrinken nicht loswird. Vielmehr verteilt das Wasser die Substanz im Mund und verschlimmert das Brennen sogar noch. Besser sind saure Speisen wie Zitronen, Orangen oder Tomaten.

In der Küche

Vorbereitung

Paprikaschoten lassen sich schälen, indem man das Fleisch leicht einölt und über offener Flamme auf dem Herd einige Minuten brät, bis sie schwarz werden. Wer keinen Gasherd hat, probiert es mit einem sehr heißen Grill. Die angekohlten Paprika legt ihr in eine Schüssel, deckt sie mit einem sauberen Geschirrtuch ab und lasst sie dort ein paar Minuten abkühlen. Danach sollte sich die Haut leicht abziehen lassen.

Sowohl bei Gemüsepaprika als auch Chilis entfernt man vor dem Zerkleinern die Stiele und Samen. Von Schoten, die gefüllt werden sollen, schneidet man das obere Ende ab. Getrocknete Chilis werden wieder saftig, wenn man sie 10–15 Minuten in Wasser legt. Damit sie einen kräftigeren Geschmack bekommen, röstet ihr sie 1–2 Minuten leicht in einer heißen Pfanne, bevor ihr sie einweicht, um der Schale die natürlichen Öle zu entlocken.

Gerichte

Chilis veränderten auf ihrem Weg um den Globus kulinarische Traditionen. So fällt es heute schwer, sich indische Currys, ungarisches Gulasch, thailändische Pfannengerichte oder tunesisches Harissa ohne die feurige Zutat vorzustellen. *Mole* ist eine reichhaltige, schmackhafte Sauce aus Mexiko. Sie wird zu Fleisch, Gemüse und Reis serviert und ist für ihr fruchtig-duftiges Aroma bekannt, das es von Chilis, Gewürzen, Früchten, Nüssen und mitunter sogar Schokolade bekommt. Es gibt sie in sieben Versionen, die alle ein unverwechselbares Geschmacksprofil haben. Woraus sie bestehen, hängt von der Region und vom Koch ab. Da gibt es das süße, würzige, rauchige *mole poblano*, das als mexikanisches Nationalgericht gilt, oder *mole verde* mit Koriander, Jalapeños und

Tomatillos. *Mole* hat einen festen Platz in Mexikos Kultur. Eine der sieben Versionen, *mole chichilo*, wird nur zubereitet, wenn jemand gestorben ist. Die tiefschwarze Farbe und der komplexe Geschmack von *Mole* kommen zustande, weil die Zutaten vor dem Kochen gekohlt werden, was sich in einem brandigen, bratensaucenartigen Geschmack niederschlägt.

Gemüsepaprika hat eine saftige Textur mit zuckrigen Noten und lässt sich einlegen, schmoren oder als vollwertiges Gericht mit pikanten Füllungen aufpeppen. Ob gewürfelt oder in Scheiben geschnitten, spielt sie eine wichtige Rolle in Pfannengerichten, Currys, Salaten und Aufläufen wie dem sonnigen süditalienischen Klassiker *peperonata*. Diese kalabrische Köstlichkeit kann warm oder kalt serviert werden, als Beilage für Gegrilltes oder als herzhafter Sommeraufstrich auf Krustenbrot. Die farbenfrohe Mixtur besteht aus saftigen Paprika, die in Olivenöl mit Tomaten und Zwiebeln gedünstet werden und anschließend köcheln dürfen, bis sie zart sind. Oft wird *peperonata* noch mit Knoblauch und anderen aromatischen Zutaten wie Basilikum, Minze, Kapern und Chiliflocken abgeschmeckt.

Kultur

Vermehrung

Paprika brauchen eine lange Saison. Es lohnt sich daher, sie vorzutreiben. Alle Typen werden am besten schon zu Jahresanfang ausgesät. Weil sie kälte- und frostempfindlich sind, muss man sie in der warmen Wohnung lassen, bis ihnen das Wetter draußen nichts mehr anhaben kann. Ich kultiviere sie im Folientunnel, wo sie vor den Witterungsunbilden sicher sind. Sobald sie aber kräftig wachsen, bietet ihnen eine warme Südwand, ein sonniger Balkon oder eine Fensterbank Schutz, sodass sie auch draußen gedeihen.

Paprikasamen keimen langsam. Stellt die Saatschalen im Haus an einem hellen Platz auf eine Heizmatte, die ihr abdeckt. Etwa 4 Wochen nach dem Keimen setzt ihr sie in 7-cm-Töpfe um, bis sie weitere 4 Wochen später in 9er-Töpfe kommen. Die Setzlinge neigen zur Umfallkrankheit, ihr Substrat darf also nicht staunass werden. Schützt sie außerdem vor Zug. Erst wenn kein Frost mehr zu erwarten ist, kann man die wärmeliebenden Pflanzen an ihren endgültigen Platz schicken. Ich ziehe meine Paprika meist in großen, quadratischen 11-Liter-Töpfen mit nährstoffreichem, mit Vermiculit oder Perlit durchlässiger gemachtem Substrat, damit der Mutterboden nicht noch mehr von Wurzeln in Beschlag genommen wird. Die quadratischen Töpfe passen gut neben den Weg in meinem Folientunnel. Ein weiterer Vorteil der Topfkultur: Man kann sie leicht

Paprika sollten geerntet werden, wenn sie eine kräftige Farbe haben und fest, aber nicht runzlig sind.

Auf einen Blick

Aussäen Spätwinter bei 21–34 °C

Auspflanzen Sommer

Abstände 35–45 cm im Beet

Ernten Sommer–Herbst

nach draußen stellen, wenn man den Platz drinnen zum Schneiden oder Erziehen der anderen Pflanzen braucht. Aber ganz gleich, ob ihr Paprika in Töpfen oder im Freilandboden kultiviert, pflanzt sie tief, damit die Triebe guten Halt haben.

Weitere Pflege

Gemüsepaprika und Chilis mögen es zwar warm, müssen aber viel weniger gewässert werden als anderes Sommergemüse wie Gurken und Tomaten. Eine wöchentliche Wassergabe nach dem Einwachsen reicht für Freilandpflanzen oftmals aus. Stehen sie im Topf, hebt man das Gefäß ab und zu hoch, um zu sehen, ob der Ballen trocken ist, und wässert – bei Hitze kann das ein- oder sogar zweimal am Tag nötig sein. Sobald die Pflanzen blühen, weicht man sie ordentlich ein, damit sie gut Früchte ansetzen. Auch großen Gemüsepaprika tut ein kräftiger Schluck Wasser gut, sobald die Früchte anschwellen. Wenn es im Spätsommer wieder kühler wird, reduziert ihr die Wassergaben, damit die Pflanzen ihre Energie in die Früchte statt in die Bildung neuer Blätter und Blüten steckt. Paprika in Töpfen profitiert von einer Flüssigdüngergabe, sobald sich Früchte bilden. Eine weitere Dosis 2 Wochen später ist möglich, aber nicht unbedingt nötig.

Die Triebe fruchtbehängter Pflanzen können unter dem Gewicht brechen. Stützt sie mit Bambus und bindet sie mit Juteschnüren fest. Manchmal muss man stark tragende Sorten an mehreren Stellen entlang des Triebs anbinden. Das geschieht am besten, sobald die Pflanzen rund 30 cm hoch sind. Das ist auch ein günstiger Zeitpunkt, um die Triebspitze abzuzwicken und so die Bildung von Seitentrieben und weiteren Früchten zu fördern. Zum Sommerende werden frische Triebe und ungeöffnete Blüten entfernt.

Probleme

Blattläuse, Blütenendfäule, Schnecken, Spinnmilben (siehe S. 49–51).

Ernte

Geerntet werden die Früchte, sobald sie reif sind, da sie sonst faulen können. Man kann sie zwar von Hand abbrechen, doch besser ist es, sie sauber abzuschneiden.

Lagerung

Große Gemüsepaprika halten im Kühlschrank mehrere Wochen. Chilis kann man in der Sonne, einem Trockner oder im Herd bei geringer Hitze trocknen und ganz lassen oder zerbröseln. Im luftdicht verschließbaren Glas halten sie über ein Jahr. Chilis lassen sich auch frisch einfrieren; gehackt tauen sie rasch auf.

Eine *Poblano*-Chili (links) und 'Paradicsom Alaku Sarga Szentes' ('PASS')

Gemüsepaprika

'Aconcagua' Die alte argentinische Sorte ist nach dem höchsten Gipfel Amerikas in der Provinz Mendoza benannt. Sie trägt gut und setzt große, kegelförmige Früchte an, die zunächst grün, dann orange und schließlich rot sind, aber oft eine Mischung aller drei Farben tragen. Sehr süß und hervorragend zum Braten in der Pfanne.

'Albino Bullnose' Eine cremegelbe, fast knochenweiße, runzlige Paprika. Die Früchte sind zunächst elfenbeinweiß, werden aber pfirsichorange. Sie schmecken aber mit jeder Farbe und eignen sich ausgezeichnet zum Füllen.

'Beaver Dam' Ein Hauch von Schärfe findet sich im Geschmack dieser kegelförmigen roten Paprika. Benannt ist sie nach dem Beaver Dam in Wisconsin. Züchter war Joe Hussli, ein ungarischer Immigrant, der die Samen Anfang des 20. Jahrhunderts aus seiner Heimat mitbrachte und sie an die Einheimischen verteilte. Heute findet dort zu Ehren dieser köstlichen Paprika das jährliche Beaver Dam Pepper Festival statt, an dem Verkäufer, Züchter und Einheimische teilnehmen.

'Golden California Wonder' Eine umwerfende goldgelbe Paprika mit süßem, feinem Geschmack. Sie wurde im 20. Jahrhundert auf den Markt gebracht und eignet sich bestens für Gegenden mit kurzer, kühler Saison.

'King of the North' Diese leicht zu kultivierende Sorte ist für kühle Regionen mit kurzer Saison ideal. Sie wurde im frühen 20. Jahrhundert gezüchtet, trägt reichlich und liefert schmackhafte, rote glockenförmige Früchte.

'Lesya' Die handtellergroßen, herzförmigen, dunkelroten, mitunter schwarz gefleckten Früchte dieser ukrainischen Sorte mit spitzem Ende sind sehr süß, samenecht und haben ein dickes, festes Fleisch mit intensivem Geschmack.

'Paradicsom Alaku Sarga Szentes' ('PASS') Die gedrungenen, niedrigen Pflanzen liefern schön runde, gerippte, goldgelbe Früchte, die fast aussehen wie Minikürbisse. Sie sind eine echte Delikatesse und eignen sich zum Füllen, rohen Verzehr oder Einlegen. Entwickelt wurde die seltene Sorte in der südostungarischen Stadt Szentes an der Theiß.

'Zulu' (links) und 'Albino Bullnose'

'Quadrato d'Asti Giallo' Die klassische italienische Züchtung aus dem Piemont gehört zu den Sorten mit den größten Früchten und dem besten Geschmack. Sie sind reif leuchtend bananengelb, quadratisch und haben ein dickes, saftiges Fleisch. Es gibt mit 'Quadrato d'Asti Rosso' eine große rote Variante, die die gleichen Vorzüge mitbringt, aber rot ist.

'Rotunda Gogoshari' Eine feuerrote, stark gerippte, flache alte Sorte, die an eine Tomate erinnert. Sie setzt viele saftige, fleischige Früchte an, die sich zum Kochen oder roh Essen eignen.

'Sweet Banana' Die leuchtend gelben, länglichen Früchte ähneln tatsächlich verblüffend stark kleinen Bananen. Sie gelten offiziell als Chilis, doch lässt sich ihre Schärfe kaum erahnen. Meist werden sie eingelegt und sind ein hervorragendes Fingerfood, werden aber auch als Garnierung für Salate oder Pizzabelag eingesetzt.

'Sweet Chocolate' Die 1965 vom Botaniker Elwyn Meader an der University of New Hampshire gezüchtete Sorte hat schokoladenbraune, innen intensiv rote Früchte. Sie gedeiht in kühlen Regionen und reift früh.

'Sweet Nardello' Die langen, dünnen, roten Früchte dieser sehr ertragreichen Sorte sehen fast wie Chilis aus, begeistern jedoch mit zuckersüßem Geschmack. Sie eignen sich vor allem zum Grillen oder Braten und Essen als ganze Frucht. Die Sorte stammt aus Italien und wurde von der Familie Nardello im 19. Jahrhundert in der Basilikata gezüchtet. Jimmy Nardello stiftete ihre Samen, die seine Eltern in die Staaten mitgebracht hatten, der Seed Savers Exchange.

'Zulu' Eine pechschwarze alte Sorte unbekannter Herkunft. Man nimmt jedoch an, dass sie polnischen Ursprungs ist. Sie hat eine recht gedrungene Form und eignet sich mit ihrem delikaten, süßen Geschmack und dem festen, knackigem Fleisch hervorragend zum rohen Verzehr.

Scoville Heat Units (SHU) und die Scoville-Skala

1912 entwickelte Wilbur Scoville, ein Pionier der Pharmakologie, eine bahnbrechende Methode, die Schärfe von Gemüsepaprika und Chilis zu messen. Die nach ihm benannte Skala basiert auf der Konzentration von Capsaicin, dem Stoff, der für die Schärfe in Paprika verantwortlich ist. Sie wird heute generell als Maß für die Bewertung der Schärfe von Chilis akzeptiert und in Scoville Heat Units (SHU) oder Scoville-Graden angegeben.

Mild	100–1500 SHU
Warm	1500–5000
Mittel	5000–15 000
Scharf	15 000–30 000
Sehr scharf	30 000–100 000
Extrem scharf	100 000–300 000
Brennend scharf	300 000 und mehr

Chili

Aleppo-Chili (*pul biber*) Die Sorte wurde nach der syrischen Stadt Aleppo benannt, die durch den jüngsten Konflikt in der Region fast komplett zerstört wurde. Die großen roten Schoten werden vor allem in der türkischen und levantinischen Küche verwendet. Das verdanken sie ihrem ausgeprägt süßen und würzigen Geschmack mit genau dem richtigen Maß an Schärfe. Traditionell werden sie auch getrocknet und zu Flocken zerrieben, um als Gewürze für Grillfleisch und Kebab zu dienen. (SHU: 8000–10 000)

'Bhut Jolokia' Ein Feuerball aus Nordostindien! Die runzlige, warzige rote Sorte spielt dank ihres komplexen, fruchtigen Geschmacks eine wichtige Rolle in der Küche von Nagaland und Assam. Sie wird auch Geister-Chili genannt (*bhut* bedeutet »Geist« auf Hindi), weil sich ihre Schärfe wie ein Geist herbeischleicht, und gehört zu den Sorten mit der gnadenlosesten Schärfe. (SHU: über 1 Million)

'Cascabel' Ihre kleinen, runden Schoten überzeugen mit feinem, nussigem, erdigem Geschmack und moderater Schärfe. Sie haben eine dunkelrote Schale, werden getrocknet fast schwarz und gelten als Spezialität, die außerhalb Mexikos schwer aufzutreiben ist. Benannt ist 'Cascabel' nach einer Klapperschlangenart, weil das Rasseln der getrockneten Frucht an sie erinnert. Von Kindern werden sie oft beim Musizieren verwendet. (SHU: 1000–2500)

***Chile de árbol* (Baum-Chili)** Eine dünne rote Chili aus der Stadt Yahualica de González Gallo im westmexikanischen Bundesstaat Jalisco. Sie wird manchmal auch als »Rattenschwanz-Chili« bezeichnet und sonnengetrocknet, um ihren sowieso schon scharf-würzigen, rauchigen Geschmack noch zu intensivieren. (SHU: 30 000–50 000)

'Chile de Comida' Eine mexikanische Sorte, die traditionell getrocknet und für *mole* verwendet wird. Sie ist mittelgroß, rot und geschmacksintensiv mit fruchtigen Noten, aber inzwischen nur noch schwer zu bekommen. (SHU: 3000–5000)

Dedo-de-moça Eine südamerikanische Traditionssorte, die besonders in Brasilien geschätzt und im ganzen Land in klassischen Speisen wie *moqueca de camarão*, einem Garneleneintopf mit Kokosnuss, und *feijoada*, einem Eintopf mit Bohnen und Schweinefleisch, eingesetzt wird. Die hohe Pflanze setzt orangerote Schoten mit Zitrusgeschmack und ordentlicher Schärfe an. (SHU: 10 000–15 000)

'Hong-Gochu' Die hellrote Sorte ist in der koreanischen Küche sehr präsent. Sie wird für *gochugaru* verwendet. Diese groben Chili-Flocken kommen (zusammen mit fermentierten Sojabohnen, Klebreis und Salz) in der klassischen scharfen Paste *gochujang* zum Einsatz. (SHU: 4000–8000)

Jwala Der Name bedeutet übersetzt »intensive Flamme«, und das nicht ohne Grund: Die Sorte setzt eine Unmenge langer, dünner, runzliger roter Früchte an, die neben einem hervorragenden Geschmack auch

Getrocknete 'Leutschauer Paprika'

eine feurige Schärfe mitbringen. Eine der beliebtesten Chili-Sorten Indiens. (SHU: 30 000–50 000)

'Leutschauer Paprika' Eine Premiumsorte, die im ungarischen Mátra angebaut wird und im 19. Jahrhundert aus der Slowakei dorthin gelangte. Die Schoten werden getrocknet und gemahlen. Sie liefern ein süßes, mild scharfes Paprikapulver, das eine wichtige Zutat in der slowakischen Sauerkrautsuppe *kapustnica* ist. (SHU: 1000–2500)

'Malaysian Goronong' Eine herrliche goldgelbe Chili mit gewellt wachsenden, runzligen Schoten. Sie mögen klein sein, machen das aber durch eine heftige Schärfe wett. Im Geschmack bieten sie Zitrusnoten und Anklänge an Tropenfrüchte. Die seltene Sorte ähnelt der Habanero und wurde in Malaysia gezüchtet. (SHU: 250 000–400 000)

'Mirasol' Sie hat einen festen Platz in der mexikanischen Küche. Die Schoten werden für *guajillo* getrocknet und geräuchert. Dabei kommt das gleiche Verfahren zur Anwendung wie bei Chipotle, der getrockneten und geräucherten Jalapeño-Version. Die Sorte ist dank ihres fruchtigen, beerenartigen Geschmacks und der dezenten Schärfe aus *mole* nicht mehr wegzudenken. (SHU: 2500–5000)

Poblano Ihren Ursprung hat diese Chili vermutlich in der ältesten bewohnten Stadt Mexikos, Cholula, im gebirgigen Bundesstaat Puebla. Ihre großen, breiten, glänzend grünen Schoten haben eine milde Schärfe und schmecken überaus fruchtig. Mit ihrer dicken Schale sind sie erste Wahl für *chiles rellenos*, ein mexikanisches Traditionsgericht, für das sie mit Käse und Fleisch gefüllt, geröstet und anschließend paniert und golden gebraten werden. (SHU: 1000–1500)

'Zapotec Jalapeño'

'Prik Kee Noo' Diese feurige Chili hat einen lustigen Namen, wörtlich »Mäusekotpaprika«. Er ist nicht gerade appetitanregend, doch in Thailand schätzt man diese Chili als beliebtes Gewürz. Sie belebt Gerichte durch ihre enorme Schärfe und gibt allerlei thailändischen Traditionsgerichten Komplexität. (SHU: 50 000–100 000)

Ramnad mundu Eine berühmte rundliche Sorte aus dem indischen Bundesstaat Tamil Nadu. Der Name bedeutet »dick und rund« und verweist auf ihr Aussehen. Die trockenheitsverträgliche Pflanze liefert aromatische, außerordentlich scharfe Schoten mit intensivem Geschmack. (SHU: 30 000–50 000)

***Rezha* (*vezeni piperki*)** Die alte mazedonische Sorte fällt durch ihre grobe, rötliche, verkorkte Schale auf – der Name *rezha* bedeutet »rissig«. Wie scharf die Schoten sind, ist ganz unterschiedlich, doch kann man sie mit Padron-Chilis vergleichen. Die Früchte sind lang, rot und meist mild. Sie eignen sich zum Grillen oder Rösten, denn die derbe Schale schützt das Fleisch vor dem Verbrennen. (SHU: 1200–5000)

'Serrano' Eine exquisite Sorte aus dem mexikanischen Hochland der Bundesstaaten Puebla und Hidalgo. Ihr Name bedeutet »Bergbewohner« und bezieht sich auf ihren natürlichen Lebensraum. Die scharfen Früchte werden in der Regel noch grün geerntet. (SHU: 10 000–25 000)

'Zapotec Jalapeño' Die uralte Sorte wurde schon vom indigenen Volk der Zapoteken, die von etwa 700 v. Chr. bis 1521 n. Chr. im mexikanischen Oaxaca-Tal lebten, kultiviert. Ihr überragender, voller Geschmack ist wesentlich schärfer als der anderer Jalapeño-Sorten. Die Pflanzen tragen eine Vielzahl glänzend dunkelroter Schoten mit tiefen Furchen in der Schale. Sie eignen sich sehr gut zum Einlegen. (SHU: 5000–10 000)

Paprikapulver

Für Paprikapulver verwendete Schoten sind milder und süßer. Paprikapulver veredelt viele Speisen. Die Früchte dafür werden geröstet oder geräuchert, damit sie einen intensiveren Geschmack annehmen, oder einfach nur entkernt und gemahlen. Eingesetzt wird das Pulver in Saucen, Eintöpfen und Chili con carne, zum Würzen von Ofenkürbissen, Roten Beten und Möhren, für Hummus oder für Bratkartoffeln.

Sommerkürbisse

Cucurbita pepo

Dazu zählen Zucchini, Patissons, Spaghettikürbisse, Ölkürbisse und Eichelkürbisse

Sommerkürbisse scheinen explosionsartig zu wachsen: Ehe man sich's versieht, sind sie schon doppelt so groß. Die häufigsten Sommerkürbisse sind Zucchini, doch umfassen die weichschaligen, süßen, nussigen Früchte mit cremiger Konsistenz wesentlich mehr Varianten mit völlig anderen Geschmacksnoten und Texturen. Es gibt runzlige, warzige, senfgelbe, krumme, birnenförmige, UFO-artige Sorten und viele mehr.

Geschichte

Sommerkürbisse stammen aus der Neuen Welt, genauer gesagt aus der historischen Region Mesoamerika. Sie wurden von den indigenen Völkern dort schon vor 10000 Jahren kultiviert. Die Zucchini, wie wir sie mit ihrer glatten grünen Schale und der Wurstform heute kennen, entstand aber erst im 19. Jahrhundert in Norditalien, etwa 300 Jahre nachdem Sommerkürbisse aus Amerika nach Europa gelangten.

Die erste nachweisliche Erwähnung der Zucchini findet sich in einer Mailänder Veröffentlichung von 1901. Italienische Bauern züchteten im ganzen Land Sorten, die nach ihrer Herkunft benannt wurden, also etwa 'Zucchino di Faenza' und 'Zucchino di Napoli'. Heute findet der Zucchini zu Ehren sogar alljährlich eine Messe statt, die Fiera Nazionale della Zucca, was viel über die Bedeutung der Frucht für Küche und Kultur des Landes aussagt.

Lässt man Zucchini wachsen, nehmen sie erstaunliche Ausmaße an, sodass man sich fragt, was mit diesen Riesen zu machen sei. Eine geniale Antwort haben US-Farmer gefunden: Sie veranstalten jedes Jahr auf Bauernmärkten Hunderte Zucchini-Rennen. Dabei werden die Früchte zu selbst gebastelten Miniautos, -trucks und -karren umfunktioniert und mit Rädern versehen. Jede Veranstaltung hat ihre eigenen Regeln, aber meist werden die ins Rennen geschickten Zucchini nach Alter und Gewicht kategorisiert.

Sommerkürbisse sind in den unterschiedlichsten Formen, Farben und Größen erhältlich.

In der Küche

Vorbereitung

Sommerkürbisse sind roh genossen in jungem, zartem Zustand ein Erlebnis, doch sollte man sie vor dem Servieren kurz marinieren, damit sie einerseits weicher werden, andererseits leicht bissfest und knackig bleiben. Dazu schneidet ihr sie mit einem Gemüseschäler der Länge nach in Streifen, wendet sie in einem Dressing und lasst sie höchstens 20 Minuten lang ziehen.

Der Trick für extraknusprige Fritters und Pakora besteht darin, das Gemüse zu reiben oder raspeln, mit Meersalz zu bestreuen und 10 Minuten ziehen zu lassen, um ihm den Saft zu entziehen.

'Gelber Englischer Custard'

Gerichte

Selbst wenn ihr nur ein paar wenige Pflanzen habt, können so viele Früchte gleichzeitig anfallen, dass ihr nicht mehr wisst, wohin damit. Zum Glück gibt es eine lange Liste von Speisen, in denen sich beispielsweise Zucchini verwerten lassen. Man kann sie stückchenweise für ein gehaltvolles, gesundes Gericht grillen, in dünne Streifen schneiden und marinieren, bevor man sie Salaten hinzufügt, in sommerlichen Eintöpfen wie der klassischen französischen Ratatouille kochen oder ähnlich wie Möhren in Backwaren verarbeiten. Für *calabacitas*, eine traditionelle mexikanische Beilage, die hervorragend als Seelenwärmer taugt, werden Zucchini mit frischem Mais, Kräutern und Gewürzen gedünstet und mit Grillfleisch sowie einem Stapel Tortillas kombiniert.

Sommerkürbisse lassen sich aushöhlen und mit allerlei pikanten Füllungen braten. *Kousa ablama* ist ein traditionelles libanesisches Rezept und im Nahen Osten sehr bekannt. Dazu wird eine schmackhafte Mischung aus Fleisch, Pinienkernen, Tomaten und aromatischen Gewürzen in eine Zucchini gefüllt, im Herd gebacken und mit Reis und Joghurt serviert. Verwendet werden dafür lange Exemplare, die man aber nicht der Länge nach teilt, sondern aushöhlt, sodass eine Kammer entsteht, in der die Geschmacksnoten miteinander verschmelzen können.

Gern werden Sommerkürbisse auch zu knusprigen Snacks verarbeitet, indem man

Auf einen Blick

Aussäen Vollfrühling–Hochsommer bei 16–32 °C

Auspflanzen Spätfrühling–Hochsommer

Abstände 75–90 cm

Ernten Sommer–Herbst

'Benning's Green Tint'

Leckere Blüten

Sowohl männliche als auch weibliche Zucchiniblüten sind essbar. Sie werden gern als saisonale Delikatesse serviert und stehen in der kulinarischen Szene hoch im Kurs. Meistens füllt man sie, doch können sie auch gehackt Salate und Pasta bereichern. Die Blüten lassen sich leicht unterscheiden: Weibliche tragen am Ansatz eine winzige Zucchini, männliche nicht. Beide Varianten erntet man am besten, bevor sie sich öffnen.

sie paniert, etwa mit Bhaji. Eine pikante Version, die frisch nach Mittelmeer schmeckt, ist das griechische *kolokithokeftedes*, für das geriebene Zucchini mit Feta, Knoblauch, Zwiebeln und frischen Kräutern wie Dill und Minze gemischt werden. Die Speise wird mit Eiern und Mehl gebunden, zu Bällen geformt, knusprig frittiert, mit Zitronensaft abgeschmeckt und mit kühlendem Zaziki serviert.

Kultur

Vermehrung

Die buschigen, frostempfindlichen Sonnenanbeter zu früh zu säen hat keinen Sinn. Oft keimen sie dann nicht alle oder ihr bekommt umgekehrt ein ganzes Haus voller Setzlinge, die ihr nirgends unterbringen könnt, solange es draußen zu kalt ist. Weil sie sensationell schnell wachsen, holen spätere Aussaaten im Nu auf. Wer ihnen wirklich zu einem Frühstart verhelfen will, sollte frühestens 2 Wochen vor dem letzten Frost aussäen, doch kann man das auch im Frühsommer noch tun.

Sät je einen Samen in ein Modul. Sommerkürbissamen faulen in nassem Substrat leicht, sodass man ihm Perlit oder Vermiculit zumischen sollte, um die Durchlässigkeit zu erhöhen. Sät besser nicht in Einzeltöpfe, da sie mehr Wasser fassen und die Fäulnisgefahr dort größer ist. Um die Keimung zu fördern, deckt man die Kulturen mit einer durchsichtigen Haube ab, um die Wärme zu speichern. Zugleich sind gute Durchlüftung und ein warmer, heller Standort wichtig. Frühe Aussaaten profitieren von einer Heizmatte.

Nach der Keimung lasst ihr die Sämlinge 2 Wochen lang wachsen, dann setzt ihr sie in 9er-Töpfe. So können sie zu kräftigen, widerstandsfähigen Pflanzen heranwachsen und haben Raum zum Ausbreiten, wenn sie länger drinnen bleiben müssen, weil es draußen noch zu frisch ist. Die Fäulnisgefahr bleibt auch nach dem Keimen bestehen, achtet also darauf, dass die Erde gerade in den ersten Wachstumsphasen nie zu nass wird.

Je nach Gegend kann man meistens ab Mitte Mai davon ausgehen, dass es nicht mehr friert, und Sommerkürbisse dann auspflanzen. Zur Not deckt ihr sie mit Vlies ab, falls das Thermometer doch noch gefährlich weit sinkt oder starker Wind droht. Hebt mit einer Handschaufel ein Pflanzloch aus, das groß genug für den Wurzelballen ist. Der Trieb wird ein Stück in der Erde versenkt, damit er fest steht.

Weitere Pflege

Bei trockener Witterung müssen die Pflanzen reichlich gewässert werden. Bis sie gut eingewachsen sind und kräftig wachsen, sollten sie alle paar Tage ordentlich

Warnung

Triebe und Früchte von Zucchinipflanzen tragen Stacheln (manche Sorten sind stacheliger als andere), die Hautreizungen verursachen können. Tragt daher am besten Handschuhe, wenn ihr sie anfassen müsst.

zu trinken bekommen. Sommerkürbisse wachsen an heißen, langen Tagen rasant. Sie sind durstige Kunden und brauchen reichlich Feuchtigkeit, wenn sie bei trockenem Wetter Früchte ansetzen sollen.

Probleme

Blattläuse, Mehltau, Mosaikvirus, Schnecken, Spinnmilben, Weiße Fliegen (siehe S. 49–51).

Ernte

Bilden sich an Jungpflanzen Früchte, erntet man sie sofort, damit die Pflanze ihre Energie in weiteres Wachstum steckt und später besser trägt. Schneidet dazu mit einem Messer die Frucht vom Haupttrieb ab, aber lasst ein Stück Stiel an der Frucht, dann hält sie länger. Babyzucchini werden geerntet, während die Blüte noch an ihnen sitzt. Zucchini liefern oft bis zum ersten Frost Früchte, bis dahin aber sollten sie alle unter Dach und Fach sein.

Lagerung

Die weichschaligen Sommerkürbisse halten sich bis zu 2 Wochen, wenn man sie als Ganzes in einer Papiertüte im Gemüsefach des Kühlschranks lagert. Im Gegensatz zu ihren robusteren Winterverwandten (siehe S. 174) kann man sie nicht lange lagern. Wenn ihr zu viele auf einmal geerntet habt, könnt ihr sie allerdings durch Einlegen haltbar machen.

Empfehlenswerte Sorten

'Benning's Green Tint' Ein bezaubernder lindgrüner, flacher Kürbis. Er kam Anfang des 20. Jahrhunderts auf den Markt und wurde in Benning, Washington DC, von Charles N. Farr, gezüchtet, den allerdings die gelbgrüne Farbe schockierte. Die supersüße Frucht mit ihrem erdigen Geschmack wird am besten jung geerntet. (Ideallänge bei der Ernte: 7–10 cm).

'Cocozelle' Eine grünschalige, im 19. Jahrhundert gezüchtete Traditionssorte aus Neapel. Die lange, leicht gerippte, dunkelgrüne Frucht trägt eine dekorative pastellgrüne Zeichnung. 'Cocozelle' gehört zu den schmackhaftesten Zucchini und begeistert mit nussigem Geschmack. Auch als Babyzucchini eignet sie sich hervorragend. (Ideallänge bei der Ernte: 15–25 cm)

'Crookneck' Eine der ältesten Zucchinisorten. Sie wurde von den indigenen Völkern Amerikas angebaut. Die außerordentlich dekorative, überaus schmackhafte Frucht ist lang, krumm und zitronengelb. Sie hat ein zwiebelartig verdicktes Ende und eine dünne, warzige Schale. (Ideallänge bei der Ernte: 15–20 cm)

'Desi' Eine samenechte, hell grüngelbe Herbstsorte, die eine Vielzahl süßer, runder Früchte mit nussigem Geschmack ansetzt. Um den Mengen

'Cocozelle'

Herr zu werden, erntet man sie relativ früh. (Ideallänge bei der Ernte: 7–12 cm)

'Gelber Englischer Custard' Es gibt keine Worte, um diesen senfgelben, runden, abgeflachten Patisson mit welligem Rand treffend zu beschreiben. Die alte deutsche Sorte stammt aus dem Dorf Gatersleben in Sachsen-Anhalt. Sie ist robust, widerstandsfähig und ertragreich. (Ideallänge bei der Ernte: 7–12 cm)

'Kamo Kamo' Eine seltene, gerippte, gedrungene runde Traditionssorte mit grün und weiß gesprenkelter Schale. Sie wurde von den Maori in Neuseeland angebaut, nachdem europäische Siedler sie im 19. Jahrhundert mitbrachten. Da sie kriechend wächst, macht sie sich gern aus dem Gemüsebeet davon. Lässt man sie weiterwachsen, kann man sie sogar als Winterkürbis ernten. Die Schale wird dann braunorange mit grünen, gepunkteten Streifen. (Ideallänge bei der Ernte: 10–15 cm)

'Nano Verde di Milano' Eine schön pralle, dunkelgrüne, fast schwarze Zucchini aus der italienischen Lombardei, ein echter Klassiker. Die langen, schlanken Früchte schmecken fantastisch. (Ideallänge bei der Ernte: 15–20 cm)

'Rugosa Friulana'

'Kamo Kamo'

'Odessa' Eine köstliche Sorte mit kurzen, gedrungenen, am Ansatz leicht verdickten Früchten. Sie stammt aus der Ukraine, wo sie an der Schwarzmeerküste bei Odessa gezüchtet wurde, und setzt viele dünnschalige, fast weiße bis hellgrüne, robuste Zucchini mit süßem Geschmack an. (Ideallänge bei der Ernte: 20–30 cm)

'Patisson Panache Vert et Blanc' Ihre runden, gerippten, muschelförmigen Patissons haben eine cremeweiße Schale mit lebhaft grünen Streifen und Sprenkeln. Die Sorte tauchte 1856 erstmals im Verzeichnis *Les Plantes Potagères* des französischen Saatgutunternehmens Vilmorin Andrieux auf. (Ideallänge bei der Ernte: 7–12 cm)

'Pineapple' Ein eigentümlicher, seltsam minzgrüner, seesternförmiger Kürbis mit zehn »Fingern«. 1881 brachte das amerikanische Saatgutunternehmen Burpees diesen Hingucker auf den Markt. Er zeichnet sich durch einen angenehmen Geschmack und eine feine Konsistenz aus. Gefüllt und als Ganzes gebraten lässt er sich als vegetarische Hauptattraktion eines lukullischen Mahls präsentieren. (Ideallänge bei der Ernte: 7–12 cm)

'Ronde de Nice' Eine rasch wachsende südfranzösische alte Sorte, die reichlich kleine, dünnschalige, hellgrüne Kugeln ansetzt. Sie werden am besten tennisballgroß geerntet und eignen sich hervorragend zum Backen und Füllen. (Ideallänge bei der Ernte: 5–10 cm)

'Rugosa Friulana' Die knorrige, warzige Sorte schmeckt großartig, sieht aber schon fast abstoßend aus. Sie stammt aus den Dolomiten und überzeugt durch einen unglaublich nussigen Geschmack sowie eine seidig feine Konsistenz. Die langen, runzligen, warzigen Früchte präsentieren sich zunächst hellgelb, werden mit der Zeit aber dunkler. Man erntet sie am besten klein. (Ideallänge bei der Ernte: 15–20 cm)

Tomaten

Lycopersicon esculentum

Heißt auch Paradeiser und Liebesapfel, in anderen Ländern Pomodoro, Rajče oder Tamatim

Tomaten sind von der Sonne geküsste Edelfrüchte. Die süßen, pikanten Schätze treten aber nicht nur in Gestalt der vertrauten roten Kugeln auf: Manche sind bräunlich, andere zweifarbig. Dann gibt es noch orange Ochsenherzen, schneeweiße Fleischtomaten und goldene Kirschtomaten. Die Bandbreite der Formen reicht von länglichen Pflaumen bis zu langen, schmalen, zugespitzten Früchten; manche sind sogar gerippt wie der Balg eines Akkordeons. Sie brillieren roh als Hauptstars oder in delikaten Saucen.

Geschichte

Die legendäre Frucht stammt aus einem Landstrich, der sich von den Westanden nach Norden bis Mittelamerika und Mexiko erstreckt. Die Wildart trug wesentlich kleinere, säuerliche Beeren und wuchs kriechend. Auf Nahuatl (aztekisch) nannte man sie *xitomatl*. Das Verdienst, sie erstmals kultiviert und durch Züchtung zur heute bekannten Form weiterentwickelt zu haben, wird den Azteken zugeschrieben. Das indigene Volk betrachtete Tomaten als fruchtbarkeitsförderndes Gemüse, weshalb es zu einem beliebten Geschenk für Frischvermählte avancierte.

Im 16. Jahrhundert brachten Forschungsreisende die Samen bei ihrer Rückkehr nach Europa mit. Trotz ihres guten Geschmacks wurden Tomaten zunächst nur als Zierpflanzen kultiviert, denn man hielt sie für giftig oder bestenfalls für Zauberzwecke geeignet. Es hieß, Hexen würden sich nach dem Genuss tomatenhaltiger Elixiere in Werwölfe verwandeln, weshalb man die Früchte »Wolfspfirsiche« nannte. Erst später setzten sie sich als wohlschmeckendes Gemüse durch.

Beliebt waren sie lange auch als Wurfgeschosse, mit denen das Volk seinen Protest kundtat. Die Gepflogenheit, schlechte Schauspieler mit faulen Tomaten zu bewerfen, wird oft auf Shakespeares Globe Theatre zurückgeführt, doch gab es diese Praxis nicht nur in London.

In der Kleinstadt Buñol im Osten Spaniens findet alljährlich La Tomatina statt, eines der bizarrsten Feste der Welt, bei dem sich die Teilnehmer so lange mit den Früchten bewerfen, bis Gebäude, Wände, Straßen und Leute über und über mit Tomatenmatsch bedeckt sind. Die Tradition entstand bei einem Umzug 1945, als sich ein hitziger Streit zu einer veritablen Straßenschlacht auswuchs, bei der ein Gemüsestand umgeworfen und die Viktualien als Wurfgeschosse missbraucht wurden. In den darauffolgenden Jahren kehrten die Protagonisten jeweils am

»Tomaten brillieren roh als Hauptstars oder in delikaten Saucen.«

Den exquisiten Früchten wurden vielerlei Formen, Größen und Farben angezüchtet. So gibt es heute zu fast jedem Gericht die passende Tomate.

Jahrestag zum Schauplatz der Auseinandersetzung zurück, erklärten dem Gegner erneut den Krieg und warfen sich beherzt in weitere Tomatenschlachten.

In der Küche

Vorbereitung

Die Schale lässt sich ohne Beschädigung der Frucht entfernen, indem man ein kleines X in den Blütenansatz (gegenüber dem Stiel) in die Frucht schneidet und sie 30–60 Sekunden in kochendes Wasser und dann in eiskaltes Wasser taucht. Anschließend lässt sich die Schale ganz leicht abziehen.

Gerichte

Tomaten sind heute in aller Welt ein wichtiger Bestandteil kulinarischer Kreationen. Man kann sie direkt vom Trieb naschen (vor allem Kirschtomaten), gehackt in Salsas geben und geschnitten auf belegte Brote oder in Burger. Sie mischen in italienischen Salaten genauso mit wie in Caprese (siehe S. 215) und Panzanella (Brotsalat). Die italienische und überhaupt mediterrane Küche ist ohne sie nicht mehr vorstellbar. Nichts geht über eine Bruschetta mit rohen Tomaten und kräftigem selbst gezogenem Knoblauch, dazu Olivenöl und frisches Basilikum als Aroma-

Auf einen Blick

Aussäen Spätwinter–Vollfrühling bei 16–32 °C

Auspflanzen Frühsommer–Hochsommer

Abstände ca. 50 cm

Ernten Hochsommer–Herbst

'Cuore Antico de Acqui Terme' ist eine gigantische herzförmige Saucentomate mit nur wenigen Samen. Die Früchte werden so schwer, dass die Triebe um die Stütze geführt werden müssen, da sie sonst abbrechen.

geber. Ein weiteres Gericht, das selbst anspruchsvollste Gäste zufriedenstellt, ist *pomodoro al forno con basilico* (gebratene Tomaten mit Basilikum). Dazu werden die Früchte halbiert, entkernt und mit gehacktem Basilikum und Knoblauch, Olivenöl und Salz gefüllt und etwa eine Stunde lang im Ofen gebacken. Das Ergebnis erinnert an sonnengetrocknete Tomaten, ist aber wesentlich schmackhafter und eleganter und ideal als Fingerfood oder Beilage.

Ein weiteres Gericht mit gebackenen Tomaten ist eine Tarte Tatin, bei der die saftig-weiche Karamellschicht der traditionellen Apfelversion durch Blätterteig mit ein paar Spritzern Balsamico-Essig und Madeira ersetzt wird. Um den gefürchteten durchweichten Boden zu vermeiden, schält und entkernt man die Tomaten am besten und verwendet Pflaumensorten, da sie nicht so wässrig sind. Eine Tomatentarte ist eine gute Alternative zu Salat. Der Teig wird in einer Form blindgebacken, dann lässt man ihn abkühlen und belegt ihn mit einer dünnen Schicht Ricotta oder einem anderen Weichkäse. Obenauf kommt eine farbenfrohe Lage in Scheiben geschnittener Tomaten unterschiedlicher Farbe. Gewürzt wird mit Meersalz, Olivenöl, viel schwarzem Pfeffer und ein paar Spritzern einer frisch zubereiteten Pestosauce.

In Saucenform lassen sich Tomaten für Nudelgerichte, durstlöschende Gazpachos und süßes Ketchup verwenden. Entsaftet mischen sie in einer pikanten Bloody Mary gegen Kater mit. Dank ihrer Süße bilden sie ein Gegenwicht zu scharfen Chilis (siehe S. 147). Diese Paarung funktioniert auch in einer feurigen *arrabbiata*, langsam gekochten Barbecuebohnen und der unwiderstehlichen mexikanischen *tinga de pollo*. Diese Puebla-Speise wird mit Maistortillas serviert und besteht aus gezupftem Hähnchenfleisch, das in einer pikant-süßen, rauchigen, würzigen Sauce aus Tomaten und Chipotle-Chilis gegart wird. Trotz des komplexen Geschmacksprofils lässt sich das Gericht kinderleicht zu Hause zubereiten und schmeckt allen. Eine weitere würzig-süße Tomaten-Chili-Kombination ist *choka*, eine Frühstücksspeise aus Trinidad. Zwiebeln, Paprika, Chilis und Gewürze werden zunächst angebraten, dann gibt man vorgedünstete Tomaten dazu, die anschließend mit einer Gabel zerdrückt werden. Serviert wird die suppige Mixtur mit dem Fladenbrot *sada roti*.

Kultur

Tomaten vertragen keine Minustemperaturen. Sie brauchen warme, trockene Sommer. In unserem gemäßigten Klima gedeihen sie im Folientunnel oder Gewächshaus am besten, doch kann man sie in milden Gegenden auch draußen in Töpfen ziehen. Unterschieden werden zwei Typen.

Determinierte Formen (Busch- oder Strauchtomaten) wachsen buschig, bleiben niedrig und müssen nicht geschnitten werden. Man kann sie lose anbinden und mit einem Bambusstab stützen. Sie kommen gut mit Töpfen zurecht. Indeterminierte Formen (Stab- oder Kordontomaten) bilden lange Triebe, die man an Schnüren oder anderen Stützen zieht. Seiten- und Wildtriebe müssen regelmäßig abgezwickt werden. Sie tragen oft besser.

Vermehrung

Wenn der Platz es zulässt und man Tomaten früh in die Saison schicken möchte, kann man sie schon im Spätwinter aussäen. Allerdings holen im zeitigen Frühjahr ausgesäte Exemplare oft wegen der längeren Tage auf. Auf jeden Fall aber sollten sie bis April gesät sein. Bei frühen Aussaaten kann sich eine Heizmatte oder durchsichtige Abdeckung als förderlich erweisen, die Abdeckung muss aber entfernt werden, sobald die Sämlinge aus der Erde spitzen. Stellt die Kulturen an einen sonnigen Platz, sonst vergeilen die Pflänzchen. Da sie leicht faulen, darf man auf keinen Fall zu viel wässern.

Etwa 2–3 Wochen nach der Keimung kommen die Sämlinge in 7-cm-Töpfe. Die Triebe werden tief in der Erde versenkt. Nach weiteren 3 Wochen setzt ihr sie in 9er- oder 11er-Töpfe, wobei der Trieb wieder tiefer als zuvor gepflanzt wird. So bilden sich niedrige, kräftige Pflanzen, die sich rasch eingewöhnen, wenn sie in den Folientunnel umziehen.

Nach dem letzten Frost dürfen Tomaten an ihren endgültigen Platz. Hebt ein Pflanzloch aus, das wieder einen Teil des Triebs aufnimmt. Das stützt die Setzlinge und fördert die Wurzelbildung, denn der in der Erde sitzende Trieb bildet neue Wurzeln. Bei indeterminierten Sorten fixiert man die Schnur unter dem Wurzelballen, bevor man sie nach oben spannt. Determinierte Formen können genauso erzogen oder nur mit einem Stab gestützt und angebunden werden, sobald sie blühen.

Weitere Pflege

Indeterminierte Sorten werden behutsam um die Stützschnur herum nach oben geführt. Damit weiterhin nur ein einzelner Trieb wächst, zwickt man Seitentriebe regelmäßig von Hand ab. Die untersten Blätter am Trieb werden entfernt, damit man leichter wässern und jäten kann. Wenn die Pflanze unten kahl ist, verbessert das die Luftzirkulation, was wiederum das Fäulnisrisiko senkt.

Entfernt alle Blüten, bevor die Pflanzen nicht mindestens 30–35 cm hoch sind, damit sie ihre Energie in die Wurzelentwicklung stecken. Im Spätsommer wird

Sobald die Pflanzen kräftig an ihrer Stütze hochwachsen, entfernt man die unteren Blätter, um während des Fruchtansatzes die Durchlüftung zu verbessern.

ihre Triebspitze gekappt, sodass sie sich von nun an auf die Fruchtbildung konzentrieren, statt frischen Wuchs anzusetzen, der keine Zeit mehr hat, noch reife Tomaten zu bilden.

Tomaten sind empfindlich, wenn es ums Wässern geht. Oft haben sie mehr Probleme mit zu viel Wasser als mit zu wenig. Eine gute Faustregel für Exemplare, die im Folientunnel oder Gewächshaus in Erdreich wachsen, lautet: zweimal in der Woche wässern, bei großer Hitze dreimal. Unregelmäßiges oder übertriebenes Gießen lässt die Früchte platzen, wässert also regel- und gleichmäßig. Auch sollte man um den Ansatz herum wässern, ohne das Laub zu benetzen, um Fäule zu vermeiden.

Tomaten in Töpfen brauchen bei Hitze mitunter bis zu zweimal täglich einen Durstlöscher. Im Verlauf des Sommers reduziert man die Wassergaben auf einmal wöchentlich, damit die Pflanzen die Früchte reif werden lassen, statt neuen Wuchs anzusetzen. Ein Flüssigseetangdünger zur Saisonmitte ist ein brillanter Booster, aber nicht unbedingt notwendig.

Probleme

Blattläuse, Fäule, Blütenendfäule, Schnecken, Spinnmilben (siehe S. 49–51).

'Thorburn's Terracotta'

Zwickt Seitentriebe ab, sodass immer nur ein einziger Haupttrieb wächst.

Ernte

Tomaten schmecken am besten, wenn man sie am Trieb reifen lässt. Allerdings müssen sie geerntet werden, bevor sie überreif werden und eine säuerliche Gärnote annehmen. Alternativ lassen sie sich auch ernten, wenn sie zwar ihre volle Größe erreicht haben, aber noch nicht ganz ihre endgültige Farbe, denn sie reifen drinnen bei Raumtemperatur weiter. Behandelt die Früchte vorsichtig, damit sie keine Druckstellen bekommen, und schneidet sie mitsamt der Kelchblätter ab, da sie dann länger halten. Durch Abbrechen kann die Rispe mit ihren faserigen Stängeln verletzt werden. Wenn im Herbst die Tage kürzer werden, erntet man die restlichen Früchte und wirft die Pflanze auf den Kompost.

Lagerung

Tomaten gehören nicht in den Kühlschrank. Sie enthalten ein Enzym, das bei Kälte die Zellmembranen zersetzt, sodass sie matschig werden. Lagert sie bei Zimmertemperatur ohne direkte Sonne. In Flechtkörben besteht die Gefahr, dass sie Schäden davontragen. Neben Bananen verderben sie im Handumdrehen.

Salattomaten

Die Sorten dieser Gruppe eignen sich hervorragend für Salate, als Belag, zur Garnierung und zum rohen Verzehr.

'Aunt Ruby's German Green' Eine alte deutsche Sorte, die zu Beginn des 20. Jahrhunderts in die USA gebracht wurde. Die große Fleischtomate ist unter den in reifem Zustand grünen Tomaten zweifellos diejenige mit dem besten Geschmack. Sie offenbart eine zitrusfruchtige, süß-pikante Note. Bei Vollreife wird ihr Blütenansatz oft gelb.

'Canestrino della Garfagnana' Die italienische Klassikerin wird seit über 100 Jahren in der italienischen Provinz Lucca angebaut. Sie liefert gerippte, feuerrote, auberginenförmige Früchte mit bisweilen grasgrüner Schulter. Sie ist fest, fleischig und ideal zum Trocknen in der Sonne oder zum Braten geeignet.

'Chadwick Cherry' Die im 20. Jahrhundert vom legendären Meistergärtner Alan Chadwick gezüchtete große rote Kirschtomate ist außerordentlich widerstandsfähig und überzeugt mit einem robusten, typischen Tomatengeschmack.

'Cherokee Purple' Eine violette, rote und schwarze Fleischtomate, die zu den schmackhaftesten historischen Sorten gehört und vom amerikanischen Cherokee-Volk stammt.

'De Colgar' Die lang haltende Tomate kann man in die Küche hängen. Der Name der alten spanischen Sorte bedeutet »zum Aufhängen«. Man erntet die Rispen unreif und lässt sie im Haus an einem kühlen, trockenen Platz weiterreifen. Sie wird meist halbiert und püriert mit Knoblauch auf Toast geschmiert, allerdings ohne die Schale, die wesentlich dicker und zäher als bei anderen Salatsorten ist.

'Earl of Edgecombe' Eine edle Frucht, die in den 1960ern nach England gelangte. Als der 6. Earl of Edgecombe in Cornwall verstarb, ging sein Titel an einen lange Zeit verschollenen, entfernten Verwandten, einen neuseeländischen Schafzüchter, der, als er nach Großbritannien reiste, seine Lieblingstomate mitbrachte, die seit Generationen auf seiner Familienfarm gezüchtet worden war. Eine orange Sorte mit zarter, fleischiger Textur, schmackhaft, süß und leicht säuerlich.

'Gold Medal' Diese große Sorte mit auffallend gelbem Fleisch und einem Erdbeerton zum Blütenansatz hin wurde 1921 vom Gartenbauwissenschaftler John Lewis Childs von Floral Park in New York als 'Ruby Gold' eingeführt und 1976 vom tomatenbegeisterten Ben Quisenberry umbenannt.

'Hillbilly' Die riesige Fleischtomate hat ein zweifarbig orangegelbes, dichtes Fleisch mit magentarosa Marmorierung. Sie entstand im späten 19. Jahrhundert in den Bergen West Virginias und schmeckt tropisch süß mit Anklängen an Aprikose und Mandarine.

'Igleheart Yellow Cherry' Die goldgelbe Kirschtomate wird seit den 1960er-Jahren von der Familie Igleheart in Connecticut gezüchtet, als sie eine Handvoll Samen von einem italienischstämmigen Gärtner bekam, der ihren Geschmack über alles lobte. Die wüchsigen Pflanzen tragen Früchte mit komplexem Geschmack, der Süße, Frucht und Säure perfekt austariert.

'Jaune du Lac de Bret' Die feuerorange, tropfenförmige alte Sorte ist zwar streng genommen eine Saucentomate (siehe S. 167), eignet sich aber auch bestens als Salattomate. Sie stammt aus Lac de Bret in der Schweiz, ist äußerst selten, trägt reichlich und ist sehr dekorativ.

'Manx Marvel' Eine ertragreiche kleine, runde, rote, früh reifende Züchtung von der Isle of Man. Eigentlich galt sie als ausgestorben, doch wurde sie von Dr. Russell Sharp von der Lancaster University Anfang des 21. Jahrhunderts in einer Samenbank wiederentdeckt. Sie schmeckt unspektakulär, ist aber eine seltene britische Sorte und schon allein deshalb wert, angebaut zu werden.

'Montserrat' Die Edelsorte wird seit Generationen in der Serra de Montsant, einem Gebirge in Katalonien, angebaut. Sie trägt große, gerippte Früchte, die sich hervorragend zum Füllen eignen, da man die Samen leicht entfernen kann.

'Nebraska Wedding' Eine orangefarbene Schönheit, die erstmals im späten 19. Jahrhundert in Nebraska verbreitet wurde, als Siedler in Pferdewagen westwärts über raues Land zogen und die Samen mitführten. Man schenkte sie Bräuten als Symbol für eine gute Ehe. Die aprikosengelben Früchte sind dick und süß mit minimal saurem Einschlag.

'Negro Azteca' Eine dunkelbraune Kirschtomate mit komplexem Geschmack. Sie reift früh und ist angeblich aztekischen Ursprungs.

'Red Calabash' Dieser abgeflachte, gerippte Schatz kommt aus Chiapas in Mexiko und überzeugt mit leuchtend rotvioletter Schale und wunderbar süßem Geschmack.

'Reisetomate' Eine der ungewöhnlichsten Tomatensorten überhaupt. Sie sieht aus wie ein Bündel miteinander verwachsener Weintrauben und wurde für Reisen durch die Anden gezüchtet, weil man einzelne Segmente von ihr abzupfen und den Rest wieder in einen Beutel stecken konnte, ohne dass sie dadurch an Saft verlor. Sie hat einen intensiven Geschmack mit angenehm säuerlicher Einfärbung. Der französische Züchter Philippe Rommens brachte kürzlich gelbe und grüne Versionen auf den Markt die er 'Phil's One' und 'Phil's Two' nannte. Die Sorte zu kultivieren lohnt sich schon allein wegen ihres kuriosen Aussehens, allerdings kann sie am Trieb schnell faulen.

Sorte	Verwendung	Wuchs1S	Größe	Farbe	Reifezeit
'Aunt Ruby's German Green'	Salat	indeterminiert	Fleischt.	grün	85 Tage
'Canestrino della Garfagnana'	Salat	indeterminiert	Fleischt.	rot	80 Tage
'Chadwick Cherry'	Salat	indeterminiert	Kirscht.	rot	75–80 Tage
'Cherokee Purple'	Salat	indeterminiert	Fleischt.	violettschwarz	80–90 Tage
'De Colgar'	Salat	indeterminiert	klein	rot	80 Tage
'Earl of Edgecombe'	Salat	indeterminiert	mittel	orange	75 Tage
'Gold Medal'	Salat	indeterminiert	Fleischt.	gelb	75–90 Tage
'Hillbilly'	Salat	indeterminiert	Fleischt.	orange	85–95 Tage
'Igleheart Yellow Cherry'	Salat	indeterminiert	Kirscht.	gelb	70–80 Tage
'Jaune du Lac de Bret'	Salat/Sauce	indeterminiert	Ochsenherz	orange	70–80 Tage
'Manx Marvel'	Salat	indeterminiert	mittel	rot	70 Tage
'Montserrat'	Salat	indeterminiert	Fleischt.	rot	70–80 Tage
'Nebraska Wedding'	Salat	determiniert	mittel	orange	85–90 Tage
'Negro Azteca'	Salat	indeterminiert	Kirscht.	braun/rot	75–80 Tage
'Red Calabash'	Salat	indeterminiert	klein	violett/rot	68 Tage
'Reisetomate'	Salat	determiniert	klein	rot	60–80 Tage
'Sutton's White'	Salat	indeterminiert	Fleischt.	weiß	80 Tage
'Thorburn's Lemon Blush'	Salat	indeterminiert	mittel	gelb	75 Tage
'Thorburn's Terracotta'	Salat	indeterminiert	mittel	rot/braun	75 Tage
'Tonodose des Conores'	Salat	indeterminiert	Kirscht.	dunkelrot	75–85 Tage
'Zapotec Ribbed'	Salat	indeterminiert	Fleischt.	rot	80–90 Tage
'Amish Paste'	Sauce	indeterminiert	mittel	rot	80 Tage
'Banana Legs'	Sauce	determiniert	mittel	gelb	75 Tage
'Cornue des Andes'	Sauce	indeterminiert	Pflaument.	rot	75–80 Tage
'Dad's Barber Paste'	Sauce	indeterminiert	mittel	rot	über 80 Tage
'Jersey Devil'	Sauce	indeterminiert	mittel	rot	90 Tage
'King Umberto'	Sauce	indeterminiert	mittel	rot	55–65 Tage
'Moyamensing'	Sauce	indeterminiert	mittel	rot	85 Tage
'Old Brooks'	Sauce	indeterminiert	groß, rund	rot	75–85 Tage
'Plate de Haiti'	Sauce	indeterminiert	klein	rot	80 Tage
'Salvaterra's Select'	Sauce	indeterminiert	mittel	rot	70–80 Tage

'Sutton's White' Die alte englische Rarität wurde um 1920 vom britischen Samenhaus Suttons gezüchtet. Ihre großen, gedrungenen Fleischtomaten sind schneeweiß-cremig mit unverkennbar zitronigem Geschmack.

'Thorburn's Lemon Blush' Elbert S. Carman züchtete diese Sorte 1893. Sie galt lange als verloren, bis der rührige Samenexperte William Woys Weaver um 1990 Saatgut aus einer seltenen Sammlung bekam, es vermehrte und über Baker Creek Heirloom Seeds in Mansfield, Missouri, wieder zugänglich machte. Die Tomate überzeugt durch eine üppige, dicke zitronengelbe, rosa überlaufene Frucht und einen merklich zitrusfruchtigen, süßen Geschmack.

'Thorburn's Terracotta' Diese tonfarbene Sorte mit orangem und grünem Fleisch ging Anfang des 20. Jahrhunderts fast verloren. Sie war um 1890 von James Thorburn aus New York auf den Markt gebracht worden. Sein Samenhaus ging während der Großen Depression 1920/1921 bankrott, doch den Bestand rettete er. 1993 bekam William Woys Weaver von der Roughwood Seed Collection die Samen von einem Farmer, der viele alte Sorten gehortet hatte und sie sicher verwahrt wissen wollte. Die mittelgroße, ertragreiche Züchtung besticht durch tiefen, säuerlichen rauchigen Geschmack.

'Tonodose des Conores' Diese extrem rare, gefährdete alte Kirschtomatensorte setzt reichlich dunkelrote Früchte mit orangem Fleisch an. Ihr Geschmack explodiert förmlich im Mund. Sie ist eine der besten Kirschtomatenzüchtungen.

'Zapotec Ribbed' Eine alte Sorte aus Oaxaca, die schon die alten Zapoteken auf dem Gebiet des heutigen Mexiko kultivierten. Die Fleischtomate reift spät, ist massig, rot, gerippt und eignet sich ausgezeichnet zum Schneiden, Füllen und Braten.

Saucentomaten

Diese auch Marktomaten genannte Sortengruppe liefert robuste, herzhafte Früchte, die am besten zu Saucen, Tomatenmark und Suppen verarbeitet werden.

'Amish Paste' Obwohl sie auch roh als Salattomate umwerfend schmeckt, brilliert diese tropfenförmige, süße, ziegelrote Sorte vor allem in Saucen. Sie wird seit dem 19. Jahrhundert von Amischen in Wisconsin angebaut, doch hat man sie später auch noch bei den Amischen in Lancaster County, Pennsylvania, entdeckt.

'Banana Legs' Die kanarienvogelgelben, länglichen Früchte mit ihrem zitrusfruchtigen, säuerlich-tropischen Einschlag liefern so ganz andere Saucen als die rote Konkurrenz. Die Sorte ist relativ neu und wurde um 1980 vom Samensammler John Swenson aus Illinois benannt und eingeführt.

'Cornue des Andes' Eine große, seltene Tomate, die aussieht wie eine Riesenpaprika. Sie gilt als eine der Original-Andentomaten, die von den ersten europäischen Samensammlern aus Südamerika nach Frankreich gebracht wurden. Die sehr ertragreiche Pflanze liefert unverschämt schmackhafte Früchte mit dicker, fleischiger Textur und sehr wenigen Samen.

'Dad's Barber Paste' Die längliche, rubinrote, sehr ertragreiche und süße Tomate mit ausgeprägtem Nippel am Blütenansatz ist ideal für Suppen.

'Jersey Devil' Gezüchtet, benannt und auf den Markt gebracht wurde diese Sorte um 1980 von der Tomato Seed Co. in Metuchen, New Jersey, USA. Mit ihrer ungewöhnlichen Form sieht sie ein bisschen aus wie eine rote Banane. Sie hat eine saftige, fleischige Textur, eignet sich vorzüglich für schmackhafte Saucen und setzt viele Früchte mit erfreulich wenig Samen an.

'King Umberto' Eine saftige kleine Tomate mit herzhaftem, herb-würzigem Geschmack. Als 1878 der italienische König Umberto I. in Neapel war, benannten die Einheimischen die Sorte anlässlich seines Besuchs nach ihm. Sie gehört zu den wohlschmeckendsten überhaupt und ist mit ihren kleinen, pflaumenförmigen, rubinrot schimmernden Früchten ein echtes Juwel. Anscheinend ist sie Ahnherrin der weltberühmten 'San Marzano', die meist als Dosentomate zum Einsatz kommt.

'Moyamensing' ('Spring Garden Jail') Die Sorte hat eine geheimnisumwitterte, »kriminelle« Vergangenheit, denn sie entstand vermutlich im Moyamensing Prison oder dem Eastern State Penitentiary, zwei Gefängnissen in Philadelphia. 1982 stiftete die Samen eine gewisse M. J. Grooms aus Philadelphia, Urenkelin eines Gefängniskochs, der Roughwood Seed Collection. Es heißt, sie seien schon seit dem 19. Jahrhundert für die Gefängnisküche gezüchtet worden. Eine feurig rote, mittelgroße Sorte, superb für Suppen, Saucen und als Dosentomate.

'Old Brooks' Die alte Sorte mit äußerst geringer Anfälligkeit für Tomatenfäule, Blütenendfäule und Trockenheitsschäden trägt reichlich große, runde, schmackhafte, rosarote Früchte mit säuerlichem Geschmack und ist daher wie geschaffen für Saucen.

'Plate de Haiti' Eine faszinierende Sorte mit reicher, komplexer Geschichte. Sie liefert Unmengen Früchte zum Kochen, etwa für Saucen, ist pfirsichrot, kugelrund und ungefähr golfballgroß. Den Aufzeichnungen zufolge wurde sie schon mindestens seit dem 16. Jahrhundert in der Karibik kultiviert. Bei der Haitianischen Revolution ab 1791, als sich Sklaven der Franzosen erfolgreich die Unabhängigkeit erkämpften, gelang es einigen französischen Kolonisten, zu entkommen und Samen sowie Pflanzen nach Louisiana und Kuba mitzunehmen. Angeblich war die Sorte die erste, die Eingang in die kreolische Küche fand.

'Salvaterra's Select' Die seit über 50 Jahren in Hazleton, Pennsylvania, kultivierte Sorte stand ab den 1980ern unter der Obhut von Charles Salvaterra, der sie dem Seed Savers Exchange stiftete. Eine überragende sattrote, eiförmige Saucentomate mit phänomenalem Geschmack.

Verschiedene Melonensorten (im Uhrzeigersinn von oben rechts): 'Silver Yamato', 'Moon and Stars', 'Jánošík', 'Wilson's Sweet' und 'Kaho'

Wassermelonen

Citrullus lanatus

Heißt in anderen Ländern Batikh, Pastèque, Sandía, Suika und Tarbooj

In eine saftige Wassermelone beißen – mehr Sommerfeeling geht nicht. Die fruchtige Diva erfüllt die warmen Tage mit frischer Süße. Wassermelonen sind aber mehr als nur die vertrauten Kugeln mit hellrotem Fleisch: Es gibt sie in allerlei Tönungen von silbrigem Weiß bis Gold und Orange. Aber auch die Schale macht viel her, denn ihr Spektrum reicht von dunklem Seetanggrün über helles Minzegrün bis zu einem Streifenkleid in erdigen Tönen.

Geschichte

Wassermelonen löschten schon den Durst alter indigener Zivilisation der afrikanischen Kalahari-Wüste, bekannt als »Land des großen Durstes«. Doch auch in den jungsteinzeitlichen Ausgrabungsstätten von Uan Mughggiag in der libyschen Sahara wurden 5000 Jahre alte Wassermelonensamen gefunden. Das lässt vermuten, dass die Pflanzen weiter verbreitet waren als ursprünglich gedacht. Die frühen Wassermelonen schmeckten allerdings bitter und hatten eine harte, zähe Rinde, die sich nur schwer aufbrechen ließ.

Nachdem sie ihren Weg ins alte Ägypten gefunden hatten, begann man dort, sie durch Züchtung süßer zu bekommen. Das zeigen Samen und Malereien, die in Gräbern entdeckt wurden. Die alten Griechen nutzten die kühlende Schale als Stirnkompresse, um Hitzschläge zu lindern.

Im frühen 16. Jahrhundert nahmen europäische Siedler Wassermelonensamen in die Neue Welt mit, wo die Indigenen sie nach ersten Begegnungen mit den Kolonisten ebenfalls anbauten. Nach dem Sezessionskrieg (1861–1865) kam der Wassermelone eine neue Bedeutung zu, die über ihre Rolle als erfrischender Genuss hinausging. Ehemalige Sklaven begannen die Frucht als nunmehr freie Menschen zu kultivieren, zu konsumieren und als Symbol ihrer Resilienz und Unabhängigkeit zu verkaufen. Die Frucht wurde zur Verkörperung süßer Freiheit. Dieses Narrativ bekam jedoch einen bitteren Beigeschmack, als Weiße aus den Südstaaten, die sich durch die sichtbare Manifestation schwarzer Freiheit

Auf einen Blick

Aussäen Vorfrühling–Vollfrühling bei 22–32 °C

Auspflanzen Spätfrühling–Frühsommer

Abstände mindestens 120 cm

Ernten Hochsommer–Frühherbst

bedroht fühlten, die Melone mit negativen Stereotypen zu assoziieren begannen. Sie wurde zum Ausdruck einer rassistischen, vorurteilsbeladenen Gesellschaft, die mit den Nachwehen der Sklaverei und dem Bemühen um Gleichheit zurechtkommen musste.

Doch die Frucht steht auch bei positiv konnotierten Aktivitäten wie dem Skifahren im Mittelpunkt. Der Wintersport beschränkt sich nicht nur auf die Pisten der Alpen, denn im trockenen australischen Outback gibt es ein Mekka leidenschaftlicher »Wassermelonenskifahrer«, die zum zweijährlich stattfindenden Chinchilla Melon Festival nach Queensland pilgern, Schutzhelme aufsetzen und ihre Füße in Stiefel stecken, die aus Wassermelonen geschnitzt sind. Derart ausgerüstet lassen sie sich mit Seilen über eine Gummibahn ziehen, die mit jedem Wettbewerber und seinen fruchtfleischigen Hinterlassenschaften rutschiger wird, und versuchen dabei, beherzt die Balance zu halten.

Für die Küche

Vorbereitung

Wassermelonen werden gern pur als Schnitten genossen. Sie sind die saftigsten Früchte, in die man seine Zähne schlagen kann. In den Südstaaten der USA gönnt man sie sich gern mit einer Prise Meersalz gewürzt. Das entzieht ihnen einen Teil des Wassers und unterstreicht so die Süße.

Gerichte

Wassermelonen sind ideale Kandidaten für sommerliche Obstsalate, doch eignen sie sich mit ihrer süßen, erfrischenden Art auch für Kombinationen mit salzigen Gegenspielern wie Oliven und Feta sowie frischer Minze. Gewürfelt bereichern sie in geringen Mengen Salate nach griechischer Art, in denen sie beweisen, wie gut die Kombination aus süß und salzig funktionieren kann. Die gleiche Strategie kommt zur Anwendung, wenn sie stückchenweise gefroren werden und in Margaritas mit Salzrand mitmischen dürfen. In Formen eingefroren liefert das Fruchtfleisch ein gesundes, erfrischendes Eis am Stiel.

Wassermelonen müssen mit viel Wasser aufgezogen werden, damit sie ihr saftiges Fleisch bekommen. Hier 'Blacktail Mountain'.

Kultur

Vermehrung

In unserem gemäßigten Klima ist der Anbau von Wassermelonen nicht ohne, dennoch macht es viel Spaß, sie selbst zu ziehen. Um die Chancen auf eine erfolgreiche Ernte zu erhöhen, kultiviere ich sie im Folientunnel, denn sie mögen Hitze und Luftfeuchtigkeit. Ausgesät werden sie einzeln in die Module von Topfplatten. Sie brauchen ständig Wärme, deshalb stellt man sie drinnen auf Heizmatten. Die Sämlinge benötigen außerdem viel Sonne, sonst vergeilen sie rasch. Ein weiteres Problem ist die Umfallkrankheit, weshalb man nicht zu viel wässern darf. Einige Wochen nach der Keimung setze ich die Sämlinge in 7- oder 9-cm-Töpfe und stelle sie an einen frostfreien, hellen Platz, wo sie buschig wachsen können. Nach dem letzten Frost kommen sie in den Folientunnel, das Gewächshaus oder den Garten.

Weitere Pflege

Im Gegensatz zu anderen Melonen lässt man sie am besten wie Sommer- und Winterkürbisse (siehe S. 154 und 174) kriechend über den Boden wachsen. Um den Platz im Folientunnel optimal zu nutzen, ziehe ich sie am Rand entlang und unter Melonen, die an Schnüren wachsen. Eingepflanzt werden sie, indem man mit der Handschaufel ein Loch gräbt und die Abstände sehr großzügig bemisst. Sie werden reichlich gewässert. Sind sie erst einmal eingewachsen, legen sie mächtig zu. Man kann sie ungehindert wachsen lassen, aber sobald sie ein paar Früchte angesetzt haben, kann man die Triebspitzen abzwicken, damit sie nicht zu groß werden und mehr Energie in die Fruchtentwicklung stecken.

Wassermelonen brauchen viel Wasser, vor allem bei Hitze. Sobald die Früchte reifen und das Laub welk wird, reduziert man das Gießen aber etwas. Das verhindert ein Aufplatzen und lässt das Fleisch süßer werden.

'Cream of Saskatchewan'

»Die Frucht wurde zur Verkörperung süßer Freiheit.«

Probleme

Mehltau, Nagetiere, Spinnmilben (siehe S. 49–51).

Ernte

Marodierende Nager fressen sich gern in die reifen Früchte, bleibt also auf der Hut und haltet die Tiere von ihnen fern. Die Sorten reifen zu unterschiedlichen Zeiten. Manche sehen reif aus, obwohl sie es noch gar nicht sind, doch es gibt ein paar Tricks, um zu prüfen, ob sie geerntet werden können. Erstens: Klopft mit den Knöcheln auf die Frucht – ist sie reif, sollte sie dunkel und hohl klingen. Zweitens: Seht euch die Stelle an, mit der die Frucht auf dem Boden aufliegt. Bei reifen Melonen verändert sie sich in der Regel von Grünweiß zu gelblichem Orange. Drittens: Seht euch die geringelten Ranken in Stielnähe an: Wenn sie braun werden und welken, ist die Wassermelone vermutlich reif.

Lagerung

Wassermelonen können bis zu 3 Wochen gelagert werden – wenn sie ganz bleiben und kühl und trocken liegen, auch länger.

'Moon and Stars'

Empfehlenswerte Sorten

'Art Combe's Ancient' Ihre Geschichte mutet wie ein Märchen an. Um 1920 machte Art Combe, ein Botaniker aus dem Südwesten der USA, vor Ort auch The Wizard, »Zauberer«, genannt, eine bemerkenswerte Entdeckung: In einer verlassenen Sandsteinhöhle des atemberaubenden Mogollon-Rim-Gebirges in Arizona fand er ein Behältnis voll hellroter Wassermelonensamen. Es gelang ihm, einige davon zum Keimen zu bringen. Sie lieferten seltsame Melonen, wie er sie noch nie gesehen hatte. Die Früchte ähnelten Moschuskürbissen und schmeckten zuckersüß. Er züchtete die größten und rundesten weiter – und das Ergebnis war diese große, sehr trockenheitsverträgliche Wassermelone mit leuchtend rotem, supersüßem Fruchtfleisch.

'Blacktail Mountain' Eine samenechte Sorte, die in den 1970er-Jahren von Glenn Drowns am Sand Hill Preservation Center in Calamus, Iowa, entwickelt wurde. Die grünlich schwarze Melone hat ein schwach rötliches Fleisch und gehört zu den Züchtungen mit der frühesten Reifezeit. Sie steckt sehr niedrige Temperaturen weg und ist daher wie geschaffen für gemäßigte Klimazonen.

'Clay County Yellow Meat' Eine echte Schönheit aus dem Clay County in Alabama. Die rundlichen, hellgrünen, dunkel gestreiften Früchte enthalten ein süßes, pastelloranges, festes Fleisch, das viele für das schmackhafteste aller goldgelben Sorten halten. Für diese Wahnsinnsmelone wird in Ashland, Alabama, sogar ein eigenes Festival ausgerichtet.

'Cream of Saskatchewan' Die Samen dieser Sorte gelangten Anfang des 20. Jahrhunderts mit russischen Siedlern in die westkanadische Provinz, nach der sie benannt ist. Die fantastische Melone hat eine dünne Schale sowie perlweißes Fleisch mit cremiger Textur und einem süßen, zitrusfruchtigen Einschlag. Sie reift früh und bietet sich deshalb für Regionen mit gemäßigtem Klima und einer kurzen Saison an.

Sorte	Größe	Fleischfarbe
'Blacktail Mountain'	klein	rosa
'Cream of Saskatchewan'	klein	weiß
'Kaho'	klein	goldgelb
'Silver Yamato'	klein	weiß
'Small Shining Light'	klein	rot
'Art Combe's Ancient'	mittel	rot
'Jánošík'	mittel	gelb
'Nancy'	mittel	rosa
'Royal Golden'	mittel	rosa
'Sweet Siberian'	mittel	orange
'Wilson's Sweet'	mittel	rot
'Clay County Yellow Meat'	groß	orange
'Georgia Rattlesnake'	groß	rot
'Moon and Stars'	groß	rot
'Scaly Bark'	groß	rot

'Georgia Rattlesnake' Eine Sorte mit großen, länglichen Früchten und einer Schalenzeichnung, die an eine Schlangenhaut erinnert. Sie birgt ein satt rosarotes Fleisch und wurde im US-Bundesstaat Georgia gezüchtet. Eine sehr ertragreiche, fruchtige alte Wassermelone aus den Südstaaten.

'Jánošík' Die geschätzte, goldgelbe alte polnische Sorte hat ein knackiges Fruchtfleisch mit intensivem Geschmack. Benannt ist sie nach einem slowakischen Wegelagerer namens Juraj Jánošík, der als der »echte Robin Hood« galt, mit 25 hingerichtet wurde und im slowakischen, polnischen und ungarischen Raum als Symbol des Widerstandes gegen die Unterdrücker zum Volkshelden avancierte. Während des slowakischen Nationalaufstandes gegen die Nationalsozialisten im Jahr 1944 benannte sich sogar eine Widerstandsgruppe nach ihm.

'Kaho' Eine längliche Wassermelone mit hellgrüner, schlangenhautartig gemusterter Schale. Sie entstand in Asien noch vor dem 20. Jahrhundert, reift schnell und hat einen fruchtigen, zuckrigen Geschmack.

'Moon and Stars' Ihre dunkelgrüne Schale trägt ein sternenhimmelartiges Muster aus goldgelben Flecken. Die längliche Sorte mit dem ungewöhnlichen Aussehen entstand im 19. Jahrhundert an der russischen Wolga und wäre beinahe ganz von der Bildfläche verschwunden.

'Nancy' Es heißt, die umwerfende Sorte sei um 1880 von einer gewissen Nancy Tate wild wachsend in einem Baumwollfeld in Georgia entdeckt worden. Sie ist außerordentlich trockenheitsverträglich und hat eine ovale Frucht mit einnehmend rosa Fleisch sowie eine gestreifte grüne Schale.

'Royal Golden' Diese edle Sorte sieht mit ihrer braunorangen Schale fast aus wie ein Kürbis, im Inneren schlummert jedoch ein ansprechend korallenrosa gefärbtes Fleisch. Gezüchtet wurde sie aus der inzwischen ausgestorbenen Sorte 'Pumpkin Rind'.

'Scaly Bark' Eine seltene alte US-Sorte, deren Name, »Schuppenrinde«, auf die grobe, borkenartige Schale hindeutet. Sie hat ein schönes lachsrosa Fruchtfleisch, eine dicke Schale und hält sich nach der Ernte lange.

'Silver Yamato' Eine silberfleischige Sorte mit spektakulär zuckrigem, von einer feinen Zitrusnote unterlegtem Geschmack. Die japanische alte Sorte aus dem hügeligen Rand des Nara-Beckens trägt dekorative, hellgrüne Früchte mit einer dünnen Schale, die dicke dunkle Streifen trägt.

'Small Shining Light' Eine reizende kleine Wassermelone aus Russland. Sie reift in Windeseile und gehört oft zu den ersten Sorten, die geerntet werden können. Die dunkelgrüne, fast schwarze Frucht enthält ein unglaublich saftiges, süßes, rosarotes Fleisch.

'Sweet Siberian' Sie stammt aus dem eisigen Sibirien, wo sie weithin kultiviert wurde, bevor sie im späten 19. Jahrhundert in die USA gelangte. Die länglichen Früchte sind mit einem üppig goldgelben Fruchtfleisch unter einer schön anzusehenden apfelgrünen Schale ausgestattet. Eine ausgezeichnete Sorte für Regionen mit kühler, kurzer Anbausaison.

'Wilson's Sweet' Diese Sorte wäre fast verloren gegangen, doch Glenn Drowns vom Sand Hill Preservation Center brachte sie wieder auf den Markt, nachdem er einige Samen von einem Züchter erhalten hatte, der sie bewahrt hatte. Sie reift früh, hat eine ungewöhnlich marmorierte Schale sowie ein dunkelrotes Fleisch, allerdings ist die Schale auch dünn und zerbrechlich.

Winterkürbisse

Cucurbita maxima, argyrosperma und *moschata*

Sie heißen in anderen Ländern auch Calabaza, Gourd, Joumou, Kabocha oder Pumpkin

Winterkürbisse gibt es in unterschiedlichen Formen, Größen und Farben, angefangen von glatten grünen Kugeln über rissige weiße Würfel bis zu riesigen goldenen, mit rostbraunen Warzen übersäten Bällen. Manche sehen aus wie beige Bananen, andere haben eine lange, eingerollte, posaunenartige Frucht. Sie sind aber nicht nur schön anzusehen, sondern auch überaus wohlschmeckende, vielseitige Zutaten. Außerdem lassen sie sich gut lagern und bleiben auf Monate genießbar.

Geschichte

Die Wurzeln des Kürbisses sind in Mesoamerika zu suchen. Von dort breitete er sich vor rund 10 000 Jahren über die amerikanischen Kontinente aus. Die Bauern schätzten ihn, da er sich an verschiedene Landschaften und Klimata anpasste, von den Andentälern bis zum trockenen amerikanischen Südwesten. Mit der Zeit fand die wichtige Nutzpflanze sogar Eingang in die Kulturen verschiedener Völker.

Bei den Indigenen im nordöstlichen Nordamerika etwa waren Kürbisse Teil der »drei Schwestern«. Bei diesem Anbausystem ließ man sie als natürlichen Bodenschutz auf der Erde kriechend wachsen. Dazwischen pflanzte man Maispflanzen, die wiederum Kletterbohnen als Stütze dienten. Das Trio war nicht nur praktisch, es hatte auch eine besondere Bedeutung als spirituelle Verbindung zum Kreislauf des Lebens. Man sah Mais, Kürbis und Bohne als unzertrennliche Schwestern, die nur zusammen gedeihen konnten.

Ansonsten hatten die harten Schalen der Kürbisse für die Indigenen aber auch einen ganz profanen, praktischen Nutzen als Behälter, Schalen, Flaschen und Musikinstrumente wie Rasseln und Trommeln, die bei zeremoniellen Tänzen und spirituellen Ritualen zum Einsatz kamen. Man schnitzte, malte und brannte ausgefeilte Symbole und Muster hinein.

Heute werden Kürbisse nicht nur zu Halloween-Fratzen geschnitzt, sondern auch zu Booten umfunktioniert, etwa für die Windsor Pumpkin Regatta, die jeden Oktober auf dem Lake Pisiquid im kanadischen Nova Scotia stattfindet. Manche Skipper verkleiden sich als Piraten oder ziehen sich sperrige Kürbisanzüge an, bevor sie sich auf die 800 m lange Regattastrecke begeben, die rudernd zurückgelegt wird. Die Kürbiskähne müssen zwischen 250 und 350 kg wiegen. Es gibt strenge Regeln für den Wettbewerb. So ist zum Beispiel Drängeln, Schubsen und Schieben im Rennen verboten.

»Das orange Fleisch lässt sich auf unzählige Arten zubereiten.«

Winterkürbisse sind robuste Köstlichkeiten mit vielen Nährstoffen und sie halten sich nach der Ernte sehr lange.

In der Küche

Vorbereitung

Ganz egal, wie ihr den Kürbis zubereitet, werft die Samen nicht weg – sie sind essbar, ob mit oder ohne Schale. Man wäscht und trocknet sie gründlich und kann sie schwach mit Olivenöl beizen und zu einem knackigen Snack backen oder Suppen bzw. Salate damit bestreuen. Nach dem Rösten lassen sich die Kerne leichter aus der Schale holen und in der Küche verwenden.

Gerichte

Einen Kürbis aus dem eigenen Garten aufzuschneiden, ist immer ein Genuss. Man kann das orange Fleisch unterschiedlich nutzen, etwa für Suppen und Eintöpfe, Pürees und Kuchen. Letztere werden heute oft mit Mürbeteig gebacken, aber früher schnitt man den Deckel von ganzen Früchten, kratzte die Samen heraus und füllte sie mit einer gewürzten Eierpuddingmischung. Dann kam der Deckel wieder darauf, der Kürbis wurde gebacken und nach dem Abkühlen wie Kuchen in Scheiben geschnitten.

Süß ist auch *calabaza en tacha*, eine mexikanische Speise, die traditionell zum Tag der Toten serviert wird. Dazu wird die Frucht zerkleinert und in Sirup mit Zimt, Gewürznelken und *piloncillo* (eingedicktem Rohrzucker) behutsam gekocht.

Uralt ist die Methode, Kürbisse als Ganzes über oder in offenem Feuer zu rösten. Die Schale schützt vor der Hitze, während der Rauch sie durchdringen kann. So bekommt das Fleisch eine angenehm rauchige Note, die sich in einem Herd nicht erzielen lässt.

Kultur

Vermehrung

Es lohnt sich, Kürbisse möglichst früh auf den Weg zu bringen, denn sie brauchen eine lange Saison und viel Sonne. Wer genug Platz hat, sät sie bis zu einem Monat vor dem letzten Frost, sodass sie schon eine gute Größe haben, wenn sie bei passend warmem Wetter ins Freie kommen. Sät je einen Samen pro Modul oder weist ihnen gleich kleine 7er-Einzeltöpfe zu. Die Samen werden so in die Erde gesteckt, dass sie sich knapp unter der Oberfläche befinden. Manche empfehlen, sie hochkant zu säen, doch ich habe festgestellt, dass sie auch austreiben, wenn sie quer in der Erde liegen. Sie brauchen Wärme zum Keimen, setzt daher eine Heizmatte ein oder stellt sie an einen warmen Platz, etwa in ein Regal. Bei Staunässe faulen sie, weshalb es ratsam ist, Vermiculit oder Perlit ins Substrat zu mischen. Sorgt dafür, dass keine Nager an sie herankommen, falls sie nicht drinnen stehen.

Die Sämlinge brauchen so viel Sonne wie möglich. Wenn sie nicht schon im 7-cm-Topf stehen, siedelt man sie dorthin um, sobald sie die ersten echten Blätter tragen. In diesem Stadium lohnt es sich auch, sie tagsüber in ein Gewächshaus oder einen Folientunnel zu stellen und abends wieder nach drinnen zu bringen. Wenn sie zu schnell wachsen, kann es nötig werden, sie ein zweites Mal in einen größeren Topf umzusetzen, während ihr darauf wartet, dass es draußen nicht mehr friert. Auch in diesem Stadium kann ihnen Staunässe übrigens den Garaus machen.

Nach dem letzten Frost kommen sie nach draußen. Wichtig sind große Abstände, damit sie ungehindert wachsen können. Grabt mit einer Handschaufel ein Pflanzloch und versenkt auch einen Teil des Triebs in der Erde, damit die Pflanze festen Halt hat.

Auf einen Blick

Aussäen Voll- oder Spätfrühling bei 20–35 °C

Auspflanzen Sommer

Abstände 80–100 cm

Ernten Herbst

Dank der harten, dicken Schale sind Winterkürbisse lange lagerfähig.

Weitere Pflege

Gutes Wässern ist wichtig. Versorgt Jungpflanzen mit viel Flüssigkeit, bis sie eingewachsen sind, bei Hitze und Trockenheit jeden zweiten Tag. In gemäßigten Klimazonen brauchen sie nach dem Einwachsen keine zusätzlichen Wassergaben mehr, aber wo es extrem trocken ist, kann es sein, dass man sie wieder wässern muss, wenn sich die Früchte bilden. Drohen in der ersten Zeit nach dem Auspflanzen Stürme, schützt man sie mit Vlies oder feinmaschigen Gittern, die aber abgenommen werden müssen, wenn es wieder warm wird.

Wenn Platz Mangelware ist, muss man lange Triebe manchmal umpositionieren oder sogar kürzen. Ansonsten wachsen Kürbisse am besten frei und ungehindert, womit sie zu den Nutzpflanzen mit dem geringsten Pflegeaufwand gehören. Ich schneide sie nie, sondern lasse sie kriechen, wohin sie wollen.

Macht euch nichts draus, wenn ihr unter den Pflanzen unreife faule Früchte entdeckt – Kürbisse setzen oft mehr an, als sie selbst bewältigen können, und lösen das Problem auf ihre Weise. Naht der Spätsommer, entdeckt man auf älteren Blättern mitunter Mehltau. Das gehört zum natürlichen Lebenszyklus und ist kein Grund zur Sorge, solange die Pflanze gut wächst.

Kürbisse haltbar machen

Eine Spezialbehandlung sorgt dafür, dass sie Wasser verlieren, was den Zucker konzentriert und Fülle und Komplexität des Fruchtfleisches erhöht. Außerdem wird die Schale gehärtet, sodass die Frucht nicht so schnell fault oder schimmelt. Haltbar gemacht werden Kürbisse, indem man sie mindestens 2 Wochen lang an einen hellen, sonnigen Platz legt, etwa auf eine Fensterbank oder in einen Wintergarten, am besten bei 25–30 °C. Auf den ersten Blick tut es auch ein Folientunnel oder Gewächshaus, doch niedrige Nachttemperaturen und die hohe Luftfeuchtigkeit können die Stiele faulen lassen.

Probleme

Mehltau, Nager, Schnecken (siehe S. 49–51).

Ernte

Erntet alle Früchte vor dem Frost, sonst gehen sie kaputt oder lassen sich nicht mehr gut lagern. Auch wenn sie nicht reif sind, müssen sie nach drinnen – sie sind dann zwar nicht so süß, aber essbar. Ob sie reif sind, sieht man ihnen an: Die Blätter fallen von selbst ab, die Stiele werden holzig und sehen fast wie Baumrinde aus und die Schale wird hart und nimmt die für reife Kürbisse typische Farbe an. Holt sie mit der Gartenschere oder einem Messer vom Trieb, lasst aber möglichst viel Stiel daran. Die Schale darf nicht verletzt werden, da der Kürbis sonst schneller verdirbt.

Lagerung

Kürbisse müssen spezialbehandelt werden (siehe Kasten oben), damit sie länger halten und süßer werden. Anschließend kann man sie an jedem warmen, luftigen Platz bei 10 °C lagern. Winterkürbisse halten bis weit ins neue Jahr – wie lange, erfahrt ihr aus der Tabelle auf den nächsten Seiten. Essbar bleiben sie aber, solange sie nicht faulen. Mit der Zeit verbessert sich ihr Geschmack sogar. Aufgeschnitten halten sie im Kühlschrank noch 2 Wochen.

Empfehlenswerte Sorten

Riesen-Kürbis (*C. maxima*)

Die Art entstand angeblich auf dem Gebiet des heutigen Bolivien und Argentinien. Ihre langen, borstigen, kriechenden Triebe tragen große Blätter. Die Pflanzen vertragen niedrige Temperaturen und sind somit ideal für nördliche Klimazonen. Ihre Früchte sind bekannt für ihre beeindruckende Größe – bei manchen Sorten werden sie bis zu 20 kg schwer. Das Fleisch ist meist gelb oder orange, die Schale grau bis orange.

'Boston Marrow' Woher diese Sorte stammt, ist umstritten. Manche behaupten, die Samen hätten ihren Ursprung in Chile, doch gibt es auch Hinweise darauf, dass sie von John Mansfield Ives aus Salem, Massachusetts, stammen. Er bekam sie von jemandem, der sie angeblich von einem indigenen Volk in der Nähe von Buffalo, New York, erhielt. Zunächst hieß sie 'Autumn Marrow' und wurde in Boston als Bestandteil von Kürbiskuchen sehr beliebt, was zur Namensänderung führte. Typisch für die Sorte ist die große, runde Flaschenform mit leicht abgeflachtem oberem Ende und die kräftig orange, leicht warzige, runzlige Schale. Mit ihrem süßen, nussigen Geschmack eignet sich die Züchtung ausgezeichnet für Süßspeisen.

'Flat White Boer' Die alte südafrikanische Sorte wurde angeblich im 17. Jahrhundert von frühen holländischen Siedlern zum Kap der Guten Hoffnung mitgebracht und dort weitergezüchtet. Das hellorange Fleisch dieses flachen, gerippten, reinweißen Kürbisses ist unwiderstehlich süß.

'Galeux d'Eysines' Eine alte lachsrosa Sorte aus Frankreich mit braunen, korkigen Warzen, die durch Ansammlung von Zucker entstehen. Man kann die Schale leicht ritzen, während die Frucht wächst, sodass ein dekoratives Narbengeflecht entsteht. Manche Züchter ritzen ihren Namen in die Schale, der sich dann allmählich in Form dicker Warzen abzeichnet. Der zuckrige Geschmack erinnert an den von Süßkartoffeln.

'Gete Okosomin' Die alte Riesensorte blickt auf eine reiche und faszinierende, aber oft falsch erzählte Geschichte zurück. Sie war lange Zeit als 800-jähriger Kürbis bekannt, weil die Samen angeblich in alten, in Wisconsin ausgegrabenen Tonfragmenten gefunden worden waren. Untersuchungen ergaben jedoch, dass der orange, bananenförmige Kürbis vom indigenen Volk der Miami in Indiana stammt, die ihn züchteten und von Generation zu Generation weitergaben.

'Green Hubbard' Die Samen dieser dickschaligen Sorte gelangten erstmals um 1790 in Marblehead, Massachusetts, auf nordamerikanischen Boden. Ein gewisser Captain Knot Martin brachte sie vermutlich aus Südamerika oder der Karibik mit. Sie gelangten in den Besitz von Elizabeth Hubbard, einer Nachbarin des berühmten Samenhändlers James J. H. Gregory, der auch »Samenkönig von Marblehead« genannt wurde. Um 1840 begann er die Sorte zu Ehren seiner Nachbarin als 'Green Hubbard' zu führen. Für Hubbard war sie »der beste Kürbis, den ich je genossen habe«.

'Guatemalan Blue' Eine alte südamerikanische Sorte, die möglicherweise schon seit Jahrtausenden im Hochland von Guatemala kultiviert wurde. Ihre silbrige blaue Schale ist hellgrau gestreift. Sie gehört zu den Züchtungen mit dem besten, fruchtigsten Geschmack.

'Hopi Pale Grey' Ein kulinarisches Juwel mit herrlich süßem, reichem Geschmack. Die Sorte stand 2003 kurz vor dem Verschwinden, als ein Feuer in der Samenbank der Abundant Life Seed Foundation in Kalifornien ausbrach, die die Samen damals als einzige Organisation aufbewahrte, und weite Teile der Bestände vernichtete. Zum Glück gab es ein paar Privatgärtner, die sie noch anbauten. Mit ihrer Hilfe konnte der Samenbestand neu aufgebaut und auch der Öffentlichkeit angeboten werden. Die wie ein silbriger Rugbyball geformte Frucht wurde als Erstes vom Volk der Hopi im Nordwesten des heutigen Arizona kultiviert. Sie ist extrem lagerfähig – bei Zimmertemperatur angeblich bis zu 24 Monate.

'Iran' Ein großer, silbrig blauer Kürbis mit pfirsichfarbenen Flecken und sehr mildem Geschmack, der äußerst lagerfähig ist. Die Samen wurden erstmals um 1940 in der iranischen Stadt Torbat-e Heydarieh gesichert.

'Marina di Chioggia' Die Sorte stammt aus der Küstenstadt Chioggia südlich von Venedig und gilt in Italien als Königin der Kürbisse. Sie hat eine warzige grüne Schale und oranges Fleisch mit nussigem Geschmack.

Sorte	**Art**	**Größe**	**Gewicht**	**Farbe**	**Form**	**Lagerfähigkeit**
'Boston Marrow'	*C. maxima*	20–50 cm	4–10 kg	feurig orange	flaschenförmig	6 Monate
'Flat White Boer'	*C. maxima*	25–50 cm	5–15 kg	elfenbeinweiß	flachrund	6 Monate
'Galeux d'Eysines'	*C. maxima*	25–40 cm	4–8 kg	pfirsichrosa	kugelig	3–5 Monate
'Gete Okosomin'	*C. maxima*	50–90 cm	5–12 kg	feurig orange	bananenförmig	6+ Monate
'Green Hubbard'	*C. maxima*	30–50 cm	4–9 kg	grün	tropfenförmig	5–6 Monate
'Guatemalan Blue'	*C. maxima*	30–45 cm	2–5 kg	blau	bananenförmig	6 Monate
'Hopi Pale Grey'	*C. maxima*	30–45 cm	4–7 kg	silbrig/grau	eiförmig	9+ Monate
'Iran'	*C. maxima*	25–50 cm	8–15 kg	silbrig/rosa	kugelig	4–6 Monate
'Marina di Chioggia'	*C. maxima*	25–45 cm	6–10 kg	dunkelgrün	flachrund, gerippt, warzig	6 Monate
'Moranga'	*C. maxima*	15–30 cm	1–3 kg	lachsrosa	flach, gerippt	3 Monate
'North Georgia Candy Roaster'	*C. maxima*	35–50 cm	3–5 kg	pfirsichrosa	bananenförmig	6 Monate

Sorte	Art	Größe	Gewicht	Farbe	Form	Lager-fähigkeit
'Pikes Peak'	*C. maxima*	30–45 cm	2–5 kg	graublau	bananen-förmig	6+ Monate
'Queensland Blue'	*C. maxima*	20–40 cm	2–5 kg	graublau	blockförmig, gerippt	4–5 Monate
'Red Warty Thing'	*C. maxima*	30–45 cm	4–8 kg	feurig rot	länglich rund	5 Monate
'Turk's Turban'	*C. maxima*	20–40 cm	2–3 kg	mehrfarbig	turban-förmig	4–6 Monate
'Ute'	*C. maxima*	20–30 cm	2–4 kg	türkis	rundlich	6+ Monate
'Zapallito del Tronco'	*C. maxima*	5–10 cm	0,4–1 kg	dunkelgrün	abgeflacht, rund, gerippt	3 Monate
'Green Striped Cushaw'	*C. argyrosperma*	25–45 cm	4–6 kg	grün gestreift	lang flaschen-förmig	6 Monate
'White Cushaw'	*C. argyrosperma*	30–45 cm	2–4 kg	elfenbeinweiß	lang flaschen-förmig	4–7 Monate
'Canada Crookneck'	*C. moschata*	15–25 cm	1–2 kg	pfirsichbeige	lang flaschen-förmig	5 Monate
'Futsu Black'	*C. moschata*	15–25 cm	1–3 kg	schwarz/rot-braun	warzig, kantig, gerippt	6 Monate
'Long Island Cheese'	*C. moschata*	15–25 cm	2–5 kg	hellbraun/orange	rundlich, gerippt	3–6 Monate
'Musquee de Provence'	*C. moschata*	30–50 cm	5–10 kg	goldbraun	flachrund, gerippt	8 Monate
'Seminole'	*C. moschata*	15–25 cm	2–4 kg	dunkelorange	rundlich, gedrungen	8+ Monate
'Shishigatani'	*C. moschata*	20–25 cm	2–3 kg	grün	warzig, sanduhrförmig	2–5 Monate
'Sucrine du Berry'	*C. moschata*	12–15 cm	1–2 kg	orange/grün	ei-/birnen-förmig	3–6 Monate
'Tahitian Melon'	*C. moschata*	35–55 cm	5–9 kg	pfirsichbeige	zwiebelförmig, langhalsig	9 Monate
'Tromboncino'	*C. moschata*	50–65 cm	1–3 kg	pfirsichbeige	posaunenförmig, krumm	2–3 Monate
'Violina di Rugosa'	*C. moschata*	20–30 cm	2–3 kg	hellbraun/orange	geigenförmig, warzig	4–6 Monate
'Waltham Butternut'	*C. moschata*	20–25 cm	2–3 kg	pfirsichgelb	länglich birnenförmig	4–8 Monate

'Marina di Chioggia'

'Moranga' Eine seltene brasilianische alte Sorte, stark gerippt und abgeflacht, mit hübscher lachsrosa Schale. Sie kommt in *camarão na moranga* zum Einsatz, einer Speise von der Küste von São Paulo. Das Meeresfrüchtegericht wird in einem ausgehöhlten Kürbis serviert und macht auch optisch viel her.

'North Georgia Candy Roaster' Die von der Cherokee Nation in den Appalachen gezüchtete und gehegte Sorte zeigt sich in Rosaorange mit bläulichen Spitzen und ähnelt ein bisschen einer Riesenbanane. Dank ihrer langen Form ist es nicht schwer, sie zu halbieren, die Samen herauszuschaben und zu braten. Schmeckt fantastisch.

'Pikes Peak' Ihr Geschmack ist unerreicht. Die länglich tropfenförmige Frucht mit hell blaugrüner, dunkelgrün gefleckter Schale stammt womöglich aus Nordamerika und wurde 1887 vom Saatguthersteller Hiram Sibley & Co. in New York auf den Markt gebracht. Das Unternehmen kaufte die Samen von einer älteren Frau, die die Sorte mehr als 50 Jahre lang angebaut hatte.

'Queensland Blue' Eine australische Sorte, die *down under* seit über 100 Jahren kultiviert wird. Sie liefert viele dunkel blaugrüne Früchte mit Blockform und ausgeprägten Rippen, einer hervorragenden Konsistenz und mildem, süßem Geschmack. Damit ähnelt sie der neuseeländischen Sorte 'Whangaparaoa Crown', die allerdings runder und weniger stark gerippt ist und eine hellere grauweiße Schale hat.

'Red Warty Thing' Das »Ding« mit dem gruseligen Äußeren wurde 1897 von James J. H. Gregory in Massachusetts als 'Victor' eingeführt, später aber wegen der leuchtend orangen, gerippten und warzigen Schale umbenannt. Es überzeugt mit angenehmem, süßem Geschmack und zarter Textur.

'Turk's Turban' Sie gehört zu den Sorten mit der seltsamsten Form und leuchtet in Farben von Grün über Orange, Rosa und Weiß bis Gelb und sogar Blau. Die runde, abgeflachte Frucht trägt einen turbanartigen Auswuchs am oberen Ende, von dem sie den Namen hat. Farbe und Form sind unberechenbar, weshalb es keine zwei gleichen Früchte gibt. Die alte Sorte stammt aus dem 19. Jahrhundert und ist nicht nur schön anzusehen, sondern schmeckt auch noch hervorragend.

'Ute' Ein alter Kürbis vom indigenen amerikanischen Volk der Ute, das auf dem Gebiet des heutigen Colorado heimisch war. Mit seiner dekorativen, hell graugrünen Schale zieht er alle Blicke auf sich. Sein unteres Ende hebt sich vom Rest ab, sodass es fast aussieht, als würde ein zweiter Kürbis herausragen. Herausragend ist auch der süße, komplette, nussige Geschmack.

'Zapallito del Tronco' Eine ertragreiche argentinische Old-School-Sorte mit halb buschigem Wuchs. Sie setzt kleine, grünschalige Früchte mit dezenten Rippen an. Man kann sie auch als Sommerkürbis ernten (siehe S. 154), sobald sie avocadogroß ist. Erstmals gelistet wurde sie 1885 von James J. H. Gregory. Eine gesuchte Rarität.

C. argyrosperma

Diese Art umfasst ein Spektrum von Sorten, die seit Jahrhunderten in einem riesigen Gebiet von Guatemala bis in den Südwesten der USA kultiviert wurden. Von besonderem Interesse ist die Kürbisart für Züchter wegen ihrer außergewöhnlichen Trockenheitsverträglichkeit. Das Fleisch zeichnet sich durch eine helle Farbe, robuste Textur und reichen Geschmack aus.

'Green Striped Cushaw' Ein Kunstwerk der Natur, das zu beeindrucken versteht. Die Frucht hat ein dickes unteres Ende und einen langen, gebogenen Hals mit auffällig grünen und weißen Streifen. Die Sorte wird schon seit mehreren Tausend Jahren angebaut. Die indigenen Hopi in Arizona schätzten sie als einen der köstlichsten und vielseitigsten Kürbisse.

'White Cushaw' Ein seltener Cushaw-Kürbis, der sich durch seine auffallend weiße Schale von anderen Sorten abhebt. Die Frucht hat einen langen Hals und eine zwiebelartig verdickte Basis. Ihr süßes, helloranges, feines Fleisch schmeckt vorzüglich.

Moschus-Kürbis (*C. moschata*)

Die Art ist ein Kind des tropischen Tieflands von Mittel- und Südamerika. Sie bevorzugt Gegenden mit milden Nächten und hoher Luftfeuchtigkeit. Die Pflanzen tragen große Blätter und bilden kriechende, glatte Triebe. Ihre Früchte werden für ihre Süße, cremige Textur und das feste Fleisch wertgeschätzt. Die häufigste Sortengruppe sind die berühmten Butternut-Kürbisse.

'Canada Crookneck' Ein langhalsiger Butternut-Kürbis mit zwiebelartiger Basis. Die schmackhafte, süße Sorte wurde angeblich von den indigenen Irokesen im Nordosten Nordamerikas angebaut und ist heute extrem selten. Sie trägt reich, ist widerstandsfähig gegen Schädlinge und wurde 1834 vom Bostoner Samenhändler Charles Hovey in Umlauf gebracht.

'Futsu Black' Diese ertragreiche Sorte ist unkompliziert im Anbau und reift früh. Man schätzt sie in ganz Japan, doch außerhalb des Landes findet man sie nur selten im Handel. Unter der schuppigen, fast schwarzen, an eine Dinosaurierhaut erinnernden Schale verbirgt sich ein köstlich komplexes, intensiv nussiges Fleisch.

'Long Island Cheese' Die alte New Yorker Sorte besticht durch süßes, fein texturiertes Fleisch. Ihren Namen verdankt sie der Ähnlichkeit mit einem Käselaib. In den 1970er-Jahren wäre sie fast verschwunden, doch sie wurde dank der heroischen Bemühungen des Pflanzenzüchters Ken Ettlinger auf Long Island gerettet: Er spürte die letzten Züchter mit Samenbeständen auf.

'Musquee de Provence' Der französische Klassiker aus dem 19. Jahrhundert wird von Köchen wegen seines süßen, nussigen Geschmacks mit Gewürznote geschätzt. Der große, flachrunde Kürbis hat tiefe Rippen und eine beeindruckende goldbraune Schale. Mit seiner Form verkörpert er die Quintessenz eines Kürbisses.

'Seminole' Die Sorte ist nach einem indigenen Volk in Florida benannt, das sie an tropischen Flussufern und Sümpfen kultivierte und unter Bäume pflanzte, an denen sie sich hochranken konnte. Ihre unglaublich dicke Schale erfordert beim Schneiden etwas Vorsicht. Der gedrungene, birnenförmige Kürbis stellt keine besonderen Ansprüche im Anbau und ist wesentlich süßer als andere Moschustypen.

'Shishigatani' Der knotige, warzige Kürbis mit zwei dicken Enden und schmaler Taille wird seit dem 19. Jahrhundert im Higashiyama-Distrikt von Kyoto gezüchtet. Der Anraku-ji-Tempel, der auf eine lange Erntedanktradition zurückblickt, feiert alljährlich diesen außergewöhnlich wohlschmeckenden Kürbis mit einem Fest.

'Sucrine du Berry' Eine klassische alte Sorte aus der Provinz Berry in Zentralfrankreich. Ihr Name bedeutet »Süße von Berry« – und das hat seinen Grund. Die an raue Witterung und kühle Sommer angepasste Züchtung liefert birnenförmige Früchte mit himmlischem Geschmack.

'Tahitian Melon' Der Gärtner George Patton überließ die Samen dieser Sorte 1976 der britischen Handelsfirma Seedhouse, nachdem er sie auf der Vulkaninsel Bora Bora im Südpazifik entdeckt hatte. 1977 brachte der Saatgutanbieter Thompson & Morgan sie auf den Markt. Der sehr große Kürbis erinnert an einen Butternut und überzeugt durch süßen, nussigen Geschmack.

'Tromboncino' Ein bizarr gebogener Kürbis mit langem, gewundenem Hals. Er ist das Ergebnis züchterischer Bemühungen im milden Klima des hügeligen Liguriens im Nordwesten Italiens. Man kann ihn jung als zarte Zucchini ernten (siehe S. 154) oder zu einer ähnlichen Form wie Butternut ausreifen lassen.

'Violina di Rugosa' Der süditalienische Schatz ist knotig, warzig mit tiefen Rillen und, wie der Name schon andeutet, geigenförmig. Die unglaublich süße Frucht hat ein weiches Fleisch.

'Waltham Butternut' Charles Leggett von Massachusetts gebührt die Ehre, eine der gesuchtesten Butternut-Gruppen gezüchtet zu haben. Er brachte seine neue Kreation in die Waltham Field Station, um sich dort Rat zu holen. Die Belegschaft wunderte sich zwar über den Kürbis, fand aber gleichzeitig Gefallen an ihm. Sie beschrieb ihn als so weich wie Butter und so süß wie eine Nuss und bat Leggett, ihm einen Namen zu geben, woraufhin er sich für Butternut, »Butternuss«, entschied.

'Tromboncino'

Blätter

Blattgemüse bereichert Speisen durch seine Frische und Nährstoffe – von Salaten bis hin zu Pfannengerichten.

Chinakohl & Pak Choi

Brassica rapa subsp. *pekinensis* & *chinensis*

Heißt auch Pekingkohl (Chinakohl) oder Pok Choi und Chinesischer Senfkohl (Pak Choi)

Das süße, knackige, zarte Blattgemüse enthält mehr Wasser als andere Kohlgewächse mit dickeren Blättern, was allerlei kulinarische Möglichkeiten eröffnet. Chinakohl und Pak Choi sind nicht ganz einfach zu kultivieren, aber es lohnt sich, denn Selbstgezogenes aus dem eigenen Garten verleiht asiatischen Gerichten einen authentischen Geschmack, den Supermarktware selten bietet.

Geschichte

Diese faszinierenden Mitglieder der Kohlfamilie stammen aus China, speziell aus dem Delta des Jangtse in der Jiangnan-Region, einem der ältesten landwirtschaftlich genutzten Gebiete der Welt. Die chinesische Kultur ist eng mit dem hellen Kohl verknüpft, der auf Mandarin bái cài heißt, wörtlich »hundert Reichtümer«. Er gilt als Symbol des Wohlstands im kommenden Jahr, wird synonym mit den Feiern zum Mond-Neujahr gebraucht und bei all diesen Festivitäten genossen.

Der Geschmack der Heimat

Es gibt eine Legende darüber, wie der Chinakohl nach Korea kam. Einst ehelichte eine chinesische Prinzessin einen koreanischen König. Zu ihrer Mitgift gehörten die Samen ihres Lieblingsblattgemüses, denn sie wollte es auch in ihrer neuen Heimat genießen und den Garten ihres neuen Haushalts damit bereichern. Der Kohl wurde später eine wesentliche Zutat für Kimchi, eine der wichtigsten Speisen der koreanischen Küche. Chinesische Siedler brachten die Samen während des Goldrausches im 19. Jahrhundert angeblich mit in die USA.

Die eindrucksvollen Köpfe des Pak Choi 'Maruba Santoh' setzen sich aus saftig-knackigen Stielen und Blättern mit zartem Geschmack zusammen.

In der Küche

Vorbereitung

Der Trick bei der Zubereitung von Pfannengerichten mit Chinakohl oder Pak Choi besteht darin, die Blätter zu zerrupfen, statt mit dem Messer zu schneiden, denn in Fetzen absorbieren sie mit ihren zerrissenen Rändern mehr Geschmack.

Gerichte

Das Gemüse hat in ganz Asien einen festen Platz in der Küche. Das knackige Grün mit delikat mineralischem Geschmack wird oft als Last-Minute-Zutat in Speisen gegeben. Dabei hat es einen viel größeren Einsatzbereich. Es findet sich zerkleinert in den gedünsteten chinesischen Happen *dim sum*, dort oft kombiniert mit süßem, saftigem Schweinefleisch. *Suan la bái cài* ist ein duftendes, würziges, heiß-saures Kohlpfannengericht und in China sehr beliebt. Es wird kurz im Wok angebraten und begeistert mit pikanter Schärfe, für die Chiliflocken, gehackter Knoblauch, Szechuanpfeffer, Sojasauce und ein paar Spritzer schwarzer Chinkiang-Essig sorgen.

Das koreanische Nationalgericht Kimchi ist seit Jahrtausenden Bestandteil der Landesküche und hat sich aus uralten Verfahren zur Gemüsekonservierung entwickelt. Das Rezept variiert von Koch zu Koch und Region zu Region. Meist wird es mit Chinakohl zubereitet, den man mit Gewürzen und anderen Aromagebern abschmeckt, in der Regel mit Knoblauch, Ingwer und Chili. Diese Kombination und die Fermentierung verleihen Kimchi den unverwechselbar pikant-würzig-sauren Geschmack. Wenn Chinakohl verwendet wird, viertelt ihr die Köpfe, statt sie zu zerkleinern. Als veganer Ersatz für die traditionell in Kimchi eingesetzte Fischsauce kommen weiße Misopaste und Sojasauce zum Einsatz, die das Ganze um eine Umami- und Salznote bereichern.

Pak Choi ist eine geniale Alternative zu Beilagen wie Grünkohl und Spinat, ob gebacken oder geröstet (er entwickelt dann eine knusprige Konsistenz mit nussigen Noten bei karamellisiertem Rand und zartem, saftigem Herz) oder langsam in einer Brühe mit Aromagebern gekocht. Passt zu jeder Küche und harmoniert mit süßem Fünf-Gewürze-Schweinefleisch ebenso wie mit delikaten Fischgerichten oder herzhaften Wildpasteten und Eintöpfen.

Mit einem feinmaschigen Gitter wird diese Chinakohlsorte 'Granaat' Chinese vor Mitessern wie Vögeln, Schmetterlingen und Blattläusen geschützt.

Auf einen Blick

Aussäen Hoch–Spätsommer bei 6–30 °C

Auspflanzen Spätsommer–Frühherbst

Abstände 30–40 cm

Ernten Vollherbst

Chinakohl

(*Brassica rapa* subsp. *pekinensis*)

Vermehrung

Chinakohl mag es kühl, doch ist der Anbau wegen des kurzen Aussaatfensters und der Anfälligkeit für Schädlinge nicht ohne. Schützt ihn vor Schmetterlingen und Erdflöhen, indem ihr ihn im Topfschuppen oder Gewächshaus aufzieht. Die Sämlinge werden 2 Wochen nach der Keimung in

Chinakohl 'Golden Beauty'

»Das Blattgemüse hat in ganz Asien seinen festen Platz in der Küche.«

7-cm-Töpfe umgesetzt; nach weiteren 7–10 Tagen kommen sie ins Beet. Versenkt den Trieb tief in der Erde, damit er festen Halt hat, und deckt die Kulturen sofort mit einem feinmaschigen Netz ab.

Weitere Pflege

Chinakohl ist durstig. Regnet es länger nicht, wässert man ihn alle 2–3 Tage; nur mit einsetzendem Herbstregen kann man auf das Gießen verzichten. Gute Betreuung ist entscheidend, wenn man eine ordentliche Menge dieses zarten Kohlgemüses ernten möchte. Entfernt abgestorbene und welkende Blätter sofort, um nicht Schnecken auf den Plan zu rufen. Sucht im zarten Laub und um die Pflanzen herum nach den ungebetenen Mitessern.

Probleme

Blattläuse, Vögel, Raupen, Erdflöhe, Schnecken (siehe S. 49–51).

Ernte

Es gibt ein optimales Erntefenster im Vollherbst, wenn die Köpfe dick und fest sind. Es zu finden ist aber ein Balanceakt, denn einerseits soll man sie groß genug werden lassen, andererseits vor dem ersten Frost ernten. Kappt die Köpfe auf Bodenhöhe.

Lagerung

Die größten, festesten Köpfe lassen sich in einem kühlen, frostfreien Schuppen oder Nebengebäude mehrere Wochen lagern, doch kann man sie auch haltbar machen, indem man sie zu Kimchi verarbeitet.

Empfehlenswerte Sorten

'Golden Beauty' Sie gehört zu den beliebtesten Sorten und wird in China schon seit Jahrtausenden angebaut. Die gedrungenen, stämmigen Köpfe in hellem Grün sind zart. Viele halten 'Golden Beauty' für den Chinakohl mit dem besten Geschmack.

'Granaat' eine hohe, feste, schmale Sorte, die in Europa auf guten Ertrag und süßeren Geschmack hin gezüchtet wurde. Die Köpfe wachsen wesentlich aufrechter und länglicher als die anderer Sorten und setzen sich aus gezähnten, hellgrünen Blättern zusammen.

'Nagasaki Late' (***tojinna***) Eine alte japanische Sorte von der Insel Kyushu. Sie bildet dicke weiße Stiele und grob gelappte, dunkelgrüne Blätter. In den Bergen um Nagasaki wird sie seit Jahrhunderten angebaut.

'Granaat'

'Tai Sai'

Pak Choi

(*Brassica rapa* subsp. *chinensis*)

Vermehrung

Die Erfolgschancen sind am größten, wenn man Pak Choi eher später im Jahr anbaut – dann ist das Risiko, dass er schosst und Schädlingen zum Opfer fällt, geringer. Sät ihn breitwürfig aus und pikiert ihn, sobald die Sämlinge groß genug sind, um umgepflanzt werden zu können. Die wüchsigen Pflanzen brauchen oft nur 2–3 Wochen, bis sie für das Beet bereit sind. Grabt die Setzlinge tief ein, denn sie sind fragil und brechen bei Windstößen leicht.

Weitere Pflege

Wie alle Kohlgewächse braucht auch Pak Choi ein feinmaschiges Gitter, das ihn vor Erdflöhen, Schmetterlingen und Tauben schützt. Die saftigen, knackigen Blätter verlangen viel Feuchtigkeit, denn sie wachsen schnell. Bei trockener Witterung wässert man Pak Choi alle paar Tage großzügig. Haltet ihn sauber, indem ihr abgestorbene, welkende und gelbe Blätter entfernt und die Basis gut jätet, dann werden auch weniger Schnecken auf ihn aufmerksam.

Probleme

Blattläuse, Vögel, Raupen, Erdflöhe, Schnecken (siehe S. 49–51).

Ernte

Die Köpfe werden als Ganzes geerntet, indem man sie auf Bodenhöhe kappt.

Auf einen Blick

Aussäen Spätsommer–Frühherbst bei 6–30 °C

Auspflanzen Vollherbst

Abstände 25–30 cm

Ernten Spätherbst

Pak Choi darf in den kühleren Herbstmonaten im Freiland bleiben, sobald aber längerer oder schwerer Frost vorhergesagt wird, sollte er doch geerntet werden. Man kann ihn sogar wie Pflücksalat behandeln und immer nur die äußeren Blätter ernten, sobald sie groß genug sind, sodass das Herz weiterwächst. Auf diese Weise sind drei bis vier Ernten im Jahr möglich.

Lagerung

Am besten und knackigsten schmecken die Blätter, wenn man sie noch am Erntetag verputzt. In ein feuchtes Tuch eingewickelt oder gewaschen und im Plastikbeutel verstaut halten sie aber auch ein paar Tage im Kühlschrank. Man kann Pak Choi ferner in Form von Kimchi oder einem anderen fermentierten Produkt haltbar machen.

Wenn man Unkraut und welkende Blätter immer sofort entfernt, muss man sich nicht so viel mit Schnecken herumschlagen.

Empfehlenswerte Sorten

'Hedou' Der hosentaschengroße Pak Choi wird geerntet, sobald die Köpfe in eine Hand passen. Er stammt angeblich aus einem kleinen Dorf bei Hongkong. Einer örtlichen Legende zufolge gab der Züchter einige Samen seinem Nachbarn unter der Bedingung, dass er sie nicht Leuten außerhalb des Dorfes überlasse. Leider wurde der versteckte Vorrat des Dorfs eines Nachts gestohlen, sodass der Mini-Pak-Choi sich in der Region ausbreitete und dort wegen seiner geringen Größe rasch Berühmtheit erlangte.

'Maruba Santoh' Diese hellgrüne und goldgelbe Sorte reift sehr schnell und bildet große, dicht belaubte, zarte, süße und knackige Köpfe.

'Tai Sai' Eine große, wüchsige, auffallende, dekorative Sorte mit langen schneeweißen Stielen und breiten, birnengrünen Blättern. Die Pflanze kann eine enorme Höhe erreichen und ähnelt fast ein bisschen Mangold.

Rosenkohl

Brassica oleracea var. *gemmifera*

Wird in anderen Ländern Cavoletti, Sprouts und chou de Bruxelles genannt

Nie hat ein Gemüse die Gemüter stärker gespaltet als der bittersüße Rosenkohl. Man liebt ihn oder hasst ihn. Schuld daran ist vielleicht ein Gen, das die Empfindung von Bitterkeit reguliert und von Mensch zu Mensch variiert. Ungeachtet dessen enthält Rosenkohl viele Vitamine und bereichert Gerichte bei korrekter Zubereitung durch eine erdige Komponente. Die Pflanzen gehören zu den winterhärtesten Protagonisten im Gemüsebeet und liefern den ganzen Winter hindurch reiche Ernte.

Geschichte

Rosenkohl als Angehöriger der Kohlgattung *Brassica* steht wegen seiner essbaren Knospen in hohem Ansehen. Angeblich wurde er im 13. Jahrhundert in der Nähe von Brüssel erstmals gezüchtet, als die Region, die heute teilweise zu Belgien und den Niederlanden gehört, unter der Herrschaft des Herzogtums Brabant stand. Später gelangten seine Samen in andere kühle Gegenden Europas. Mit Sicherheit nachweisbar ist sein Anbau allerdings erst ab dem späten 16. Jahrhundert.

Rosenkohl und Großbritannien sind untrennbar miteinander verbunden – die Engländer konsumieren mehr davon als jedes andere europäische Land. Meistens werden die Röschen mit einem in den Ansatz geschnittenen X serviert, aber das ist eher Aberglaube als kulinarischer Trend. Im späten Mittelalter glaubte man, dass Dämonen zwischen den Blättern säßen. Um diese bösen Geister zu vertreiben, schnitt man ein christliches Kreuz ins Ende. Die Tradition existiert bis heute.

Leider gibt es keine schlüssige Erklärung dafür, warum Rosenkohl zum meistgeliebten (und -gehassten) Weihnachtsbeiwerk aufstieg. Wahrscheinlich ist der Grund profan: Das Gemüse wird um den 24. Dezember herum geerntet. Außerdem erlangte es während der viktorianischen Ära Popularität, als sich allmählich die Weihnachtstraditionen etablierten, die man in England heute noch pflegt.

Selbst Rosenkohlverächter sollten dem Gemüse eine Chance geben: Ein voll mit Röschen besetzter Strunk ist ein originelles Geschenk.

»Rosenkohl gehört zum winterhärtesten Gemüse im Beet.«

In der Küche

Vorbereitung

Ob pfannengerührt oder geröstet, Rosenkohl sollte vorher 1–2 Minuten blanchiert und dann mit Eiswasser abgeschreckt werden, um seine Bitternoten zu reduzieren und die natürliche Süße zu betonen.

Gerichte

Selbst wer Rosenkohl nicht mag, ändert bei selbst angebauten alten Sorten vielleicht seine Meinung, denn manche schmecken weit süßer und weniger intensiv als herkömmliche Supermarktware.
Der vielköpfige Kohlvertreter passt gut zu schmackhaftem Wild, etwa Rotwild, Rebhuhn und Fasan. Sein leicht herber Geschmack erinnert an die kalten Monate und macht herzhafte Speisen etwas gesünder. *Spruitjesstamppot* heißt ein beliebtes niederländisches Gericht, das vorwiegend im Winter genossen wird. Es besteht aus Rosenkohl und Kartoffeln, die gekocht und mit Butter und Milch zu einem cremigen Püree zerstampft werden. Es gibt viele Varianten, etwa mit Speckstreifen vom Schwein, Räucherwürsten oder ein paar gebratenen Röschen. Wer es fruchtiger mag, kann Äpfel und Muskatnuss dazugeben – damit passt das Ganze hervorragend zu Schweinefleisch. Gleichwohl ist der Geschmack von Rosenkohl wesentlich vielseitiger, als man meinen möchte. Sein bitterer Einschlag wird veredelt, wenn man die Röschen mit Gewürzen röstet oder mit heißen Saucen kombiniert, etwa im chinesischen *kung pao*.

Kultur

Vermehrung

Rosenkohl ist eine große, ausgreifende Pflanze, die viel Raum in Anspruch nehmen kann, wenn man sie zu früh auf den Weg bringt. Sät ihn im Frühjahr aus und verfrachtet ihn ins Beet, sobald dort im Frühsommer Platz frei wird. Etwa 3 Wochen nach dem Keimen sollten die Sämlinge in 7- oder 9-cm-Töpfe umziehen, wo sie ein paar Wochen ausharren dürfen. So können sie weiter in Ruhe zulegen, bis anderes Gemüse draußen erntereif ist und seinen Platz im Beet räumt. Pflanzt die einzelnen Exemplare so, dass sie reichlich Platz haben. Mit einer Handschaufel hebt man ein Pflanzloch für sie aus, in dem man sie so tief versenkt, dass der Stamm ein Stück weit in der Erde steckt und der Rosenkohl gut gestützt wird, bis er ordentlich eingewachsen ist.

Manche Menschen mögen Rosenkohl nicht, aber Schädlinge schätzen ihn umso mehr. Um makellose Röschen ernten zu können, schützt ihr die Pflanzen am besten mit Netzen.

Weitere Pflege

Wässert Jungpflanzen gut, gerade im Sommer, wenn es oft trocken ist, und achtet darauf, dass der Boden immer ausreichend feucht ist, bis sie eingewachsen sind. Auch im Herbst muss eventuell gewässert werden, wenn es länger nicht regnet.

Wie alle Kohlgewächse muss man Rosenkohl mit einem feinmaschigen Gitter oder Netz vor Schädlingen schützen. Zum Sommerende hin brauchen hohe Sorten an windigen, exponierten Standorten einen stabilen Pflock oder ein paar dicke Bambusstäbe als Stütze. Abgestorbene und gelbe Blätter werden abgeschnitten, damit sie keine Schnecken auf den Plan rufen.

Probleme

Blattläuse, Kleine Kohlfliege, Raupen, Erdflöhe, Schnecken (siehe S. 49–51).

Ernte

Frühe Sorten werden in der Regel im Vollherbst geerntet, spätere tragen erst Wochen oder sogar Monate später, sind aber winterhart genug, um bis ins Frühjahr hinein Röschen zu liefern, und werden durch den Frost sogar wesentlich süßer. Weil die Pflanzen von unten nach oben reifen, sollte man sie auch so ernten und die untersten vollreifen Röschen als Erstes entfernen. Allerdings sind diese Kellerkinder oft wesentlich kleiner und nicht so gut entwickelt. Sind die Röschen dick und fest, kann man sie wöchentlich ernten. Dazu drückt man sie entweder nach unten, damit sie abbrechen, oder schneidet sie mit einem Messer sauber ab. Bilden manche offene, weiche statt geschlossener, fester Köpfe, erntet man diese zuerst. Selbst wenn die Pflanzen keine neuen Röschen mehr bilden, kann man noch eine zweite Ernte einfahren, indem man sich die üppigen Kronblätter vornimmt. Viele Züchter und Köche sind sich einig, dass sie das schmackhafteste Blattgemüse überhaupt sind. Ihr Geschmack erinnert an Frühkohl mit einem Anflug von Rosenkohl.

Lagerung

Rosenkohl lässt sich einige Wochen lagern. Steckt die Röschen in braune Papiertüten und legt sie in einen frostfreien Schuppen oder ein anderes Nebengebäude. Auch im Kühlschrank sind sie gut aufgehoben.

Auf einen Blick

Aussäen Spätfrühling bei 6–30 °C

Auspflanzen Frühsommer–Hochsommer

Abstände 60–75 cm

Ernten Vollherbst–Spätherbst

Wässert die Pflanzen gut, sobald die winzigen Knospen zu schwellen beginnen.

Empfehlenswerte Sorten

'Bedford Fillbasket' Eine berühmte englische Sorte, die ihrem Namen, »Korbfüller«, alle Ehre macht, denn sie liefert oft die festesten und größten Röschen im Beet. Sie war dank ihrer Robustheit und ihres Ertragreichtums jahrelang ein Favorit unter Gemüsegärtnern und kann vom Frühherbst bis ins neue Jahr hinein geerntet werden.

'Catskill' Harris Seeds brachte diese Sorte 1941 auf den Markt. Sie ist eine Züchtung des New Yorkers Arthur White, der dafür eine handverlesene Selektion aus seiner persönlichen Sammlung der 'Long Island Improved' (siehe unten) verwendete. Sie wächst kompakt und setzt kleine, aber köstliche Röschen an.

'Evesham Special' Ein alter britischer Rosenkohl aus der Marktgemeinde Evesham in der hügeligen Grafschaft Worcestershire in den englischen Midlands. Er bildet reichlich mittelgroße, ungewöhnlich süße, knackige Röschen, die früh reifen und bis Weihnachten geerntet werden können. Die niedrige, kompakte Pflanze eignet sich gut für exponierte Standorte und Gegenden mit rauem Klima.

'Long Island Improved' Französische Immigranten brachten die Sorte um 1890 mit in die USA, wo sie rasch zur bevorzugten Züchtung im Erwerbsanbau aufstieg, bevor moderne F1-Hybriden auf den Markt kamen. Dank ihres hervorragenden Geschmacks, der zarten Konsistenz und der außergewöhnlich hohen Qualität wird sie von vielen Gartenbesitzern in den USA bevorzugt. Dieser schwachwüchsige Rosenkohl ist ausgesprochen widerstandsfähig gegen Schädlinge, Krankheiten und schlechtes Wetter und setzt reichlich feste Röschen an.

'Red Rubine' Eine ungewöhnlich violette Züchtung, die im Beet ebenso auffällt wie am Gaumen. Sie schmeckt süß, fein und erinnert an Rotkohl. Rote Rosenkohlsorten gibt es wohl schon seit den 1930er-Jahren, doch diese spezielle Sorte scheint in den 1940er- oder 1950er-Jahren aufgekommen zu sein.

'Roodnerf' Eine sehr geschätzte Variante, die im Ruf steht, zu den besten alten Sorten zu gehören, die es noch gibt. Sie wurde in den Niederlanden gezüchtet und liefert Unmengen fester, mittelgroßer, süßer Röschen. 'Roodnerf' ist bekannt für die geringe Anfälligkeit für Schädlinge und Krankheiten und ist damit gerade unter Hobbygärtnerinnen und -gärtnern beliebt, die Wert darauf legen, dass ihre Erzeugnisse gesund sind, sie gut versorgen und wenig Pflege brauchen.

'Seven Hills' Eine seltene englische Sorte, die bis vor Kurzem auszusterben drohte. Sie bleibt niedrig und kompakt und bildet kleine, dichte Röschen, die wahre Geschmacksbomben sind. Wegen der begrenzten oder auch unzureichend gut erhaltenen Saatgutbestände kann sie allerdings unzuverlässig sein.

'Wroxton' Sie wurde in den 1880er-Jahren von Mr. Findlay, dem Chefgärtner von Lord North, in der Wroxton Abbey in Oxfordshire selektiert. Obwohl sie ursprünglich als Zwergsorte gedacht war, erreichen die Pflanzen eine beeindruckende Höhe von 1 m. Eine robuste, widerstandsfähige Züchtung, die große, breite Röschen liefert.

»Rosenkohl bereichert Gerichte durch eine erdige Komponente.«

Kate Forrester und Mollie Taylor stellen die Four Acre Farm in Ringwood in der englischen Grafschaft Hampshire allmählich auf naturnahe Bewirtschaftung um. Diese Naturwiese vor der Haustür ist für meinen No-Dig-Garten auf dem Areal eine hervorragende Nützlingsquelle.

Kopfkohl

Brassica oleracea var. *capitata*

Heißt in anderen Ländern Chou, Karanb, Zele und Cabbage

Der süße, großblättrige Kohl ist ein majestätisches Gemüse. Er wächst bedächtig und würdevoll, braucht aber viel Zuwendung, Pflege, Geduld und Aufmerksamkeit für Details. Zugleich macht der Anbau Spaß und ist lohnend. Kopfkohl ist mit seinem vorzüglichen Geschmack und Biss ein wertvolles Gemüse für die kreative Küche, ob roh, gekocht oder fermentiert.

Geschichte

Kopfkohl wurde wahrscheinlich schon vor Tausenden von Jahren an der europäischen Mittelmeerküste kultiviert. Einiges deutet jedoch darauf hin, dass er bereits wesentlich früher in China und Asien bekannt war. Die Nomadenvölker in der Mongolei und in China kamen angeblich auf die Idee, ihn zu fermentieren und so haltbar zu machen. Damit erhöhten sie zugleich seinen Nährwert, sodass er zu einem wichtigen Lebensmittel wurde. Diese frühe Form des Sauerkrauts verbreitete sich auch im alten China und war wichtiger Bestandteil der Verpflegung von Arbeitern, die im ersten Jahrhundert v. Chr. die Chinesische Mauer bauten. Hunnen und Mongolen brachten den eingelegten Kohl möglicherweise auf ihren Eroberungszügen nach Europa.

Die alten Griechen nannten Kopfkohl *krambe*, während er bei den Römern *brassica* hieß. Cato der Ältere, ein römischer Staatsmann, Autor und Redner im 2. Jahrhundert v. Chr., schätzte Kohl sehr. Er riet nicht nur zu häufigem Verzehr des Gemüses, sondern empfahl auch, den Urin von Personen zu trinken, die ihn in großen Mengen konsumierten. Im 1. Jahrhundert n. Chr. verzeichnete Plinius der Ältere im Römischen Reich bereits sieben unterschiedlichen Kopfkohlsorten.

Trotz der mediterranen und asiatischen Wurzeln des Kohls waren die Kelten im nordwestlichen Europa solche Kenner des Gemüses, dass die Römer ihr Wort für Kohl vom keltischen *bresic* ableiteten. Möglicherweise trugen die Kelten auch stärker zu seiner Verbreitung bei als sie. Ältere Kohlformen bildeten nur teilweise Köpfe, nicht die festen Kugeln, wie man sie heute kennt – diese könnten sich erst später in kälteren Regionen Europas entwickelt haben. Erstmals urkundlich erwähnt wurde Kopfkohl im England des 14. Jahrhunderts, während die runzligen Wirsinge sogar erst im 16. Jahrhundert im Alpenraum entstanden, wo damals das Haus Savoyen regierte.

»Die große Vielfalt von Kohl bietet Köchen spannende Möglichkeiten.«

'Sapporo Taikyu' gehört zu den größten Sorten überhaupt, ein beeindruckendes Gebilde, das in der Küche vielseitig verwendet werden kann.

Im Mittelalter gab es das Ammenmärchen, dass sich aus gekochtem Rotkohl das Geschlecht Ungeborener herauslesen ließe. Dazu wurde der Urin Schwangerer mit der Kohllauge vermischt. Färbte er sich violett, wurde es ein Mädchen, während eine rosarote Tönung auf einen Jungen schließen ließ. In Frankreich sagt man liebevoll *Mon petit chou*, »mein kleiner Kohl«, um Zuneigung auszudrücken. Noch heute werden Babys dort gern mit Kohl abgebildet. Ein irisches Sprichwort besagt: »Es hat keinen Sinn, Kohl zweimal zu kochen«, was bedeutet, dass man sich nicht groß mit begangenen Fehlern aufhalten soll.

In der Küche

Vorbereitung

Ich bin kein Fan von zerkochtem Kohl und finde, er sollte wie Pasta zubereitet werden: al dente, weich und saftig, mit Biss. Werft die äußeren Blätter nicht weg, vor allem nicht die von Wirsing – man kann sie noch für *holishkes* verwenden (siehe S. 198).

Gerichte

Bei einigen weckt Kopfkohl Erinnerungen an muffiges Schulessen oder Großmutters zerkochten Braten. Doch das vielseitige Gemüse kann auf vielerlei Weise genossen werden. Die zarten, süßen

'Kalibos' (oben links, unten rechts) und 'Rouge Tête Noire'

Blätter bereichern viele Speisen, von Krautsalat bis zu pikanten Schmor- und Pfannengerichten.

Kopfkohl ist zentraler Bestandteil der irischen Länderküche. Ein bekanntes Festtagsgericht zum St. Patrick's Day besteht aus langsam gekochtem Schinken und Kohl in Schinkensaft, wodurch der Kohl einen satten, fleischigen Geschmack annimmt. Eine weitere irische Kohlspeise ist Colcannon aus Kartoffelbrei, Kohl und Butter, das gelegentlich mit Frühlingszwiebeln und Porree ergänzt wird. Bubble and Squeak wiederum heißt ein Restegericht aus Kohl und anderen Gemüsen, die vom Sonntagsbraten übrig geblieben sind und zerstampft und knusprig gebraten werden.

Die große Sortenvielfalt des Kopfkohls kommt Küchenchefs zupass. Der kräftige Rotkohl muss länger garen und eignet sich zum Schmoren mit erdigen Gewürzen und Zitrus, wodurch er eine süßsaure Note bekommt. Spitzkohl ist kleiner: Er lässt sich halbiert grillen, braten oder rösten und bewahrt Form, Geschmack und Konsistenz selbst nach langem Kochen. Der runzlige Wirsing wiederum absorbiert Saucen und eignet sich dank seiner Textur hervorragend für das traditionelle jüdische Gericht *holishkes* (gefüllter Kohl).

Auf einen Blick

Frühjahrskohl (überwintert)
Aussäen Spätsommer bei 6–30 °C
Auspflanzen Frühherbst **Abstände** 20 cm (Frühkohl)/30–35 cm (Herzen)
Ernten Spätwinter–Spätfrühling

Sommerkohl
Aussäen Vorfrühling–Vollfrühling bei 6–30 °C
Auspflanzen Voll-/Spätfrühling **Abstände** 35 cm
Ernten Spätsommer–Frühherbst

Herbstkohl
Aussäen Vollfrühling–Spätfrühling bei 6–30 °C
Auspflanzen Spätfrühling–Frühsommer
Abstände 40–50 cm **Ernten** Voll-/Spätherbst

Winterkohl
Aussäen Spätfrühling–Frühsommer 6–30 °C
Auspflanzen Hochsommer **Abstände** 50–60 cm **Ernten** Spätherbst–Spätwinter

Dazu werden ganze Blätter kurz gekocht, damit sie sich falten und mit Fleisch und Gewürzen füllen lassen. Anschließend schlägt man sie vorsichtig zusammen und kocht sie in einer würzigen Tomatensauce.

Kultur

Vermehrung

Die verschiedenen Kohltypen werden zu unterschiedlichen Zeiten reif, sodass man bei cleverer Planung das ganze Jahr ernten kann. Frühjahrskohl bildet kleine Köpfe und lässt sich im Spätsommer aussäen, um zu überwintern. Sommerkohl verträgt Hitze und ist zum Saisonhöhepunkt reif. Herbstkohl kann man für den Winter einlagern und Winterkohl ist ein lagerfähiges Gemüse, das rauer Witterung trotzt.

Kohlgewächse schießen schnell ins Kraut und werden langbeinig. Stellt die Sämlinge deshalb an einen hellen Platz. 2 Wochen nach dem Keimen steht der Umzug in 7-cm-Töpfe an. Wenn die

Pflanzen vergeilt sind, setzt man sie so tief, dass der Trieb ein Stück in der Erde sitzt. So lässt man sie 2–3 Wochen wachsen und gibt ihnen vor dem Umzug ins Freiland Platz, sich zu entwickeln, was hilfreich ist, wenn Schnecken ein Problem sind. Dabei lohnt es sich immer, ein paar Setzlinge in der Hinterhand zu haben, denn die weichen, saftigen Blätter junger Kohlpflanzen sind besonders schneckengefährdet.

4–5 Wochen nach dem Keimen wird es für Kohlsetzlinge Zeit, ins Freiland überzusiedeln. Wieder kommt der Trieb möglichst tief in die Erde, damit er gut gestützt weiterwachsen kann.

Weitere Pflege

Kohl muss kaum je zusätzlich gewässert werden, nur Sommer- und Herbstsorten brauchen bei trockener Witterung eine Dosis Wasser. Sie sind anfällig für Schädlinge, weshalb man sie öfter in Augenschein nehmen und vom Sämlingsstadium bis zur Ernte mit Netzen oder Gittern schützen sollte. Dabei darf das Laub die Abdeckung nicht berühren, sonst legt der Kohlweißling seine Eier durch die Maschen auf sie ab. Früh im Jahr gepflanzter Sommerkohl sollte bis Mai zum Schutz vor Wind, Kälte und Erdflöhen mit einem Vlies abgedeckt werden.

Probleme

Blattläuse, Kleine Kohlfliege, Kohlweißlingsraupen, Mehltau, Tauben, Hasen, Schnecken (siehe S. 49–51).

Ernte

Kohl bei optimaler Reife zu ernten ist ein bisschen Glückssache. Frühjahrskohl holt man als Frühkohl im Spätwinter oder Vorfrühling aus dem Beet oder lässt ihn weiterwachsen, bis er ein festes Herz hat. Ist er cremegrün, wird es Zeit, ihn zu ernten, denn dann schosst er bald. Sommerkohl erntet man mit festen Köpfen. Lässt man ihn zu lange stehen, machen sich Insekten über ihn her. Außerdem verliert er bei Hitze seinen süßen Geschmack und die zarte Textur. Herbstformen sind fällig, wenn sie große, dichte Köpfe haben. Sie halten im Beet aber noch wochenlang aus. Winterkohl bleibt draußen monatelang in Topzustand. Beim Ernten schneidet man die Köpfe mit einem Messer oder einer kleinen Säge auf Bodenhöhe ab – am besten so tief wie möglich, denn manchmal treibt der Strunk neu aus. Herbst- und Wintertypen erntet man möglichst spät, wenn sie eingelagert werden sollen.

Lagerung

Herbst- und Winterkohl hält sich in einem kühlen, frostfreien Nebengebäude monatelang. Entfernt große Blätter, sofern vorhanden, und sucht die Köpfe nach Schnecken ab. Es macht nichts, wenn die äußeren Blätter schimmeln. Schält man ein paar Lagen ab, kommt normalerweise ein makelloser Kopf zum Vorschein. Frühjahrs- und Sommertypen dagegen sollten innerhalb weniger Tage verwertet werden.

Die Kombination mehrerer Sorten gewährleistet eine lange Erntezeit.

Weißkohl

'Bacalan de Rennes' (Frühjahr/Sommer) Diese außergewöhnliche alte Sorte aus Frankreich beeindruckt mit eleganten grünen, ochsenherzförmigen, zugespitzten Köpfen aus gewelltem Laub. Sie wurde im frühen 19. Jahrhundert in der Bretagne gezüchtet, wo ihr das milde Küstenklima behagt. Geschätzt wird ihre frühe Reife, der feine Geschmack und die hervorragende Textur.

'Belarusian 455' (Winter) Eine flachköpfige Sorte von der polnisch-belarussischen Grenze. Sie wurde 1943 im Zuchtregister des russischen Staates geführt, ist wahrscheinlich aber viel älter und Abkömmling einer anderen belarussischen alten Sorte. Ihre Stärken sind die Lagerfähigkeit und Frostresistenz, weshalb sie in ganz Russland angebaut werden kann. Die sehr hellen Blätter liegen dicht auf dicht und sind süß und zart.

'Brunswick' (Herbst) Die alte deutsche Sorte bildet große, flache, schwere Köpfe, die durchaus bei Ausstellungen mithalten könnten. Sie ist winterhart, verlässlich und liefert einheitliche Köpfe, wächst in allerlei Klimazonen und Böden und eignet sich bestens für Sauerkraut.

'Christmas Drumhead' (Spätherbst) Eine exzellente, kompakte alte Sorte, bekannt seit 1903 und ideal für Kleingärten. Sie bildet feste, flache Köpfe. Der Name trügt, denn sie wird im Spätherbst geerntet, kann aber bis Dezember draußen bleiben. Die dicht gepackten Blätter sind weich wie bei Kopfsalat. Damit ist dieser Kohl das perfekte Weihnachtsessen. Leider ist er immer schwieriger aufzutreiben.

'Danish Ballhead' (Herbst) Eine Sorte mit viel Lagerpotenzial. Niederländische Kolonisten züchteten sie im 15. Jahrhundert auf der dänischen Insel Amager östlich von Kopenhagen. Sie hat sehr feste, knackige Köpfe, einen herrlich milden, süßen Geschmack und eine weiche Textur.

'Early Copenhagen Market' (Frühjahr/Sommer) Ein schnell reifender, kompakter Kohl mit einem großen, runden Kopf aus blaugrünen Blättern, gezüchtet Anfang des 20. Jahrhunderts vom dänischen Samenhandel Hjalmar Hartman & Co. in Kopenhagen. Die Sorte wurde wegen ihres süßen Geschmacks und des schönen, markttauglichen Aussehens bald bei Kleinbauern und Gemüsehändlern beliebt.

'Early Durham' (Frühjahr/Sommer) Die alte englische Sorte wartet mit festen, spitzen, schmackhaften Herzen an kompakten Pflanzen auf. Man kann sie dicht gepflanzt überwintern und im Frühjahr als vorzüglichen Frühkohl genießen. In den 1930er-Jahren firmierte die Sorte als »York Cabbage«, wurde aber aus unbekannten Gründen umbenannt.

'Early Jersey Wakefield' (Frühjahr/Sommer) Dieser wüchsige, kegelige Kohl ist im Frühsommer erntereif, aber so frosthart, dass er überwintert und im Frühjahr geerntet werden kann. Er eignet sich vor allem für beengte Verhältnisse, denn er bleibt kompakter als viele andere Sorten. Die Züchtung blickt auf eine längere Geschichte in England zurück, erlangte jedoch um 1850 in den USA Popularität, nachdem sie von Francis Brill und seinen Nachbarn in Jersey City angebaut wurde. Sie galt als natürliche Kreuzung zwischen 'Wakefield' und einer weiteren in der Nähe gewerblich angebauten Sorte.

'Filderkraut' (Herbst) Eine alte, riesige Spitzkohlsorte mit unglaublich zarten, himmlisch süßen Blättern, die sich hervorragend für Sauerkraut eignen. Urkunden zufolge kultivierten Mönche im kleinen Ort Denkendorf bei Stuttgart sie schon seit 500 Jahren. Sie wird geschätzt für ihre Robustheit, Winterhärte und Vielseitigkeit in der Küche. In Deutschland steht sie in so hohem Ansehen, dass in der Nachbarstadt Leinfelden-Echterdingen jedes Jahr im Oktober zu Ehren dieses Kohlgeschöpfs das Filderkrautfest stattfindet.

'Glory of Enkhuizen' (Herbst) Ein sehr knackiger, zarter Kohl mit festen, mittelgroßen, runden Köpfen. Er entstand im späten 19. Jahrhundert durch Kreuzung zweier alter deutscher Sorten, dem 'Glückstadter' und dem 'Ditmarscher', und wurde 1902 von einem niederländischen Saatgutunternehmen mit dem sperrigen Namen NV Sluis en Groot's Koninklijke Zaadteelt en Zaadhandel te Enkhuizen auf den Markt gebracht.

'Late Flat Dutch' (Winter) Die Sorte, die in den 1840er-Jahren in den Niederlanden entstand, eroberte die Herzen der amerikanischen Gärtner im Sturm, nachdem sie mit europäischen Immigranten in die Vereinigten Staaten gelangt war. Unter Kohlkennern gilt sie mit ihren großen, blaugrünen, flachen Köpfen aus eng aneinanderliegenden goldgelben und weißen Blättern als eine der zartesten und schmackhaftesten Winterkohlsorten.

'Sapporo Taikyu' (Winter) Der vielleicht größte Kohl der Welt: Seine Köpfe können unter optimalen Bedingungen ein Gewicht von bis zu 20 kg erreichen. Die alte japanische Sorte ist seit dem 19. Jahrhundert nachgewiesen und wächst ausschließlich auf Hokkaido, der nördlichsten Insel Japans. Sie ist unverzichtbarer Bestandteil von japanischen Konserven wie *nishin-zuke* (eingelegter Hering mit Gemüse) und *izushi* (eingelegter Fisch mit Reis und Gemüse). Darüber hinaus kommt der zarte Kohl noch in weiteren beliebten Hokkaido-Gerichten wie Suppen und Eintöpfen zum Einsatz.

'Wheelers Imperial' (Frühjahr/Sommer) Ein langer Spitzkohl, der in der ersten Hälfte des 19. Jahrhunderts von George Wheeler aus Warminster in der englischen Grafschaft Wiltshire gezüchtet wurde und auch bei Kälte gedeiht. Man kann ihn im Spätwinter als zarten Frühkohl ernten oder zu einem festen Kopf weiterwachsen lassen. Auch mit warmem Wetter kommt er zurecht.

Rotkohl

'Kalibos' (Herbst) Ein perfekt kegelförmiger Spitzkohl, entstanden im 19. Jahrhundert im ehemaligen russischen Reich auf dem Gebiet des heutigen Belarus. Winterhart, robust und schön anzusehen.

'Mammoth Red Rock' (Winter) Eine riesige, kräftig rote Kopfkohlsorte mit festen, flachen, runden Köpfen, die herrlich schmecken und sich hervorragend im Winter lagern lassen. Ideal zum Einlegen.

'Rouge Tête Noire' (Spätsommer/Frühherbst) Eine verlässliche alte französische Sorte mit kleinen, festen, dunkelvioletten, runden Köpfen, die früh reifen.

Wirsing

'D'Aubervilliers' (Herbst/Winter) Ein alter, riesiger Wirsing, der vor den Toren von Paris gezüchtet wurde und Anfang des 20. Jahrhunderts Popularität erlangte. Seine runzligen, kompakten Köpfe schmecken mild und zart.

'Des Vertus' (Winter) Eine alte französische Sorte mit plattrundem Kopf, die seit dem 19. Jahrhundert in Kultur ist. Die dunkel blaugrünen Köpfe aus stark gerunzelten Blättern sind extrem frosthart.

'Di Piacenza' (Winter) Er stammt aus dem malerischen Piacenza in Norditalien und ist außergewöhnlich frosthart. Die leuchtend grünen, stark runzligen Blätter bilden dichte, runde Köpfe. Manche halten ihn für den besten Wirsing überhaupt.

'Ormskirk' (Winter) Eine verlässliche, widerstandsfähige, frostharte alte englische Sorte. Sie wurde 1899 gezüchtet und in der Marktstadt Ormskirk in der Grafschaft Lancashire angebaut. Der Kopf ist hellgrün. Die größeren Blätter schimmern fast in einem Blauton.

'Testa di Ferro' (Herbst) Eine geschätzte, schnell reifende italienische Sortengruppe, die auch unter ihrem englischen Namen 'Ironhead Savoy' bekannt ist. Ihre weichen, zarten, hellgrünen, kleinen runden Köpfe sind in Italien sehr gefragt.

'Violaceo di Verona' (Winter) Ein ausgesprochen schöner, zweifarbiger Wirsing mit sattgrünen, violett gesprenkelten Blättern, die nach Frösten dunkler werden. Er entstand vor Jahrhunderten um Verona aus einer Kreuzung zwischen einem Wirsing und einer anderen Kopfkohlform. Die Sorte verträgt Wärme und Kälte.

Von oben links im Uhrzeigersinn: 'Ormskirk', 'Early Jersey Wakefield', 'Glory of Enkhuizen' und 'Testa di Ferro'

'Variegata di Castelfranco'

Chicorée

Cichorium intybus var. *foliosum*

Eng verwandt mit Radicchio

Der bitter-würzige Chicorée kommt in ganz Italien auf den Tisch, ist in anderen Ländern aber weniger bekannt. Viele Sorten vertragen Frost und liefern gesundes Grün in Zeiten, in denen frisches Gemüse rar ist. Chicorée zeigt sich in vielerlei Gestalt, von gelb, hellgrün und dunkelrot gefleckten Kugeln über rubinrote Rosetten bis zu hohen, spitzen Köpfen.

Geschichte

Chicorée ist aus einer Wildart entstanden, der Gemeinen Wegwarte aus der Familie der Korbblütler, die der Mensch vorher schon jahrhundertelang als Nahrungsmittel genutzt hatte. Plinius der Ältere vermerkte, dass Chicorée das Blut reinigt und den Schlaf fördert. Er enthält gesunde Inhaltsstoffe wie Inulin (mit präbiotischer, verdauungsfördernder Wirkung), Antioxidantien, Vitamine und Mineralien und sollte auf dem Speiseplan nicht fehlen.

Die Kulturform des Chicorées entstand im gebirgigen Venetien in Norditalien. Er wurde bald zu einem geschätzten Lebensmittel und ist sogar in Kunstwerken aus dem 16. Jahrhundert zu sehen, etwa Bildern von Leandro Bassano. Der Legende nach brachten Vögel die ersten Pflanzen nach Norditalien, indem sie die Samen in einen Kirchhof fallen ließen. Sie landeten zufällig in den Händen eines Mönchs, der sie weiterkultivierte.

Um 1860 zeigte der belgische Botaniker Francesco Van den Borre, wie man Chicorée bleicht – er hatte die Methode für den Brüsseler Witloof-Chicorée entwickelt. Dabei entzieht man den Pflanzen Licht, wodurch die Blätter bleich werden und ihre Bitterkeit teilweise verlieren. Viele heute bekannte Sorten wurden Anfang des 20. Jahrhunderts von Bauern in Norditalien gezüchtet.

In der Küche

Vorbereitung

Welke Blätter kann man wieder zum Leben erwecken, indem man sie etwa eine Stunde lang in eiskaltes Wasser legt.

Gerichte

Chicorée wird oft als Salat gehandelt und erfüllt diese Rolle dank seiner knackig-frischen, würzigen Blätter auch außerordentlich gut, wenn er mit süßem Balsamico-Essig angemacht wird. Seine wahre kulinarische Schönheit indes entfaltet sich in gekochter Form. Man kann ihn sautieren, grillen, rösten und sogar in Brühe oder Bier mit aromatischen Zusätzen wie Fenchel, Zitrone und Thymian schmoren. Auf krustigem Sauerteigbrot mit einer Haube aus Schmelzkäse – eine kräftige Sorte, etwa Gorgonzola oder Comté – macht er sich prächtig als schmackhafter Mittagshappen oder einfacher, aber wirkungsvoller Starter beim Abendessen mit Freunden. Die Blätter mit ihrer würzig-bitteren Note bereichern Nudelgerichte in ganz Norditalien. Cremige Saucen werden oft mit authentischer *salsiccia* oder Räucherspeck angereichert, wodurch sich vielfältige Geschmackswelten aus süßen, bitteren und fetten Komponenten auftun. Geviertelt oder halbiert trotzen Chicoréeherzen der Hitze auf Grills und nehmen eine köstliche Rauchnote an. Gegrillt oder geröstet harmoniert ihre saftige Textur und Bitterkeit hervorragend mit süßsaurer *agrodolce*, einer dicken, glänzenden, zuckrigen und doch auch pikant-würzigen sizilianischen Sauce mit Trockenfrüchten, Nüssen, Rotweinessig, Honig und weiteren aromatisierenden Zutaten.

Erntezeit

Die vielen Chicoréesorten unterscheiden sich in Form, Blattdichte und Anbauzeit. Behaltet die Pflanzen gut im Auge, damit sie euch nicht im Beet verfaulen. Wer in einer Gegend mit rauen Wintern lebt, sollte die Köpfe ernten und lagern, statt sie im Gemüsegarten draußen weiterwachsen zu lassen.

Auf einen Blick

Aussäen Sommer bei 15–25 °C

Auspflanzen Spätsommer–Frühherbst

Abstände 30 cm

Ernten Herbst–Winter

Kultur

Vermehrung

Die winterharten, kaum von Schädlingen geplagten Gemüsepflanzen gedeihen im Herbst und Winter am besten, sollten also im Sommer ausgesät werden. Bei Aussaat im Frühjahr können sie schossen, bevor sie reif werden und dichte Köpfe bilden. Sie werden breitwürfig ausgesät und anschließend in Module vereinzelt, sobald sie so groß sind, dass sie aus der Erde genommen werden können. Anschließend lasst ihr die Pflänzchen noch einmal 4 Wochen wachsen, dann setzt ihr sie in den Garten.

Weitere Pflege

Das Wetter ist um diese Jahreszeit oft trocken, achtet also auf ausreichend Flüssigkeitszufuhr, bis die Pflanzen gut eingewachsen sind. Chicorée wächst langsam und stetig – der Kopf bildet sich mit Einsetzen des herbstlichen Regenwetters und sinkenden Temperaturen. Er verträgt Kälte, aber manche Sorten verderben bei anhaltendem oder starkem Frost.

Chicorée lässt sich im Garten zwar ohne Bleichen ziehen, doch kann es im Winter Spaß machen. Sorten wie ‘Rossa di Treviso (Tardiva)’ und ‘Witloof’ werden oft in völliger Dunkelheit gezwungen, süßere, weniger bittere Blätter zu bilden. Am einfachsten bleichen lässt Chicorée sich aber, indem man mindestens 2 Wochen vor der Ernte einen Eimer über die Pflanzen stülpt. Man kann sie auch mit einem Teil der Wurzeln ausgraben: Der Kopf wird entfernt, die Wurzeln topft man wieder ein und stellt sie drinnen an einen stockdunklen Platz. Dabei bilden sich die gebleichten Herzen.

Probleme

Blattläuse, Mehltau, Schnecken (siehe S. 49–51).

Ernte

Frühe Sorten werden ab der Herbstmitte, späte im Spätherbst geerntet. Die Pflanzen vertragen bis -5 °C, können also in milden Gegenden bis in den Spätwinter geerntet werden (dann aber schossen sie). Schneidet die Köpfe mit einem Messer knapp über dem Boden ab. Die äußeren Blätter sehen manchmal mitgenommen und welk aus, können aber abgezupft werden.

Lagerung

Chicoréeköpfe lassen sich bemerkenswert gut lagern und bleiben in einem kühlen, frostfreien Schuppen oder anderen Nebengebäude bis zu 5 Wochen frisch. Auch im Kühlschrank halten sie wochenlang.

»Die äußeren Blätter sehen manchmal mitgenommen aus, können aber abgezupft werden.«

Nächste Seite: 'Rossa di Chioggia' (links) und 'Pan di Zucchero' (rechts)

Empfehlenswerte Sorten

'Orchidea Rossa' Eine erstaunliche Form mit halb offenem Kopf, die mit ihren großartig braunroten, glänzenden Blättern verblüffend einer schönen Blüte ähnelt. Sie reift rasch und kann als Pflücksalat behandelt oder als ganzer Kopf geerntet werden.

'Pan di Zucchero' Ihre großen grünen Köpfe sind viel süßer und weniger bitter als die anderer Züchtungen, daher auch der italienische Name, wörtlich »Zuckerbrot«. Sie wächst rasch und bildet lange, hoch aufragende Herzen, die vor starken Frösten rechtzeitig geerntet werden sollten.

'Puntarelle' Dieser Chicorée ähnelt eher einem Horst aus Löwenzahn- oder Rucolablättern. Die früh reifende Sorte mit dem ungewöhnlichen Aussehen wird im ganzen Latium angebaut und wegen der langen, hohlen Stiele geschätzt, die in Roms Küchen mit Vorliebe verwendet werden. Eine der bekanntesten Speisen mit 'Puntarelle' ist *puntarelle alla romana*, ein kräftiger, angenehm herzhafter Salat mit Knoblauch, Anchovis, Essig und Olivenöl.

'Rossa di Chioggia' Die schnell reifende Züchtung liefert feste, runde violette Köpfe mit schneeweißer Äderung. Sie ist verlässlich und stellt wenig Ansprüche, weshalb ihre knackigen, festen Blätter mit feinem Geschmack bei Marktgärtnern beliebt sind.

'Rossa di Treviso (Tardiva)' Ein Schatz aus der Chicoréefraktion, der gern vorgetrieben wird. Die länglichen, spitz zulaufenden rotbraunen Köpfe reifen spät und werden nach den ersten Frösten noch dunkler und glänzender.

'Variegata di Castelfranco' Eine echte Schönheit, die dem winterlichen Salatbeet das gewisse Etwas verleiht. Die süßen, senfgelben Blätter mit weinroten Flecken bilden eine weit offene Rosette mit einem dichten, festen Herz in der Mitte. 'Variegata di Castelfranco' gehört zu den Sorten mit dem besten Geschmack und reift spät.

'Variegata di Chioggia' Die dekorative Züchtung bildet knackige, goldgelbe, kompakte, dichte Köpfe mit rosa Flecken. Sie ist von allen Sorten am spätesten dran und erst im kalten Spätwinter erntereif, kann aber noch bis in den März hinein im Beet bleiben.

Blattkohl

Brassica oleracea var. *viridis*

Heißt auch Furchen-, Futter-, Stauden- oder Kuhkohl

Das schmackhafte Kohlgemüse mit feiner Bitternote und einem Powerpaket aus Nährstoffen begleitet den Menschen seit langer Zeit. Seine Blätter können glänzend, dick und mangoldähnlich, dunkelblau mit dekorativen, hervortretenden violetten Stielen oder hellgrün mit gelegentlichem Gelbton sein.

Geschichte

Blattkohl gehört zu den am längsten vom Menschen genutzten Kohlgewächsen. Er stammt von Sandböden im Mittelmeerraum und fand irgendwann seinen Weg nach Nordafrika – wie viele andere Kohlpflanzen, die im Mittelalter über die Salzroute in der Region von Marokko nach Timbuktu transportiert wurden. Ursprünglich dienten sie den fahrenden Händlern als Verpflegung, doch bald entwickelte sich dafür ein lukrativer Markt in der Sahelzone. In afrikanischen Kulturen standen angebaute oder wild gesammelte Pflanzen auf dem Speiseplan. Die Blätter von Bombax, Okra und Afrikanischer Aubergine waren wichtiger Bestandteil der Ernährung und wurden mit Zwiebeln, Tomaten und Gewürzen zu nahr- und schmackhaften Gerichten verarbeitet. Als Europäer in Afrika Sklavenforts (Handelsposten) errichteten, wurde der Anbau von Gemüse zur Versorgung der dort Stationierten notwendig. Die Kultur von Kopfkohl und Speiserüben erwies sich als schwierig, mehr Erfolge verzeichnete man hingegen mit Blattkohl, wie zahlreiche Briefe und Aufzeichnungen beweisen, in denen es um die Forts und ihre Küchengärten geht. Von da an begannen mehrere afrikanische Länder, Blattkohl anzubauen.

Nach dem gewaltsamen Verschleppen nach Amerika ergänzten afrikanische Sklaven in der Neuen Welt ihre magere Verpflegung mit selbst angebautem Blattkohl. Plantagenbesitzer gestanden ihnen *provision grounds* zu – Felder, auf denen sie Gemüse für den Eigenbedarf anbauen

Eine Auswahl frischer Blattkohlblätter. Schon sie zu ernten macht Spaß.

durften, etwa Süßkartoffeln, Blattgemüse und Yam, obwohl diese oft an Stellen mit kargen Böden fernab der Wohnquartiere lagen. Die Sklaven garten Blattkohl mit Fleischresten aus den Plantagenküchen. Die anfallende Brühe wurde »potlikker« genannt und war eine wichtige Nährstoffquelle mit pikantem Geschmack.

So bekam Blattkohl in der Küche der Afroamerikaner einen hohen Stellenwert und wurde zum Symbol des reichen Erbes ihrer Gemeinschaften in den Südstaaten. Gleichzeitig erkor man ihn zum Sinnbild von Resilienz, Findigkeit und Kreativität angesichts widriger Umstände. Thelonius Monk, einer der einflussreichsten Jazzpianisten und -komponisten des 20. Jahrhunderts, hatte bei seinen Liveauftritten in New Yorker Jazzclubs ein Blattkohlblatt als Zeichen seiner Südstaatenherkunft im Revers stecken. Es signalisierte dem überwiegend afroamerikanischen Publikum, das aus dem ländlichen Süden in den urbanen Norden gewandert war, dass er einer der ihren war. Im Lauf der Zeit wurden Blattkohlfeste wesentlicher Bestandteil der afroamerikanischen Kultur. Mit ihnen feierte man in mehreren Staaten ein reiches, vielfältiges kulturelles Vermächtnis.

Jung geerntet sind die Blätter zart, später werden sie derber und saftiger.

In der Küche

Vorbereitung

Die Blätter werden entweder vom harten, zähen Strunk geschnitten oder gebrochen. Dann kann man sie stapeln, rollen und in Streifen schneiden.

Gerichte

Blattkohlblätter offenbaren eine dezente Bitternote, die nicht so ausgeprägt wie bei Kopfkohl ist. Zugleich sind sie bitterer als Grünkohl und eignen sich durch ihre dicke, feste Konsistenz gut zum langsamen Garen in Schmorgerichten, Suppen und Eintöpfen. Sie bereichern sie durch einen satten, erdigen Geschmack, etwa in der schmackhaften türkischen Suppe *karalahana çorbası*. Ein Klassiker der Soul-Food-Küche in den Südstaaten ist ein Neujahrsgericht, das Glück bringen soll. Es wird traditionell aus »gemischtem Grün«, Kuhbohnen und Räucherfleisch zubereitet und mit Maisbrot serviert, das den Potlikker aufsaugt.

In Ostafrika ist *sukuma wiki* (Suaheli für »streck die Woche«) eine beliebte, nahrhafte Speise, die sättigt, wenn es wenig zu essen gibt. Sie wird aus Blattgemüse, Tomaten, Zwiebeln und Gewürzen zubereitet, ist schnell gemacht und schmeckt wunderbar nach Ostafrika. Oft wird sie mit *sima* oder *ugali* serviert, einem polentaähnlichen Grundnahrungsmittel der Region. Das brasilianische Nationalgericht *feijoada* wiederum fusioniert afrikanische, europäische und indigene Einflüsse zu einem schmackhaften, gesunden Eintopf, der langsam gekocht wird und aus schwarzen Bohnen, allerlei Fleischsorten wie Rind, Schwein und Würsten sowie einer pikanten Gewürzmischung besteht. Untrennbar mit *feijoada* verbunden ist eine Beilage aus Blattkohl, die einen erfrischenden Kontrapunkt zum reichen, fleischigen Eintopf setzt.

»Blattkohl wurde zum Sinnbild von Resilienz, Findigkeit und Kreativität.«

Kultur

Vermehrung

Blattkohl mag es kühl. Er ist robust und widerstandsfähig, braucht aber wie alle Kohlgewächse viel Zuwendung. Die erste Aussaat kann im März oder April erfolgen, damit man schon im Sommer die delikaten Blätter ernten kann. Spätere Aussaaten sollten im Sommer erfolgen, um im Herbst ernten oder den Kohl sogar über den Winter bringen zu können. Kohl wächst hoch und langbeinig, wenn er nicht genug Licht bekommt, daher stellt man die Saatschalen an einen hellen, frostfreien Platz. Rund 3 Wochen nach dem Keimen dürfen die Setzlinge in den Garten umziehen, aber ich gestehe meinen vorher noch eine Zwischenstation in 7- oder 9-cm-Töpfen zu, wo sie 2–3 Wochen bleiben, bevor sie nach draußen kommen. So werden sie robuster und sind eher gefeit gegen Schneckenfraß.

Die Abstände wählt man je nach Verwendungszweck: 10 cm für Babygemüse, das regelmäßig geerntet wird, 25–35 cm für die Ernte in halb reifem Zustand, etwa als Frühkohl (siehe S. 196), und bis zu 1 m für reifen, ausladenden Blattkohl. Die Setzlinge werden tief gesetzt, damit sie gut gestützt wachsen.

Weitere Pflege

Wichtig ist auch ausreichend Feuchtigkeit: Wässert gut, bis die Pflanzen eingewachsen sind. Wenn das Wurzelwerk erst einmal gut entwickelt ist, muss in unseren gemäßigten Breiten höchstens noch bei langer Trockenheit gegossen werden. Schützt die Jungpflanzen mit einem Gitter oder Vlies vor Insekten, Vögeln und – wenn es sich um frühe Kulturen handelt – schlechtem Wetter. Sobald sie ordentlich zulegen, könnt ihr auf Netze umsteigen. Sie halten hungrige Tauben von den Pflanzen fern und hindern Kohlweißlinge daran, ihre

Seht euch die Kohlreihen immer wieder an und schneidet gelbe und welke Blätter sofort ab, da sie Schnecken anlocken.

Wer Blattkohl ähnlich wie Pflücksalat nutzen möchte, bricht immer die untersten Blätter einzeln ab.

Eier auf die Blätter zu legen. Wenn sich untere Blätter gelb verfärben, sollten sie entfernt werden.

Probleme

Blattläuse, Raupen, Erdflöhe, Mehltau, Tauben, Hasen, Schnecken (siehe S. 49–51).

Ernte

Blattkohl lässt sich wie Pflücksalat ernten, indem man immer nur einige untere Blätter am Ansatz abbricht, indem man sie nach unten drückt. So kann der Kohl weiterwachsen und einen dicken, hohen Strunk bilden, an dessen Ende wie bei Grünkohl frische Blätter ansetzen. Regelmäßiges Abernten fördert die Neubildung von Blättern, wodurch die Pflanze länger trägt. Genauso gut aber kann man ganze Pflanzen ernten, wenn sie (wie Frühkohl) halb oder ganz ausgewachsen sind.

Auf einen Blick

Aussäen Vorfrühling–Hochsommer bei 6–30 °C

Auspflanzen Spätfrühling–Frühherbst

Abstände 10–100 cm

Ernten Frühsommer–Spätwinter

'Ellen Felton Dark' Die Familie Felton in Eure, North Carolina, betätigte sich ab 1935 als Bewahrerin dieser Sorte. Harrell Felton hatte die Samen von seiner Mutter Ellen erworben, die sie im Beaufort County erstmals anbaute. 2003 übergaben die Feltons Dr. Edward Davis, einem Sammler alter Sorten, einen Posten Saatgut, um die Sorte vor dem Aussterben zu retten. Die frostharte Züchtung zeichnet sich durch große grüne Blätter mit leuchtenden weißen Adern und Stielen sowie einem süßen, fruchtigen Geschmack aus.

'Georgia Southern' Die 1885 eingeführte, vielseitige Sorte ist robust, neigt nicht zum Schossen und eignet sich damit für mildes Klima. Ihre großen, lockeren Köpfe setzen sich aus runzligen, blaugrünen Blättern zusammen. Eine Züchtung, die leichten Frost verträgt.

'Green Glaze' Eine der ältesten bekannten Sorten. Sie setzt herrliche, wächserne, stark glänzende, dicke Blätter an, die an Spinat oder Mangold erinnern. Sie schmecken hervorragend und kommen auch mit warmem Wetter zurecht. 'Green Glaze' gehört zu den Sorten mit der höchsten Widerstandskraft gegen Schädlingsbefall.

'Ole Timey Blue'

'Ellen Felton Dark'

'Miss Annie Pearl Counselman' Die Sorte wurde nach einer 94-jährigen Gärtnerin aus dem Clarke County in Alabama benannt, die das Saatgut in den 1950er-Jahren erhielt und die Sorte seither bewahrt hat. 2012 überließ sie Tom Lambard aus Mobile, Alabama, einige Samen. Der wiederum spendete die Sorte einige Jahre später der Seed Savers Exchange, forderte jedoch, dass sie nach der Bewahrerin benannt wird. Die süßen, schmackhaften Blätter beeindrucken durch eine hervorragende Konsistenz, die sogar noch besser wird, wenn die Pflanzen vom Frost erwischt werden.

'Moses Smith Yellow Cabbage Collard' Der afroamerikanische Farmer und Samensammler Moses Smith aus Scotland Neck, North Carolina, ist Namensgeber dieser Sorte. Er erlangte mit der Zeit einen Ruf als Züchter des besten Blattkohls in der Region. Smith sammelt die Samen sorgsam seit den 1990er-Jahren und konnte so eine überaus begehrte Sortengruppe entwickeln. Die riesigen, breiten, gewellten Blätter leuchten in schönem Gelbgrün, das äußerste Laub zeigt einen Blaustich.

'Ole Timey Blue' Ein dunkler Blattkohl mit großen, dunkelblauen Blättern und violett getönten Stielen. Kultiviert und bewahrt wurde die Sorte vom inzwischen verstorbenen Ralph Blackwell aus Jasper, Alabama, der die Samen von seiner Mutter Ira bekommen hatte. Sie hatte den Blattkohl angebaut, solange er denken konnte, und seine Blätter fermentiert. Die Familie Blackwell gab der Züchtung ihren Namen und befand, dass sie wesentlich besser schmeckt als andere grünlaubige Blattkohlsorten, vor allem nach Frost.

Kräuter

Aus dem Gemüsebeet und der Küche sind Kräuter nicht wegzudenken. Sie sorgen für Duft, Farbe und Geschmack. Die drei hier beschriebenen Kräuter habe ich nach ihrer Vielseitigkeit und Beliebtheit ausgewählt.

Basilikum

(*Ocimum basilicum*)
Basilico, Herbe royale, Reyhan, Vasilikós

Die Welt des Basilikums ist wesentlich größer, als man meinen könnte, denn es gibt Hunderte eingetragener Sorten. Die aromatischen Schönheiten mit zarten Blättern strotzen vor süßen, würzigen und blumigen Noten, die unsere Geschmacksknospen verführen. Manche erinnern im Geschmack an Zitrone oder Anis, andere deuten Zimt an oder hinterlassen sogar ein betäubendes Kribbeln im Mund.

Geschichte

Basilikum und seine Verwandten stammen aus einer Region, die sich vom tropischen Afrika über den Nahen Osten bis Indien und Südostasien erstreckt. Das Kraut spielte eine wichtige Rolle in altägyptischen Bestattungszeremonien. Mit seinen antibakteriellen Eigenschaften und dem unverwechselbaren Aroma verlangsamte es den Verwesungsvorgang und kaschierte die dabei entstehenden Gerüche. Zudem glaubte man, dass es für einen sicheren Übergang der Seele ins Jenseits sorge. Im alten Griechenland war Basilikum ein Symbol für Hass, spielte aber ebenfalls eine wichtige Rolle bei Bestattungen. Es schenke den Verblichenen Friede und Trost, hieß es, weshalb man das Kraut den Toten in die Hände legte. Basilikum galt als König der Kräuter, wie schon der griechische Name *vasiliás*, »König«, andeutete. Einer römischen Legende zufolge fand die hl. Helena im 3. Jahrhundert n. Chr. im Heiligen Land das Kreuz Jesu, nachdem sie auf eine Basilikumpflanze getreten war, die daraufhin ihr Aroma freigab. In der griechischen orthodoxen Kirche gilt Basilikum als heilig und wird in Wohnungen aufgehängt, um Gesundheit und Wohlstand zu bringen.

Im Europa des 16. Jahrhunderts brachte man das Kraut mit Skorpionen in Verbindung. Vergesse man ein einziges Blatt unter einem Topf, schlüpfe daraus ein tödlicher Skorpion, glaubte man. In Italien avancierte Basilikum später zu einem Liebessymbol: Unverheiratete Frauen steckten sich frische Zweiglein ins Haar, um zu zeigen, dass sie noch zu haben waren.

In der Küche

Vorbereitung

Basilikum sollte nicht mit dem Messer gehackt werden, da es rasch die Farbe und seinen Reiz verliert. Man zerrupft die Blätter entweder kurz vor dem Servieren vorsichtig oder verwertet sie als Ganzes.

Gerichte

Basilikum hat einen dominanten Geschmack, der auch herzhaft-pikante Gerichte bereichert. Es wird in ganz Italien geschätzt, weil es Tomatensaucen mit einer lebendigen grünen Note abrundet. Frisch kommt das Kraut in Salaten wie dem klassischen Caprese mit Mozzarella und Tomaten zum Einsatz. Im *pesto alla Genovese* übernimmt es sogar die Hauptrolle. Andere Sorten sind fester Bestandteil der südostasiatischen Küche. Sie unterscheiden sich im Geschmack oft stark vom mediterranen Basilikum: Ihre Lakritznote harmoniert mit den frischen, aromatischen, würzigen und sauren Geschmackswelten der thailändischen Küche. Persische Sorten lassen sich zu einem erfrischenden *reyhan şerbeti* verarbeiten, einer Art Basilikumsorbet. Dieser klassische türkische Drink wird durch Kochen der Blätter mit Honig zubereitet. Den dabei entstehenden süß-herben Sirup mischt man mit kaltem Wasser und serviert ihn mit Eis.

Kultur

Vermehrung

Basilikum ist ein Sonnenanbeter und gedeiht in den warmen Monaten am besten. Er wächst in seiner Heimat mehrjährig, wird in gemäßigten Klimazonen aber in der Regel einjährig gezogen. Ich empfehle die Kultur unter Glas, vor allem dort, wo es viel regnet und die Sommer kühl sind. Mein Basilikum wächst im Folientunnel neben Tomaten (siehe S. 40). Die Sämlinge sind sehr anfällig für die Umfallkrankheit. Das Risiko lässt sich senken, indem man sie in Substrat setzt, das je zur Hälfte aus Erde und Sand besteht, und zurückhaltend wässert. Frühe Aussaaten brauchen zum Keimen die Wärme einer Wohnung oder einer Heizmatte. Sät zwei Samen pro Modul und zupft den schwächeren 2 Wochen nach dem Keimen aus oder lasst sie als Paar stehen. Nach dem letzten Frost kann Basilikum ins Freie.

Man kann das Kraut auch vermehren, indem man Triebe in Wasser stellt, bis sie Wurzeln bilden, und dann eintopft.

Persisches Basilikum hat einen komplexen Geschmack, in dem sich Pfeffer- und andere Gewürznoten mit Zitrus vermischen.

Auf einen Blick

Aussäen Vollfrühling–Frühsommer bei 18–24 °C

Auspflanzen Frühsommer–Hochsommer

Abstände 20 cm

Ernten Sommer–Herbst

Weitere Pflege

Wässert Jungpflanzen gut: Sie im Sommer zweimal die Woche ordentlich einzuweichen, ist besser als häufiges, aber zurückhaltendes Wässern.

Probleme

Blattläuse, Schimmel, Wurzelfäule, Schnecken (siehe S. 49–51).

Ernte

Um einen buschigeren Wuchs zu erreichen und ein vorzeitiges Blühen zu verhindern, sollte häufig Laub vom oberen Ende der Pflanzen geerntet werden. Entfernt dabei jedes Mal etwa 5–10 cm. Das regt die Pflanzen zur Bildung neuer Seitentriebe an. Das Abschneiden der Spitzen dieser Seitentriebe verlängert das Leben der Pflanze und gewährleistet eine stete Versorgung mit saftigen Blättern.

Lagerung

Frisch geerntetes Basilikum lässt sich nicht toppen, aber wenn es sein muss, stellt man längere Triebe in ein Glas Wasser, wo sie ein paar Tage lang halten.

Empfehlenswerte Sorten

Reguläres Basilikum

Nelken-Basilikum (*Ocimum gratissimum*) Diese ungewöhnliche Art aus Ghana – dort *nunum* genannt – zeichnet sich durch einen einzigartigen Geschmack und Duft aus, der den vertrauten Geschmack von regulärem Basilikum um eine kräftige Oreganonote ergänzt. Die mild würzigen, sehr großen, gesägten Blätter mit leicht pelziger Textur bringen außerdem eine feine Pfeffer- und Aniswürze sowie eine süß-erdige Komponente ins Spiel.

'Akoko Mesa' Das intensiv minzige Basilikum aus Ghana, dessen Name »Hühnertanz« bedeutet, ist unverzichtbar in Geflügelgerichten und sorgt für einen vielfältigen Geschmacksreigen.

'Cinnamon' Eine dunkle, glänzend grüne, süß-würzige Sorte mit holzigem Unterton, der deutlich an Zimt erinnert. Sie ist in der mexikanischen Küche ein beliebtes Kraut und wird auch oft als Zimt-Basilikum bezeichnet.

'Dark Opal' Die violette, mitunter elegant lilarosa gefleckte Sorte wurde von John Scarchuk und Joseph Lent um 1950 an der University of Connecticut gezüchtet. Zuchtziel: besseres Aussehen und besserer Geschmack.

'Evivi Ntor' Das Ewe-Volk in Ghana züchtete die Sorte als heilige Pflanze. Ihr Name bedeutet »sehr wohlschmeckend« und tatsächlich offenbaren die zartgrünen Blätter einen intensiven Geschmack nach Chilis sowie blumige Zitrusanklänge. Mitte des 20. Jahrhunderts wäre dieses Symbol eines reichen kulturellen Erbes beinahe ausgestorben, konnte aber dank des Einsatzes des passionierten Samensammlers Solomon Amuzu aus Ghana gerettet werden. Er erhielt das Saatgut von einem 86-jährigen Ältesten der Ewe, der erkannt hatte, wie wichtig sein Erhalt war.

'Foglie di Lattuga' Das Laub dieser Sorte, deren Name übersetzt »Kopfsalatblätter« bedeutet, ist tellergroß. Es schmeckt süß und aromatisch. Man setzt es gern als Wrap oder Basis für andere Zutaten ein.

Heiliges Basilikum (*Ocimum tenuiflorum*)

Das Heilige, Indische oder Kleine Basilikum ist ein aromatischer Strauch, der wie andere Basilikumarten in gemäßigten Klimazonen einjährig kultiviert wird. Er heißt auch *tulsi* (Sanskrit für »der Unvergleichliche«) und stammt angeblich aus Nordindien, von wo er sich über Asien ausbreitete. Die Art gilt in Indien als heilig und ist dem Hindu-Gott Vishnu sowie seiner Gemahlin Tulasi geweiht, die angeblich als Basilikum reinkarniert wurde, als sie auf die Erde kam. In der Tradition der Hindu wird der Kopf von Verstorbenen in *tulsi*-Wasser gebadet; außerdem legt man ihnen ein *tulsi*-Blatt auf das Herz. *Tulsi* duftet schwach aromatisch und hat einen unverwechselbaren Geschmack. Die eiförmigen, leicht spitz zulaufenden Blätter werden meist getrocknet und zu einem heiligen Tee aufgebrüht, der angeblich positive Energie spendet. In der ayurvedischen Medizin werden sie gegen allerlei Beschwerden eingesetzt.

Die Art hat in Thailand enorme kulturelle und spirituelle Bedeutung. Sie verkörpert Reinheit und Schutz und wird oft in der Nähe buddhistischer Tempel angebaut. Die Blätter enthalten viele ätherische Öle und spielen in zahlreichen Länderküchen eine wichtige Rolle. Sie kommen in Currys, Pfannengerichten und Suppen zum Einsatz. *Pad kee mao* (betrunkene Nudeln) sind ein so scharfes Gericht, dass man es nur mit eiskaltem Bier genießen sollte. Es besteht aus breiten Reisnudeln, die in der Pfanne mit Fleisch, Gewürzen und Unmengen von Heiligem Basilikum gebraten werden.

'Horapha Nanum' Ein Thai-Basilikum, das wie geschaffen ist für Currys, Schmorgerichte und Nudeln, in denen sein kräftiger, würziger Geschmack glänzen kann. Es hat violette Triebe und saftige, violett getönte dunkelgrüne Blätter mit Lakritzeinschlag.

'Mrihani' Ein ungewöhnliches Basilikum mit gezackten Blättern. Es stammt von der Tropeninsel Pemba, die zur Sansibargruppe vor Tansania gehört. Entdeckt wurde die Sorte um 1990 von Richo Cech von der Firma Strictly Medicinal Seeds in Südoregon während eines Besuchs auf der Insel. Er traf dort einheimische Bauern, die sie anbauten. Der einnehmende Duft erinnert an ein blumiges Parfüm.

'Mrs Burns' Lemon' Ein süßes Basilikum mit ungewöhnlicher Zitrusnote. Die alte Sorte wird schon seit den 1920er-Jahren kultiviert. Erstzüchterin war eine Mrs. Clifton aus Carlsbad in New Mexico. Sie überließ der Gärtnerin Janet Burns einige Samen, die das unglaublich aromatische Basilikum 1939 auf den Markt brachte.

'Napoletano' Eine Sorte mit intensivem Geschmack, leicht anzubauen und in Italien sehr geschätzt. Ihre großen, runzligen Blätter sind fester Bestandteil der neapolitanischen Küche. Wie der Name sagt, stammt sie aus der Gegend.

Persisches Basilikum (*reyhan*) Ein fantastisches Basilikum aus dem Nahen Osten mit Anklängen an Pfeffer, Sternanis und Zitrus. Es hat einen festen Platz im *sabzi khordan*, einer Platte mit frischen Kräutern, Rettichen und Schafskäse. Eine der schönsten Basilikumformen mit herrlich grünen, violett angehauchten Blättern.

'Sweet Genovese' Die beliebteste Basilikumsorte der Welt. Sie wurde in Italien gezüchtet und liefert verlässlich aromatische grüne Blätter, die perfekt für Pesto und Pastasaucen sind.

'Verde a Piccole Foglie' Eine kleine, zarte Sorte, die aber ordentlich Geschmack mitbringt. Sie bildet einen kompakten, buschigen Strauch mit vielen winzigen Blättern.

Heiliges Basilikum

'Kapoor' Die Sorte hat einen festen Platz in der südostasiatischen Küche, wo sie *kaphrao*, *bai gkaprow* oder heiliges Thai-Basilikum genannt wird. Sie darf aber nicht mit den regulären Thai-Basilikum-Sorten wie 'Horapha Nanum' (siehe links) verwechselt werden. 'Kapoor' empfiehlt sich mit einem pfeffrigen, gewürznelkenartigen Geschmack und einer leicht betäubenden Wirkung im Mund, die der von Szechuan-Pfeffer ähnelt.

'Krishna' Diese Sorte wird auch *shyama tulsi* genannt. Ihre violett getönten Blätter und dunklen Triebe schmecken nach Pfeffer, womit sie sich von anderen *tulsi*-Formen abhebt. Sie wird zwar in verschiedenen indischen Regionen angebaut, ist aber seltener als die grünen Züchtungen.

'Rama' Eine auch *lakshmi tulsi* genannte Variante mit smaragdgrünem Laub. Sie ist für ihren milden, wohltuenden Geschmack bekannt und lässt sich hervorragend als Tee aufbrühen.

'Mrs Burns' Lemon'

Zitronengras

(*Cymbopogon*) Zitronellagras, Lemongras, Sereh

Das duftende Zitronengras mit unwiderstehlichem Geschmack ist fester Bestandteil der asiatischen Küche und mischt in vielen Suppen, Eintöpfen, Currys, Salaten und Tees mit. Das vielseitige Kraut lässt sich für pikante Gerichte ebenso nutzen wie für Süßspeisen.

Geschichte

Zitronengras wird in seiner Heimat Asien seit Tausenden von Jahren als Küchen- und Arzneikraut kultiviert. Über den Sklavenhandel im späten 18. Jahrhundert gelangte es nach Jamaika, wo es gegen Fieber und zur Verbesserung der Zahngesundheit eingesetzt wurde. In manchen Kulturen schrieb man ihm magische Wirkung zu. Die nordamerikanischen Sklaven praktizierten eine Volkszauberkunst, Hoodoo genannt, und nutzten die Blätter für Tränke, die gegen Böses schützten und Glück in der Liebe brachten.

In der Küche

Vorbereitung

Schneidet das untere Ende des Stängels ab und entfernt die harten äußeren Lagen. Für Suppen und Saucen kann der gesamte Stängel verwendet werden. Zunächst zerdrückt man ihn mit einem Nudelholz oder einem anderen schweren Gegenstand, um die Öle freizusetzen. Für eine feinere, weichere, schmackhaftere Currypaste schneidet ihr die Stange in sehr dünne Scheiben und zerstampft sie im Mörser.

Gerichte

Die zarten jungen Blätter lassen sich roh essen – etwa gehackt und in Salaten – oder als Garnierung einsetzen. Sie werden auch in letzter Minute in Pfannengerichte gegeben, um ihnen eine frische, duftige Note zu verleihen. Die dicken Stangen dienen ferner zum Würzen von Saucen. Zitronengras bereichert viele südostasiatische Gerichte um einen Zitrustouch, etwa Thai-Currys und *rendang*, ein scharfes Rindercurry aus Sumatra.

Auch in Desserts brilliert Zitronengras. Zu meinen liebsten Sommerpuddings gehört eine cremige Kokos-Milch-Pannacotta mit Zitronengras. Durch Beigabe einer Kaffernlimette beim Einkochen wird diese italienisch-asiatische Koproduktion besonders aromatisch. Zitronengrastarte ist die ungewöhnliche Version des Klassikers Zitronentarte, die ebenso zubereitet wird, nur dass die Crème double mit Zitronengras aromatisiert wird. Diese Methode lässt sich auch auf die klassischen portugiesischen Törtchen *pastel de nata* anwenden. In allen Fällen werden die Stangen vorher mit dem Nudelholz zerdrückt.

In Indien ist Zitronengras eine Hauptzutat von *masala chai*, einem süßen Tee aus Kräutern und Gewürzen. Wer es üppiger mag, gibt Kakao dazu. Ich mixe außerdem gern erfrischende Drinks aus Zitronengras, etwa Eistee und Sirup (siehe unten).

Kultur

Zitronengras verträgt zwar keine Minustemperaturen, lässt sich aber in unseren Breiten im Sommer einjährig oder in Töpfen kultivieren, die im Winter nach

---

Zitronengrassirup

Für diesen simplen, erfrischenden Drink löst ihr in einem kleinen Topf 500 g Zucker in 250 ml Wasser auf, gebt ein paar zerdrückte Zitronengrasstängel und die geriebene Schale einer Limette dazu und bringt alles zum Kochen. Hitze zurückdrehen, einige Minuten köcheln, dann abkühlen lassen. Wer es noch saurer mag, gibt frisch gepressten Limettensaft dazu. Zitronengrassirup lässt sich für etliche Drinks verwenden. Einer meiner Favoriten ist »Lemongrassade« aus 1 Teil Sirup und 4 Teilen Sprudelwasser, ein duftender, prickelnder Durstlöscher. Außerdem ist der Sirup eine geniale Zutat für Mojitos, Margaritas und andere Cocktails.

Auf einen Blick

Aussäen Spätfrühling bei 20–25 °C

Auspflanzen Sommer

Abstände 85–100 cm

Ernte Spätsommer–Herbst

drinnen gestellt werden. Es braucht volle Sonne und nährstoffreiche, stark durchlässige Böden. Wer schwere Tonböden im Garten hat, kultiviert es besser in Gefäßen. Im Freiland kann es in einer einzigen Saison erstaunliche 1,8 m Höhe und 1,2 m Breite erreichen. Die hohen, schmalen Blätter sehen gut im Hintergrund einer Rabatte aus und bereichern den Garten mit üppigem Grün.

Vermehrung

Vermehren lässt sich Zitronengras, indem man Stangen aus dem Handel in Wasser Wurzeln schlagen lässt. Ich bevorzuge jedoch die Aussaat. Deckt die Samen nicht mit Erde ab, da sie Lichtkeimer sind. Eine Abdeckung aus Glas oder durchsichtigem Plastik tut ihnen aber gut, da sie Feuchtigkeit bewahrt. An einem warmen Ort sollten die Samen nach 5–21 Tagen keimen.

Pikiert werden die Sämlinge, sobald sie sich gefahrlos aus der Erde hebeln lassen. Wer sie in den Garten pflanzen möchte, vereinzelt sie zunächst in Modulen von Topfplatten, wo sie noch zulegen können, bevor sie nach draußen wandern. Bei Topfkultur kann man sie aber schon gleich in ihr endgültiges Gefäß setzen. Zitronengras braucht einen Topf mit mindestens 35 cm Durchmesser pro Setzling. Ob im Topf oder für das Freiland, nach draußen

Vorsicht beim Umgang mit Zitronengras: An den Blättern kann man sich schneiden.

darf Zitronengras erst ab etwa Mitte Mai. Pflanzt die Setzlinge so tief wie zuvor im Modul. In Töpfen mischt man ein Drittel Feinkies oder kleine Kiesel in das Substrat.

Weitere Pflege

Die Erde sollte während der gesamten Anbausaison feucht gehalten werden, aber Staunässe vermeidet man tunlichst. Zitronengras gehört zu den unkompliziertesten Nutzpflanzen und fängt sich wegen des enthaltenen Zitronellöls kaum Schädlinge ein.

Eine einzige Pflanze liefert jede Menge Stangen – mehr, als ein Haushalt braucht. Zitronengras neigt zum Wuchern, was aber in gemäßigtem Klima kein Problem ist, denn Fröste machen ihm den Garaus. Es verträgt einen Rückschnitt, deshalb kann man es ruhig gelegentlich stutzen. Abgestorbene Blätter von Topfpflanzen werden entfernt, um die Bildung weiterer Stängel zu fördern. Behaltet auch das Abzugsloch im Auge: Sobald Wurzeln herauswachsen, steht Umtopfen an.

Im Spätherbst tritt Zitronengras in seine Winterruhe. Vor dem ersten Frost bringt man Topfpflanzen nach drinnen und schneidet sie auf etwa 10 cm Höhe zurück. Den Winter über darf keinesfalls zu viel gewässert werden. Im Frühjahr bilden sich neue Triebe. Mit selbst angesetztem Dünger (siehe S. 39) kann man den Pflanzen frische Nährstoffe zuführen.

Probleme

Rost (siehe S. 49–51).

Ernte

Freilandpflanzen müssen vor dem ersten Frost geerntet werden. Eine Ernte ist auch während der Saison möglich, doch in gemäßigten Zonen erfolgt sie am besten im Vollherbst, damit die Stangen ausreifen.

Einzelne Stängel werden geerntet, indem man sie abbricht oder mit einem Messer abschneidet. Der dicke, essbare Teil, die Stange, befindet sich im unteren Teil des Stängels, der also mit abgeschnitten werden muss. Will man mehr Stangen ernten, teilt man die Pflanzen. Dazu holt ihr bei Topfkultur die ganze Pflanze aus dem Gefäß, trennt den Wurzelballen in beliebig viele Pflanzen und pflanzt sie einzeln wieder ein. Wächst Zitronengras im Freiland, gräbt man vor dem ersten Frost die ganze Pflanze aus und schneidet die Stängel ab. Das holzige Ende und die zähen Blätter werden entsorgt.

Wenn ihr euer Zitronengras früher ernten wollt, entfernt ihr zuerst die älteren, dickeren Stängel. Die ideale Dicke beträgt 5–10 mm. Vorher sollte man nicht ernten, damit sich das zarte Innere, also der fleischige Bestandteil unter den zähen äußeren Blättern, entwickeln kann – er schmeckt am besten und duftet am intensivsten. Kleinere Stangen haben oft noch ein faseriges Mark, was problematisch ist, wenn man sie für Saucen oder Pasten braucht, aber keine Rolle spielt, falls man sie als Ganzes verwertet.

Wer Wert auf die jungen, zarten Blätter legt, erntet sie, bevor die Pflanzen 30 cm hoch sind. Dazu werden die Stangen etwa 5 cm über der Basis abgeschnitten.

Lagerung

Zitronengras wird meist frisch verwertet, doch lassen sich die Stangen auch einfrieren und halten so bis zu einem Jahr. Die Blätter kann man an einem warmen, luftigen Ort trocknen lassen.

Sonstige Nutzung

Zitronengras wird auch zur Gewinnung von Zitronellöl angebaut, das in den Blättern und Stängeln enthalten ist. Es hat antiseptische Wirkung und kommt in Parfüms, Seifen und Desinfektionsmitteln sowie bei der Insektenabwehr zur Anwendung. Am faszinierendsten aber ist der Einsatz in der Bienenhaltung. Wenn Imker einen Schwarm Honigbienen in einen Stock locken, verwenden sie eine Mischung aus Bienenwachs und Zitronengrasöl. Sein Geruch ähnelt dem Nasonov-Pheromon, mit dem Arbeiterbienen ihre Kolleginnen nach Hause locken.

Dichtblättriges Zitronengras (***C. nardus***) Die Art wird für die Gewinnung von Zitronellöl angebaut. Sie trägt rötliche Blätter, die beim Zerreiben intensiv nach Zitrone duften, und legt in kürzester Zeit ordentlich zu. Mit ihrer Höhe von bis zu 2 m ist sie perfekt für alle, die Zitronengras als Zierpflanze nutzen möchten. Die Extraktion des Öls zu Hause ist schwierig, weshalb man sie am besten nur zu dekorativen Zwecken zieht.

Ostindisches Zitronengras (***C. flexuosus***) Seine Stängel sind zum Ansatz hin violett überlaufen und dünner als die des Westindischen Zitronengrases, haben aber eine knackigere Konsistenz, schmecken schärfer und riechen aromatischer. Zudem ist die Pflanze dichter und zeigt gute Widerstandskraft gegen Rost. Sie wächst kräftig und kann 1,5 m hoch werden.

Westindisches Zitronengras (***Cymbopogon citratus***) Das ist die Art, die in der asiatischen Küche am häufigsten zum Einsatz kommt. Sie bildet einen am Ansatz dicken Stängel und hat einen scharfen Geschmack, der sich perfekt für Paste, Saucen und Suppen eignet. Die buschige, wüchsige Pflanze kann in einer Saison 1 m hoch und breit werden. (Der Name bezieht sich übrigens auf den Westen Indiens und nicht die Westindischen Inseln.)

Ostindisches Zitronengras

Petersilie

(*Petroselinum crispum*)
Maïntanós, Persil, Parsley, Prezzemolo

Petersilie ist das winterharte Rückgrat jedes Kräutergartens und in der Küche ein Kraftpaket, das bestens zu Gemüse, Fisch und Fleisch passt. Es gibt mehrere Typen, von der niedrigen, gedrungenen krausen Petersilie bis zu riesigen Formen mit dicken Trieben und langen, üppigen Blättern.

Geschichte

Petersilie gehört zur gleichen Familie wie die Möhre (siehe S. 256) und stammt aus dem Mittelmeerraum. Sie wird schon seit Jahrhunderten angebaut, galt bei den alten Griechen aber als zu heilig, als dass man sie verzehrte. Der Legende zufolge wuchs ein Petersilienzweiglein aus dem Blut, das der Knabe Archemoros vergoss, als er an einem Schlangenbiss starb. Auch wurde das Kraut für Grabschmuckkränze verwendet. *De'eis thai selinon*, wörtlich »nur noch Petersilie brauchen«, war bei den Griechen eine Umschreibung dafür, dass jemand mit einem Bein im Grab stand.

Im alten Rom war Petersilie das Symbol der Göttin Persephone, Königin der Unterwelt. Die Römer glaubten, dass das Kraut die Toten bei ihrer Reise ins Jenseits schütze, und verwendeten es bei Begräbniszeremonien. Im Mittelalter hatte es seinen festen Platz im Aberglauben. Einer Legende zufolge mussten die Samen zuerst in die Hölle reisen und unversehrt zurückkehren, bevor die Pflanze wachsen konnte, was vielleicht ein Erklärungsversuch dafür war, dass sie so langsam gedieh.

Auch im jüdischen Pessach spielt Petersilie eine wichtige Rolle. Sie wird beim Karpasritual in Salzwasser getaucht, als Symbol für die Tränen, die die Israeliten in der Sklaverei vergossen, und für die Teilung des Roten Meeres durch Moses. Zu Beginn des Pessachfestes genossen steht Petersilie für Freiheit und Neubeginn.

An der Wurzel gepackt

Wurzelpetersilie taucht in europäischen Kochbüchern schon im 15. Jahrhundert auf. Heute wird sie in Russland, Polen und Deutschland angebaut und genossen. Sie sieht mit ihrer beigen Schale und der spitzen Form aus wie eine Pastinake (siehe S. 272). Roh gegessen ist sie knackig und zart, gekocht weich, cremig und schmeckt ähnlich wie Sellerie (siehe S. 267).

In der Küche

Vorbereitung

Petersilie ist im Handumdrehen gewaschen, wenn man die Blätter noch an den Stängeln in eine Schüssel mit Wasser taucht, darin schwenkt und anschließend an den Stängeln hält und trockenschüttelt. Werft die Stängel nicht weg – sie sind eine ausgezeichnete Zutat für Brühe.

Gerichte

Das beliebteste Kraut der Welt ist aus der Mittelmeer- und Nahostküche nicht wegzudenken. Sein zauberhafter Geschmack verbindet Zutaten mit einem sauberen, frischen Aroma, belebt den Gaumen, mildert kräftige Geschmacksnoten und rundet sie mit einem krautigen Akzent ab.

Taboulé, ein uraltes Gericht aus den libanesischen und syrischen Bergen, setzt ganz auf den dominierenden Geschmack des Krauts. Es wird meist aus gehackter Petersilie, Bulgurweizen, Zwiebeln, Tomaten, Minze und Zitronensaft zubereitet und in der Regel mit gegrilltem Fleisch serviert. In Italien ist *salsa verde*, »grüne Sauce«, zum Abrunden von Gemüse, Fisch und Fleisch beliebt. Sie besteht aus Petersilie, Kapern, Knoblauch und Olivenöl.

Der klassischste aller Cockney-Klassiker in England ist Pie and Mash. Man kennt das Arbeitergericht aus dem Londoner East End schon seit dem frühen 19. Jahrhundert. Serviert wird das authentische Stück lokaler Kultur mit einer Petersiliensauce, für die man frische Petersilie in *eel liquor* kocht, einer schmackhaften Flüssigkeit, die beim Kochen von Aal aus der Themse für einen weiteren Londoner Klassiker, Aal in Aspik, anfällt.

'Gigante di Napoli' (links) und 'Riccio Verde'

Kultur

Vermehrung

Petersilie keimt schwer und lässt sich mitunter mehrere Wochen Zeit dafür, gebt sie also nicht zu schnell auf. Ausgesät wird breitwürfig. Sobald die Sämlinge groß genug sind, um umgepflanzt werden zu können, vereinzelt man sie in Module. Eine durchsichtige Plastikabdeckung erleichtert die Keimung, denn sie bewahrt Luftfeuchtigkeit, ohne die Fäulnisgefahr zu erhöhen. Lasst den Setzlingen nach dem Vereinzeln 4–5 Wochen Zeit, bevor ihr sie ins Beet setzt. Frühe Aussaaten profitie-

Auf einen Blick

Aussäen Vorfrühling–Frühsommer bei 5–32 °C

Auspflanzen Frühsommer–Frühherbst

Abstände 30 cm

Ernten ganzjährig

ren von einem Wetterschutz, damit sie es gemütlich haben, bis sie sich eingewöhnt haben. Obwohl Petersilie eine zweijährige Pflanze ist, die mitunter im Sommer blüht, lohnt es sich, die Aussaaten zu staffeln, um konstant versorgt zu werden, falls das eine oder andere Exemplar schosst. Späte Pflanzungen überwintern besser und liefern bis zum Frühjahr oft reichlich Laub. Ich kultiviere meist ein paar Pflanzen im Folientunnel, denn dort wachsen sie im Winter besser.

Weitere Pflege

Nach dem Einwachsen muss Petersilie so gut wie gar nicht betreut werden. Sie braucht kaum gewässert zu werden, außer bei Trockenheit. Dann sollte man sie einmal die Woche ordentlich einweichen.

Probleme

Blattläuse, Hasen, Schnecken (siehe S. 49–51).

Ernte

Erntet die äußeren Blätter zuerst und entfernt bei der Gelegenheit gleich altes oder gelbes Laub. Schneidet das gesamte Zweiglein in der Nähe des Haupttriebs ab, statt nur die Blätter zu ernten. So wächst die Pflanze weiter und bleibt schön.

Lagerung

Krause Petersilie lässt sich besser lagern als glatte, die schnell welk wird. Im Kühlschrank in ein feuchtes Tuch gewickelt oder in Wasser gestellt halten beide einige Tage.

Empfehlenswerte Sorten

'Berliner' (*Petroselinum crispum* var. *tuberosum*) Die Wurzelpetersilie liefert zweierlei: einmal über dem Boden üppig grünes Laub und unterirdisch eine große Wurzel (siehe Kasten gegenüber). Die Reifezeit beträgt 100–130 Tage.

'Bezirci' Eine vortreffliche glatte alte Petersiliensorte aus der Türkei, frisch und schwungvoll aromatisch. Sie hat ihren festen Platz in der traditionellen türkischen Küche, setzt reichlich Blätter an, ist widerstandsfähig und gehört zu den Sorten mit dem besten Geschmack.

'French' Eine delikate, in ganz Frankreich beliebte Sorte mit flachen, dunkelgrünen, gesägten Blättern und seidig-feinem Geschmack. Sie verträgt leichte Fröste, ist aber nicht so robust wie andere Sorten.

'Gigante di Napoli' Eine Riesenpetersilie aus der Gegend um Neapel. Sie lässt sich leicht kultivieren und ist in ihrer Heimat fester Bestandteil der heimischen Küche. An langen, dicken Stielen sitzen üppige, derbe, köstliche Blätter. Eine ausgezeichnete Petersilie zum Kochen.

'Hungarian' Eine seltene europäische Landsorte mit makellosem Geschmack – ein echter Genuss. Die robusten, widerstandsfähigen, unverwechselbaren Pflanzen wirken wild und haben sehr unterschiedliche Blätter. Die wüchsige Züchtung lässt sich leicht kultivieren und hat nicht den metallischen Geschmack, den man manchmal mit Petersilie verbindet.

Mitsuba (*Cryptotaenia japonica*) Diese mehrjährige Verwandte der Petersilie ist auch als »Japanische Petersilie« bekannt. Gern verwendet wird sie in Japan, wo man ihren petersilienartigen Geschmack mit Koriander- und Sellerieeinschlag schätzt. Sie bildet fleischige, spitze Wurzeln, die landesweit als Gemüse geschätzt werden. 'Bronze' heißt eine dunkelrote bis violette Sorte. In der Regel wird Mitsuba einjährig gezogen.

'Riccio Verde' Eine kompakte, dunkelgrüne, aromatische Petersilie mit dicht gekrausten, fransigen Blättern. Die robuste Sorte steckt Trockenheit und Kälte gut weg und bleibt nach der Ernte lange frisch.

Grünkohl

Brassica oleracea var. sabellica

Heißt in anderen Ländern Borecole, Cail, Cavolo und Kale

Der süße, nährstoffreiche Grünkohl gehört zu den robustesten Gemüsepflanzen überhaupt. Er lässt sich wie Pflücksalat abernten und hat eine lange Anbausaison, in der er bei jedem Wetter liefert und liefert und liefert. Das Spektrum alter Sorten reicht von dekorativen Züchtungen mit rüschigem Laub über niedrige Büsche bis zu hohen Türmen, aus denen Spazierstöcke gefertigt wurden.

Geschichte

Seine Wurzeln hat der Grünkohl in einem Gebiet, das vom östlichen Mittelmeer bis nach Anatolien in der Türkei reicht, wo man ihn seit Jahrhunderten als Gemüse kultiviert. Im alten Griechenland wurden schon im 4. Jahrhundert v. Chr. sowohl krause als auch glatte Sorten weithin angebaut und oft gehackt, gekocht oder gegen Kater genossen, wie der Philosoph Theophrast in einem botanischen Werk vermerkte. Die Römer nannten diese alten Sorten »Sabellinischen Kohl«. Sie gelten als Vorläufer des Grünkohls unserer Zeit. Das Blattgemüse war in Europa lange ein Grundnahrungsmittel für Mensch und Nutztier. Nach dem Mittelalter allerdings verlor es an Beliebtheit und wurde vom Kopfkohl verdrängt.

Vor allem in Schottland hat *kail*, wie er dort genannt wird, eine reiche Geschichte. Das Gemüse spielte einst eine tragende Rolle in jedem schottischen Haushalt. Der Begriff stand für das Abendessen, und keine Küche war komplett ohne den *kail-pot*, den »Grünkohltopf«, einen metallenen Kessel, der für verschiedene Zwecke eingesetzt wurde, etwa zum Aufbrühen von Tee, Kochen von Eintöpfen und eben auch zum Garen von Grünkohl. Nach dem *kailyard*, wie der Gemüsegarten oder das kleine Kohlbeet in der schottischen Umgangssprache hieß, benannte sich sogar eine Literaturbewegung, die Kailyard School. Sie war in etwa von 1880 bis 1914 aktiv, idealisierte das Landleben und konzentrierte sich auf die Schönheit der Natur und das einfache Leben.

Während des Zweiten Weltkriegs wurde Grünkohl fester Bestandteil der britischen »Dig-for-Victory«-Kampagne. Damit forderte die Regierung die Bevölkerung auf, Blumenbeete und andere Flächen in Gemüsegärten umzuwandeln, um die Ernährung während der Rationierungsmaßnahmen zu sichern. Nach dem Krieg wanderte der Kohl in der Beliebtheitsliste nach unten und fand sich eher in den Futtertrögen wieder als auf den Tellern. Mit Beginn des neuen Jahrtausends aber kehrte sich der Trend um: Nun wurde er dank seiner gesunden Inhaltsstoffe als »Superfood« gepriesen. In aller Welt war man fasziniert von dem Gemüse, was die Verkaufszahlen steigen ließ. Heute feiern Gourmets und Gesundheitsfanatiker im Oktober den Internationalen Tag des Grünkohls.

In der Küche

Vorbereitung

Reife Grünkohlblätter können roh in Salaten verwendet werden. Dazu zerkleinert man sie und knetet sie einige Sekunden lang mit einem Spritzer Olivenöl sowie einer Prise Meersalz, damit sie weicher werden. Himmlisch schmeckt knackig gerösteter Grünkohl: Gebt ein paar geölte und gewürzte Blätter auf ein Backblech und backt sie im Herd knusprig.

Gerichte

Mit seiner zarten Textur und dem süßen, erdig-nussigen Geschmack ist Grünkohl sehr vielseitig und ein robuster Bestandteil des Gemüsebeets. Er schmeckt roh pfeffriger als gekocht. Die Jungblätter eignen sich bestens für Salate und geben (püriert) Pesto oder (gehackt) Salsa eine erdige Note. Die rohen Blätter kann man zu Sauerkraut oder Kimchi fermentieren. Sie lassen sich rösten, dünsten, in der Pfanne braten, anschwitzen oder bei niedriger Hitze 30 Minuten in Fleischbrühe schmoren. Ideal ist Grünkohl als Begleitung für Braten, Pasteten und Fischgerichte.

Erntet die unteren Blätter nach Bedarf, indem ihr sie abbrecht.

»Das Blattgemüse war in Europa lange ein Grundnahrungsmittel.«

Auf einen Blick

Aussäen Vorfrühling–Hochsommer bei 6–30 °C

Auspflanzen Spätfrühling–Frühherbst

Abstände 40 cm

Ernten ganzjährig

In Italien stammt die alte neapolitanische Suppe *minestra maritata* (Hochzeitssuppe) mit krausem Grünkohl als einer Hauptzutat noch aus der Römerzeit. In ihr mischen *sofritto*, Fleischreste oder -bällchen und winzige Nudeln mit. Das Ganze wird in einer herzhaften Hühnerbrühe gekocht. Der Begriff *maritata* bezieht sich dabei auf die harmonische Vereinigung von Blattgemüse und anderen Zutaten.

Grünkohl und Pinkel ist ein seit Jahrhunderten bekanntes norddeutsches Traditionsgericht und vor allem als Winterspeise beliebt. Es besteht aus Grünkohl, Zwiebeln, Schinken und Brühe, die weich gegart werden. Die Pinkel ist eine Wurst aus Schweinefleisch, Hafer und Gewürzen. Ihre genaue, von den jeweiligen Fleischern streng geheim gehaltene Rezeptur variiert von Dorf zu Dorf. Sie wird zusammen mit dem Grünkohl gekocht, bis beide geschmacklich zu einer Einheit verschmelzen. Das Gericht wird in der Regel mit gekochten Kartoffeln, Senf und einem Glas kalten Bier genossen.

Kultur

Vermehrung

Grünkohl ist robust, verträgt Hitze und Frost. Durch sorgfältige Planung und Auswahl ganz bestimmter alter Sorten kann man ihn fast das ganze Jahr ernten. Die ersten Aussaaten erfolgen im Frühjahr, sodass er vom Sommer bis zum Frühwinter Blätter liefert. Spätere Aussaaten im Sommer sind für die Überwinterung gedacht und liefern bis in das Frühjahr Nachschub. Kohlgewächse werden bei Lichtmangel hoch, langbeinig und schwächlich. Stellt die Sämlinge deshalb an einen hellen, frostfreien Platz. Etwa 3 Wochen nach der Keimung kann man sie in den Garten verfrachten. Ich verordne ihnen allerdings meistens vorher noch einen zwei- bis dreiwöchigen Aufenthalt in 7- oder 9-cm-Töpfen. Das liefert mir robuste Setzlinge, die auch Schneckenattacken trotzen. Beim Einpflanzen wird ein Teil des Triebs in der Erde versenkt, damit die hohen Gewächse gut gestützt sind.

Weitere Pflege

Wichtig ist, dass die Erde ausreichend feucht gehalten wird, bis die Pflanzen gut eingewachsen sind. Wenn die Wurzeln gut verankert sind, muss höchstens noch bei längerer Trockenheit gewässert werden. Jungpflanzen schützt man mit einem Drahtgitter oder Gartenvlies vor Insekten und Vögeln. Sobald Grünkohl kräftig zulegt, steigt ihr auf eine Abdeckung mit Netzen um, die hungrige Tauben und Hasen davon abhält, sich über ihn herzumachen, und auch den Kohlweißling daran hindert, seine Eier auf ihm abzulegen. Höhere Sorten wie 'Jersey Walking Stick' (siehe nächste Seite) profitieren bei starkem Wind von einer Stütze oder brauchen sogar einen speziellen Stützkäfig bzw. ein Holzgerüst, das sie vor hungrigen Mitessern schützt. Zeigen sich am wachsenden Grünkohl gelbe Blätter, entfernt man sie.

Frostwunder

Wie viele Kohlgewächse und einige andere Gemüsepflanzen hält Grünkohl Frost nicht nur aus, er wird dadurch sogar merklich süßer, denn bei Minustemperaturen verwandelt sich die in den Blättern enthaltene Stärke zum Schutz vor der Kälte in Zucker. Damit ist er ein wertvolles Gemüse für frostige Klimazonen.

Grünkohl als Salat

Babygrünkohl ist eine gesunde Bereicherung für Salate und verleiht ihnen eine besondere Note. Sät dazu in der zweiten Sommerhälfte 2–3 Samen pro Modul aus. Die Setzlinge können grüppchenweise für die Herbst- und Winterernte ausgepflanzt werden. Damit die Blätter klein bleiben, zupft man die äußeren kontinuierlich ab, solange sie klein und zart sind.

Probleme

Blattläuse, Kleine Kohlfliege, Erdflöhe, Schnecken (siehe S. 49–51).

Ernte

Grünkohl ist etwa einen Monat nach dem Umpflanzen erntereif. Man kann ihn wie Pflücksalat abernten, indem man die Blätter bei Bedarf direkt am Strunk abbricht. Nehmt zuerst die untersten, damit das Herz weiterwachsen kann. Im Lauf der Saison wird Kohl ziemlich hoch und entwickelt einen dicken, baumartigen Strunk. Der Hauptwuchs bildet sich an der Spitze. Durch regelmäßiges Abernten fördert man den Neuansatz von Blättern, sodass die Pflanze länger Nachschub liefert. Bilden sich Blüten, entfernt man sie, indem man sie durch Drehen abbricht oder am Stiel abschneidet. Man kann aber auch warten, bis sie aufblühen und Sprossenbrokkoli ähneln, um sie ähnlich wie Babybrokkoli zu verwenden.

Lagerung

Grünkohl wird am besten frisch vom Stiel geerntet genossen. Krause Sorten allerdings halten sich in einem feuchten, durchsichtigen Plastikbeutel bis zu einer Woche lang im Kühlschrank.

Empfehlenswerte Sorten

'Blue Curled Scotch' Eine alte krause Sorte aus Schottland, deren Entstehung auf das 18. Jahrhundert zurückgeführt werden kann. Sie bildet niedrige, kompakte Pflanzen mit einer Vielzahl blaugrüner, gewellter, violett angehauchter Blätter. Die winterharte Sorte gedeiht selbst in den rauen schottischen Wintern und trägt ein so hübsches Laub, dass man sie schon fast als Zierpflanze anbauen könnte. Dennoch überzeugt die ertragreiche Züchtung auch mit einem herrlich süßen Geschmack.

'Daubenton' Der mehrjährige Kohl aus Montbard im französischen Burgund ist nach dem Naturforscher Louis-Jean-Marie Daubenton benannt, der im 18. Jahrhundert wirkte und die Sorte in seinem Buch *Instruction pour les bergers et pour les propriétaires de troupeaux* (Anleitung für Schäfer und Herdenbesitzer) beschrieb. Es waren vor allem Schäfer, die sie auf Feldern anbauten, um sich und ihre Tiere über den Winter zu bringen. Die winterharte Züchtung blüht selten, vermutlich weil sie durch die lange Vermehrung mit Stecklingen die Fähigkeit verloren hat, Samen anzusetzen. Mit der Zeit werden die niedrigen, breiten Pflanzen strauchig. Ihre Blätter schmecken mild und nussig und bilden sich mehrere Jahre lang kontinuierlich. Sie sind flach und hellgrün und zeichnen sich durch einen gezähnten Rand aus. Lässt der Ertrag nach, bricht man einfach einen Zweig ab und pflanzt ihn ein. Es gibt auch eine panaschierte Form namens 'Daubenton Panache'.

'Ostfriesische Palme' Ein alter, seltener Palmkohl, der in Ostfriesland jahrhundertelang angebaut wurde. Die sehr winterharte, krause Sorte mit langer Erntezeit kann weit über 1,5 m hoch werden und setzt Unmengen grüner, runzliger Blätter an. Man kann sie vom Spätsommer den ganzen Winter hindurch bis weit in das Frühjahr hinein abernten. Sie ist wie geschaffen für *Grünkohl und Pinkel* (siehe S. 227).

'Greenpeace' Der sibirische Kohl mit violettem Strunk zeichnet sich durch einen hervorragenden Geschmack aus. Die relativ neue Sorte wurde auf einer Versuchsfarm, der Greenpeace Experimental Farm, auf Denman Island in British Columbia, Kanada, entwickelt. Dieser biologisch arbeitende Selbstversorgerhof wurde 1974 von den Greenpeace-Mitgründern Jim und Marie Bohlen mit dem Ziel gegründet, landwirtschaftliche Methoden der Nahrungsmittelproduktion zu entwickeln, die eher örtlichen Gemeinschaften als transnationalen Konzernen nützen, und dabei gleichzeitig die Natur zu schützen und wiederherzustellen. Die krausen, blaugrünen Blätter mit violetten Stielen und Adern sind im Gemüsegarten ein Blickfang.

'Jersey Walking Stick' Dieser auch 'Long Jacks' oder Spazierstockkohl genannte Riesengrünkohl kann bis zu 3,75 m hoch werden. Er stammt von der britischen Kanalinsel Jersey. Die Kanalinseln wurden im 19. Jahrhundert von großen Grünkohlfeldern dominiert, die heute allerdings selten geworden sind. Der Kohl wurde vorwiegend als Futter für die berühmten Jersey-Rinder angebaut. Einheimische nutzten die langen, harten Strünke als Spazierstöcke, indem sie sie trockneten, lackierten und mit einem Knauf versahen.

'Madeley' Eine seltene, alte englische Sorte, die den ganzen Winter bis in das Frühjahr hinein große Mengen süßer, zarter Blätter liefert. Verwandt ist sie mit dem uralten 'Thousand-Headed Kale', dem »tausendköpfigen Grünkohl«. Sie verträgt Frost und ist widerstandsfähiger gegen Schädlinge als andere Sorten.

'Nero di Toscana' Die auch als *cavolo nero* oder Schwarzkohl bekannte Sorte stammt aus dem Toskanischen Apennin und ist Bestandteil der *ribollita toscana*, einer traditionellen Gemüsesuppe aus Florenz. Angeblich wird sie in Italien schon seit dem 6. Jahrhundert v. Chr. angebaut. Sie trägt dunkle, lange Blätter mit blasiger Oberfläche, wird knapp 1 m hoch, ist winterhart und schmeckt besser, wenn sie einige Fröste durchgestanden hat. Geerntet wird 'Nero di Toscana' von Oktober bis April.

'Red Russian' Die auch als 'Rugged Jack' bekannte, schöne alte Sorte hat ihren Ursprung in Sibirien und ist seit 1855 bekannt. Sie trägt gezacktes, wie Eichenblätter geformtes Laub mit schönen violetten Adern und gelangte um 1880 nach Kanada sowie in die Vereinigten Staaten. Wegen ihrer russischen Herkunft wurde sie später von amerikanischen Züchtern manchmal auch als Kommunistenkohl bezeichnet. Die wüchsige Pflanze steht bei vielen Gärtnern wegen ihrer zarten Blätter und des delikaten Geschmacks in hohem Ansehen.

'Russian Hunger Gap' Der Name dieses Grünkohls spielt auf den *hunger gap*, die »Hungerlücke«, an. Damit ist die ertragsarme Zeit im Frühjahr gemeint, wenn Wintergemüse allmählich knapp wird und die Pflanzungen der neuen Saison noch nicht erntereif sind. Eingeführt wurde die Sorte im England des Zweiten Weltkriegs im Rahmen der »Dig-for-Victory«-Kampagne, bei der man die Bevölkerung anhielt, Zierpflanzungen und Parkanlagen in Gemüsebeete umzufunktionieren, um die Versorgung der hungernden Bevölkerung zu sichern. Sie ist leicht anzubauen, trägt viele vitamin- und mineralienreiche Blätter und setzt im zeitigen Frühjahr etliche ungeöffnete, brokkoliähnliche Blüten an, die ebenfalls verwertbar sind.

'Scarlet' Eine schöne, samenechte, violette Sorte mit Unmengen krauser Blätter, die reichlich Antioxidantien enthalten und sehr gut schmecken. Man könnte diesen Grünkohl sogar als Zierpflanze kultivieren. Seine Blätter sorgen im Garten für auffällige Farbkontraste und bringen Leben in das winterliche Grau. Er wird knapp 1 m hoch und 60 cm breit.

'Shetland' Dieser mehrjährige Grünkohl ist das älteste bekannte Gemüse, das in Schottland angebaut wird. Auf den Shetlandinseln steht er schon mindestens seit dem 17. Jahrhundert in Kultur. Man genießt ihn traditionell in gekochter Form als Beilage zu Lammeintopf. Seine Blätter haben einen süßen, pfeffrigen Geschmack und sind reich an Vitaminen. Älteres, härteres Laub wurde im Winter an Rinder und Schafe verfüttert, während die jungen, zarten Blätter in den Suppentopf wanderten. Die Züchtung gehört zu den winterhärtesten Grünkohlsorten, aber selbst diese zähen Pflanzen brauchten etwas Unterstützung, um die rauen Bedingungen im hohen Norden Großbritanniens zu überleben, weswegen sie oft in *plantie grubs* angebaut wurden – kleinen, aus Stein gemauerten Gehegen, die den Kohl vor starkem Wind, rauer Witterung und marodierenden Schafen schützen sollten. Diese Einfassungen sind auf den Inseln noch heute vereinzelt zu sehen.

'Taunton Deane' Ein kurzlebiger mehrjähriger Grünkohl aus dem englischen Südwesten. Er war früher ein beliebtes Gemüse, ist inzwischen aber selten geworden. Erstmals beschrieben wurde er 1753 von dem berühmten schwedischen Botaniker Carl von Linné. Vor dem Aussterben bewahrt wurde er in den Gärten von Knightshayes Court in der Grafschaft Devon. Seine breiten, flachen, zart blaugrünen Blätter mit violetten Stielen können das ganze Jahr geerntet werden. Die Sorte wächst sehr stark und kann über 2 m hoch werden. Sie bildet einen dicken, holzigen, baumartigen Strunk und ist meiner Meinung nach der schmackhafteste »Ewige Kohl«.

'Torzella' Dieser italienische Vertreter, auch *torza riccia* oder *cavolo greco* genannt, gehört zu den ältesten Grünkohlsorten Italiens und gilt als Ahnherr des krausen Typs. Er wird im Land seit mindestens 4000 Jahren angebaut, ist heute aber überwiegend um Acerra und Nola in der Nähe von Neapel zu finden. Die Sorte erreicht eine Höhe von ungefähr 1 m und liefert schier unglaubliche Mengen an köstlichen, nährstoffreichen, krausen grünen Blättern, die eine der Hauptzutaten der *minestra maritata* (siehe S. 227) sind.

Garten-salat

Lactuca sativa

Heißt auch Gartenlattich, Lattich oder Kopfsalat

Gartensalat gehört zu den meistverzehrten Gemüsepflanzen der Welt. Er ist leicht anzubauen und kann fast das ganze Jahr geerntet werden. Seine Stärke ist der subtile, süße Geschmack mit dezent bitterem Nachhall. Außerdem enthält er reichlich Vitamine und Mineralien und zählt auch noch zu den dekorativsten Gemüsestars im Beet. Die Palette reicht von lockeren Bündeln aus gekrausten, eichenblattförmigen, bronzeroten Schöpfen bis zu kompakten, dichten, hellgrünen Köpfen.

Geschichte

Erstmals angebaut wurde Gartensalat vor rund 6000 Jahren im Kaukasus. Ursprünglich verwendete man nur die Samen, aus denen man Öl presste. Im alten Ägypten vor rund 4000 Jahren galt Gartensalat als Fruchtbarkeitssymbol und wurde mit Min, dem Gott der Zeugung, in Verbindung gebracht. Die Gründe dafür waren vermutlich der hohe, phallische Wuchs, der an den der heutigen Romana-Salate (siehe S. 234) erinnert, und der weiße Milchsaft (Lactucarium), der aus dem Strunk austrat, wenn man den Kopf abschnitt.

Lactucarium hatte ähnlich wie Opium eine narkotisierende Wirkung. Die alten Griechen und Römer verzehrten die Blätter wegen ihrer beruhigenden, schlaffördernden Wirkung. Noch heute wird Gift-Lattich (*Lactuca virosa*) in der Naturheilkunde manchmal zur Beruhigung und Schmerzlinderung eingesetzt. Weil der Milchsaft bitter schmeckt, wurde er dem Gartensalat mit der Zeit weggezüchtet, doch nach wie vor enthalten alle Varianten noch eine geringe Menge dieses beruhigenden, müde machenden Inhaltsstoffs.

In der Küche

Vorbereitung

Gartensalat wird eher zerrupft als geschnitten, damit die Ränder nicht braun werden. Welke Blätter kann man durch ein Bad in Eiswasser zu neuem Leben erwecken oder andünsten und in Suppen verwerten.

Gerichte

Gartensalat wandert meist direkt in die Salatschüssel, dabei kann man ihn auch grillen, dünsten und backen. Mit dem französischen Küchenklassiker *petits pois à la française* (Erbsen auf französische Art) aus Gartensalat, frischen Erbsen und Schweinespeckwürfeln, in Hühnerbrühe gedünstet, wird die Ankunft des Frühlings gefeiert. Gegrillte Gartensalathälften (meist Romana-Salate) sind eine Delikatesse, vor

allem, wenn sie auf offenem Holzkohlengrill gegart werden. Dabei karamellisieren und verkohlen die Ränder, während das Innere knackig frisch bleibt und einen süßen, rauchigen Geschmack annimmt. Man kann sie mit Dressing, etwa aus saurer Sahne und Knoblauch, veredeln und anschließend um Extras wie Parmesan, Anchovis oder Pinienkerne ergänzen.

Wer eine Mischung verschiedener Gartensalate anbaut, kann aus mehreren Geschmacks- und Farbvarianten sowie Texturen wählen.

Gartensalat findet auch schon seit Langem Eingang in Suppen. Dazu gehört zum Beispiel die einfache, aber köstliche kantonesische Salat-Fisch-Suppe und die deftige, robuste französische Salat-Creme-Suppe.

Die Yedikule-Gärten

Die *bostans* (Marktgärten) der Yedikule-Burg ziehen sich an der Südseite der im 5. Jahrhundert errichteten Mauern entlang, die einst Konstantinopel, das heutige Istanbul, umgaben. Sie versorgen die Stadt schon seit ihren Anfängen mit Gemüse. Obwohl sie ein wesentlicher Bestandteil des historischen und kulturellen Erbes Istanbuls sind, droht ihnen durch Bauprojekte das Aus. Die Slow-Food-Bewegung steht an der Spitze einer Kampagne zum Erhalt der Gärten. Sie versucht, die Weltöffentlichkeit auf den berühmten Yedikule-Salat (siehe S. 234) aufmerksam zu machen.

Kultur

Kaum ein Gemüse ist ertragreicher als der Gartensalat. Er liefert Massen an schmackhaften, farbenfrohen Blättern. In gemäßigten Klimazonen wird er vorwiegend im Frühjahr und Sommer geerntet, aber durch sorgfältige Auswahl von Sorten und Staffelung der Aussaaten kann man das ganze Jahr über Gartensalate ernten.

Vermehrung

Gartensalat wird am besten breitwürfig in Saatschalen gesät. Die Samen brauchen Licht zum Keimen und sollten daher nicht zu tief sitzen – es reicht, sie minimal mit Topferde, Perlit oder Vermiculit zu bedecken. Wintersaaten werden zum Keimen nach drinnen gebracht. Sommersaaten sollten keine direkte Sonne abbekommen und auch nicht an sehr heißen, schlecht belüfteten Plätzen stehen. Pikiert die Sämlinge, sobald sie gefahrlos umgesetzt werden können. Gartensalat wächst schnell und ist oft schon nach 3 Wochen erntereif. Wintersaaten schützt man mit Vlies oder stellt sie ins Gewächshaus bzw. einen Folientunnel, um sie vor Frost zu schützen.

Weitere Pflege

Pflanzt Gartensalate in versetzten Reihen und wässert sie sofort nach dem Einpflan-

Gartensalate sind sehr facettenreich. Hier der rot gesprenkelte 'Forellenschluss', der runde 'Gustav's Salad', der spitze 'Strela Green' und der leicht violette 'Bronze Syrian'. Sie haben im Beet und auf dem Teller enorme Präsenz.

»Gift-Lattich wird manchmal zur Beruhigung und Schmerzlinderung eingesetzt.«

zen. Bei heißem, trockenem Wetter müssen sie gut gewässert werden – eine ordentliche Dosis alle 3 Tage sollte reichen. Nicht gegossen werden sollten sie am Abend, sonst ruft der nasse Boden in der Nacht Schnecken auf den Plan. Wässern am Morgen senkt das Mehltaurisiko, da die Blätter schneller trocknen.

Die Spargelsalate 'Purple Sword' und 'Green Mountain' (links)

Wer ganze Köpfe erntet (oben), sollte sie auf Bodenhöhe kappen.

Probleme

Blattläuse, Erdraupen, Grauschimmel, Mehltau, Schnecken (siehe S. 49–51).

Ernte

Gartensalat wird am besten morgens geerntet. Es gibt zwei Strategien: Man schneidet mit einem Messer den ganzen Kopf auf Bodenhöhe ab und entfernt einen möglichst großen Teil des Strunks oder man zupft immer nur so viel von den äußersten Blättern ab, wie man braucht, und lässt den Rest weiterwachsen.

Letztere Methode ist am wirtschaftlichsten und liefert unter dem Strich die größte Blattmenge. Andererseits sind die dicht gepackten Blätter fester Herzen beträchtlich süßer und saftiger als das äußere Laub. Deshalb kultiviere ich einen Mix aus Pflücksalaten und anderen, die Köpfe bilden. Sobald Exemplare schossen, müssen sie auf den Kompost.

Lagerung

Gartensalate halten nicht lange und werden am besten im Kühlschrank aufbewahrt. Sorten, die keine festen Köpfe bilden, und Pflücksalate werden sofort nach dem Ernten gewaschen und leicht getrocknet, denn ein bisschen Restflüssigkeit verhindert zu schnelles Welken. Man kann sie in einer Plastikdose mit einem feuchten Tuch obenauf aufbewahren. Ganze Köpfe wickelt man in ein feuchtes Tuch.

Auf einen Blick

Aussäen Spätwinter, Spätfrühling, Hochsommer, Frühherbst (Pflücksalate); sukzessive Spätwinter–Frühherbst (für Köpfe), 4–24 °C

Auspflanzen 3 Wochen nach der Aussaat

Abstände 30 cm

Ernten ganzjährig

Kopfsalat

Vom runzligen, leicht krausen Kopfsalat werden meist ganze Köpfe geerntet. Sie sind klein, locker und etwas flach und haben ein süßes, perfekt gebleichtes Herz.

'Grandma Hadley's' Ein schnell reifender, süßer, zarter und knackiger Kopfsalat, die Züchtung einer gewissen Oma Hadley, die die Samen dieser schönen, dunkelviolett getönten Butterhead-Sorte 1915 ihrer Enkelin Flossie Cramer überließ. Die wiederum gab sie mit 85 Jahren ihrer Großnichte Pam Andrews, die sie 1988 der Seed Savers Exchange stiftete. Angeblich genoss die Familie Hadley sie bevorzugt in einem Salat aus welken Blättern mit heißem Schinkendressing.

'Grandpa Admire's' Dieser schön bronzerot getönte Salat mit runzligen, lockeren Blättern und mildem Geschmack ist nach dem US-Bürgerkriegsveteranen George Admire benannt, der um 1850 von Indiana nach Putnam County in Missouri zog. Seine Enkel züchteten die Sorte in ihren eigenen Gärten zu seinen Ehren weiter. Ende der 1970er-Jahre spendete Admires Enkelin die Samen der Seed Savers Exchange. Die Züchtung ist wärmetolerant und schosst selbst in der Sommersonne nur schwer.

'Gustav's Salad' Der feine, kompakte Butterhead liefert einige der weichsten, saftigsten Blätter des Kopfsalatreichs. Gezüchtet wurde die Sorte Anfang des 20. Jahrhunderts von einem Gärtner in den südlichen Niederlanden, von dem man nur noch den Vornamen, Gustav, kennt. Dorfbewohner nannten seinen Salat »Sla van Pa«, wörtlich »Papas Salat«. Über 40 Jahre lang radelte Gustav mit Körben voll butterweicher Salatköpfe herum und bereicherte mit ihnen den Speiseplan der Gemeinde. Kurz vor seinem Ableben verschenkte er das Saatgut an die Einheimischen. Inzwischen ist die Sorte im Handel erhältlich.

'Merveille de Quatre Saisons' Die historische französische Sorte, deren Name »Wunder der vier Jahreszeiten« bedeutet, existiert schon mindestens seit Mitte des 19. Jahrhunderts. Sie lässt sich leicht anbauen, kommt mit unterschiedlichen Klimabedingungen zurecht und kann fast das ganze Jahr geerntet werden. Ihre grünen Blätter mit rosavioletten Spitzen werden im Winter dunkler.

'Sanguine Ameliore' Die seltene, alte französische Sorte stammt aus dem 19. Jahrhundert. *Sanguine* bedeutet »blutrot« und bezieht sich auf die rötlichen Sprenkel der hellgrünen Blätter. Sie verträgt zwar Hitze, hat jedoch in den kühleren Monaten eine schönere Färbung.

Romana-/Römersalat

Er ist der älteste bekannte Gartensalat und mindestens 5000 Jahre alt. Man erkennt Romana-Typen an ihren hohen, länglichen Köpfen. Die schmalen Blätter sind knackig, süß und saftig, vor allem die inneren. Für Caesar Salad werden vor allem Romana-Salate verwendet.

'Bronze Syrian' Dieser prächtige grüne Salat hat elegant bronzerot überlaufene Blätter mit silbrigem Glanz und einen violetten Strunk. Er stammt aus Homs in Syrien, einer einst fruchtbaren, blühenden Stadt, die seit 2011 durch den Bürgerkrieg extrem in Mitleidenschaft gezogen wurde und viel Ackerland und alte Samenschätze verloren hat. 'Bronze Syrian' hat einen intensiven Geschmack, verträgt Wärme und schosst nicht so leicht.

'Forellenschluss' Eine alte österreichische Schönheit mit zartem, buttrigem Laub und auffälligen dunkelroten Flecken. Der Name verweist auf die Ähnlichkeit der Blätter mit der Haut am Schwanzende von Forellen. Die Sorte wächst vom Frühjahr bis zum Herbst gut und lässt sich sogar unter Glas überwintern.

'Rouge d'Hiver' Dieser wunderschöne, dunkel bronzerote Salat steht seit dem 18. Jahrhundert hoch im Kurs. Er wächst schnell, schosst schwer und steckt Hitze und Kälte erstaunlich gut weg. Sein Name, wörtlich »Winterrot«, passt gut für ihn, denn er eignet sich vorzüglich für die Herbst- und Winterkultur. Bei kühlem Wetter wird das Laub dunkler.

'Yedikule' Der Romana-Salat wird in Istanbul schon seit über 1500 Jahren in den historischen Gemüsegärten am Yedikule angebaut (siehe Kasten auf S. 232). Sein langes, zartes, apfelgrünes Laub mit dem knackigen Herz und überragenden Geschmack ist angeblich so saftig und vollgepackt mit natürlichen Ölen, dass die Einheimischen es ohne Dressing genießen.

Eisberg-/Eis-/Krachsalat

Die kompakten Salate setzen sich aus vielen überlappenden, geschwungenen Blättern zusammen. Sie bilden einen festen runden, kohlartigen Kopf. Wie der Name schon sagt, sind sie sehr frisch und knackig. Meist werden sie als Ganzes geerntet.

'Reine des Glaces' Er wirkt ziemlich zerrupft, aber zugleich elegant und ist über 200 Jahre alt. Die Köpfe bestehen aus schönen, auffallend

'Forellenschluss'

grünen, unglaublich fransigen und runzligen Blättern, die fast wie grüne Flammen aussehen. Der knackige Salat schmeckt hervorragend, wenn man ihn gewürfelt und großzügig mit heißer Knoblauchbutter gewürzt verzehrt. Der Name bedeutet wörtlich »Königin des Eises« und tatsächlich gedeiht die Sorte im Winter gut.

Pflück-/Schnittsalat

Ein Gartensalat mit offenen Köpfen, die direkt am Strunk sitzen. Weil sie so leicht abzuerntende Blätter tragen, die immer wieder nachwachsen, stehen sie bei den Gärtnern in hohem Ansehen.

'Rossa di Trento' Der große, weiche Salat mit festem Kopf und süßem Geschmack stammt aus der Alpenstadt Trient in Norditalien. Er reift früh und bildet große grüne Blätter mit satt rubinroten Spitzen, sodass er fast wie ein Wirsing aussieht (siehe S. 196). Er neigt zum Schossen, vor allem bei Hitze, und wird daher am besten im Frühjahr und Herbst angebaut.

'Strela Green' Der sensationelle Pflücksalat sorgt überall für Aufsehen: Er bildet eine sternförmige Rosette aus schmalen, speerförmigen Blättern. Ihr hellgrünes, spitz zulaufendes Laub schmeckt obendrein noch so gut, wie es aussieht. Es ist knackig, süß und hat fast keine Bitternote. 'Strela Green' ist relativ schnell erntereif und kommt auch mit warmer Witterung zurecht. In den modernen Samenhandel eingeführt wurde die Sorte von Dr. Alan Kapuler vom Saatguthändler Peace Seeds in Oregon.

Bataviasalat

Er hat eine mildere, weichere und zartere Konsistenz als einige seiner nahen Verwandten und ist zwischen Eisberg- und Romana-Salat angesiedelt. Seine Samen gehen auch auf, wenn es wärmer ist. Bataviasalat ist schossfest und kommt daher besser mit der Sommerkultur zurecht als andere Formen.

'Grazer Krauthäuptel' Diese alte österreichische Sorte ist so winterhart, dass sie das ganze Jahr angebaut werden kann. Sie stammt aus Graz und ist ebenso schön anzusehen wie wohlschmeckend. Die Blätter der großen, kräftig grünen Köpfe sind am äußeren Rand rötlich gefärbt.

Spargelsalat (*Lactuca sativa* var. *angustana*)

Angeblich stammt er aus dem Mittelmeerraum, gelangte aber während der Tang-Dynastie (618–907) nach China und wurde dort im ganzen Land sowie in anderen asiatischen Ländern beliebt. Die Pflanzen enthalten bis zu 50 Prozent mehr Vitamine, Mineralien und Antioxidantien als reguläre Blattsalate. Ihre Blätter sind zwar genießbar, doch hat man es vor allem auf die essbaren Stiele abgesehen.

Spargelsalat kann roh in Salaten oder leicht in der Pfanne angedünstet genossen werden. Seine knackigen, aber zarten Blätter erinnern an die von Wasserkastanien oder Äpfeln. Sie schmecken mild, nussig, rauchig und bitter. Bevor man den Stiel dünn schneidet, wird die bittere Schale entfernt. Junge Spargelsalatblätter eignen sich für den Verzehr, ältere aber sind zu bitter.

Erntet Spargelsalat, sobald die Stiele mindestens 3 cm dick sind, aber noch nicht aufplatzen. Unter kühlen, feuchten Bedingungen kann man sie auch 5–10 cm dick werden lassen, in heißen Sommern dagegen sollten sie dünner geerntet werden.

'Green Mountain' Die lebhaft grüne Sorte stammt aus den Gebirgsregionen im Südwesten Chinas und treibt dicke Stiele von enormer Größe aus. Sie sind knackig, zart und saftig und erinnern in ihrem frischen Geschmack an Gurken. Die leicht anzubauende Sorte wird am besten im Sommer gepflanzt.

'Purple Sword' Die Züchtung eignet sich vor allem für kühlere Gegenden. Sie trägt lange, schwertförmige, dunkelgrüne Blätter, die sich mit der Zeit dunkelviolett färben, während die Schale der Stiele in elegantem Lila leuchtet. Jungblätter werden oft ähnlich wie Pak Choi verwendet (siehe S. 188), das gelbgrüne innere Fleisch der Stiele kann roh oder gekocht genossen werden.

Spinat

Spinacia oleracea

Heißt in anderen Ländern Épinard, Ismaloq, Ispanak und Paalak

Der volle Geschmack der derben, dunkelgrünen Blätter wird von einer pikanten mineralischen Note getragen, weshalb sie sowohl roh als auch gekocht Genuss verheißen. Spinat ist vielseitig, nahrhaft und unkompliziert – und damit ein echter Siegertyp im Gemüsebeet.

Geschichte

Botanikern zufolge entstand Spinat vor über 2000 Jahren im alten Persien durch selektive Zucht aus Wildarten. Später gelangte er nach Indien. Ab 647 n. Chr. ist er auch in China nachweisbar. Im späten Mittelalter brachten ihn die Sarazenen – eine abfällige Bezeichnung von Kreuzzüglern für Muslime – nach Sizilien. Von Italien aus etablierte er sich bald im ganzen Mittelmeerraum als Gemüsepflanze und breitete sich rasch nach Mitteleuropa aus.

Gefallen an dem Blattgemüse fand zunächst der Adel. Der Überlieferung zufolge entstand der kulinarische Begriff *à la Florentine* durch Zutun von Caterina de' Medici, die 1533 den späteren französischen König Heinrich II. ehelichte. Die Feinschmeckerin brachte bei ihrem Umzug nach Frankreich einen ganzen Trupp italienischer Köche aus Florenz mit und führte dabei Spinatspezialitäten am Hof ihrer neuen Heimat ein. Manche Historiker verweisen ihre Pionierleistung für das Gemüse ins Reich der Legende, dennoch wird der Begriff in der französischen Küche bis heute für Speisen angewendet, in denen gekochter Spinat eine Rolle spielt.

Im Vorspann zu den Popeye-Cartoons aus den 1930er-Jahren heißt es: »Wisst ihr denn auch, warum er auf Draht ist? Weil sein Geheimrezept Blattspinat ist!« Immer wieder zerdrückt der Matrose eine Dose Spinat und genehmigt sich den Inhalt, was ihm Superkräfte verleiht. Seine Beliebtheit sorgte für einen beträchtlichen Anstieg des Spinatverbrauchs in den Vereinigten Staaten, doch weiß man inzwischen, dass der legendäre Eisengehalt der Blätter nicht stimmt und auf einen Rechenfehler zurückzuführen ist. 1870 untersuchte der deutsche Chemiker Erich von Wolf den Eisengehalt diverser Gemüsepflanzen und hielt die Ergebnisse in einem Notizbuch fest. Dabei verrutschte ihm ein Komma und er schrieb statt 3,50 mg den Wert 35,0 mg nieder. Deutsche Wissenschaftler berichtigten den Fehler zwar in den

1930er-Jahren, doch da hatte sich der Glaube, dass Spinat eine hervorragende Eisenquelle sei, längst festgesetzt.

In der Küche

Vorbereitung

Spinat fällt ganz leicht und schnell, ohne zu zerkochen, zusammen, indem man die Blätter in ein Sieb gibt, das man in die Spüle stellt, und kochendes Wasser darübergießt.

Gerichte

Wer Spinat selbst zieht, kann die Blätter größer werden lassen, wodurch sie einen intensiveren Geschmack annehmen und eine festere Struktur bekommen als die Babyspinate aus dem Supermarkt – genau das ist der Vorteil des Eigenanbaus. Spinat aus dem Garten ist wesentlich vielseitiger als eingepackte Massenware, die im Handumdrehen zu Brei zerkocht.

Die Blätter von perfekt zusammengefallenem Spinat schrumpfen und verlieren ihre Form, ohne matschig zu werden – das ist bester Spinat. *Fatayer bi sabanekh* sind knusprige, dreieckige libanesische Teigtaschen mit einer würzig-scharfen Füllung aus zusammengefallenem Spinat, Sumach, Granatapfelsamen und Pinienkernen – ein unwiderstehlicher Veggie-Snack.

Auch in Tapas mischt Spinat mit. Die andalusischen *espinacas con garbanzos* gehören in Sevilla zu den beliebtesten Speisen. Der herzhafte, gesunde Eintopf, traditionell zu Weihnachten aufgetragen, verbindet Kichererbsen und Spinat mit wärmenden Gewürzen wie Paprikapulver und Kreuzkümmel. Er gilt zwar als spanische Kreation, hat aber arabische Wurzeln und stammt aus dem alten Persien, wo auch die beiden Zutaten ihren Ursprung haben.

Die katalanischen *espinacas a la Catalana* zählen ebenfalls zu den Veggie-Tapas. Das Rezept gibt es seit dem Mittelalter; es ist in vielen alten katalanischen Kochbüchern zu finden und besteht aus Spinat, Rosinen, Olivenöl, Pinienkernen und Knoblauch mit einem Spritzer Zitronensaft. Dazu wird oft Krustenbrot serviert.

Spinatblätter lassen sich gut kochen, in jungem Zustand aber auch roh genießen.

Kultur

Spinat gedeiht bei kühler Witterung. Für die Aussaat gibt es zwei Zeitfenster, von denen das spätere verlässlicher gute Ergebnisse liefert. Bei Aussaat im Frühjahr darf man mit großer Ausbeute rechnen, aber sobald der Sommer kommt, schossen die Pflanzen und blühen. Sät man spät aus, lässt sich das Laub den ganzen Herbst hindurch kontinuierlich ernten. Im Winter verlangsamt sich das Wachstum naturgemäß, trotzdem kann man bis ins Frühjahr hinein ernten.

Wer große Blätter zum Kochen braucht, sät zwei Samen pro Modul und zupft den schwächeren der beiden Keimlinge nach dem Austreiben aus. Für Babyspinat, wie es ihn im Supermarkt gibt, werden drei bis vier Samen pro Modul in der Wohnung ausgesät und können dort auch aufgehen. Nach dem Keimen kommen sie aber gleich in ein frostfreies Gewächshaus, einen Folientunnel oder ein Frühbeet. Früh ausgesäter Spinat ist in der Regel in 4 Wochen bereit für das Umpflanzen, später wächst er schneller und ist oft schon nach 2 Wochen so weit.

Spinat steckt zwar Fröste und raue Witterung weg, aber junge Kulturen sind im zeitigen Frühjahr für einen Schutz aus Vlies dankbar – sie wachsen dann schneller und fangen sich weniger Schädlinge ein. Das Abdecken später Aussaaten zum Winterbeginn ist nicht unbedingt nötig, fördert aber ebenfalls das Wachstum und schützt vor Extremwetter.

Weitere Pflege

Wässert Neupflanzen bis zum Einwachsen großzügig und haltet den Boden dauerhaft feucht, vor allem wenn es einmal länger nicht regnet. Es lohnt sich, ein paar in Reserve zu halten, falls Schädlinge Lücken in die Reihen schlagen. Wenn Spinat im Frühjahr mächtig zulegt, solltet ihr bei Sonne mindestens zweimal die Woche gießen. Herbstspinat muss höchsten bei längerer Trockenheit gewässert werden.

Nesseltreiben

Ein Blattgemüse, das Spinat beim Eisengehalt in den Schatten stellt, ist die Brennnessel. Sie wird seit Jahrtausenden in der Küche genutzt. So gibt es Nesselpudding, angeblich das älteste Rezept Großbritanniens, seit 8000 Jahren. In der Steinzeit waren Nesseln fester Bestandteil des Speiseplans. Man mischte sie mit anderen Kräutern wie Löwenzahn und Sauerampfer und band das Ganze mit Roggenmehl.

Probleme

Blattläuse, Erdraupen, Erdflöhe, Blattminierer, Schnecken (siehe S. 49–51).

Ernte

Zum Ernten zwickt ihr einfach die Blätter am Ansatz mitsamt dem Stiel ab. Das verhindert, dass die Stiele langsam an der Pflanze verrotten und Schädlinge anlocken, allen voran Schnecken, oder sich Krankheiten einfangen.

Wenn Spinat reift, werden die Blätter pfeilförmig. Das zeigt, dass sie bald schossen. Das Abzwicken der Blütenstängel hindert die Pflanze nicht am Blühen. Sobald sich Stängel bilden, muss das Laub binnen einer Woche geerntet werden.

Lagerung

Wie jedes Blattgemüse sollte Spinat frisch geerntet genossen werden, doch halten sich die Blätter ein paar Tage im Kühlschrank, wenn man sie in eine Plastikdose legt und mit feuchtem Papier abdeckt.

Auf einen Blick

Aussäen Spätwinter–Vorfrühling oder Spätsommer bei 7–24 °C

Aussäen Vorfrühling, Frühherbst

Abstände 25 cm

Ernten Herbst–Vollfrühling

Spinattypen

Spinat lässt sich in drei Kategorien einteilen: glattblättrige, Savoy- und Semisavoy-Sorten. Am häufigsten findet man im Handel glattblättrige Varianten. Sie eignen sich vor allem als Babyspinat. Savoy-Formen sind ideal für Erwerbs- und Marktgärtner, da sie optisch viel hermachen, gut schmecken und lange halten. Semisavoy-Typen sind nicht so runzlig und lassen sich leichter waschen.

Glattblättrige Sorten

'Galilee' Eine hohe alte Sorte aus der Gegend um Galiläa zwischen Nordisrael und dem Südlibanon. Sie beeindruckt mit kräftig grünen, pfeilförmigen Blättern, wächst rasch, ist außerordentlich wärmetolerant, schosst nur schwer und eignet sich für das mediterrane Klima. Die Blätter sind merklich heller als die anderer Sorten.

'Gigante d'Inverno' Der Name dieser alten italienischen Sorte bedeutet »Winterriese«. In den kalten Monaten liefert sie durchgehend Unmengen von Blättern. Sie sind groß, glänzend, gekräuselt, haben eine feine Textur und einen wunderbaren Geschmack.

'Monstrueux de Viroflay' Dieser Spinat wird wegen seiner Kälteverträglichkeit geschätzt. Er setzt zahlreiche große, dicke, saftige Blätter an. Eingeführt wurde er 1885 von Vilmorin Andrieux und verdient es, das Prädikat »alte Sorte« zu bekommen. 'Monstrueux de Viroflay' war die Spitzensorte in den Pariser Markthallen. Ihre guten Gene spielen eine wichtige Rolle bei den Zuchtprogrammen zur Entwicklung moderner Hybriden.

Savoy und Semisavoy

'Bloomsdale Long Standing' Zum ersten Mal auf den Markt gebracht wurde diese Sorte 1826 von der D. Landreth Seed Company in Philadelphia. Bis 1925 verbesserte man sie durch Zucht, doch seither hat sie sich ihren Ruf als eine der geschätztesten Nicht-Hybrid-Sorten bewahrt. Sie liefert hohe Erträge und bildet große, stark gekräuselte, dunkelgrüne Blätter.

'Giant Nobel' Diese Sorte, manchmal auch als 'Long-Standing Gaudry' bezeichnet, wurde 1926 von Zwaan und Van der Molen in Voorburg, der ältesten Stadt der Niederlande, gezüchtet. Ihre großen, dicken, dunkelgrünen Blätter mit rundlicher Spitze schmecken mild und buttrig, aber merklich süßer als die anderer Sorten. Eine schossfeste Sorte, die sich ausgezeichnet für die Frühjahrsaussaat eignet.

'King of Denmark' Eine 1919 eingeführte dänische Sorte, ideal für die Frühjahrsaussaat. Sie ist robust und winterhart. Ihre großen, glatten, dunkelgrünen Blätter sind rundlich und leicht blasig. Weil sie nur schwer schosst, kann man sie, noch Wochen nachdem andere Sorten schon geblüht haben, ernten. Geschmack und Textur sind vom Feinsten. Die Blätter lassen sich gut lagern und sind damit erste Wahl für Marktgärtner.

'Norfolk' Die alte kanadische Sorte aus Quebec bildet dunkelgrüne, herzförmige, blasige Blätter, die ein bisschen denen von Wirsing ähneln. Sie wurde in der zweiten Hälfte des 19. Jahrhunderts gezüchtet, überzeugt durch hervorragende Kälteresistenz und kann bei frühen und späten Aussaaten gleichermaßen eingesetzt werden.

'Gigante d'Inverno'

'Bloomsdale Long Standing'

Wurzeln & Knollen

Diese im Boden verborgenen Schätze machen zahllose kulinarische Kreationen möglich, die sie mit erdiger Fülle bereichern.

Alte Anden-knollen

Die Knollen stammen aus der Nahtstelle zwischen üppigem Amazonas-Regenwald und Anden und sind beileibe keine festen Größen im Gemüsebeet. Einst hatten sie einen Stammplatz auf dem Speiseplan indigener Kulturen, doch nun werden sie auch bei Hobbygärtnern wegen ihres besonderen Geschmacks, ihrer Texturen, ihres schönen Wuchses und nicht zuletzt ihrer Geschichte beliebt. Sie aufzutreiben, ist mitunter nicht ganz einfach, doch findet man sie immer häufiger und leichter über das Internet.

Oca

(*Oxalis tuberosa*)
Knolliger Sauerklee, Andenkartoffel, Knollenklee, Yam, Apiña, Huasisai, Irish potato, Miquichi, New Zealand yam, Papa extranjera, Truffette acide

Die Pflanze ist ein lebender Beweis für die Kreativität der Natur. Ihre Knollen ähneln Kieseln und sehen aus, als seien sie mit den schönsten Farben aus den Farbtöpfen der Künstler bemalt worden. Die Palette reicht von Fuchsienrot über gedämpftes Rosa bis zu sonnigem Gelb und Perlweiß. Manche Knollen sind länglich, andere fast perfekt kugelrund. Sie haben eine glatte, leicht wächserne Schale mit feinen Spalten und Rissen. Auch das Laub verrät den Kunstsinn der Oca: Ihre zarten, herzförmigen Blättchen hängen elegant von den kriechenden Trieben der buschigen Pflanzen.

Geschichte

Der Name Oca ist abgeleitet von *uqa*, einem Wort aus dem Quechua, der im Inkareich vorherrschenden präkolumbianischen Sprache. Allerdings wurden diese Juwelen der Gemüsewelt schon Hunderte Jahre vor dem Aufstieg der Inka von indigenen Andenvölkern kultiviert. Sie waren ein Grundnahrungsmittel und vor allem in großen Höhenlagen eine wichtige

Ihrem kleeblattartigen Laub verdankt die Pflanze die Bezeichnung »Irische Kartoffel«.

Nahrungsquelle gleich hinter der Kartoffel. Im angloamerikanischen Sprachraum nennt man sie seit einiger Zeit auch »Irische Kartoffel«, was sie ihren kleeblattähnlichen Blättern verdankt.

Ende des 19. Jahrhunderts wurde sie in Neuseeland als Konkurrenz zur Kartoffel eingeführt.

In der Küche

In der Küche ist die Oca eine aufregende Alternative zur Kartoffel. Dank ihres Geschmacks, einer einzigartigen Fusion aus nussiger Süße und erdigen Noten mit dezentem, aber scharfem Einschlag, lässt sie sich kulinarisch vielseitig einsetzen. Roh hat ihr Fleisch einen ausgeprägt zitronigen, blumigen Geschmack mit Andeutung an Möhren. Am besten schmeckt Oca allerdings geröstet, da sie so einen klar konturierten Geschmack annimmt, der mich angenehm an Pommes frites mit einem Spritzer Malzessig erinnert. In den Anden röstete man die Knolle traditionell mit der Schale über offenem Feuer oder heißer Kohle, sodass sie vom Rauch veredelt wurde und eine angenehm knusprige Hülle bekam. Gern wurde sie außerdem in Suppen mit Quinoa zu einer herzerwärmenden Speise gekocht.

Kultur

Oca-Knollen lassen sich ab dem Spätwinter wie Kartoffeln vorkeimen (siehe S. 280) und in kleine Töpfe stecken, sobald sich die Keime gebildet haben. So entstehen Minipflanzen, die man ins Beet draußen setzen kann, sobald nicht mehr mit Frost zu rechnen ist. Alternativ kann man die Knollen aber auch vorkeimen und direkt an ihren endgültigen Standort umsiedeln, wenn keine Minustemperaturen mehr drohen und es ausreichend warm ist. Setzt sie 5–10 cm tief mit 30–40 cm Abstand.

Weitere Pflege

Oca sind relativ pflegeleicht, sieht man vom Jäten und dem Entfernen von welkem Laub ab. Wichtig ist jedoch regelmäßiges Wässern, vor allem bei längerer Trockenheit. Die Pflanzen sind für ihren teilweise kriechenden Wuchs bekannt, was man nicht verhindern sollte. Die Knollen beginnen sich erst nach der Tagundnachtgleiche im Herbst zu bilden. Behaltet den Ansatz der Pflanzen im Auge und häufelt Erde an, falls Knollen aus dem Boden spitzen, um sie vor Schädlingen zu schützen und den Ertrag zu erhöhen (im Gegensatz zu Kartoffeln werden sie aber nicht giftig und schlecht, wenn sie Sonne abbekommen).

Probleme

Nager (siehe S. 49–51).

Ernte

Ans Ernten geht es, sobald das Laub nach den ersten leichten Frösten abstirbt, was meist im Spätherbst und Frühwinter der

Fall ist. Die Knollen müssen aus der Erde geholt werden, bevor es friert, aber wenn erste leichte Fröste vorhergesagt werden und sie noch etwas zulegen müssen, kann man sie im Boden lassen und bei Minustemperaturen mit einer doppelten Schicht Vlies schützen. Geerntet wird, indem man sie am Kraut aus der Erde zieht. Sie sind mit einem netzartigen Wurzelsystem verbunden, doch sollte man auf der Suche nach versprengten Exemplaren nicht im Boden herumwühlen, denn die farbenfrohen »Kiesel« sind im dunklen Erdreich unschwer auszumachen.

Lagerung

Streift die Erde von den Knollen und legt sie auf Zeitungspapier oder in flache Kisten, wo sie auf einer sonnigen Fensterbank oder in einem Wintergarten eine Woche lang trocknen dürfen, bevor man sie in der Küche verwertet oder einlagert. Werden die Knollen direkter Sonne ausgesetzt, sinkt der Anteil organischer Säuren im Fleisch, wie man festgestellt hat. In Papiersäcken lassen sich Oca gut an einem kühlen, frostfreien Ort lagern. So kann man auch Saatknollen aufheben, die man im folgenden Jahr wieder stecken möchte.

Empfehlenswerte Sorten

'Bolivian Red'
'Dylan Keating'
'Golden'
'Hopin'
'Manzana'
'Mexican Red'
'Paloquemao'
'Puka Ñawi'
'Scarlet Red'

Oca bilden viele kleine, kartoffelähnliche Knollen in unterschiedlichen Farben (oben). Rechts die hellrote 'Scarlet Red' und die weiße 'Dylan Keating'.

Mashua

(*Tropaeolum tuberosum*) Knollenkresse, Añu, Cubio, Isaño, Mazuko, Nabu

Die charismatische Zier-Nutz-Pflanze gehört zu den Kapuzinerkressegewächsen. Sie bildet lange, kletternde Triebe mit etlichen herzförmigen Blättern und feurig rote oder dunkelorange Trompetenblüten. Ihre länglichen, eiförmigen Knollen begeistern mit ihrem lebhaften Farbenmosaik, dessen Palette von Morgendämmerungstönen wie Cremegelb und Pfirsichrosa bis hin zu düster-royalem Violett reicht. Die verborgenen Schätze tragen eine glatte Schale mit tiefen Einkerbungen und erinnern ein bisschen an die Konturen der Anden, aus denen die Pflanze stammt.

Blätter wie Blüten verraten die Verwandtschaft der Mashua mit der Großen Kapuzinerkresse (*Tropaeolum majus*).

Geschichte

Mashua wurde möglicherweise lange vor dem Inkareich von indigenen Gemeinschaften im Becken des hoch gelegenen Titicacasees an der Grenze zwischen Peru und Bolivien kultiviert. Die Knolle galt als natürliches Anaphrodisiakum, das den Sexualtrieb dämpft. Aus diesem Grund gaben die Inka ihren Truppen Unmengen davon, in der Hoffnung, dass die Kämpfer ihre Energie auf das Schlachtfeld konzentrierten und nicht von erotischen Gedanken an ihre zu Hause gebliebenen Gefährtinnen abgelenkt wurden.

In der Küche

Roh gegessen hinterlässt Mashua einen eigentümlichen Geschmackseindruck am Gaumen, eine Melange aus der würzigen Schärfe von Rettichen und intensiven, süß-blumigen, an Marzipan erinnernden Noten. Das Feurige wird durch Kochen etwas gedämpft, doch der blütenartige Geschmack bleibt bewahrt. Mashua kann gebacken, frittiert, gedünstet, geschmort oder püriert werden. Es heißt, ein Einfrieren der Knollen vor dem Kochen verbessere den Geschmack. Die Blätter sind wie bei Kapuzinerkresse ebenfalls essbar und geben Salaten pfeffrigen Schwung.

Kultur

Am Geschmack der Mashua mögen sich die Geister scheiden, doch ihr Zierwert ist unbestritten und macht den Anbau sicherlich lohnenswert. Wie bei Oca fördern kurze Tage das Wachstum der Knollen, weshalb man es nicht zu eilig haben sollte, die Pflanze ins Beet zu setzen.

Vermehrung

Die Knollen werden im zeitigen Frühjahr in kleinen Töpfen mit dem spitzen

Ende nach unten vorgetrieben. Jede Knolle bildet mehrere Augen. Ins Freiland dürfen die Pflänzchen, sobald kein Frost mehr droht. Wer will, kann sie aber auch direkt an ihren endgültigen Platz draußen pflanzen, etwa ins Beet oder große Gefäße wie Holzfässer, sobald das Wetter es zulässt und keine Minustemperaturen mehr zu erwarten sind. Die Blätter können bei Wind rasch Flüssigkeit verlieren, ein geschützter Standort ist daher ratsam.

Weitere Pflege

Die langen Triebe brauchen eine Kletterhilfe. Besonders dekorativ sind sie, wenn sie sich an Zäunen und Mauern hochziehen. Wässert die Pflanzen bei länger ausbleibendem Regen regelmäßig. Ihr werdet feststellen, dass die Raupen des Kohlweißlings förmlich über die Blätter herfallen, aber weil die Pflanze so laubreich ist, richten sie kaum größere Schäden an.

Probleme

Raupen (siehe S. 49–51).

Ernte

Die Pflanzen überstehen leichte Fröste und bilden ihre Knollen erst nach der Tagundnachtgleiche im Herbst, deshalb lässt man sie möglichst lange wachsen. Man erntet sie nach ein, zwei leichten Frösten, da diese den Geschmack verbessern. Aber Vorsicht: Strenger Frost verdirbt sie. Nehmt die Knollen mit einer Handschaufel oder -gabel auf, am besten im Spätherbst.

Lagerung

Wenn die Knollen nach der Ernte an einem warmen Platz gelagert werden, drohen sie auszutrocknen. In einem kühlen, dunklen, frostfreien Schuppen oder anderen Nebengebäude hingegen halten sie sich in Papiersäcken monatelang. Sie lassen sich auch als Saatknollen für die neue Saison einsetzen. Beginnen sie zu schrumpfen, welken oder weich zu werden, ist es an der Zeit, sie in feuchtes Substrat zu stecken. Sie treiben dann in der Wärme der Wohnung wieder aus, bis die Zeit für den neuerlichen Umzug ins Freie gekommen ist.

Empfehlenswerte Sorten

'Blanca'
'Bloody Tears'
'Ken Aslet'
'Puca-Añu'
'Q'illu Isaũu'

Mashua 'Blanca' (oben) und 'Bloody Tears'

Die Yacón ähnelt eher einer Wiesenblume als einem Gemüse (links). So richtig klar wird ihr kulinarischer Wert erst nach der Ernte (gegenüber, oben).

Yacón

(*Smallanthus sonchifolius*) Andenknolle, Llacon, Pear of the earth, Peruvian ground apple, Poire de terre

Das althergebrachte Andenjuwel ähnelt mit seiner dicken Knolle optisch der Süßkartoffel, doch der Schein trügt: In Geschmack, Textur und kulinarischer Vielseitigkeit ist die Jacón ihr krasses Gegenteil. Ihr knackiges, saftiges Fleisch lässt sich am ehesten mit dem von frischen Äpfeln oder Birnen vergleichen. Von anderen Knollen hebt sie sich durch ihre einzigartige Süße ab, die aber eher auf Inulin als auf Stärke zurückzuführen ist.

Geschichte

Von den Azteken wurde die Jacón »Wasserwurzel« genannt. Sie gehört zu den Korbblütlern und stammt aus der unglaublich facettenreichen Yungas-Region an den Osthängen der Anden, wo das Gebirge in den Regenwald des Amazonas übergeht. Die Moche, eine Vorgängerkultur der Inka, verehrte die Yacón und stellte sie auf ihren Keramiken und Gabelhalsflaschen dar.

Durch den hohen Wassergehalt ist sie eine natürliche Flüssigkeitsquelle, weshalb Andenvölker sie als erfrischende Speise und Energiequelle für erschöpfte Läufer neben Botenpfaden deponierten und an Feldrändern als stärkendes Mahl für Bauern bereithielten.

In der Küche

Am besten schmeckt die Yacón roh. Die saftige Offenbarung mit der Textur einer Wasserkastanie hat eine überbordende natürliche Süße. Damit bietet sie sich für erfrischende Obstmedleys oder pikante Salate an. Man kann sie gerieben in Krautsalat, gewürfelt in Salsa, entsaftet als Smoothie oder einfach pur als knackigen Snack einsetzen.

Dank ihrer Textur absorbiert sie Geschmack bereitwillig und lässt sich daher gut einige Minuten vor dem Servieren mit Vinaigrette und Dressings marinieren. In Stäbchen geschnitten und angebraten, bis sie leicht karamellisiert, findet sie Eingang in Pfannenrührgerichte, kann mit Zuckersirup gemixt, gewürfelt und in Kuchen eingebacken oder mit Zucker und Gewürzen wie Zimt zu einem süßen Kompott gekocht werden, das ideal für Streuselkuchen und Torten ist.

Kultur

Pflanzt die Knollen im Freiland direkt an ihren endgültigen Platz – sie kommen 5–10 cm tief in die Erde – oder besorgt euch Klone (aus Stecklingen vermehrte Setzlinge) aus einer Spezialgärtnerei und pflanzt sie nach dem letzten Frost an einen sonnigen Platz.

Zwischen den einzelnen Exemplaren sollte man etwa 50 cm Abstand lassen, damit sie buschig wachsen und viele weich behaarte, grüne Blätter sowie kleine orange Blüten ansetzen. Die Yacón ist nicht anspruchsvoll, muss aber regelmäßig gewässert werden, vor allem bei längerer Trockenheit.

Probleme

Nager (siehe S. 49–51).

Ernte

Die Knollen bilden sich im Spätherbst oder Frühwinter, allerdings sollten sie vor den ersten starken Bodenfrösten geerntet werden. Oft kann man über 4 kg Knollen pro Pflanze ernten, doch sie sind groß, sitzen in Gruppen in der Erde und lassen sich nur schwer herausziehen. Schneidet zuerst das Laub zurück und lasst ein Stück Trieb stehen. Das nutzt ihr, um die Knollen damit im Boden zu lockern. Dann hebelt ihr sie mit einer Grabgabel heraus. Beschädigt sie dabei aber nicht, da sie sonst nicht mehr so lange halten.

Lagerung

Unversehrte Knollen lassen sich gut in einem kühlen, trockenen, frostfreien Schuppen oder einem anderen Nebengebäude in Papiersäcken lagern. Sie werden mit der Zeit süßer und bilden eine dickere Schale, die allmählich nachdunkelt und entfernt werden muss, da sie einen bitteren Einschlag bekommt. Esst zuerst die kleinsten Exemplare, denn sie sind am wenigsten haltbar. Rund eine Woche vor dem Verzehr holt ihr die Knollen in die warme Wohnung, damit sie warm und süß werden.

Empfehlenswerte Sorten

'Cajamarca'
'Morado'
'Rojo'

'Morado' (unten)

Rote Bete

Beta vulgaris

Auch bekannt als Rote Rübe oder Rahne

Die vielseitige Wurzel mit der auffälligen Farbe hat einen unverwechselbar kandissüßen, erdigen Geschmack. Obwohl man meist nur die dunkelrote Variante kennt, gibt es sie in allerlei Farben und Formen, etwa als pflaumenblaue Scheibe, schneeweiße Kugel oder lange, spitze Wurzel. Rote Beten sind sehr vitamin- und mineralienreich. Sie enthalten Phytonährstoffe und Antioxidantien und gehören zu den gesündesten Gemüsepflanzen überhaupt.

Geschichte

Die Heimat der Roten Bete ist die majestätische Küstenlandschaft des Mittelmeers. Das Gemüse stammt von der Wilden Rübe (*Beta vulgaris* subsp. *maritima*) ab, die einst von den alten Griechen wegen ihres schmackhaften Laubs gezüchtet und angebaut wurde. Schon zur Römerzeit aber wusste man die Wurzeln zu nutzen, die als wirkungsvolles Aphrodisiakum galten. Im alten Pompeji waren Rote Beten in den erotischen Fresken an den Wänden des Lupanar-Bordells zu sehen. In etwa zu dieser Zeit begann man auch, sie auf größere Rüben hin zu züchten. Die damaligen Formen waren farblich zwischen Cremeweiß und Hellrot bis Violett angesiedelt und hatten viel längere und schlankere Wurzeln als die Roten Beten von heute, ähnelten also eher der pastinakenartigen 'Rouge Crapaudine' (siehe S. 253).

Mitte des 16. Jahrhunderts wurde in ganz Europa die Züchtung größerer, süßerer und wohlschmeckenderer Roter Beten mit weicherer Konsistenz vorangetrieben. Es entstanden neue Sorten wie die riesige Futterrübe, auch Runkelrübe genannt (siehe S. 254), die als Viehfutter eingesetzt wurde, oder die ungewöhnliche, rosa-weiß geringelte und himmlisch süße 'Chioggia'.

Wie man Zucker aus Rüben extrahiert, entdeckte 1741 der deutsche Chemiker Andreas Sigismund Marggraf. Damit legte er den Grundstein für die Gewinnung von Rübenzucker als Alternative zum Rohrzucker, der sich nur in tropischen oder subtropischen Regionen herstellen ließ. Ende des 19. Jahrhundert hatte sich in ganz Europa und Nordamerika die Rübenzuckergewinnung als wichtiger Zweig der industriellen Landwirtschaft etabliert.

In der Küche

Vorbereitung

Will man Rote Beten roh genießen, schält man sie vor dem Hobeln oder Schneiden am besten und gibt etwas Zitronensaft darauf. So senkt man das Risiko allergischer Reaktionen auf die Oxalsäure. Diese natürliche organische Verbindung, die in den Rüben in geringer Menge enthalten ist, kann bei manchen Menschen ein Brennen im Mund oder Halsschmerzen verursachen.

Werden Rote Beten dagegen gekocht, gedämpft oder in Salz gebacken, empfehle ich, sie nicht zu schälen. Das gewährleistet ein gleichmäßiges Garen. Zudem schützt die derbe Schale das Innere, sodass die Nährstoffe, Textur und lebhafte Farbe des Fleisches erhalten bleiben. Nach dem Abkühlen lässt sie sich mühelos ohne Messer oder Gemüseschäler entfernen.

Gerichte

Mit ihrem festen Fleisch, dem intensiven Geschmack und den einnehmenden Farben haben Rote Beten Eingang in viele Länderküchen rund um den Globus gefunden, unter anderem dem skandinavischen *gravlax* aus Lachs mit Roten Beten in der Beize oder dem leicht würzigen Pfannengericht *poriyal* aus Südindien. Man kann ihn mit Hummus, Gnocchi, Nudeln und weiteren Begleitern paaren, die seinen erdigen Geschmack annehmen und – bei Verwendung hell- und magentaroter Sorten – auch das dunkelviolette Pigment, sodass ein optisch ansprechendes Gericht entsteht, das auf der Tafel hervorsticht.

Gut schmecken die Wurzeln ferner im Verbund mit diversen Fisch- und Fleischsorten oder eingelegt, geröstet und in Salaten. Als Saft oder Shakes ergeben sie erfrischende Drinks und sogar in Kuchen bewähren sie sich. Zu den ältesten Rote-Bete-Rezepten zählt die herzhafte Borschtsch-Suppe, die aus der Ukraine stammt, aber auch in anderen baltischen und slawischen Ländern sehr beliebt ist.

Rote Beten eignen sich bestens für die Horstsaat.

Kultur

Vermehrung

Ich empfehle die Aussaat unter Glas (im Folientunnel oder Gewächshaus), denn Vögel naschen nur zu gern von den zarten jungen Blättern. Die knorrigen, knotigen Samen sehen aus wie Rindenkugeln und werden am besten zu viert in die Module von Topfplatten gesät (siehe gegenüber). Manchmal keimen aus einem Samen gleich mehrere Pflanzen. Man sollte sie auf vier bis fünf Keimlinge pro Modul ausdünnen, damit sie Platz haben, sich auszubreiten.

Wer schon im Februar oder März aussäen will, stellt die Saatschalen nach drinnen. Bei Aussaat im Winter sollte man beherzigen, dass die meisten Sorten schossen, bevor die Wurzel groß genug ist, um geerntet werden zu können. Bei späteren Aussaaten ist dieses Risiko geringer.

Etwa 4 Wochen nach der Keimung werden die Horste ins Freie umgesiedelt.

Weitere Pflege

Frühe Kulturen werden am besten mit einem Vlies abgedeckt, damit sie vor Minustemperaturen geschützt sind.

Auf einen Blick

Aussäen Spätwinter–Vollfrühling bei 10–30 °C

Auspflanzen Vollfrühling–Frühsommer

Abstände 30 cm

Ernten Frühsommer

Spätere Sätze müssen eventuell mit einem Drahtgitter vor Vögeln und Hasen geschützt werden. Frisch gepflanzte Rote Beten sollten alle paar Tage gewässert werden, bis sie gut eingewachsen sind – danach kann man bei Trockenheit auf eine Wassergabe alle 3 Wochen reduzieren. Bei Regen muss nicht gewässert werden.

Probleme

Vögel, Hasen (siehe S. 49–51).

Ernte

Wer Rote Beten zieht, kann zweimal ernten, denn auch die Blätter sind essbar und lassen sich wie Mangold oder Spinat verwerten. Ihr könnt sie wie Pflücksalat behandeln und öfter einige Blätter abzupfen, aber ich lasse Pflanzen, von denen ich die Wurzeln ernten möchte, in Ruhe, denn das Entfernen der Blätter führt oft dazu, dass die Wurzeln holzig werden. Kleine Blätter eignen sich für Salate, größere können

In Multitopfplatten ausgesäte Rote Beten (links) sollten ausgedünnt werden, wenn die Keimlinge stark wachsen.

Eine Palette überwältigender Farben und Muster (nächste Seite, links) sowie die älteste Rote-Bete-Sorte 'Rouge Crapaudine' (nächste Seite, rechts).

Runkelrübe

Die Futter- oder Runkelrübe hat in England eine lange Geschichte. Sie wurde schon seit dem 18. Jahrhundert als Viehfutter genutzt und auch zu Spirituosen vergoren. Weniger bekannt ist ihre Verwendung als Sportgerät, etwa bei Runkelrüben-Weitwurfwettbewerben, oder als Dekor für die Punkie Night, ein alljährlich stattfindendes Fest im englischen West Country, für das die Wurzeln wie Halloweenkürbisse ausgehöhlt, geschnitzt und zu Laternen umfunktioniert werden. Dabei schmecken Runkelrüben sogar ausgezeichnet, sofern man die zarten Wurzeln jung und süß erntet. Obendrein sind sie ausgezeichnete Nährstofflieferanten.

gekocht werden. Sämtliche Rote Beten müssen vor dem Frühwinter aus der Erde, denn Frost verwandelt sie in Matsch. Als Erstes werden die größten Exemplare jedes Horsts aus der Erde geholt – den Rest lässt man noch ein bisschen wachsen. Drückt die Wurzeln einfach leicht nach unten und zieht sie mit einer Drehbewegung heraus, um den Boden so wenig wie möglich zu stören.

Lagerung

Entfernt das Laub und streift vorsichtig anhaftende Erdreste ab. Zu stark gesäubert oder gar gewaschen sollte die Rübe nicht werden, denn damit löst man die feine, wächserne äußere Schicht und die Erde ab, die die Beten länger frisch halten.

Mit nassem Schlamm überzogene Wurzeln kann man trocknen, bevor man den Schmutz entfernt. Nach dem groben Säubern werden die Roten Beten am besten in eine Kiste oder einen Sack gelegt und in einem dunklen, frostfreien Schuppen oder anderen Nebengebäude gelagert. Die größten Rüben halten sich am längsten, weshalb man sich zuerst über die kleineren hermachen sollte.

Empfehlenswerte Sorten

'Albina Vereduna' Die elfenbeinfarbene, runde alte Sorte aus den Niederlanden wurde im 18. Jahrhundert oder sogar noch früher gezüchtet. Sie hat einen nicht so erdigen Geschmack wie ihre dunkelroten Cousinen und ist wesentlich süßer als sie – so süß, dass man daraus sogar Zucker herstellen kann. Sie eignet sich gut zum Kochen, vor allem mit helleren Zutaten wie Fisch oder Geflügel kombiniert, denn sie verfärbt ihre Nachbarn nicht.

'Bull's Blood' Von der um 1840 aus der alten 'Rouge Crapaudine' (siehe gegenüber) in den Niederlanden gezüchteten Sorte werden oft die weinroten Blätter für Salate genutzt. Die blutroten Wurzeln eignen sich bestens als Babybeten, denn in jungem Zustand schmecken sie voller und süßer. Eine hübsche Pflanze, die sogar als Ziergewächs verwendet werden könnte.

'Cheltenham Green Top' Eine der besten Roten Beten, die ich je gegessen habe. Sie wurde in den 1880er-Jahren in der englischen Grafschaft Gloucestershire gezüchtet und hat längliche, spitz zulaufende, dunkelrote Wurzeln, die bis zu 25 cm lang werden können und einen schönen Kontrast zum hellgrünen Laub bilden. Die Sorte lässt sich gut lagern und verliert ihren herausragenden Geschmack selbst nach längerer Lagerung nicht.

'Chioggia' ('Candy') Die im 19. Jahrhundert oder sogar noch früher in dem kleinen italienischen Fischerdorf Chioggia in der Lagune von Venedig entstandene Sorte ist die vielleicht auffälligste aller Roten Beten. Sie hat konzentrische, abwechselnd milchweiße und rosarote Ringe und einen zuckersüßen, mild erdigen Geschmack.

'Covent Garden Red' Die seltene britische Züchtung wurde nach dem berühmten Londoner Markt benannt, wo sie einst in großer Zahl verkauft wurde. Sie ist seit mindestens den 1880ern bekannt und hat rotviolette Wurzeln mit festem, saftigem Fleisch.

'Crosby's Egyptian Flat' Sie gehört zu den frühesten Sorten und ist eine verbesserte Version der 'Egyptian Flat', von der sie abstammt und die noch heute von Saatgutanbietern bezogen werden kann. Gezüchtet wurde sie um 1860 in Boston auf große, abgeflachte Rüben mit glatter Schale hin. Früher waren flache Rote Beten sehr verbreitet, doch heute sind sie seltener geworden, da sie sich aufgrund ihrer Form schwerer maschinell ernten lassen.

'Cylindra' ('Formanova') Die alte Dänin aus dem 19. Jahrhundert zeichnet sich durch eine besonders weiche Konsistenz aus. Wegen ihrer langen, zylindrischen Form lässt sie sich leicht in einheitlich große Scheiben schneiden. Geerntet werden die Wurzeln am besten noch relativ klein, denn dann sind sie am zartesten. In Dänemark wird 'Cylindra' traditionell eingelegt und als Aufstrich mit Pâté auf *smørrebrød* (ein belegtes Brot) eingesetzt.

'Detroit Dark Red' Die in Michigan gezüchtete und erstmals 1892 verkaufte Züchtung gehört unter Hobby- und Marktgärtnern zu den beliebtesten Sorten. Sie wächst rasch, lässt sich hervorragend als Babybete ernten und schmeckt auch roh bestechend gut. Zudem gehört sie zu den dunkelsten Beten. Auffallend an den glatten, runden Wurzeln sind die fehlenden Ringe.

'Yellow Intermediate Mangel'

'Dobbies Purple' Die alte schottische Sorte aus dem 19. Jahrhundert ist nur noch schwer aufzutreiben. Wenn man sie lang genug wachsen lässt, bildet sie eine lange, dicke, bis 1,5 kg schwere Wurzel. Trotz ihrer Größe aber bleibt sie zart und verholzt nicht.

'Early Blood Turnip' Eine der ältesten erhaltenen Rote-Bete-Sorten, die jedoch inzwischen vom Aussterben bedroht ist. Ihre knorrigen, violetten Wurzeln tragen dunkelgrüne Blätter mit auffällig rotem Stiel. Im frühen 19. Jahrhundert gelangte sie von Osteuropa aus in die USA und angeblich sogar in den Besitz von Präsident Thomas Jefferson, der sie in einem Gemüsegarten auf Monticello, seiner Plantage in Virginia, anbaute. Sie hat einen komplexen Geschmack, der mit einem Anflug von Gewürzen beginnt, dann eine säuerliche Note zeigt und voll und erdig ausklingt. Die verlässliche Sorte verträgt Kälte und lässt sich bis zu 8 Monate lagern.

'Golden Detroit' Eine satt goldgelbe, unglaublich süße und zarte Bete. Sie entstand in den 1820er-Jahren und wurde aus einer noch älteren Sorte, der 'Golden Beet', abgeleitet. Beliebt wurden goldgelbe Beten aber erst um 1940, als das US-Saatgutunternehmen Burpee 'Burpees Golden' herausbrachte.

'Lutz' Die alte deutsche Sorte stand bei den Amischen und Mennoniten hoch im Kurs und gelangte Ende des 18. und Anfang des 19. Jahrhunderts mit ihnen in die USA. Ihre süßen rosa Wurzeln können stattliche Ausmaße erreichen, ohne dass sich das nachteilig auf Geschmack oder Konsistenz auswirken würde. Die großen Blätter an roten Stielen lassen sich als Blattgemüse einsetzen und ähneln geschmacklich Spinat und Mangold. Die auch 'Winter Keeper' genannte Sorte gilt oft als die lagerfähigste Rote Bete.

'Mr McGregor's Favourite' Die schottische Sorte wurde vielleicht nach dem griesgrämigen Gemüsegärtner

'Bull's Blood'

Mr. McGregor in Beatrix Potters *Geschichte von Peter Hase* (1901) benannt. Sie ist sehr selten und galt zeitweise als ausgestorben. Die Wurzel sieht wie eine lange, violette Möhre mit einem Schopf aus glänzenden, speerförmigen, rotbraunen Blättern aus und besticht durch einen traditionell erdigen, typischen Rote-Bete-Geschmack.

'Rouge Crapaudine' Die älteste noch erhältliche Rote-Bete-Sorte stammt aus Frankreich und wird angeblich seit über 1000 Jahren angebaut. Sie hat lange, spitz zulaufende Rüben und gehört zu den Züchtungen mit dem tiefgründigsten, erdigsten Geschmack überhaupt. Der Name bedeutet wörtlich »rote Kröte«. In Frankreich werden die Wurzeln traditionell ganz über offenem Feuer geröstet und anschließend geschält, um das auffällig violette, von einer Rauchnote veredelte Fleisch freizulegen.

'Yellow Intermediate Mangel' Die aus dem 19. Jahrhundert stammende, alte französische Sorte wurde zunächst als Viehfutter angebaut. Allerdings stellte man bald fest, dass die schönen Wurzeln mit ihren weiß-gelben Ringen, dem süßen und saftigen Geschmack und der weichen Konsistenz auch dem Menschen schmecken.

Möhre

Daucus carota subsp. *sativus*

Heißt auch Mohrrübe, Karotte oder Gelbe Rübe

Möhren sind ein Klassiker im Gemüsebeet. Sie bringen Frohsinn ins Grün und bezaubern selbst dann, wenn sie schief gewachsen sind. Besonders faszinieren an ihnen die lebhaften Farben und der komplexe Geschmack alter Sorten. Es ist immer spannend, die üppige Wurzelschar aus der Erde zu holen. Köche schätzen sie als Herz und Seele vieler kulinarischer Highlights.

Geschichte

Die Wilde Möhre ist in Europa, Asien, dem Nahen Osten und dem Mittelmeerraum beheimatet. Domestiziert wurde sie vermutlich im alten Persien, speziell auf dem Gebiet des heutigen Afghanistan, Iran und Usbekistan, doch deutet einiges darauf hin, dass eine Kulturform der Wilden Möhre schon im alten Griechenland und Rom bekannt war. Die Hellenen nannten sie *phíltron*, »Liebeszauber«. Sie glaubten, dass Möhren stark aphrodisierende Wirkung hatten. Männer mache sie, so hieß es, zu leidenschaftlicheren Liebhabern, Frauen unterwürfiger und promisker. Das überzeugte auch den römischen Kaiser Caligula im 1. Jahrhundert: Er zwang den gesamten Senat, Möhren zu essen, in der Hoffnung, ihn damit zu Orgien zu verleiten oder, wie er es beschrieb, »brünftig wie Tiere« zu sehen.

Die heute gebräuchliche Kulturform der Möhre gelangte mit arabischen Händlern über die Seidenstraße in den Mittelmeerraum, nach Ostafrika und Westasien. Es gab Varianten in unterschiedlichen Farben, von Cremeweiß über Dunkelviolett bis Gelb. Die orange Form mit einem hohen Anteil Beta-Carotin entstand wohl im Holland des 17. Jahrhunderts. Angeblich züchteten Gärtner sie dort gezielt auf die Farbe, um Wilhelm von Oranien, der 1689 den Thron von England, Schottland und Irland bestieg, ihre Reverenz zu erweisen, aber auch als Symbol des holländischen Freiheitskampfs gegen die spanische Herrschaft. So wurde die orange Möhre immer wieder mit dem Haus Oranien assoziiert und im späten 17. Jahrhundert in den Niederlanden überall angebaut.

Zweifellos enthält die Wurzel Inhaltsstoffe, die gut für die Augen sind, aber der Glaube, dass sie die Nachtsicht verbessere, geht auf Propaganda im Zweiten Welt-

'Manpukuji' ist eine Sorte von beeindruckender Länge. Sie braucht tiefgründige Böden.

Auf einen Blick

Aussäen Vollfrühling (frühe Sorten), Frühsommer (mittelfrühe), Hochsommer (späte) bei 8–30°C

Abstände 5–10 cm (nach dem Ausdünnen) mit 20–30 cm Reihenabstand

Ernten
Frühsommer–Spätherbst

Das fiedrige Laub der Möhren ist schon kurz nach dem Austrieb unverkennbar.

krieg zurück. Das britische Luftfahrtministerium wollte die Erfindung und den Einsatz des Radars vor den Deutschen geheim halten und gab Presseerklärungen heraus, wonach britische Piloten durch den Verzehr großer Mengen von Möhren in der Nacht besonders gut sehen und deshalb Ziele auf deutschem Boden exakter treffen würden. Auch Hasen schreibt man eine besondere Vorliebe für die Wurzel zu, was dem legendären Bugs Bunny zu verdanken ist, der ständig an einer kaute. Allerdings ist auch der Hang der Langohren zur Möhre ein Mythos. Sie mögen zwar das Kraut, doch die Wurzel gehört nicht zu ihrem natürlichen Nahrungsspektrum. In freier Wildbahn fressen sie vorwiegend Gräser, Kräuter und Blätter.

In der Küche

Vorbereitung

Möhren sind das ideale Übungsmaterial zum Verbessern der Messer- und Schneidetechniken in der Küche. Ich empfehle zwei Methoden: den Schräg- und den Rautenschnitt. Beide verleihen Gerichten Klasse und beeindrucken Gäste. Der besonders in der asiatischen Kochkunst übliche Schrägschnitt liefert längliche Stücke mit diagonaler Schnittfläche. Die ganze Möhre wird in einem 45°-Winkel geschnitten, dann dreht man sie um ein Viertel, bevor man den nächsten Schnitt ansetzt. Beim Rautenschnitt entstehen elegante Diamantformen, da man Rechtecke zurechtschneidet, die dann noch einmal schräg geschnitten werden. Dabei fällt jedoch viel Abfall an, den man am besten für Suppen und Brühen verwendet.

Gerichte

Eine knackige rohe, erdig süße Möhre mit einem Tick Anis verleiht Speisen Frische und Biss. Anders als das meiste Wurzelgemüse sind Möhren frisch aus der Erde außerordentlich süß und wohlschmeckend, weshalb sie ganz, gerieben oder als Crudités mit cremigem Hummus oder saurem Zaziki genossen werden können. Gekocht indes sind sie noch vielseitiger und werden auf ein komplett anderes Geschmackslevel gehoben. Dank ihres einnehmenden Geschmacks finden sie sich in unzähligen Gerichten, etwa würzigen Suppen, reichen, cremigen Pürees und glasierten Allerleis aus gerösteten Wurzeln.

Ein vielgestaltiges Gemüse

Wer Möhren sagt, meint meist die langen Wurzeln, dabei gibt es sie in vielerlei Formen, angefangen von golfballgroßen Kugeln bis hin zu großen Herzen. Manche sind so klein und dünn wie kleine Finger. Nicht weniger groß ist die Bandbreite ihrer Farben. Sie reicht vom vertrauten Orange über Scharlachrot und Elfenbeinweiß bis zu Violett und Kanariengelb.

»Anders als das meiste Wurzelgemüse sind Möhren frisch aus der Erde außerordentlich süß.«

Kinpira gobo heißt eine traditionelle japanische Beilage, für die dünn geschnittene Möhren und Klettenwurzeln in Sojasauce, Mirin, Zucker und Chilis in der Pfanne angebraten werden, ohne ihren Biss zu verlieren. Zum Schluss garniert man sie mit Sesam und Frühlingszwiebeln. Ihren Namen hat die Speise vom japanischen Volkshelden Kinpira-sama, der für sein feuriges Temperament berühmt war.

Zimmes heißt ein Eintopf der askenasischen Juden, der meist aus zarten Möhren und getrockneten Früchten wie Pflaumen und Rosinen zubereitet wird und dadurch recht süß sowie etwas säuerlich ausfällt. Oft kommt weiteres Wurzelgemüse dazu, das dem herzhaften Gericht Geschmackstiefe und Textur gibt. Manche Köche fügen sogar Fleischstücke hinzu, damit es besser sättigt. *Zimmes* wird traditionell zum Rosh Hashanah gereicht und steht für die Hoffnung auf ein glückliches neues Jahr.

Dank ihrer Süße findet sich die Möhre zudem in vielen Kuchen, Brötchen und Cookies wieder. In Nordindien entsteht durch langsames Kochen geriebener Möhren in einer Mischung aus Butterschmalz, Milch, Zucker und allerlei duftenden Gewürzen einschließlich Kardamom und Zimt das traditionelle *gajar ka halwa*, eine cremige Süßspeise. Sie wird mit Mandeln, Pistazien und Rosinen garniert und bei Hindufeierlichkeiten wie Diwali, Holi und Raksha Bandhan warm serviert.

Kultur

Vermehrung

Für die Aussaat von Möhren gibt es zwei Zeitfenster. Bei guter Planung kann man den ganzen Sommer und Herbst hindurch frische Wurzeln ernten und sie sogar noch für den Winter einlagern. Möhren gehören zu den wenigen Nutzpflanzen, für die ich

Möhren profitieren von Studentenblumen als Begleitpflanzen (siehe S. 40).

9¾

'Pusa Asita' und
'Dragon' (gegenüber),
'Little Finger' (oben)

Direktaussaat empfehle, denn die Aussaat in Topfplatten oder Saatschalen hemmt ihr Wachstum oder staucht sie sogar, was die Ernte beträchtlich schmälert.

Zieht mit einem Pflanzholz etwa 2 cm tiefe Rillen in die Erde. Je enger die Rillen beieinander liegen, desto kleiner fallen die Möhren aus. Trockene Böden besprüht man vor dem Aussäen mit Wasser. Streut die Samen dünn in die Rillen. Zwei bis drei Körnchen pro Zentimeter sind ideal, dichter sollte man nicht säen. Dann werden die Rillen wieder vorsichtig mit Erde gefüllt, die man etwas andrückt, damit die Samen guten Bodenkontakt haben. Möhren keimen langsam. Sobald sie austreiben, sind sie sehr anfällig für Schädlingsfraß, ich decke sie daher immer mit einem Netz oder Vlies ab. Das lohnt sich besonders bei frühen Aussaaten, da sie dann zusätzlich etwas vor den Elementen geschützt sind.

Regnet es länger nicht, wässert man die Kulturen, bis sie aufgehen und kräftig wachsen. Nach dem Keimen muss zudem vorsichtig gejätet werden, damit die empfindlichen Würzelchen unversehrt bleiben.

Weitere Pflege

Sobald die Pflänzchen 6–8 cm hoch sind bzw. rund 3 Wochen nach dem Keimen kann man mit dem Ausdünnen anfangen. Wässert die Fläche zunächst gründlich, damit sich die Pflanzen gut auszupfen lassen, und entfernt dann die schwächlichsten Sämlinge. Dünnt so weit aus, dass 2–3 cm Abstand zwischen den verbliebenen Möhren bleiben. Nach weiteren 3–4 Wochen wiederholt man das Ganze, dünnt aber diesmal auf 5–8 cm aus. (Dabei fallen vielleicht schon einige Babymöhren an, die eingelegt hervorragend schmecken.) Möhren müssen selten regelmäßig gewässert werden, aber im Früh- und Hochsommer, wenn sie einwachsen oder es längere Zeit nicht regnet, schadet ihnen etwas zusätzliche Flüssigkeit nicht. Sobald die Wurzeln merklich dicker werden, darf jedoch nicht mehr gewässert werden, denn trockene Bedingungen liefern wesentlich süßere Möhren mit konzentrierterem Geschmack.

»Es ist immer spannend, die üppige Wurzelschar aus der Erde zu holen.«

Probleme

Vögel, Möhrenfliege, Hasen, Schnecken (siehe S. 49–51).

Ernte

Frühe Aussaaten sollten vor Ende Juni geerntet werden, späte vor den ersten schweren oder langen Frösten. Ob Möhren erntereif sind, erkennt man daran, dass sie aus dem Boden herauszuragen beginnen. Sieht man den Wurzelhals noch nicht, kann man um den Hals herum im Boden ertasten, ob die Möhre schon groß genug ist. Aus feuchten Böden lassen sich Möhren leichter hervorholen, wässert das Beet bei Bedarf vorher also. Die größten Wurzeln müssen zuerst heraus, damit sie kleineren Nachbarn Platz machen. In der Regel reicht es, sie am unteren Ende der Blätter festzuhalten, sie etwas hin und her zu wackeln und dann herauszuziehen. Für größere Möhren braucht man eventuell eine Handschaufel.

Lagerung

Frühe Sorten können frisch geknabbert werden, spätere eignen sich besser zum Einlagern. Unter optimalen Bedingungen halten sie sich über 4 Monate. Schneidet vor dem Einlagern das Kraut ab, steckt die Wurzeln ungewaschen in Kartoffelsäcke aus Papier oder Sandkisten und deponiert sie in einem Nebengebäude.

Früh

'Chantenay Red Cored' Chantenay-Möhren haben dicke, kegelförmige Wurzeln. Sie wurden um 1830 im Nordwesten Frankreichs gezüchtet. 'Chantenay Red Cored' ist eine Entwicklung des amerikanischen Saatgutherstellers C. C. Morse & Co., der eine Möhre mit dunkelrotem statt wie üblich hellgelbem Kern auf den Markt bringen wollte. Sie kam 1930 in Umlauf und wurde im Katalog des Unternehmens so beschrieben: »Wenn man die neue Karotte zum ersten Mal aus der Erde zieht, will man sie an Ort und Stelle verzehren.« Sie ist eine der besten Chantenay-Möhren und gedeiht in verschiedensten Bodentypen.

'Danvers 126 Half Long' Eine zeitlose alte US-Sorte, die schon seit den 1870er-Jahren in Kultur ist und mit der Zeit immer weiter verbessert wurde. Um 1940 stellte der Eastern States Farmers' Exchange den »Strain 126« mit satterem Orange, glatterer Schale, gleichförmigeren Wurzeln und einem signifikant höheren Ertrag als die Vorgängerin vor. Die Sorte ist bekannt für ihre Anpassungsfähigkeit und Verlässlichkeit. Ihre dicken Wurzeln haben einen intensiven, süßen Geschmack, der die Augen jedes Möhrenliebhabers zum Leuchten bringt.

'Early Scarlet Horn' Die älteste gewerblich gezüchtete Sorte, die noch auf dem Markt ist. Sie entstand in der niederländischen Stadt Hoorn und wurde vor allem im 17. Jahrhundert auf den Amsterdamer Märkten feilgeboten. Ihre kurzen, gedrungenen, kräftig orangen Wurzeln haben eine kurze Reifezeit und eignen sich daher bestens für frühe Aussaaten.

'Little Finger' Eine schnell reifende, Babymöhre aus Frankreich, die speziell zum Einlegen als Ganzes gezüchtet wurde. Die Miniwurzeln werden seit Jahrhunderten angebaut. Sie sind zwar nur klein, aber sehr geschmacksintensiv und der perfekte Snack frisch aus der Erde. Eignen sich für die frühe Aussaat.

'Parisian Market' Eine kleine alte Sorte aus Frankreich – kugelrund und nur 5 cm im Durchmesser. Sie bietet sich für schwierige Bedingungen an, etwa für flachgründige, tonige oder felsige Böden und Töpfe. Die süßen, zarten, saftigen Wurzeln mit glatter Schale werden gern als Ganzes in Salaten, Eintöpfen und in Schmorgerichten verwendet. Dank ihrer ungewöhnlichen Form bringen sie ein originelles Element ins Spiel und sind damit gerade bei Kindern beliebt. Der Legende zufolge wurden Pariser Möhren speziell auf geringe Größe und rasches Wachstum gezüchtet, denn sie mussten in Fensterkästen passen. In einer so dicht bevölkerten Stadt wie Paris, wo viele in kleinen Wohnungen ohne Garten leben, sind Fensterkästen eine praktische Möglichkeit, Blumen, Kräuter und Möhren anzubauen.

'Touchon' Schnell reifende, alte französische Sorte aus dem 18. Jahrhundert. Sie bildet lange, süße, knackige, dunkelorange Wurzeln ohne Kern mit fabelhaftem Geschmack und ist roh wie gekocht ein Genuss. Eine hervorragende Züchtung für frühe Aussaaten.

Mittelfrüh

'Blanche à Collet Vert' Diese schöne alte Sorte aus Belgien liefert elfenbeinweiße Wurzeln mit grüner Schulter. Sie wurde im 19. Jahrhundert zunächst als Viehfutter gezüchtet, gilt inzwischen aber als schmackhafteste unter den weißen Sorten. Die langen, spitz zulaufenden Wurzeln offenbaren einen typischen Möhrengeschmack, vor allem nach dem Kochen.

'Jaune Obtuse du Doubs' Eine schön goldgelbe, dicke, spitz zulaufende

Süße, frisch geerntete Möhren sind verglichen mit ihren wässrigen Verwandten aus dem Supermarkt eine wahre Offenbarung.

Möhre mit grüner Schulter. Sie entstand im 19. Jahrhundert in einem kleinen Gebirgstal in der Nähe des französischen Flussstädtchens Doubs an der Grenze zur Schweiz und wurde zunächst als Viehfutter genutzt. Weil die leicht pikante Sorte aber so gut schmeckte, vor allem in gekochtem Zustand, fand sie irgendwann Eingang in die Küche. Sie ist gut lagerfähig.

'Kuroda' Eine kleine, süße, ungewöhnlich saftige Version der Chantenay-Möhre, in den 1950er-Jahren in Japan entwickelt und verfeinert. Sie ist robust und passt sich gut an schwierige Bedingungen an. Die dunkelorangen, gedrungenen, dicken Wurzeln eignen sich hervorragend zum Entsaften.

'Küttiger' Eine seltene weiße Möhre, die über Handelswege aus Afghanistan nach Europa gelangte und seit dem 15. Jahrhundert dort angebaut wird. Sie machte einen bedeutenden Teil der Möhrenproduktion aus, bis orange Formen ihren Siegeszug antraten. Nur Bauern in der ländlichen Schweiz hielten über 300 Jahre lang unbeirrt an ihr fest. Die stämmige Wurzel mit breiten Schultern ist sehr gut lagerfähig.

'Kyoto Red' Eine äußerst gefragte Sorte, die aber außerhalb Japans schwer aufzutreiben ist. Ihre köstlichen, auffällig roten Wurzeln haben einen sehr guten, fruchtigen Geschmack und eine exquisite Textur, womit sie zu den besten Möhren auf dem Markt gehören. In Japan werden sie gern bei Neujahrsfeierlichkeiten genossen. Man schnitzt sie dort zu Blütenformen, *umebachi*, was Fruchtbarkeit symbolisiert und Glück bringt. Ihre Farbe wird noch kräftiger, wenn sie im Kühlen wächst, sodass sie eher spät im Jahr ausgesät wird. Die dicken, ungewöhnlich langen Wurzeln können erstaunliche Dimensionen erreichen.

'Muscade' Eine köstliche, relativ seltene Nordafrikanerin mit dicken, gedrungenen, zylindrischen Wurzeln in schönstem Orange. Die Sorte ist wärmetolerant, hat eine hervorragend knackige Konsistenz und schmeckt umwerfend gut. Eine Allrounderin.

'Rouge Sang' Eine rare, historische französische Edelsorte mit einer grandiosen Färbung, die vom satten Braunviolett der Schulter nach unten zu in ein warmes, einladendes Sonnenuntergangsorange übergeht. Die winterharte, robuste, halblange Züchtung überzeugt durch süßen Geschmack und zieht mit ihrer ungewöhnlichen Färbung auf der Speisetafel alle Blicke auf sich.

'St Valery' Eine exquisite, hellorange Möhre, die unter Erzeugern enorme Popularität erlangt hat. Schon 1885 wies das berühmte französische Saatgutunternehmen Vilmorin darauf hin, dass sie in Frankreich bereits seit langer Zeit angebaut würde. Die ertragreiche, verlässliche alte Züchtung bildet große Wurzeln und eignet sich hervorragend zum Einlagern den Winter über. Wegen ihrer Süße und knackigen, aber zarten und saftigen Konsistenz eignet sie sich auch zum Entsaften.

Spät

'Dragon' Eine außen violette, innen dunkelorange Sorte mit intensivem Geschmack und fast würziger Süße. Entwickelt wurde sie von dem Genetiker und Züchter Dr. John Navazio.

'Gniff' Eine ganz und gar ungewöhnliche Möhre mit fast psychedelischem Äußeren. Das dunkelviolette Fleisch

'Gniff'

'Pusa Asita'

wird nach innen zu immer heller bis hin zum cremeweißen Kern. Die alte Sorte stammt aus dem Schweizer Tessin, wo sie traditionell in Öl und Essig eingelegt und mit Knoblauch sowie aromatischen Kräutern gewürzt wird. Entdeckt wurde die seltene Züchtung in den 1950er-Jahren auf einem Markt im Dorf Bré bei Lugano. 'Gniff' wächst langsam, schmeckt würzig-pikant und hat eine fleischige, faserige Textur. Sie bietet ein ganz neues Geschmackserlebnis und wird am besten gekocht genossen.

'Guérande' Die großartige alte französische Sorte, auch 'Ochsenherz' genannt, steht wegen ihrer massigen Form in hohem Ansehen: Ihre Wurzeln sind mitunter so breit wie lang. Ihr Ursprung lässt sich bis ins 19. Jahrhundert zurückführen. Sie wird für ihren außergewöhnlichen Geschmack und die exzellente Lagerfähigkeit geschätzt, ist vielseitig, resilient und frosthart und gedeiht in den meisten Böden.

'Manpukuji' Die ungewöhnliche Möhre kann unter optimalen Bedingungen enorme Ausmaße erreichen. Sie ist ein Abkömmling der langen Formen, wie sie während der japanischen Edo-Zeit (1603–1868) geschätzt wurden. Benannt wurde sie nach einem Tempel in Kyoto, der der Legende nach Glück bringt, denn glücklich macht sie angeblich auch alle, die

Sorte	Typ	Reifezeit	Farbe	Durchschnittliche Länge
'Chantenay Red Cored'	früh	65 Tage	orange	12 cm
'Danvers 126 Half Long'	früh	75 Tage	orange	15 cm
'Early Scarlet Horn'	früh	65 Tage	orange	10 cm
'Little Finger'	früh	60 Tage	orange	8 cm
'Parisian Market'	früh	50 Tage	orange	5 cm
'Touchon'	früh	65 Tage	orange	15–20 cm
'Blanche à Collet Vert'	mittelfrüh	75 Tage	weiß	25–35 cm
'Jaune Obtuse du Doubs'	mittelfrüh	75 Tage	gelb	20–30 cm
'Kuroda'	mittelfrüh	75 Tage	orange	12 cm
'Küttiger'	mittelfrüh	75 Tage	weiß	20 cm
'Kyoto Red'	mittelfrüh	85 Tage	rot	30–40 cm
'Muscade'	mittelfrüh	75 Tage	orange	15–20 cm
'Rouge Sang'	mittelfrüh	75 Tage	mehrfarbig	15 cm
'St Valery'	mittelfrüh	75 Tage	orange	25–30 cm
'Dragon'	spät	85 Tage	mehrfarbig	12 cm
'Gniff'	spät	95 Tage	mehrfarbig	15 cm
'Guérande'	spät	85 Tage	orange	12 cm
'Manpukuji'	spät	85 Tage	orange	80–150 cm
'Pusa Asita'	spät	95 Tage	violett	15–20 cm
'Uzbek Golden'	spät	85 Tage	gelb	15 cm

sie anbauen und konsumieren. Im traditionellen Neujahrsgericht *namasu* hat sie ihren festen Platz. Der Salat aus geriebenen Möhren und Daikon-Rettichen, die in Essig mariniert werden, symbolisiert Glück und Wohlstand für das kommende Jahr. Die Sorte ist erste Wahl für alle, die gern Riesengemüse anbauen. Ich ziehe sie in einer alten Wassertonne ohne Boden in einer Mischung aus Sand und Erde. So haben die Wurzeln reichlich Platz und entwickeln sich zu leicht zu erntenden Riesen.

'Pusa Asita' Die ungewöhnliche indische Sorte fällt durch ihre auberginenschwarze Farbe ins Auge. Die verdankt sie der hohen Konzentration des Pigments Anthocyanin, das sie beim Schneiden förmlich bluten lässt. Die langen, spitzen Wurzeln gedeihen auch in heißen Klimazonen und beeindrucken durch einen reichen, erdigen Geschmack, der anders ist als der von orangen Formen.

'Uzbek Golden' Eine kanariengelbe Sorte mit auffallend kurzer, dicker Wurzel. Sie hat viel natürliche Süße und schmeckt roh und gekocht. Die alte Sorte aus Usbekistan wird in der Küche ihrer Heimat für *plov* verwendet, ein herzhaftes Gericht aus Reis, Möhren, Fleisch und Gewürzen. Sie ist vielseitig, robust und liefert selbst in schwierigen Böden köstlich süße Wurzeln.

'Del Veneto'

Knollen-sellerie

Apium graveolens var. *rapaceum*

Heißt in anderen Ländern Céleri-rave, Celeriac, Knob celery oder Sedano rapa

Die knotigen, knorrigen Knollen mit Erdanhaftungen gelten als die hässlichen Entlein der Gemüsewelt. In der Küche aber trumpfen sie auf, vereinen karamellige und nussige Noten mit einem Hauch Anis. Knollensellerie gilt als eine der am schwierigsten anzubauenden Gemüsepflanzen. Schon die Aussaat ist schwierig, außerdem verlangen die Knollen fruchtbare Erde und eine lange Saison.

Geschichte

Die Geschichte des Knollenselleries ist eng mit der des Staudenselleries verbunden, entstammen beide doch dem gleichen Sumpfgewächs vom Mittelmeer. Schon die alten Ägypter, Griechen und Römer nahmen vermutlich frühe Formen des Staudenselleries als Arzneikraut zu sich. Einen hohen Stellenwert als Nahrungsmittel bekam der Knollensellerie im Mittelalter. Als exquisite Zutat für die Feinschmeckerküche erwähnt wurde er erstmals im Frankreich des 17. Jahrhunderts. Botanisch gesehen sind die Knollen gar keine Knollen, sondern Rüben, die sich aus dem Hypocotyl entwickeln, also dem Teil der Sprossachse unterhalb der Blätter und direkt über dem Wurzelsystem. Heute wird Knollensellerie in aller Welt angebaut, einschließlich Mittelamerika, Europa und Asien. Nach wie vor aber ist er ein unterschätzter, viel zu wenig gewürdigter Held des Gemüsereichs.

In der Küche

Vorbereitung

Trotz seines fast prähistorischen Aussehens lässt sich Knollensellerie einfach verarbeiten. Am besten schält man ihn mit einem scharfen Messer und nimmt dabei in Kauf, dass ein Teil des Fleisches mit verloren geht. Geschälte Knollen verfärben sich rasch, weshalb man die Stücke gleich anschließend in eine Schüssel mit kaltem Wasser legen sollte, in die man einen Spritzer Zitronensaft oder Weißweinessig gegeben hat.

Gerichte

Knollensellerie ist sehr vielseitig. Er hat einen vollen, wärmenden Geschmack, eine schmeichelnde Süße und gekocht eine fleischige Konsistenz. Zugleich eignet er sich für mehr als nur herzhafte Eintöpfe und Schmorgerichte. Roh bleibt er fest und knackig und steuert eine erdige Note bei, dank der er sich für Wintersalate andient, etwa die einfache, klassische Sellerieremoulade der Franzosen. Der Schlüssel zu einer guten Remoulade besteht darin, den Knollensellerie dünn zu stifteln. Das traditionelle Dressing fordert noch Mayonnaise, Senf, Zitronensaft und Gewürze ein – ich füge außerdem geriebenen Apfel und geröstete Walnüsse hinzu, damit sie extrasüß wird und Biss bekommt. Selleriepüree ist eine herrlich nussige Alternative zu Kartoffelbrei. Besonders süß, cremig und exquisit wird es, wenn man kleine Selleriewürfel fünf Minuten in viel Butter dünstet und anschließend in Sauermilch köcheln lässt, bis sie weich sind. Trennt die Würfel von der Flüssigkeit, püriert sie und gebt die Milch wieder nach und nach dazu, bis das Püree die gewünschte Konsistenz hat. Ein Spritzer Zitronensaft sorgt für Schwung und federt die Fülle ab.

Kultur

Vermehrung

Die Samen sind sandkorngroß und keimen nur schwer. Beste Ergebnisse erzielt ihr, wenn ihr sie direkt auf feuchte Erde streut und nicht mit Erde bedeckt, da sie Licht brauchen. Stellt die Saatschalen drinnen auf eine Fensterbank oder eine Heizmatte und deckt sie mit einer durchsichtigen Haube ab. Erwischt Kälte die Sämlinge, kann es sein, dass sie vorzeitig blühen. Damit die Erde feucht bleibt, wird sie nach Bedarf mit einer Sprühflasche feucht gehalten. Etwa 10 Tage nach der Aussaat nimmt man die Abdeckung ab. Sobald die Sämlinge die ersten echten Blätter tragen, was nach rund 3 Wochen der Fall ist, pikiert ihr sie in Topfplatten mit großen Modulen oder in kleine Einzeltöpfe. Die Jungpflanzen bleiben im Folientunnel oder Gewächshaus, bis es im Spätfrühling wärmer wird, dann können sie in den Garten umgesetzt werden.

Knollensellerie braucht schwere, nährstoffreiche, feuchtigkeitsspeichernde Böden. Wenn ihr wie ich leichte, stark durchlässige Böden habt, solltet ihr sie dick mulchen. Pflanzt die Setzlinge tief und wässert sie gründlich.

Auf einen Blick

Aussäen Vorfrühling–Vollfrühling bei 15–20 °C

Auspflanzen Spätfrühling–Frühsommer

Abstände 30 cm

Ernten zweite Herbsthälfte

Weitere Pflege

Knollensellerie braucht viel Feuchtigkeit, um ordentlich zuzulegen. Jungpflanzen müssen gut gewässert werden, vor allem bei Trockenheit. Kalkige und sandige Böden müssen häufiger gewässert werden als schwere Böden, vor allem wenn die Knollen im Spätsommer und Herbst schwellen. Blattläuse werden immer sofort weggespritzt oder -gebürstet. Ältere Blätter schneidet ihr ab. Das fördert die Entwicklung der Knolle und hält Schnecken fern.

Probleme

Blattläuse, Selleriefliege, Sellerie-Blattfleckenkrankheit, Schnecken, Asseln (siehe S. 49–51).

Ernte

Nach mindestens 6 langen Monaten sind die Knollen Mitte Oktober endlich reif für den Kochtopf. Man kann sie nach Bedarf ernten, aber bis zum Herbstende sollten sie alle aufgenommen werden, da sie anfällig für Krankheiten und Schädlinge wie Schnecken und Asseln werden.

Um den Boden nicht zu stören, sollte man die Knollen nicht einfach herausziehen. Hebelt sie lieber mit einer Handschaufel heraus und durchtrennt dabei das dicke, wirre Wurzelsystem möglichst bodennah mit einem Messer. Das Kraut wandert zwar oft auf den Kompost, kann aber in der Küche wie Staudensellerie verwendet werden (siehe S. 61). Es hat allerdings einen kräftigeren Geschmack.

Sellerie kann auch tennisballgroß geerntet werden. Er hat dann eine zarte, weiche Konsistenz und schmeckt intensiver. Beliebt geworden ist Babysellerie in der peruanischen Küche, wo er wie Ceviche serviert wird. Mit seiner knackigen Frische und dezenten Süße tariert er die Säure des Limettensafts und die Schärfe der Chili aus und bietet eine ausgezeichnete vegane Alternative zum Fisch, der traditionell Bestandteil dieses Gerichts ist.

Lagerung

Knollensellerie lässt sich den ganzen Winter einlagern. Er schrumpft nicht und bewahrt seine Konsistenz monatelang. Entfernt vorher das Laub, indem ihr es am Ansatz abbrecht. Gewaschen werden dürfen die Knollen nicht – leichte Erdanhaftungen helfen Feuchtigkeit zu bewahren. Stellt sie in einer Holzkiste in einen kühlen Schuppen oder ein anderes Nebengebäude. Knollensellerie verträgt geringe Minustemperaturen, vor strengem Frost muss man ihn aber schützen.

»Botanisch sind die Knollen keine Knollen, sondern Rüben.«

Empfehlenswerte Sorten

'Del Veneto' Diese Sorte wächst im romantischen Venetien schon seit Jahrhunderten. Norditaliener schätzen sie als Zutat, während sie im Süden des Landes weit weniger gefragt ist. Sie hat ein schneeweißes Fleisch mit delikatem Geschmack und weicher Konsistenz. Ein kulinarisches Highlight.

'Giant Prague' Die 1871 auf den Markt gebrachte, alte tschechische Züchtung wurde unter Hausgärtnern bald sehr beliebt und gilt bis heute als eine der besten Knollenselleriesorten. Sie bildet riesige, knotige Knollen, die an eine große Kugel mit abgeflachtem unterem Ende erinnern. Man schätzt den »Prager Riesen« wegen seines gleichmäßigen Wachstums, seiner hohen Widerstandskraft, der guten Lagerfähigkeit und des herausragenden Geschmacks.

'Monstorpolgi' Ein historischer Sellerie, der in Frankreich seit 1623 angebaut wird und schwer aufzutreiben ist. Er bleibt zwar eher klein, aber seine festen, runden Knollen überzeugen mit einem köstlichen, vollen, nussigen Geschmack, der etwas Süße andeutet und auf einer dezenten Lakritznote ausklingt. Eine ausgesprochen frostharte, extrem gut lagerfähige Sorte.

Brecht nach und nach die äußeren Blätter ab, wenn sie umfallen (nächste Seite, links), damit der Wurzelhals frei liegt und die Knolle wachsen kann.

'Giant Prague' und 'Del Veneto' (nächste Seite, rechts)

Pastinake

Pastinaca sativa

Heißt in anderen Ländern Chukandar, Pastinaca oder Yaban havucu

Der würzige Geschmack von Pastinaken beschwört nostalgische Erinnerungen an Wintertage herauf. Mit seinen herzhaften, süß-erdigen und nussigen Noten passt er perfekt zu Gewürzen und bildet mit ihnen zusammen eine wärmende Geschmacksdecke. Die knorrige, spitze, cremefarbene Wurzel hat eine lange Anbausaison und liefert gerade dann Stoff, wenn es sonst wenig zu ernten gibt.

Geschichte

Die Heimat der Pastinake ist der östliche Mittelmeerraum und die Region nordöstlich des Kaukasus. Ihre wilden Verwandten, von denen manche tödlich giftig sind, finden sich in ganz Europa in Wiesen und an Feldrainen. Sie tragen vielstrahlige Doldenblüten, die zahlreichen Vögeln, Insekten und anderen Tieren als Nahrungsquelle dienen.

Kultiviert werden Pastinaken wohl schon seit der Römerzeit, doch gibt es kaum archäologische Funde, die das untermauern. Hinzu kommt, dass sowohl Pastinaken als auch Möhren damals als *pastinaca* bezeichnet wurden, was zusätzlich zur Verwirrung beiträgt. Der Legende nach war Kaiser Tiberius so versessen auf die Wurzel, dass er sie sogar als Teil einer Tributzahlung der germanischen Völker akzeptierte. Die ihm dargebrachten Pastinaken wuchsen in großer Zahl entlang des Rheins, wo starke Fröste ihnen einen tiefgründigeren, süßeren Geschmack mitgaben, der Tiberius anscheinend zusagte.

Im Mittelalter waren Pastinaken in Europa das wichtigste Wurzelgemüse. Sowohl für Mensch als auch Tier bildeten sie ein Grundnahrungsmittel und dienten vor der Einführung von Rohrzucker als wichtiges Süßungsmittel. Heimbrauer erzeugten aus ihr einen urwüchsigen, vollen, alkoholstarken Wein. Im 16. Jahrhundert gelangte die Wurzel schließlich in die Neue Welt.

Die weißen Wurzeln haben einen komplexen Geschmack, der sich sehr stark von dem anderer Wurzelgemüse unterscheidet.

»Pastinaken schmecken golden knusprig gebraten am besten.«

Die ersten Pastinaken sind im Oktober erntereif, doch liefern die Beete noch den ganzen Winter hindurch Nachschub.

In der Küche

Vorbereitung

Junge Pastinaken aus Eigenanbau sind so zart, dass sie oft nicht einmal geschält werden müssen. Dennoch sollte man das tun und auch den Kern entfernen, der zäh und faserig sein kann.

Gerichte

Pastinaken lassen sich in Kuchen verbacken oder als Alternative zu Kartoffelbrei pürieren. Sehr gut machen sie sich in Suppen, Eintöpfen und Aufläufen, die sie mit reichen Geschmacksschichten veredeln. Dank ihrer fein pfeffrigen Noten und Lakritzuntertöne schmecken sie golden knusprig gebraten am besten und kehren dabei ihren typischen Karamellgeschmack hervor. Am besten zur Geltung bringt man die bescheidene gebratene Pastinake, indem man sie wie Hasselback-Kartoffeln zubereitet – kleine, zarte Exemplare eignen sich dafür am besten. Halbiert die Wurzel dazu der Länge nach und setzt alle 5 mm tiefe Querschnitte an, ohne sie ganz durchzuschneiden. Dann verfeinert man sie mit Olivenöl, Kräutern sowie anderen Gewürzen und brät sie, bis sie knusprig ist.

Interessanterweise kann ein schlichtes Pastinakenrezept in Apicius' römischem Kochbuch *De re culinaria* als Vorläufer von Pommes frites mit Ketchup gelten. Der Autor rät, die knotigen Wurzeln zu stifteln, in Olivenöl zu braten und mit pikanter Dipsauce zu servieren. Letztere wird *oenogarum* genannt und besteht aus reduziertem Rotwein, *garum* (Fischsauce), reichlich Pfeffer und weiteren Zutaten.

Kultur

Vermehrung

Pastinaken wird oft nachgesagt, sie ließen sich nur schwer durch Aussaat vermehren, aber sie keimen lediglich langsam. Bis die ersten Triebe erscheinen, kann es 30 Tage dauern. Sie gehören zu den wenigen Gemüsepflanzen, die ich direkt ins Freiland säe, denn ein Pikieren bzw. Umpflanzen kann die lange Pfahlwurzel schädigen, sodass sie sich gabelt oder nur noch schlecht weiterwächst. Pastinaken bevorzugen lockere, durchlässige Böden – in schwerem Ton kümmern sie.

In unserem gemäßigten Klima sät man Pastinaken am besten erst aus, wenn sich der Boden ausreichend erwärmt hat. Harkt das Beet vorsichtig und zieht mit einem Pflanzholz eine 3–5 cm tiefe Rille. Sucht euch einen Tag mit ruhigem Wetter, denn die Samen werden leicht weggeblasen. Ausgesät wird dünn mit rund 1 cm Abstand zwischen jedem Samenkorn, aber wenn es einmal mehr wird, ist das auch nicht schlimm, denn Pastinaken keimen sowieso unzuverlässig. Füllt die Rillen behutsam wieder mit Erde und drückt sie leicht an. Weil sich die Samen mit dem Keimen Zeit lassen, muss man die Beete immer unkrautfrei und feucht halten, vor allem bei Trockenheit.

Weitere Pflege

Nach dem Keimen werden die Pflänzchen ausgedünnt, aber erst, wenn sie ein Paar echter Blätter gebildet haben. Wie stark ausgedünnt wird, hängt von der

Auf einen Blick

Aussäen Vollfrühling–Hochsommer bei 10–20 °C

Abstände 2,5–10 cm

Ernten Vollherbst–Vorfrühling

Vorsicht

Schützt beim Jäten, Pflegen und Ernten von Pastinaken eure Haut. Der Saft in Blättern und Trieben enthält eine chemische Verbindung namens Furocumarin, die Sonnenallergien auslösen kann. Sie führt zu entzündlichen Reaktionen wie Hautreizungen und Ausschlägen.

'Viceroy' (links) und 'Bedford Monarch'

angestrebten Größe der Wurzel ab: 2,5 cm sind für kleine Babypastinaken, 5 cm für mittelgroße Wurzeln und bis 10 cm für stattliche Exemplare geeignet. Nach dem Einwachsen brauchen sie fast keine Pflege mehr und müssen auch nicht gewässert werden, denn ihre Wurzeln holen sich Feuchtigkeit von tief unten. Allerdings wachsen Pastinaken unter feuchten Bedingungen oft besser und legen im Herbstregen erst richtig zu. Ihre Schultern müssen immer mit Erde bedeckt sein, damit die Wurzeln nicht an Pastinakenkrebs erkranken, vor allem in schweren Gartenböden.

Probleme

Blattläuse, Krebs, Möhrenfliege, Nager (siehe S. 49–51).

Ernte

Geerntet werden Pastinaken ab dem Herbst bis in das zeitige Frühjahr hinein. Nachdem sie ein paarmal Frost gespürt haben, werden sie noch süßer und schmackhafter, da Minustemperaturen ihre Stärke in Zucker umwandeln. Obwohl man die Wurzeln von Hand aus lockerer, sandiger Erde ziehen kann, hole ich sie am liebsten mit einer Handschaufel heraus, damit sie nicht beschädigt werden, was ihre Lagerfähigkeit beeinträchtigt.

Lagerung

Pastinaken halten sich im Winter im Beet. Wenn der Boden allerdings staunass wird oder die Wurzeln sich die Möhrenfliege eingefangen haben, drohen Krebs und Fäule. In diesem Fall ist es am besten, sie im Frühwinter aus der Erde zu holen, Erde abzustreifen (nicht waschen!), das Laub abzuschneiden und sie in Holzkisten oder Papiersäcken in einem dunklen, frostfreien Schuppen oder anderem Nebengebäude zu lagern. Dort halten sie monatelang.

'Avon Resistor' Eine famose, leicht zu kultivierende Pastinake, sehr widerstandsfähig gegen Krebs und dank ihrer kurzen Wurzel eine ausgezeichnete Sorte für Ton- und andere schwere Böden. Die alte Züchtung aus dem Erwerbsanbau stammt von der neuseeländischen Südinsel und wurde aus einer älteren alten Sorte gezüchtet. Der inzwischen verstorbene Samensammler Henry Harrington bewahrte sie vor dem Verschwinden, indem er seine Sammlung Kōanga, der größten und bedeutendsten Nahrungs- und Pflanzensammlung Neuseelands, vermachte. Leider ist die Sorte selten geworden und nur noch schwer aufzutreiben.

'Bedford Monarch' Eine seltene historische Sorte aus dem Osten Englands. Die außergewöhnlich süßen, langen Wurzeln mit breiter Schulter können stattliche Ausmaße erreichen. Sie haben eine glatte, weiße Schale, sind sehr krebsresistent und äußerst frosthart, eignen sich also bestens für die kalten britischen Winter. Sie werden noch süßer, wenn man sie erst nach einigen Frösten erntet.

'Guernsey' ('Half Long') Trotz ihres Namens handelt es sich in Wirklichkeit um eine in Frankreich gezüchtete Sorte. Die geschätzte alte Züchtung gelangte im frühen 19. Jahrhundert nach England, ist aber vermutlich schon lange vorher entstanden. Der Name 'Half Long', »Halblang«, bezieht sich auf die breiten, stämmigen Schultern und die kurze, dicke Wurzel, die der von Chantenay-Möhren ähnelt (siehe S. 263). Damit eignet sie sich vor allem für flachgründige, steinige Böden. Sie liefert hohe Erträge süßer, weißer, lagerfähiger Wurzeln.

'Hollow Crown' Eine der ältesten im Handel erhältlichen historischen Pastinakensorten. Sie entstand im 19. Jahrhundert und wird bis heute angebaut. Ihren Namen, wörtlich »hohle Krone«, hat sie von dem eingefallenen, kronenförmigen Wurzelhals, an dem die Blätter sitzen. Die Wurzeln können bis zu 30 cm lang werden und haben ein festes, cremeweißes, außerordentlich süßes Fleisch mit nussigem Einschlag. Die Züchtung gehörte jahrhundertelang zu den besten Pastinakensorten und schmeckt geröstet und püriert besonders gut. Sie offenbart gute Widerstandskraft gegen Krebs und liefert damit selbst in alles andere als idealen Saisonverläufen zuverlässig Erträge.

'Kral Russian' Eine ungewöhnlich zwiebelförmige Pastinake, die eher wie eine Rote Bete oder Speiserübe aussieht. Die süße, knackige russische alte Sorte ist extrem frosthart und übersteht selbst rauestes Winterwetter. Dank ihrer runden Form bietet sie sich für Gärtner mit schweren bzw. steinigen Böden an. Die Wurzeln lassen sich auch leicht ernten, denn man kann sie problemlos herausdrehen, ohne den Boden groß in Unordnung bringen zu müssen, da sie nicht ausgegraben werden müssen.

'Student' Eine historische englische Sorte aus dem frühen 19. Jahrhundert. Züchter war James Buckman, ein Botaniker am Cirencester Agricultural College in der Grafschaft Gloucestershire, der herausfinden wollte, ob sich Pastinaken durch Kreuzung von Kultur- und Wildformen verbessern ließen. Das Ergebnis war diese phänomenale Züchtung mit langen, schlanken Wurzeln, cremigem Fleisch, glatter Schale und schmalem Kern – sie gilt heute als süßeste Pastinake überhaupt. Außerdem ist sie außerordentlich widerstandsfähig gegen Krankheiten. Es wurde viel spekuliert, ob die Sorte mit 'Hollow Crown' (links) gleichzusetzen ist, doch handelt es sich eindeutig um eine eigenständige Form, die sogar noch besser schmeckt.

'Tender and True' Die Sorte, 1897 vorgestellt, ist bis heute ein Favorit unter Erzeugern. Ihre elegant lange Wurzel überzeugt mit zartem Fleisch und schmalem Kern und neigt nicht zum Verholzen. Der Klassiker im Gemüsebeet ist bekannt dafür, zuverlässig lange, gerade Wurzeln zu liefern, und damit ein vertrauter Anblick bei Gemüseschauen.

'Viceroy' Eine extrem rare alte Pastinake, über die wenig bekannt ist. Zum Glück konnte die Irish Seed Savers Association, eine irische Samenbank, die sich sehr dafür einsetzt, historische Nutzpflanzen vor dem Verschwinden zu bewahren, sie vor dem Untergang retten. Die Samen stammen aus einer Sammlung des inzwischen nicht mehr existenten englischen Saatgutherstellers Seeds by Size. 'Viceroy' bildet lange, spitz zulaufende Wurzeln, hat einen himmlisch süßen Geschmack und ist obendrein sehr frosthart.

'White Gem' Die Sorte wurde in den 1970er-Jahren aus der geschätzten 'Offenham Market Parsnip' gezüchtet, einer im frühen 20. Jahrhundert entstandenen Form, und gehört heute zu den beliebtesten und verlässlichsten Pastinaken überhaupt. Die kurzen Wurzeln mit breiten Schultern haben viel Geschmack, sind winterhart und lassen sich leicht kultivieren, selbst in kargen, schweren oder flachgründigen Böden. Bekannt ist 'White Gem' für ihren süßen Geschmack, den hohen Ertrag und die geringe Anfälligkeit für Krebs.

Kartoffeln

Solanum tuberosum

Heißt auch Erdapfel, Grumbeere oder Erdbirne

Nichts geht über das Wohlfühlgemüse schlechthin. Ob püriert, gekocht, gebacken oder frittiert, die Musterknolle umgarnt uns mit einem Geschmack, der selbst anspruchsvolle Esser dahinschmelzen lässt. Es gibt Tausende Sorten, von Paradiesvögeln im bunten Prachtkleid mit rosa, violetten und goldenen Applikationen bis hin zu äußerlich unscheinbaren Mauerblümchen, die erst aufgeschnitten ihr rotbraunes, rotviolettes oder schwarz geringeltes Innerstes preisgeben.

Geschichte

Die Verwandte der Aubergine und Tomate (siehe S. 125 und 160) gehört zu den knollenbildenden Nachtschattengewächsen und stammt aus den Höhenlagen der Anden im heutigen Peru und Bolivien. Domestiziert wurde die Kartoffel erstmals vor 8000 bis 10 000 Jahren an den Ufern des Titicacasees. Sie erst machte die Ausbreitung früher Kulturen in der Region möglich und war ein entscheidendes Grundnahrungsmittel beim Übergang des Menschen vom Jäger und Sammler zum Bauern. Damals erfand man auch eine geniale Technik der Haltbarmachung, *chuño* genannt. Dabei wurden die Knollen 5 Tage lang mithilfe der starken Temperaturschwankungen in großen Höhenlagen gefriergetrocknet, indem man sie in bitterkalten Nächten gefrieren ließ, um sie am folgenden Tag in der Sonne wieder aufzutauen. Nach 5 Tagen waren die Kartoffeln komplett getrocknet und konnten jahrelang gelagert werden. Die Vorliebe der Indigenen für das Gemüse beschränkte sich jedoch nicht auf den reinen Nahrungserwerb: Für sie war es ein kulturelles Symbol, das sie verehrten und den Toten mit ins Grab gaben. Selbst die Zeit maßen sie mit der Gardauer der Knolle.

Ihren Weg in die weite Welt hinaus fand die Kartoffel mit der Ankunft der spanischen Konquistadoren im Jahr 1536. Die Invasoren durchkämmten die Region zwar auf der Suche nach kostbaren Metallen, stießen dabei aber auch auf die Knolle mit ihrem beeindruckenden Geschmack, ihrer hohen Lagerfähigkeit und dem ausgezeichneten Nährwert. Hastig segelten sie mit diesem Schatz nach Hause. Allmählich begann die Kartoffel eine fundamentale Rolle bei der Ernährung der stark wachsenden europäischen Bevölkerung zu spielen. 1589 brachte der englische Entdecker Sir Walter Raleigh sie nach Irland. Bis sie sich dort durchsetzte, sollte es aber noch viele Jahrzehnte dauern. Von 1845 bis 1852 – inzwischen ernährte sie das ganze

Land – verursachte die Kartoffelfäule eine verheerende Hungersnot, der schätzungsweise eine Million Menschen zum Opfer fielen. Die häufigste Sorte damals (sie machte geschätzt bis zu 80 Prozent der irischen Gesamternte aus) war 'Lumper', die zwar nicht so gut schmeckte wie andere Züchtungen, jedoch in kargen Böden gedieh und hohe Erträge lieferte. Leider war sie kaum widerstandsfähig gegen die Kartoffelfäule. Weil sie in großen Monokulturen angebaut wurde, vernichtete die Fäule im Nu ganze Felder, dezimierte die Ernte und auch die Bevölkerung. Sie ist inzwischen fast verschwunden, doch nach wie vor erhältlich und liefert Unmengen großer, höckeriger Knollen mit der typisch goldgelben Kartoffelschale.

Eine vielfarbige Kartoffelausbeute für unterschiedliche Zwecke. Manche können bis ins nächste Jahr eingelagert werden, andere – vor allem kleinere oder beschädigte – müssen bald gegessen werden.

In der Küche

Vorbereitung

Kartoffeln gart man nicht, indem man sie in kochendes Wasser gibt, sondern man setzt sie in einem Topf mit kaltem Wasser auf. Das verhindert, dass die Stärke zu schnell mit Wasser reagiert, was dazu führt, dass die Knollen ungleichmäßig garen und unangenehm mehlig schmecken würden.

Gerichte

Kartoffeln vereinen in einem einzigen Bissen cremige und knackige Konsistenz. Sie sind inzwischen ein so fester Bestandteil aller Küchen rund um den Globus, dass man sich ein Leben ohne sie kaum mehr vorstellen kann. Sie treten unter anderem als außen knusprige und innen weiche Bratkartoffeln zum Sonntagsbraten, delikate Gnocchi, deftige Röstis und dünn geschnittene, in Sahne gebackene Aufläufe auf. Ihre Vielseitigkeit ist schwer zu toppen, ob man sie in herzhaften Eintöpfen kocht, stiftelt, frittiert oder in Burger legt.

In Peru gibt es zahlreiche Gerichte, in denen die Knolle glänzen darf. Eines der berühmtesten ist das Streetfood *salchipapas* aus Lima. Es besteht aus Pommes frites, die mit einer Sauce aus *ají amarillo* (gelbe Chilis) übergossen und mit Rindswürsten sowie anderen Zutaten wie Korianderblättern und gehobeltem Kraut kombiniert werden. Nicht weniger chaotisch – und lecker – ist *papa a la Huancaína*, weich gegarte Kartoffeln in würziger Käsesauce mit einem hart gekochten Ei und schwarzen Oliven. Wesentlich eleganter kommt das peruanische Kartoffelgericht *causa rellena* daher, das im weitesten Sinne ein Kartoffelsalat ist, im engeren aber ein echtes kulinarisches Kunstwerk mit mehreren einzigartigen Geschmacksnuancen und Texturen. Es wird kalt serviert, besteht aus verschiedenen Lagen Kartoffelpüree mit Limettensaft und würzigen Chilis, köstlichen Füllungen, vielleicht noch dezent gewürztem Hähnchenfleisch, Meeresfrüchten oder cremigen Avocados. Serviert wird es auf einem Salatbett, garniert mit schwarzen Oliven aus der Salzlake.

Kultur

Kartoffeln lassen sich in drei Kategorien einteilen (siehe Tabelle gegenüber). Die frühen und mittelfrühen Sorten werden auch neue Kartoffeln genannt. Sie eignen sich besonders für kleine Gärten, sind klein und relativ schnell erntereif, sodass sie früh in der Saison wertvolle Anbaufläche räumen und Platz machen für anderes Gemüse. Die meisten haben eine dünne Schale, wächsernes Fleisch und einen süßen Geschmack. Frühe Sorten sollten frühestens 3 Wochen vor dem mutmaßlich letzten Frost gepflanzt werden. Friert es danach doch noch, schützt man die Kulturen mit einer doppelten Lage Vlies.

Späte Sorten der Haupternte liefern hohe Erträge großer, lagerfähiger Knollen mit dicker Schale. Die meisten haben einen erdigen Geschmack und ein mehliges Fleisch. Gesteckt werden sie erst nach dem letzten Frost. Sie haben eine lange Reifezeit und laufen Gefahr, an Fäule zu erkranken und im Herbst von Bodenschädlingen befallen zu werden.

Vermehrung

Man kann Kartoffeln zwar aussäen, doch in der Regel werden sie mithilfe von Saatkartoffeln vermehrt – das sind kleine Knollen der letztjährigen Ernte, die Klone der Mutterpflanze liefern. Saatkartoffeln werden 4–6 Wochen vor dem Setzen vorgekeimt. Das muss an einem hellen Platz geschehen, denn im Dunkeln werden die Triebe lang und empfindlich, sodass sie beim Einpflanzen zu leicht brechen.

Beim Kartoffelanbau gibt es viele Methoden und Tricks, angefangen vom Bedecken der Böden mit Folien über das Graben tiefer Furchen bis hin zur Verwendung von Töpfen und Pflanzsäcken. Am einfachsten aber ist es, eine Handschaufel in den Boden zu stechen, sie zur Seite zu hebeln, damit eine Vertiefung entsteht, und die Saatkartoffel hineinzulegen. Die Knollen müssen 5–10 cm tief mit nach oben zeigenden Augen versenkt werden, bevor man das Loch wieder mit Erde füllt.

Weitere Pflege

Sobald die Triebe der Saatkartoffeln erscheinen, häufelt man Erde darüber, sodass nur noch die Spitzen herausragen. Das kann man während der Saison zwei- oder dreimal machen. Kartoffeln,

Auf einen Blick

Pflanzen/Ernten siehe Tabelle gegenüber

Abstände 30 cm (Frühkartoffeln), 40–45 cm (andere)

Saatkartoffeln

Legt von der aktuellen Ernte einige kleine, idealerweise hühnereigroße Knollen als Saatkartoffeln zurück. Sie müssen aber von den gesündesten Kartoffelpflanzen ohne Fäule und Schorf stammen. Selbst Knollen, die durch Lichtkontakt grün geworden sind, lassen sich noch verwenden. Lagert sie in kleinen Papiertüten und keimt sie im Frühjahr vor.

Typ	Setzen	Reifezeit	Ernte
Früh	März/April (frostfrei)	10–12 Wochen	Früh- und Hochsommer
Mittelfrüh	April/Mai (frostfrei)	14–16 Wochen	Hoch- und Spätsommer
Spät	Mai	16–22 Wochen	Spätsommer bis Oktober

Eine optimal vorgekeimte Kartoffel (gegenüber) hat kurze, kräftige Triebe, die beim Einpflanzen unversehrt bleiben müssen.

Seht euch die Knollen beim Ernten (unten) gut an und legt grüne Exemplare als Saatkartoffeln beiseite.

die Sonne abbekommen, werden grün und ungenießbar – sieht man sie aus dem Boden ragen, werden sie deshalb sofort mit Erde abgedeckt. Gewässert werden müssen sie kaum je, lediglich frühe und mittelfrühe Sorten profitieren mitunter von einer ordentlichen Wassergabe in den letzten Wochen, sofern es ungewöhnlich trocken ist. Wässert direkt am Ansatz, damit die Blätter nicht nass werden, um das Fäulnisrisiko zu senken.

Probleme

Blattläuse, Schwarzbeinigkeit, Kartoffelfäule, Schorf, Schnecken, Drahtwürmer (siehe S. 49–51).

Ernte

Kartoffelernten sind immer ein Erlebnis. Gespannt wartet man darauf, was da in der Erde verborgen liegt. Frühe Sorten werden geerntet, wenn das Kraut blüht und das Laub welkt. Versucht vorher, die Knollen am Ansatz der Pflanzen zu ertasten, um zu erfahren, ob sie groß genug sind – frühe Sorten sind etwa hühnereigroß erntereif. Späte müssen bis zum Oktober aufgenommen werden; je länger sie im Boden bleiben, desto größer ist das Risiko, von Schädlingen befallen zu werden oder sich die Fäule einzufangen. Holt sie heraus, indem ihr das Kraut am Ansatz packt und daran zieht. Damit holt man die meisten Kartoffeln aus der Erde, den Rest sucht man mit der Handschaufel oder der bloßen Hand, um auch tiefer sitzende nicht zu übersehen. Bei trockenem Wetter lasst ihr die Knollen ein paar Stunden auf dem Beet liegen, damit sie trocknen und eine härtere Schale bekommen.

Lagerung

Späte Sorten halten am längsten, obwohl auch mittelfrühe gut eingelagert werden können, wenn man sie groß genug werden lässt. Sie kommen ungewaschen in Papiersäcke – ideal sind 25-kg-Mehlsäcke, falls ihr sie auftreiben könnt. Lagert Kartoffeln dunkel und kühl, aber frostfrei, und holt regelmäßig verdorbene Knollen heraus, bevor sie andere anstecken. Wenn sie austreiben, zwickt ihr die Triebe ab.

Früh

'Beauty of Hebron' Eine rosarote, alte amerikanische Sorte, die im 19. Jahrhundert im Bundesstaat New York aus 'Garnet Chile' (siehe rechts) selektiert wurde. Sie gehörte zu den Hauptzüchtungen, mit denen der Kartoffelanbau in Irland nach der Großen Hungersnot wieder aufgenommen wurde.

'Early Rose' Eine rosaschalige Allrounderin mit ausgezeichnetem Geschmack. Sie wurde 1861 von Albert Bresee in Vermont gezüchtet und ist ein Abkömmling der 'Garnet Chile' (siehe rechts).

'Home Guard' Die im Zweiten Weltkrieg auf den Markt gebrachte schottische Züchtung war während des Kriegs in den britischen Gärten wegen ihrer kurzen Reifezeit eine feste Größe. Sie schmeckt vorzüglich und eignet sich bestens für Salate.

'Red Duke of York' Diese angenehm trockene, luftige Knolle in königlich roter Robe ist die ideale Allzweckkartoffel. Sie wurde angeblich 1942 in Holland in einer Ernte der berühmten alten Sorte 'Duke of York' aus dem 19. Jahrhundert entdeckt und von William Sim of Fyvie in der schottischen Grafschaft Aberdeenshire weitergezüchtet.

Mittelfrüh

'Edzell Blue' Eine Sorte mit schöner blauvioletter Schale, benannt nach dem Dorf Edzell in Angus, einem der berühmtesten Kartoffelanbaugebiete Schottlands. Sie wurde bereits im 19. Jahrhundert gezüchtet, aber erst ab 1915 verfügbar gemacht. Ihre Stärken sind der milde Geschmack und die delikate Süße, wodurch sie sich gut zum Braten eignet.

'International Kidney' Die historische Zufallsentdeckung entstand aus der 'Jersey Royal' (siehe Kasten unten) und hat inzwischen eine geschützte Ursprungsbezeichnung (g. U.). Dank ihres vollen, nussigen Geschmacks und der cremigen Konsistenz ist sie die beste Salatkartoffel überhaupt, eignet sich aber auch vorzüglich zum Kochen, Zerstampfen oder Backen für Quiches und Tartes.

'Ratte' Die überaus schmackhafte alte Sorte entstand vermutlich in der Umgebung von Lyon in Ostfrankreich und wird seit der zweiten Hälfte des 19. Jahrhunderts angebaut, wenngleich manche von einer dänischen Herkunft ausgehen. Die dünnen, länglichen Knollen beeindrucken durch ihre feine Konsistenz und sind in den Töpfen von Frankreichs Sterneköchen zur festen Größe geworden.

'Shetland Black' Eine Sorte mit cremeweißem Fleisch und dunkelviolettem Ring darin. Sie wurde 1923 auf den Shetlandinseln gezüchtet und macht in dünne Scheiben geschnitten und frittiert ordentlich Eindruck.

Spät (Haupternte)

'Fortyfold' Ein Erdapfel mit blauvioletter Schale und grauweißem

'Edzell Blue'

Fleisch, eine der ältesten britischen Züchtungen überhaupt. Sie entstand 1836, wird aber erst seit Mitte des 20. Jahrhunderts gewerblich angebaut. Ihre knotigen, eiförmigen Knollen haben ein saftiges, köstliches Fleisch.

'Garnet Chile' Der anglikanische Geistliche Rev. Chauncey Goodrich züchtete diese Sorte um 1850. Sie ist Vorfahrin etlicher heute im Handel befindlicher Sorten und mit ihrer beachtlichen Widerstandskraft, dem hohen Ertrag und dem außergewöhnlich guten Geschmack für viele Züchter das Nonplusultra. Man erkennt sie an ihrer dicken, seltsamen Form und der rosaroten Schale.

'Highland Burgundy Red' Eine Züchtung aus den schottischen Highlands mit auffällig dunkelrotem Fleisch. Sie hat einen rotbraunen Kern mit gelbem Ring. Die seltene, schwer aufzutreibende Sorte wurde 1936 bei einem Festmahl im Londoner Savoy-Hotel dem Herzog von Burgund gereicht, der von Farbe und Geschmack angeblich so angetan war, dass man die Kartoffel prompt nach ihm benannte.

'Makah Ozette' Eine Köstlichkeit mit erdigem Geschmack und cremiger Textur. Die hellbraunen, länglichen, knotigen Knollen werden seit Jahrhunderten vom indigenen Volk der Makah im pazifischen Nordwesten der USA angebaut. Im 18. Jahrhundert wurden

'Jersey Royal' – eine Zufallsentdeckung

Im ausgehenden 19. Jahrhundert experimentierte Hugh de la Haye, der an den Hängen des Bellozanne-Tals in Jersey eine Farm betrieb, mit einer unglaublich großen, von einem Gemüsehändler erworbenen Kartoffel, die 15 Triebe gebildet hatte. Er zerteilte sie und pflanzte die Stücke separat ein. Sie lieferten alle wieder so große Kartoffeln wie die Elternpflanzen, bis auf eine, die klein, dünnschalig und nierenförmig war. Er taufte sie zunächst 'Jersey Royal Fluke', kürzte den Namen später aber ab.

Māori-Kartoffeln

Taewa oder Rīwai heißen die Kartoffeln, die von den Maori in Neuseeland angebaut wurden, bevor britische Kolonialisten ins Land kamen und es für sich beanspruchten. Angeblich gelangten die Knollen aber schon lange vorher mit Walfängern auf die Insel. Die meisten haben eine unregelmäßige Form mit Knoten und Rissen sowie einer farbenfroh gemusterten Schale. Im Lauf der Jahre sind einige dieser Sorten verloren gegangen oder ausgestorben, doch dank der Bemühungen von Vertretern des indigenen Volks, Samensammlern und Forschungsinstituten kann man trotzdem noch viele bis heute erstehen. Besonders Ausschau halten sollte man nach 'Huakaroro', 'Karuparera', 'Kowiniwini', 'MoeMoe' und 'Tūtae-Kurī'.

'Mr Little's Yetholm Gypsy'

sie von den spanischen Konquistadoren unter Salvador Fidaldo in der Region verbreitet und gelangten mit ihnen in den Süden. Bald vertrieben die Makah die Eroberer und übernahmen deren zurückgelassene Gärten und Felder. So wurde die Kartoffel für sie eine wichtige Kohlenhydratquelle. Sie hegten und pflegten die Sorte jahrhundertelang, bis sie Ende der 1980er-Jahre einer breiteren Öffentlichkeit zugänglich gemacht wurde.

'Mr Little's Yetholm Gypsy' Eine auffällig violette Kartoffel, die aussieht, als sei sie mit beiger und rosa Farbe bespritzt worden. Sie soll in der südschottischen Stadt Yetholm von Roma gezüchtet worden sein, die dort im 19. Jahrhundert einen hohen Anteil an der Bevölkerung ausmachten. Ein Mr. Little erwarb die Sorte bei einer Pferdeausstellung in den 1940er-Jahren und bewahrte sie, bis seine Familie sie dem leidenschaftlichen Kartoffelbewahrer Alan Romans überließ. Die kleinen bis mittelgroßen, eiförmigen, dickschaligen Kartoffeln begeistern mit leuchtend weißem Fleisch und erdigem, süßem Geschmack.

'Pink Fir Apple' Eine alte französische Traditionssorte mit langen, unregelmäßig geformten Knollen. Sie hat eine stumpfe, dünne altrosa Schale, gelbes Fleisch, einen fantastisch nussigen Geschmack und eine buttrige Konsistenz. Ihren Weg nach England fand sie um 1850.

'Red King Edward' Dieser Schatz entstand 1916 aus einer natürlich vorkommenden Variante. Die Ursprungssorte, 'King Edward', kam 1902 heraus und wurde angeblich in Northumberland als 'Fellside Hero' gezüchtet, bevor John Butler sie weiterentwickelte. Er brachte sie zur Krönung des britischen Königs Edward VII. heraus und benannte sie nach seiner Majestät. Angeblich musste er aber dem Buckingham Palace schreiben und um Erlaubnis bitten, der Kartoffel den Namen seiner königlichen Hoheit geben zu dürfen. Die Knolle mit rot und goldgelb marmorierter Schale ist eine große Allrounderin in der Küche.

'Russet Burbank' Die große, längliche, rostbraune Knolle ist ein 1874 entstandener Zuchterfolg des amerikanischen Gartenbauwissenschaftlers Luther Burbank und zählt heute zu den berühmtesten Kartoffeln der Welt. Wenn es um Pommes frites geht, ist sie die erste Wahl, weshalb McDonald's von seinen Landwirten auch verlangt, sie anzubauen.

'Vitelotte' Eine Kartoffel mit violettem Fleisch und länglicher, knotiger Knolle. Sie wird wegen ihres vollen, erdigen Geschmacks gelegentlich auch Trüffelkartoffel genannt und fand in Frankreich erstmals im 19. Jahrhundert Eingang in die Sortenlisten, entstand aber schon Hunderte Jahre vorher in Peru. Ihr trockenes, mehliges Fleisch beeindruckt durch einen ausgeprägten Nussgeschmack mit reichen, erdigen Untertönen.

'Vitelotte'

'Pink Fir Apple'

Rettiche

Raphanus sativus

Zu den Rettichen zählen unter anderem Daikon, Luóbo, Mooli und Radieschen

Rettiche sind berühmt dafür, im Handumdrehen zarte, knackige Wurzeln mit mild süßem und zugleich pfeffrigem Geschmack zu liefern. Es gibt sie in etlichen Formen und Farben, von goldgelben Kugeln und spitz zulaufenden, violetten Formen über lange, zweifarbige Wurzeln in Gelbgrün und Cremeweiß bis hin zu rosa und violetten Varianten mit lebhaft gemustertem Fruchtfleisch.

Geschichte

Als Heimat des Rettichs gilt Asien – seine Wildformen findet man noch heute in China. Allerdings waren es die Griechen und Römer, die zum ersten Mal über das Gemüse schrieben. Mit der Zeit fand es seinen Weg in unterschiedliche Länder in aller Welt. Die Griechen verehrten die Wurzel und überzogen sie mit massivem Gold, um daraus Medaillons als Gaben für den Gott Apollon im Tempel von Delphi zu fertigen. In Teilen Indiens glaubt man, dass ein Rettich unter dem Kopfkissen Albträume verhindere und für einen gesunden Schlaf sorge. Mexiko feiert die Wurzel seit 1897 auf den Weihnachtsmärkten in Oaxaca mit der Noche de Rábanos, der »Nacht der Rettiche«. Dort zeigen Künstler und Liebhaber des Gemüses in den Straßen ihre aus Rettichen gefertigten Kreationen, angefangen von klassischen Krippenszenen über traditionelle Azteken- und Maya-Kunst bis hin zu Naturdarstellungen und modernen Erfindungen.

In der Küche

Vorbereitung

Serviert Rettiche möglichst bald nach dem Schneiden, denn der typisch scharfe Geschmack verfliegt nach der Ernte rasch. Wenn sie weich werden, könnt ihr sie ein paar Stunden vor dem Servieren in einer Schüssel mit Eiswasser wieder aufpeppen.

Gerichte

Viel zu oft fristen Rettiche ein Schattendasein. Sie werden nur als Happen gereicht oder als Ganzes bzw. klein geschnitten in Salaten verwertet. Dabei können sie eine gewichtige Rolle spielen, etwa als erfrischender, süßsauer eingelegter Gaumenreiniger für Sushi, in gebratener Form als gesunde, schmackhafte Beilage, als Ingredienz in Kohlsalat oder als Frühstück, wenn man sie anbrät und mit einem pochierten Ei auf Toast serviert. *Radis au beurre* ist ein simples Pariser Frühstücksgericht aus vier bescheidenen Zutaten, die auf einem Brett serviert werden und den authentischen Geschmack von Rettich vorzüglich zur Geltung bringen. Traditionell kommen dabei die Radieschen der Gruppe 'French Breakfast' zum Einsatz, die sich durch rote Wurzeln mit weißer Spitze auszeichnen. Sie werden gesäubert, dann schneidet man das obere Ende weg, lässt aber ein kurzes Stück Trieb als Griff stehen. Damit werden die Radieschen in eine auf Zimmertemperatur erwärmte weiche Butter getaucht, mit Meersalz bestreut und mit Krustenbrot genossen.

Takuan, ein gelb eingelegter Rettich, ist eine japanische Traditionsspeise und eine der schmackhaftesten Methoden, Daikon haltbar zu machen. Oft wird das Rezept Takuan Sōhō zugeschrieben, einem buddhistischen Mönch des 17. Jahrhunderts, nach dem es auch benannt ist. Für die Zubereitung werden ganze Rettiche geerntet und 2 Wochen draußen in der Sonne auf Bambusgestellen, *daikon yagura* genannt, getrocknet, was ihre Süße intensiviert. Anschließend fermentiert man die Wurzel in einer Mischung aus Salz und Reisessig und würzt sie mit Yuzu, Kombu und Sake kasu, einem Nebenprodukt der Sake-Herstellung. Die sattgelbe Farbe, die mit der Zeit immer kräftiger wird, stammt von Kurkuma und Färberdistel. Geschätzt wird die Speise auch in Korea, wo sie *danmujj* heißt. Man serviert sie unter anderem zum Nudelgericht *jjajang-myeon*, dessen dicke, schwarze Sauce mit Bohnengeschmack sie bestens ergänzt.

Auf einen Blick

Aussäen Spätwinter–Spätfrühling (Frühjahrstypen), Hochsommer–Frühherbst (Wintertypen), Spätsommer (Frühjahrstypen) bei 6–30 °C

Auspflanzen Vorfrühling–Frühsommer (Frühjahrstypen), Spätsommer–Vollherbst (Wintertypen), Frühherbst (Frühjahrstypen)

Abstände 20–30 cm, je nach Typ

Ernten ganzjährig

Daikon-Rettich 'Green Luobo'

Kultur

Vermehrung

Rettiche mögen es kühl. Unter der Sommersonne schossen sie oft oder bilden viel zu scharfe Wurzeln. Die optimale Zeit für sie ist das Frühjahr, der Herbst oder der Winter. Die Sprinter im Gemüsereich liefern aus frühen Aussaaten häufig das erste Gemüse der Saison und lassen sich grob in zwei Kategorien unterteilen: Frühjahrs- und Wintertypen. Frühjahrsrettiche sind schnell erntereif und können auch später noch ausgesät werden, Winterrettiche fallen in der Regel größer aus, wachsen langsam und kümmern, wenn man versucht, sie zu früh im Jahr zu kultivieren.

Frühjahrsrettiche lassen sich schon im Spätwinter auf den Weg bringen, indem man sie drinnen aussät und später in einen unbeheizten Folientunnel oder ein Gewächshaus bringt. Die Sämlinge sind zwar robust und überstehen die niedrigen spätwinterlichen Temperaturen, doch die anfängliche Wärmeperiode fördert die Keimung. Man kann alle 2 Wochen einen weiteren Satz aussäen, danach werden die Wurzeln extrem scharf und würzig. Ein zweites Aussaatfenster für Frühjahrsformen öffnet sich im Spätsommer. Was in dieser Zeit ausgesät wird, liefert eine süße, milde Ernte bis in den Herbst hinein. Alle Frühjahrsformen werden zu viert in die Module von Topfplatten gesät und können auch gemeinsam ausgepflanzt werden. Nach der Keimung können sie getrost einen zwei- bis dreiwöchigen Stopp im unbeheizten Folientunnel, Gewächshaus oder Frühbeet einlegen, bis man sie mit 20 cm Abstand in den Garten auspflanzt. Sind die Sämlinge arg langbeinig geworden, können sie ruhig etwas tiefer gesetzt werden.

Winterrettiche kommen zu zweit in Topfplattenmodule. Man pikiert sie zusammen oder entfernt, falls man größere Wurzeln ernten möchte, den schwächeren der beiden Sämlinge. Lasst die Pflanzen 2–3 Wochen wachsen, bevor ihr sie mit 25–30 cm Abstand ins Beet setzt.

'Black Spanish Round' (links) und 'Red Meat'

Weitere Pflege

Frühe Pflanzungen sollten mit Vlies vor den Elementen geschützt werden. Auf Rettiche haben es wie auf alle Kreuzblütler allerlei Schädlinge abgesehen, wenn es also wärmer wird (oder bei späteren Aussaaten) ist ein Schutz mit Netzen ratsam. Frühe Formen brauchen bei Trockenheit alle paar Tage Wasser, damit sie knackig, zart und mild geraten, spätere Aussaaten hingegen muss man in der Regel kaum wässern, denn gegen Ende der Saison regnet es genug.

Probleme

Vögel, Kleine Kohlfliege, Raupen, Erdflöhe, Schnecken (siehe S. 49–51).

Ein Bündel unterschiedlicher Rettiche, Grundlage für Kreationen, die nicht nur schmecken, sondern auch gut aussehen.

Ernte

Frühjahrssorten sollten geerntet werden, sobald sie eine passable Größe haben und noch saftig sind – ihr zartes Fleisch wird rasch holzig oder trocken, wenn sie in der Mitte hohl werden. Wintersorten sind robuster und können im Boden bleiben, bis sie richtig groß und dick sind. Danach nimmt man sie auf, säubert sie und lagert sie ein. Alle aber müssen im Erdreich gedreht werden, bis sich die Wurzeln gelockert haben und sie sich herausziehen lassen, ohne den Boden zu stören. Größere Daikon-Rettiche brauchen mehr Hilfe, um sich mit ihren langen Wurzeln aus dem Boden zu lösen, etwa indem man sie behutsam hin und her wackelt oder im Kreis bewegt.

Lagerung

Frühjahrsrettiche wie Radieschen werden am besten frisch genossen, aber wenn ihr das Laub entfernt und sie in einer Wasserschüssel in den Kühlschrank stellt, bleiben sie eine Weile zart und knackig. Winterrettiche steckt man ungewaschen und ohne Kraut in eine Kiste und stellt sie in ein frostfreies Nebengebäude, wo sie 2–3 Monate lang halten sollten.

Empfehlenswerte Sorten

Winter

'China Rose' Die langen, dicken, rosaroten Wurzeln mit fein süßem Geschmack sind roh genossen unschlagbar. Ihre Samen wurden im 17. Jahrhundert von missionierenden Jesuiten aus China nach Europa mitgebracht. Eine lagerfähige Sorte.

'Green Luobo' Der riesige Asia-Rettich stammt aus Nordchina, wo man ihn 'Qingluobo' nennt. Er fällt durch sein grünes Fleisch ins Auge, das zur Spitze hin immer heller wird. Am besten behagt ihm die kühle Witterung zum Saisonende. Eine scharfe, würzige Sorte mit süßem, fast fruchtigem Geschmack.

'Mooli Minowase' Ein alter japanischer Daikon-Rettich, der 50 cm lang werden kann, wenn man ihn lässt. Er zeichnet sich durch einen milden, süßen Geschmack mit sehr wenig Schärfe und eine herrlich knackige Konsistenz aus. Ausgesät wird er am besten spät in der Saison für die Winterernte.

'Münchner Bier' Eine alte deutsche Sorte, die gleich zweifach liefert: Lässt man sie blühen, bekommt man viele fleischige, essbare Samen mit saftiger Konsistenz ähnlich wie Zuckerbrecherbsen, nur mit typischer Rettichnote. Im Gegensatz zu anderen Rettichen verholzt die Wurzel nicht und kann auch nach dem Samenansatz noch geerntet werden. Ihr weißes Fleisch wird traditionell gesalzen und in Münchner Biergärten mit einer Maß Bier hinuntergespült.

'Noir Gros Long d'Hiver' Ein dicker, spitz zulaufender Schwarzer Rettich, der in ganz Europa seit dem 16. Jahrhundert angebaut wird. Sein cremeweißes Fleisch hat einen süß-würzigen Geschmack und eine knackige Konsistenz. Er ähnelt sehr stark 'Black Spanish Round', der aus derselben Epoche stammt. Schwarze Rettiche sind angeblich aber schon weitaus früher auf dem Gebiet des heutigen Syrien entstanden. Die edle Sorte eignet sich gut für die Einlagerung den Winter über.

Sorte	Typ	Reifezeit
‘China Rose’	Winter	40–50 Tage
‘Green Luobo’	Winter	60–70 Tage
‘Mooli Minowase’	Winter	50–60 Tage
‘Münchner Bier’	Winter	65–75 Tage
‘Noir Gros Long d’Hiver’	Winter	55–65 Tage
‘Pusa Jamuni’	Winter	45–55 Tage
‘Red Meat’	Winter	65–75 Tage
‘Sakurajima’	Winter	90 Tage
‘Sichuan Red Beauty’	Winter	65–75 Tage
‘Violet de Gournay’	Winter	65–75 Tage
‘De 18 Jours’	Frühjahr	18–25 Tage
‘Long Scarlet’	Frühjahr	30–35 Tage
‘Philadelphia White Box’	Frühjahr	25–30 Tage
‘White Icicle’	Frühjahr	30 Tage
‘Zlata’	Frühjahr	35–40 Tage

‘Pusa Jamuni’ Ausnahmsweise keine alte Sorte – dieser Rettich wurde erst 2013 für den Verkauf freigegeben. Er ist eine Züchtung von Dr. Pritam Kalia, der ihn im Landwirtschaftlichen Forschungszentrum von Neu-Delhi, kurz Pusa, entwickelte. Seine Pigmente enthalten viele Nährstoffe und Antioxidantien. Die langen Wurzeln mit violettem Fleisch sind äußerst dekorativ. Zur gleichen Zeit wurde eine rosa Variante namens ‘Pusa Gulabi’ gezüchtet.

‘Red Meat’ Der in seiner Heimat China *shinrimei* genannte Rettich ist ein Hingucker. Wegen seines rosaroten Kerns wird er auch »Wassermelonenrettich« genannt. Die zwiebelförmigen Wurzeln tragen eine grünliche Schale, die einen Kontrast zum ungewöhnlichen Farbton des knackigen, süßen und mild würzigen Fleisches bildet.

‘Sakurajima’ Dieser Daikon hält den Rekord als größter Rettich der Welt. Er wird seit Jahrhunderten am Sakurajima angebaut, einem aktiven Vulkan auf einer Halbinsel der japanischen Südinsel Kyushu, von dem immer wieder Rauchwolken aufsteigen. Die gigantischen runden Wurzeln werden unter optimalen Bedingungen bis zu 30 kg schwer, in der Regel aber mit 6 kg geerntet. Sie zeichnen sich durch einen einnehmenden Geschmack und eine feine, buttrige Konsistenz aus.

‘Sichuan Red Beauty’ Ein bis in den Kern hinein hellroter Rettich, der in der südwestchinesischen Provinz Sichuan wegen seiner Würze traditionell eingelegt wird. Die länglichen Rettiche mit spitzem unterem Ende werden am besten im Herbst gesät und im Winter geerntet.

‘Red Meat’

‘Violet de Gournay’ Eine wüchsige französische alte Sorte, die schon seit mindestens dem 19. Jahrhundert in Kultur ist. Die langen, unregelmäßig geformten Wurzeln fallen durch ihre dicke, lebhaft violette Schale und das knackige, cremeweiße Fleisch ins Auge. Sie sind außerordentlich gut lagerfähig.

Frühjahr

‘De 18 Jours’ Mit ihren länglichen, knackigen roten Wurzeln mit weißer Spitze gehört dieses Radieschen zu den Sprintern der ‘French-Breakfast’-Gruppe, wie schon der Name, wörtlich »18 Tage«, verrät. Es eignet sich sehr gut als Lückenfüller im Gemüsegarten.

‘Long Scarlet’ Das einst in den USA populäre Radieschen wurde im 19. Jahrhundert in Cincinnati, Ohio, gezüchtet. Es ist schnell reif und hat ein zartes, süßes, dezent würziges Fleisch.

‘Philadelphia White Box’ Die im Nu reifen, reinweißen kleinen Kugeln dieser Sorte eignen sich gut für Fensterkästen. Sie wurde 1888 in Philadelphia eingeführt und macht mit pfeffriger Schärfe auf sich aufmerksam.

‘White Icicle’ Mit seinen langen, dünnen Wurzeln erinnert diese Sorte an weiße Möhren. Die alte europäische Sorte firmiert auch als ‘Ladies Fingers’. Sie reift rasch, bleibt selbst dann süß, wenn man sie größer werden lässt, und ist bei warmem Wetter schossfest.

‘Zlata’ Eine alte Osteuropäerin, deren polnischer Name »Gold« bedeutet, was sie ihrer gelben Schale verdankt. Das Radieschen ist rund, knackig, leicht würzig und angenehm mild.

'Wilhelmsburger' (links)
und 'Champion'

Steckrübe

Brassica napus subsp. *napobrassica*

Wird auch Kohlrübe, Butterrübe, Schwedische Rübe oder Erdkohlrabi genannt

Das dicke, bowlingkugelgroße Gemüse wird meist als Viehfutter angebaut oder bestenfalls als wässrige Begleitung zu einem Braten gereicht. Dabei verdient die vielseitige Steckrübe einen festen Platz in einem aufwendigen Festtagsmenü. Ihr delikater, bittersüßer Geschmack klingt auf einer pfeffrigen Note aus, die an Kohl und Speiserüben erinnert. Das hellgelbe Fleisch wird von einer glatten Schale in fast verspielten Grün-, Violett-, Bronze- und Orangetönen umschlossen.

Geschichte

Woher die Steckrübe genau stammt, ist ungeklärt, man nimmt jedoch gemeinhin an, dass ihre Ursprünge in Skandinavien oder Russland liegen. Die Zucht aus der Wildform erfolgte vermutlich unabhängig voneinander und gleichzeitig an mehreren Orten in beiden Regionen. In Schweden nennt man das Gemüse *rotabagge*, »klumpige Wurzel« – dort wurde sie auch das erste Mal erwähnt. 1620 hielt der Botaniker Gaspard Bauhin fest, dass sie im ganzen Land wild wachse.

Im Lauf der Zeit haben Steckrüben in vielen Kulturen rund um den Globus ihre Spuren hinterlassen. Für das keltische Fest Samhain am Ende der Erntezeit wurden die ersten Laternen aus ausgehöhlten Steckrüben geschnitzt – die Vorläufer der heutigen Halloween-Kürbisse. Der Brauch geht auf die Legende vom Stingy Jack zurück, einem geizigen Trunkenbold, der versuchte den Teufel auszutricksen und dazu verdammt wurde, auf ewig in der Dunkelheit herumzugeistern, mit lediglich einer Steckrübenlaterne als Licht. Mit der Zeit begannen die Menschen, Fratzen in die Rüben zu schnitzen, um Jacks wandernde Seele sowie andere Geister und Dämonen abzuwehren.

Eine besondere Bedeutung bekam die Steckrübe im Ersten Weltkrieg in Deutschland, als Essen knapp war und die Regierung versuchte, der Bevölkerung die eigentlich als Viehfutter verwendete Rübe als »preußische Ananas« zu verkaufen. Die Erinnerung an die mageren Zeiten führte dazu, dass man im Nachkriegsdeutschland lange eine tiefe Aversion gegen dieses Gemüse hegte. (Mehr dazu siehe nächste Seite.)

Steckrübenwinter

Durch die Seeblockade im Ersten Weltkrieg verschlechterte sich in Deutschland die Versorgung der Bevölkerung mit Lebensmitteln drastisch, vor allem im Hungerwinter 1916–1917, in dem auch die Kartoffelernte mager ausfiel. Als Ersatz wurden rationierte Steckrüben ausgegeben. Sie waren leicht anzubauen und gediehen bei fast jedem Wetter.

Im US-Bundesstaat New York findet auf dem Ithaca Farmers Market alljährlich die International Rutabaga Curling Championship statt. Der Wettbewerb nahm 1997 seinen Anfang und war zunächst eine spontane Aktion zur Stärkung der Moral der Marktleute, die ihre Waren durch die Gassen rollten, um sich im rauen Winter aufzuwärmen. Zunächst nahmen sie alles, was greifbar war – es heißt, manche hätten sogar zu gefrorenen Hähnchen gegriffen. Seither allerdings wurde ein International Rutabaga Curling Championship High Commissioner, ein Wettbewerbs-Hochkommissar, eingesetzt, der dafür sorgt, dass die Regeln eingehalten werden. Die Teilnehmerinnen und Teilnehmer bringen im Allgemeinen ihre eigenen Steckrüben mit, die beliebig modifiziert werden dürfen. Einzige Voraussetzung: Sie müssen sich in alle Richtungen rollen lassen.

In der Küche

Vorbereitung

Junge Steckrüben sind sehr zart und müssen nicht geschält werden, ältere schon. Als Ganzes in Salz gebackene Wurzeln sind vegetarische Leckerbissen.

Gerichte

Steckrüben lassen sich wie Sauerkraut fermentieren, in Pasteten backen oder für Aufläufe schmoren. Beim klassischen deutschen, mit Muskatnuss, Kräutern und schwarzem Pfeffer gewürzten *Steckrübeneintopf* sind sie der Star unter allerlei Gemüsezutaten. Der Eintopf wird zwar oft als vegetarisches Gericht serviert, aber auch gern mit Kochwurst und Kassler angereichert, um den Geschmack zu intensivieren.

Neeps and tatties sind ein geschätztes schottisches Gericht, das traditionell zur jährlichen Burns Night serviert wird, einem Fest zu Ehren des Dichters Robert Burns. Es besteht aus pürierten Steckrüben (*neeps*) und Kartoffeln (*tatties*), die separat mit Haggis und einer auf Whisky basierenden Bratensauce serviert werden. Eine ähnliche Speise gibt es in Nordwales, wo sie *ponchmipe* heißt. Sie besteht ebenfalls aus pürierten Steckrüben und Kartoffeln, allerdings mit Milch und Butter.

Kultur

Vermehrung

Steckrüben brauchen zeit ihres Lebens Schutz. Die Aussaat erfolgt im Gewächshaus, Topfschuppen oder auf einer sonnigen Fensterbank, wo die Samen bleiben dürfen, da sie dort vor Schädlingen geschützt sind. Beste Ergebnisse erzielt man mit breitwürfiger Aussaat in Schalen. Später müssen die kräftigsten Sämlinge in Module von Topfplatten umziehen. Dort lässt man sie 3–4 Wochen, um sie schließlich ins Freie zu pflanzen. Langbeinige, schwächliche Sämlinge machen Zwischenstation in 9-cm-Töpfen, dabei gräbt man den Haupttrieb ein. Das wiederholt man beim Umsetzen ins Freilandbeet, sodass nur die Blätter noch herausgucken.

Auf einen Blick

Aussäen Spätfrühling–Frühsommer bei 6–30 °C

Auspflanzen Hochsommer–Spätsommer

Abstände 30 cm für normale Rüben, 50 cm für große Rüben

Ernten Frühherbst–Vorfrühling

'Ellen's'

Weitere Pflege

Wässert die Pflänzchen im Freien gründlich und behaltet sie im Auge, um sie feucht halten zu können, bis sie eingewachsen sind. Ein über Stützreifen gespanntes Schutznetz hält Schädlinge fern: Erdflöhe und Kohlfliegen können Kümmerwuchs verursachen und auch die Kohldrehherzmücke, Kohlweißlinge sowie hungrige Tauben setzen Steckrüben zu.

Entfernt abgestorbenes und welkes Laub wöchentlich, denn es lockt Schnecken an. Steckrüben vertragen zwar im Sommer längere Trockenperioden, doch sollte man sie trotzdem wässern. Ratsam ist es, das Wetter im Herbst im Blick zu behalten, wenn die Rüben kräftig zulegen. Wer in dieser Zeit wässert, vor allem bei Trockenheit, bekommt Wurzeln von ordentlicher Größe.

Probleme

Blattläuse, Kleine Kohlfliege, Raupen, Kohlhernie, Erdflöhe, Tauben, Schnecken, Kohldrehherzmücken (siehe S. 49–51).

Ernte

Dreht die Steckrüben vorsichtig und hebelt sie mithilfe einer Handschaufel heraus. Alle Wurzeln sollten geerntet sein, bevor es im März wärmer wird, sonst werden die Wurzeln zäh und ungenießbar.

Lagerung

Steckrüben sind oft schon im Frühherbst reif, doch kann man sie auch den ganzen Winter im Boden lassen. Dort sorgen sie für seltene grüne Farbtupfer im Garten und liefern in den kargen Monaten Nachschub für die Küche. Wenn ihr jedoch in einer Gegend mit langen Frösten wohnt, solltet ihr sie im Frühwinter ernten. Schneidet das Kraut ab und lagert die Wurzeln ungewaschen in Holzkisten oder Papiersäcken in einem frostfreien Nebengebäude. Dort halten sie bis ins Frühjahr.

'Wilhelmsburger' und 'Champion'

Empfehlenswerte Sorten

'Best of All' Die Sorte liefert einheitlich runde Wurzeln mit violetter Schulter und cremegelbem, süßem, pfeffrigem Fleisch. Sie lässt sich leicht anbauen und ist bekannt für ihre Kälteresistenz.

'Cairns Family Heirloom' Eine Züchtung mit hellbrauner Wurzel, hellroter und grüner Schulter und supersüßem Geschmack, vor allem nach Frost. Evalynn Schnackenberg überließ sie 2013 der Seed Savers Exchange. Selektiert und weitergegeben wurde sie vom Cousin ihrer Großmutter, Leo Cairns, einem begeisterten Gärtner, der die Sorte seit den 1950er-Jahren im Bundesstaat Washington züchtete.

'Champion' Die historische Sorte wurde in Europa jahrhundertelang angebaut. Sie ist bekannt für beeindruckende Frosthärte und eine cremegelbe Wurzel mit rotvioletter Schulter. Dank ihres vollen Geschmacks eignet sie sich gut für Suppen und Aufläufe.

'Ellen's' Eine rare, mittelgroße Landsorte von der Schwäbischen Alb. Sie wurde von einer Familie vor Ort vor dem Untergang bewahrt und zeichnet sich durch einen süßen, angenehmen Geschmack aus.

'Major Dunne' Eine goldgelbe Sorte mit violetter Schulter. Sie hat lange Wurzeln, die wenig anfällig für Bodenschädlinge sind, und kann enorme Ausmaße erreichen, ohne dass Geschmack oder Konsistenz darunter leiden. Einst wurde sie gewerblich in Nordirland angebaut, doch inzwischen ist sie selten geworden. Benannt wurde sie wohl nach Major John William Dunne, einem Philosophen und Flugpionier zu Anfang des 20. Jahrhunderts.

'Westport Macomber' Sie kann fußballgroß werden, ist weiß und hat eine grünviolette Schulter. Ihren Namen verdankt sie zwei Brüdern aus Westport in Massachusetts, die sie Ende des 19. Jahrhunderts aus russischen und schwedischen Sorten züchteten. Die weißfleischigen Wurzeln reifen früh und lassen sich lange lagern.

'Wilhelmsburger' Die alte deutsche Sorte wurde 1935 für die Küche gezüchtet und gilt als wohlschmeckendste Steckrübe überhaupt. Die großen Wurzeln mit grüner Schulter und gelblichem Fleisch sind frosthart, krankheitsresistent und lagerfähig.

Speiserübe

Brassica rapa subsp. *rapa*

Heißt in anderen Ländern Kabu, Nabo, Navet, Nips, Wújīng

An diesen schnellwüchsigen, unkomplizierten Kohlgewächsen scheiden sich die Geister, dabei sind die Wurzeln mit ihren bitteren, erdigen, zuckrigen Noten ein außergewöhnliches Wintergemüse. Die klassische Speiserübe ist schneeweiß, rund und oben violett oder grün, das gesamte Sortenspektrum aber viel größer: Manche sind lang, schwarz und spitz zulaufend und ähneln Möhren, andere haben eine rotbraune Farbe, eine Scheibenform und ein weißes, rot durchsetztes Fleisch.

Geschichte

Die wilden Vorfahren der Speiserübe sind in Europa und Westasien beheimatet und wurden vermutlich schon vor Tausenden von Jahren zur Feldfrucht weitergezüchtet. Es gibt in alten Aufzeichnungen der Assyrer aus dem ersten Jahrtausend vor Christus und aus der hellenistischen Zeit von 336–30 v. Chr. Hinweise auf gezielte züchterische Bemühungen. Für die beiden Völker war die Speiserübe ein Grundnahrungsmittel, das Soldaten wie Bürger nährte und sowohl in Kriegszeiten als auch während Hungersnöten als Nahrungsquelle diente.

Im alten Rom hatte die Rübe eine Doppelfunktion. Einerseits versorgte sie die Ärmsten des Reichs, andererseits diente sie als Wurfgeschoss. Als der spätere Kaiser Vespasian in Afrika zum Prokonsul der Provinz Africa ernannt wurde, machte er sich einen Namen durch striktes Finanzmanagement und klare Budgets. Aus Protest gegen diese Politik bewarfen die Einheimischen ihn mit Speiserüben und jagten ihn aus der Stadt. Auch als Beleidigung taugte die Wurzel. Ab dem 15. Jahrhundert bezeichnete man in England schlicht gestrickte Landbewohner als *turnip-eaters*, »Speiserübenfresser«, und *turnip-heads*, »Rübenköpfe«. William Shakespeare soll die Speiserübe häufig als Synonym für »Idiot« verwendet haben, genau wie Charles Dickens in seinen Romanen.

Nachdem die Speiserübe ihren Weg nach Nordamerika fand, reservierten Plantagenbesitzer vor allem in den Südstaaten die Wurzel für sich und überließen den

'Hinona Kabu'

Sklaven nur das Kraut. Die Sklaven, von denen viele von der afrikanischen Westküste stammten, blickten auf ein reiches kulinarisches Vermächtnis zurück, in dem auch Blattgemüse, *efo* genannt, eine Rolle spielte. Deshalb kam ihnen das Kraut von Speiserüben nicht ungelegen. Obwohl es ursprünglich aus reiner Notwendigkeit verzehrt wurde, erwies es sich als schmackhaftes, nahrhaftes Gemüse.

In der Küche

Vorbereitung

Legt frisch geschnittene Speiserüben in Wasser oder, besser noch, schneidet sie erst kurz vor dem Kochen oder Servieren, denn sie oxidieren schnell und verfärben sich an der Luft – der Vorgang wird enzymatische Bräunung genannt. Das Kraut solltet ihr nicht wegwerfen: Es schmeckt in einer Bratpfanne mit Gewürzen gekocht oder unter Nudeln gemischt ausgezeichnet.

Gerichte

Speiserüben haben eine eigentümlich süße, bittere Note, mit der sie sich gegen reichhaltige Begleiter behaupten und gleichzeitig deren Geschmack aufnehmen. Ihren Ruf als Old-School-Gemüse oder reines Viehfutter haben sie vor Kurzem hinter sich gelassen, denn sie sind vielseitiger, als es scheint. Man kann sie braten, pürieren oder schmoren, für Salate in Scheiben schneiden und sogar einlegen, da ihr pfeffriger Geschmack bestens mit süßsaurer Einlegeflüssigkeit harmoniert.

Speiserüben sind eine geschätzte Zutat für herzhafte Suppen und Eintöpfe wie den französischen Klassiker *navarin d'agneau*. Dieses Lammragout, ein traditionelles Frühjahrsgericht, ist bekannt für seine *navets*, wie Speiserüben im Französischen heißen. Mit ihrer herrlich fleischigen Konsistenz und dem erdigen Geschmack bieten sie sich außerdem für Gratins an. Ob ihr die Kartoffeln komplett durch Rüben ersetzt oder nur ein paar Rübenscheiben

Auf einen Blick

Aussäen Spätwinter–Vorfrühling, Spätsommer–Frühherbst bei 18–21 °C

Auspflanzen Frühjahr, Herbst

Abstände 25 cm

Ernte Spätfrühling–Frühwinter

Das Putzen (siehe S. 52) ist genauso einfach wie das Ernten: Streift Erdreste ab und zupft faulende oder beschädigte Blätter ab, damit sich die wertvollen Wurzeln eingelagert gut halten.

hineinschmuggelt, die cremige Käsesauce hebt dieses Gemüse auf ein neues Niveau.

Beliebt ist die Rübe dank ihres kräftigen, pfeffrigen Geschmacks auch in Indien, vor allem im Norden, etwa im Punjab. In den kühlen Monaten lässt sich die Bevölkerung dort *shalgam ki sabzi* schmecken, ein halbtrockenes Curry, für das die Wurzeln mit Gewürzen wie Kurkuma, Kreuzkümmel, Zimt, Koriander und Chilipulver in der Pfanne gebraten werden. Tomaten steuern eine süßsaure Komponente bei. Serviert wird das Curry meist mit Fladenbrot.

Kultur

Vermehrung

Es gibt mehrere Zeitfenster zum Säen dieses Gemüses, das im Sommer blüht und in dieser Zeit nicht wächst oder saftige Wurzeln bildet. Speiserüben sät man zu mehreren aus – vier bis fünf Samen pro Modul sind ratsam. Die Topfplatten kommen an einen warmen Platz, doch nach dem Keimen kann man die frostharten Setzlinge in einen unbeheizten Topfschuppen oder ein Gewächshaus stellen. Binnen 3–4 Wochen könnt ihr sie umpflanzen.

Weitere Pflege

Die Setzlinge mögen klein und zart wirken, sind aber robust und legen nach dem Umzug in den Garten ordentlich zu. Frühe Aussaaten werden mit Vlies vor Kälte und den Zumutungen der Witterung geschützt, aber auch vor Vögeln, Erdflöhen und anderen Insekten, später deckt man sie mit Netzen oder feinmaschigen Drahtgittern ab, die Kohlweißlinge und Vögel fernhalten. Anfangs muss noch gut gewässert werden, bis die Pflänzchen eingewachsen sind. Danach brauchen sie nur noch bei länger ausbleibendem Regen Wasser.

Probleme

Blattläuse, Vögel, Kohlweißlinge, Raupen, Kohlhernie, Erdflöhe, Mäuse, Mehltau, Schnecken (siehe S. 49–51).

Ernte

Die wüchsigen Speiserüben können in verschiedenen Wachstumsphasen geerntet werden, müssen aber auf jeden Fall vor dem ersten Frost aus der Erde. Babyrüben haben ein zartes, saftiges, sehr süßes Fleisch und schmackhafte Blätter. Sobald sie golfballgroß oder noch einen Tick

'Asuka Akane'

Hida beni kabu **(rote Speiserübe)**

'Nagasaki Akari Kabu'

größer sind, wird die Süße weicher und das Fleisch saftiger und knackiger. Dann können ganze Rübenhorste auf einmal geerntet werden, doch ist es genauso gut möglich, nur die größte auszuwählen und die anderen weiterwachsen zu lassen. Um die Rüben aus der Erde zu holen, drückt ihr sie leicht nach unten und dreht sie, bis sie sich gelockert haben und herausgezogen werden können.

Lagerung

Babyrüben halten nicht lange. Beginnen sie zu schrumpfen, kann man sie notfalls in eine Schüssel mit Wasser legen. Große Speiserüben hingegen halten sich mehrere Monate. Brecht dazu das Laub komplett ab, legt sie ungewaschen in eine Obststeige und stellt sie in einen Schuppen oder ein anderes Nebengebäude, in dem die Temperaturen nie unter den Gefrierpunkt sinken.

Empfehlenswerte Sorten

'Asuka Akane' Eine farbenfrohe japanische Sorte, lang und mit einem süßen, milden Geschmack, dank dem man sie wie einen Rettich roh genießen oder aber einlegen kann, um ihr eine säuerliche Note zu geben. Beim Aufschneiden offenbart sich ein Fleisch mit magentaroter und cremeweißer Zeichnung, das fast zu schön zum Essen ist.

'Boule d'Or' Die goldgelbe Wurzel mit abgeflachter Form, bernsteinfarbenem Fleisch und deftigem, erdigem Geschmack erinnert an den von Steckrüben (siehe S. 290). Sie schmeckt viel süßer und milder als weiße Sorten und ist auch als 'Golden Ball' oder 'Orange Jelly' in Umlauf. Ihr Debüt gab sie 1854 in Frankreich, doch könnte sie im 19. Jahrhundert in Nordengland und Schottland gezüchtet worden sein.

Hida beni kabu 1918 entdeckte man eine Handvoll aus der Reihe tanzender roter Exemplare in einem Posten weißer Speiserüben der Sorte 'Hakurei' in der Nähe der japanischen Stadt Takayama. Ihr cremeweißes Fleisch war rot marmoriert und etwas süßer als das von 'Hakurei'. Man erkannte das Potenzial dieser ungewöhnlichen Entdeckung und züchtete daraus eine neue Sorte, die als *Hida beni kabu* (rote Speiserübe von Hida) bekannt wurde.

'Hinona Kabu' Eine ganz und gar einzigartige Sorte mit langer, schlanker Wurzel und mild pfeffrigem Geschmack. Die eleganten Rüben fallen durch ein sattes Purpurrot ins Auge, das einen schönen Kontrapunkt zum schneeweißen Fleisch setzt. Der

---

Eine besondere Farbe

Das Wort *beni* in *Hida beni kabu* bezeichnet einen speziellen Rotton, der aus den Blütenblättern von *benihana* extrahiert wird, einer in Japan seit alters her kultivierten Pflanze. *Beni* spielt eine wichtige Rolle in der traditionellen japanischen Kunst, vor allem in Gemälden, Textilien und der Töpferei. Sie wurde zum Synonym japanischer Handwerkskunst.

Legende zufolge stammt die Pflanze aus Japan, wo sie im 15. Jahrhundert beim Bau der Otowa-Burg in der Präfektur Shiga entdeckt wurde. Jüngsten Untersuchungen zufolge ist sie allerdings eine Hybride der beliebten alten 'Long Red Tankard', einer alten europäischen Sorte, die vielleicht im Zug der Meiji-Restauration von 1868, einer Zeit der Modernisierung und Orientierung zum Westen hin, in die Region gelangte. Wegen ihrer knackigen Konsistenz und ihres milden Geschmacks wird sie in der japanischen Küche traditionell für *sakurazuke* verwendet, ein sauer eingelegtes Gemüse, das seinen Namen von der rosa Farbe hat, die die Speiserübe in der Lake annimmt.

Turnip Townshend – der »Rübenmann«

Charles Townshend, 2. Viscount Townshend, war ein britischer Landwirt des 18. Jahrhunderts und engagierter Verfechter der Speiserübe. Er widmete ihr einen guten Teil seines Lebens, experimentierte mit ihr und förderte ihren Anbau. Seine Bemühungen hatten die Entwicklung neuer Ackerbaumethoden und die Einführung des Fruchtwechsels zur Folge, weshalb er oft als »Vater der landwirtschaftlichen Revolution Großbritanniens« bezeichnet wird. Seine innovativen Fruchtfolgepläne und die Nutzung der Speiserübe als Wintergemüse erhöhten die Bodenfruchtbarkeit, verbesserten die Gesundheit des Viehs und steigerten die landwirtschaftliche Produktivität. Ihm ist es zu verdanken, dass die Speiserübe zum Grundnahrungsmittel avancierte, weshalb man ihn »Turnip Townshend« nannte.

'Nagasaki Akari Kabu' Die bestens zum Einlegen und Rohessen geeignete Sorte sieht fantastisch aus und schmeckt auch noch hervorragend. Sie wird traditionell in der Präfektur Nagasaki im äußersten Süden Japans angebaut. Unter der lebhaft violetten Schale verbirgt sich ein schneeweißes, violett durchsetztes Fleisch.

'Noir Long de Caluire' Die auch als *navet du Pardailhan* bekannte, lange, spitz zulaufende Rübe erlangte einst in Frankreich Berühmtheit. Angeblich war sie regelmäßig auf den Speisetafeln im Schloss von Versailles zu finden. Als im Zweiten Weltkrieg die heimische Landwirtschaft litt, stand sie kurz vor dem Verschwinden und wäre selbst in ihrer Heimatregion fast ausgestorben. Zu neuem Ansehen gelangte sie aber, als eine kleine Gruppe engagierter Züchter den Verband Lou Nap dal Pardailha gründete, um sie zu erhalten und zu fördern. Heute wird sie wegen ihres unverwechselbaren Geschmacks und Aussehens gepriesen. Die möhrenförmigen Wurzeln haben eine dicke schwarze Schale und ein süßes weißes Fleisch mit nussigem, edelkastanienartigem Geschmack. Sie sind zum Symbol des reichen landwirtschaftlichen Erbes in der Region geworden.

'Norfolk Green' Die alte Sorte aus dem späten 17. Jahrhundert erlangte enorme Popularität durch den 2. Viscount Townshend (siehe oben). Sie bildet große, zwiebelförmige Rüben mit kräftig grüner Schulter. Geschmack und Konsistenz sind wesentlich feiner als bei vielen modernen Züchtungen.

'Rond de Nancy' Die »Runde von Nancy« mit weißem Fleisch, blauvioletter Schulter und süßem, mildem Geschmack hat ihren Namen von der französischen Stadt, in der sie erstmals angebaut wurde. Die Einheimischen dort waren voll des Lobes über sie, weil sie sich an unterschiedliche Böden anpasste und auch dem harschen Klima im französischen Nordosten trotzte. Im 19. Jahrhundert war sie weit verbreitet und so bedeutend, dass sie sogar Vilmorin Andrieux in seinem 1885 erschienenen Buch *Les Plantes Potagères* (Der Küchengarten) erwähnte.

'Nagasaki Akari Kabu' (links) und *Hida beni kabu*

'Hinona Kabu' (links) und 'Asuka Akane'

'Boule d'Or'

Wasabi

Eutrema japonicum

Wird auch Japanischer Meerrettich oder Wassermeerrettich genannt

Echter Wasabi gehört zum teuersten Gemüse der Welt. Sein scharfer, beißender Geschmack fegt durch die Nebenhöhlen, unterstreicht zugleich aber auch den Geschmack der Gerichte, die er begleitet. Er lässt sich nur schwer gewerblich anbauen, was ihn noch teurer macht. Zu Hause aber kann man ihn relativ leicht kultivieren.

Wasabi wird immer beliebter und taucht inzwischen in allen möglichen Zubereitungen auf, einschließlich Wasabi-Eis und Wasabi-Erbsen. Allerdings handelt es sich in 95 Prozent aller Fälle um Wasabi-Imitat. Dafür gibt es zwei Gründe. Erstens lassen Geschmack und Schärfe von echtem Wasabi oxidationsbedingt rasch nach, in der Regel 10–15 Minuten nach dem Hobeln der Wurzel. Zweitens ist ein gewerblicher Anbau schwierig, da man Samen und Setzlinge nur schwer bekommt, Schädlinge und Krankheiten den Kulturen zusetzen und die Reifezeit recht lang ist.

Die grüne, als Wasabi deklarierte Paste (meist aus gesüßtem Senf, Meerrettich und Lebensmittelfarbstoff zubereitet), die in der Regel zu Sushi gereicht wird, ist weit entfernt vom echten Wasabi, für den das Rhizom (siehe gegenüber) vor dem Servieren fein gerieben wird. Er hat eine kräuterwürzige Note und einen süßen Abgang, der den Geschmack des Fischs unterstreicht, statt ihn zu kaschieren.

Geschichte

Eine japanische Legende besagt, dass Wasabi von Samurai entdeckt wurde, die sich in die Berge der Region Kansai auf der Insel Honshū zurückgezogen hatten, um dort nach der Schlacht von Dan-no-ura 1185 in Frieden zu leben. Sie entdeckten die Pflanze mit ihren großen, herzförmigen Blättern an Flussufern und sammelten sie, um damit rohe Schnitten Masu-Lachs – ein Fisch, der sich während der Kirschblütensaison zum Laichen in Flüsse zurückzieht – zu würzen.

Diese Legende hat dazu beigetragen, Wasabi zu einem wesentlichen Bestandteil japanischer Esskultur zu machen. Allerdings deuten archäologische Funde darauf hin, dass Wasabi in Japan schon

»Die weltweite Nachfrage nach echtem Wasabi steigt.«

Dem unscheinbaren Wasabi sieht man seine delikate Schärfe nicht an.

14 000 Jahre v. Chr. auf dem Speiseplan der dortigen Ureinwohner stand. So richtig beliebt wurde die Wurzel aber erst im 16. Jahrhundert mit dem Siegeszug von Sushi. Mit ihrer Schärfe und weil sie Nahrungsmittelvergiftungen entgegenwirkte, galt sie als perfekte Begleiterin von rohen Meeresfrüchten. Heute wird ein Großteil des japanischen Wasabi in Shizuoka kultiviert, wo vor rund 400 Jahren der gewerbliche Anbau seinen Anfang nahm. Derzeit steigt die weltweite Nachfrage nach echtem Wasabi, weshalb die Pflanze inzwischen auch in China, Neuseeland, Kanada, den USA und Großbritannien angebaut wird.

In der Küche

Vorbereitung

Wie ihr Wasabi zubereitet, hängt davon ab, ob ihr die Blätter, Stiele oder Rhizome verwendet. Blätter und Triebe sollten gewaschen und bei Bedarf gehackt werden, während man die Wurzel vom Kraut befreit und wäscht (siehe S. 304).

Gerichte

Wasabi-Blätter lassen sich gut in Pfannengerichten oder gedünstet mit Nudeln zum Einsatz bringen. Hervorragend machen sie sich außerdem in Tempura-Teig frittiert und mit einer würzigen Ponzu-Dipsauce

Wasabi-Paste

Wenn ihr Wasabi-Paste selbst zubereiten möchtet, entfernt ihr als Erstes alle Triebe und Stängel am Rhizom, wascht es und schneidet schadhafte Stellen weg. Geschält wird es nicht, denn das Fleisch direkt unter der Schale ist am schärfsten und schmeckt am besten.

Um Wasabi zuzubereiten, raspelt ihr das Rhizom ganz fein, damit es seinen intensiven Geschmack voll entwickeln kann. Ihr braucht dazu einen speziellen Wasabi-Hobel, denn ein normaler Käsehobel oder eine Microplane-Reibe reichen nicht. Die traditionelle Raspel (*oroshiki*) wurde früher aus Haihaut gefertigt, aber heute sind Edelstahlreiben (*oroshigane*) gängiger. Reibt das Rhizom langsam und behutsam mit einer Drehung im Uhrzeigersinn. Wer zu viel Druck ausübt, bekommt eine grobe, körnige Textur, die Geschmack und Schärfe nicht voll zur Geltung bringt. Wer eine besonders feine Paste will, hackt den geriebenen Wasabi zusätzlich mit einem Messer in einer Schaukel- oder Drehbewegung.

Je nachdem, welches Rhizomende ihr verwendet, fallen Geschmack, Textur und Farbe der Paste unterschiedlich aus. Das obere Ende ist hellgrün und schmeckt frisch, kräuterwürzig und aromatisch, während das untere Ende eine eher graugrüne Farbe hat und schärfer ist. In Japan wird geriebener Wasabi beider Enden kombiniert, um eine perfekt ausgewogene Paste zu bekommen.

Die geschmacksgebenden Inhaltsstoffe von Wasabi sind höchst volatil und verflüchtigen sich nach dem Reiben im Nu. Nach 15–20 Minuten hat man eine grüne Paste, die nur noch nach gemähtem Gras schmeckt und kaum scharf ist. Deshalb sollte man Wasabi erst kurz vor dem Servieren reiben.

Ein einfaches, aber delikates Wasabi-Rezept besteht darin, die Wurzel in selbst gemachte Mayonnaise zu reiben. Das Ergebnis kann man für fast jedes Gericht als Alternative zu regulärer Mayonnaise verwenden. Besonders gut schmeckt die Mayopaste in einem Burger mit Meerretticheinschlag. Dazu streicht man sie auf einen Bun und belegt das Ganze mit einem Rinder-Patty. Auch mit Knoblauch kombiniert in einem Aioli als Dip für Kartoffeln, die in Kräutern gebraten wurden, zeigt Wasabi seine Klasse.

Aus Ablegern lassen sich relativ leicht Setzlinge gewinnen.

serviert. Wer Lust auf eine sommerliche Speise mit Pfiff hat, kann Wasabi-Blätter in einem Salat mit japanischem *Wafu*-Dressing aus Sojasauce, Reisessig und anderen Gewürzen ausprobieren.

Wasabi-Stiele haben eine knackige Konsistenz und einen pfeffrigen, rettichartigen Geschmack mit Andeutungen an Schnittlauch. Sie werden traditionell in Sake kasu (Sake-Trester; siehe S. 286) für *wasabi-zuke* eingelegt. Dabei entsteht eine Würzsauce mit pastenartiger Textur und einem süßen, fruchtigen, aber zugleich pikanten Geschmack. Sie wird auf Reis gegeben oder mit getrockneten Bonito-Flocken sowie Sojasauce gemischt.

Kultur

Wasabi sei sehr schwer anzubauen, heißt es, aber ich finde, es ist eigentlich ganz leicht, wenn man ein paar einfache Dinge beherzigt. Das Kohlgewächs bevorzugt schattige Plätze in einer dunklen Gartenecke, wo sonst nichts zu wachsen scheint, kann aber auch als originelle Zimmerpflanze kultiviert werden.

Vermehrung

Wasabi lässt sich aussäen, aber ich hatte mehr Erfolg mit gekauften Pflänzchen, von denen ich Stecklinge genommen habe, um mit frischen Exemplaren versorgt zu werden. Wasabi-Pflanzen bilden am Ansatz Ableger, die man abzwicken und in kleine Töpfe mit einer Mischung aus 1 Teil Gartensand und 1 Teil Erde setzen kann. Die besten Zeiten dafür sind das Frühjahr und der Herbst. Ich stelle meine eingetopften Ableger in eine flache Schale mit Wasser, damit das Substrat konstant feucht bleibt, was die Wurzelbildung fördert.

Die Aussaat ist ein gutes Stück schwieriger, denn die Keimrate ist gering; zudem müssen die Samen vor der Aussaat stratifiziert werden (siehe S. 32). Ausgesät wird im zeitigen Frühjahr drinnen und wie bei Kohlgewächsen durch Mehrfachaussaat in eine Saatschale. Die Samen werden hauchdünn mit Erde bedeckt. Streut das Saatgut dicht aus, denn es keimen bei Weitem nicht alle Körnchen, und habt Geduld – es kann bis zu 4 Wochen dauern, bis sich das erste Grün zeigt. Sobald die Sämlinge groß genug sind, um herausgenommen werden zu können, setzt ihr sie einzeln in die Module von Topfplatten um. Stellt sie an einen durchweg schattigen Platz, denn selbst ein paar Stunden Sonne machen den Sämlingen schon den Garaus.

Weitere Pflege

Gepflanzt wird Wasabi am besten im Frühherbst. Wartet, bis die Pflänzchen ein passables Wurzelsystem gebildet haben, dann könnt ihr sie umpflanzen. Falls ihr sie in 10er-Töpfen gekauft habt, sind sie nach etwa 4 Wochen so weit. Habt ihr euer Material aber selbst durch Aussaat herangezogen, wartet ihr, bis die Sämlinge 15 cm hoch sind und mehrere Triebe angesetzt haben, was nach etwa 2 Monaten der Fall sein sollte.

Sonne und trockene Böden sind die größten Feinde des Wasabi. Er welkt und geht ein, wenn er zu viel Sonne abbekommt, pflanzt ihn also in den Schatten. Wer zu den Glücklichen mit Garten gehört, durch die ein Wasserlauf plätschert, setzt ihn ans Ufer, wo das Wasser noch das Erdreich durchdringt.

Beim Auspflanzen in den Garten sollte man Wasabi immer zu mehreren pflanzen. So entsteht ein Laubdach mit einem Mikroklima, das Feuchtigkeit bewahrt und den Haupttrieb beschattet. Je mehr Wasabi man kombiniert, desto besser gedeihen sie. Ein Problem ist Wurzelfäule infolge verdichteter oder schlecht durchlässiger Böden, weshalb ihr gegebenenfalls mehrere Stellen im Garten ausprobieren müsst, um herauszufinden, wo euer Wasabi am besten gedeiht. Ihr könnt ihn aber auch in Töpfen ziehen. Mischt dazu in das Substrat Sand und Kies, um seine Durchlässigkeit zu erhöhen.

Das scharfe Rhizom sollte bis kurz vor dem Verzehr ganz bleiben.

Pflanzt Wasabi so, dass die Wurzeln im Boden stecken, aber die Ansatzstelle, an der die oberirdischen Triebe aus dem Rhizom wachsen, noch aus der Erde ragt. Bedeckt man die Triebe mit Erde, faulen sie.

Wer nicht viel Schatten im Garten hat, sollte die Pflanzen mit Sonnensegeln vor direktem Licht schützen oder Wasabi in Töpfen ziehen und immer dorthin stellen, wo gerade keine Sonne ist. Ich habe drei in einem extragroßen Pflanzgefäß, in dem sie sich gegenseitig beschatten, und mulche sie mit Kompost und Kieseln, um die Feuchtigkeit im Substrat zu halten.

Wasabi sind recht robust und vertragen auch Kälte. Meine haben sogar ein paar Tage zugeschneit überlebt und über eine Woche Minustemperaturen ausgehalten. Trotzdem ist es besser, sie bei Frost mit einem Vlies zu schützen oder nach drinnen zu bringen. Bis die Knolle erntereif ist, vergehen etwa 18–24 Monate, es wäre ausgesprochen ärgerlich, sie auf halbem Wege zu verlieren. Wässert sie immer gut, vor allem bei längerer Trockenheit.

Wasabi kann auch ganzjährig als Zimmerpflanze kultiviert werden – die hübschen Blätter bringen Leben in dunkle Winkel. Sie müssen wie die Topfexemplare im Garten aber gut gemulcht und gewässert werden.

Manche befürchten, dass Wasabi sich ungebührlich stark ausbreitet. Dazu gibt es keinen Grund: Man kann ihn problemlos eindämmen, indem man Ableger entfernt und an anderer Stelle pflanzt.

»Wasabi ist schwer anzubauen, heißt es, aber eigentlich ist es ganz einfach.«

Probleme

Blattläuse, Fäule, Kohlweißlinge, Wurzelfäule, Schnecken (siehe S. 49–51).

Ernte

Das Rhizom kann etwa 2 Jahre nach dem Pflanzen des Ablegers geerntet werden. Man sollte warten, bis es vollreif ist, denn erst dann schmeckt es am süßesten und aromatischsten. Zum Glück kann man sich schon davor die Blätter gönnen.

Auf einen Blick

Aussäen Spätwinter–Vorfrühling bei 5–10 °C

Stecklingsvermehrung Frühjahr, Vollherbst–Frühwinter

Auspflanzen Frühjahr, Vollherbst–Frühwinter

Abstände 20-30 cm

Ernten Frühjahr, Vollherbst–Frühwinter

Erntet Laub und Stiele regelmäßig, idealerweise alle 6 Wochen. Nehmt die großen, dunkelgrünen Blätter vom Horstrand und lasst die in der Mitte sowie die, die sich gerade erst entfalten, unangetastet. Im Sommer empfehle ich, das Abernten des Laubs zu reduzieren, damit das Laubdach dicht bleibt und das kostbare Rhizom so vor der Sonne schützt. Auch die Blüten, die sich im Februar und März öffnen, sind essbar und schmecken in Tempura-Teig gebacken hervorragend. Mit den Blütenblättern lassen sich Salate garnieren.

Das wertvolle, scharfe Rhizom wird am besten im zeitigen Frühjahr oder Frühherbst geerntet, sobald es 12–15 cm lang ist. Nehmt dazu die ganze Pflanze auf, achtet aber darauf, dass das Rhizom dabei nicht bricht. Mit einem scharfen Messer entfernt ihr alle Ableger und pflanzt sie gleich wieder in Töpfe, dann schneidet ihr die Stiele und Blätter ab. Zum Schluss wird das Rhizom geputzt, indem man die Wurzeln entfernt und Erdreste abstreift.

Lagerung

Damit das Rhizom nicht austrocknet, deckt man es mit einem feuchten Papiertuch ab und steckt es in einen Plastikbeutel. Auf diese Weise hält es im Kühlschrank bis zu einem Monat lang.

Empfehlenswerte Sorten

'Daruma' Eine schöne, buschige Sorte, scharf, aber dennoch relativ mild. Sie bildet einen dichten Laubschopf aus dicken Blättern, die sich ausgezeichnet zum Anbraten eignen. Die Züchtung steckt heißere Temperaturen als andere Wasabi weg und ist relativ widerstandsfähig gegen Wurzelfäule sowie andere Pilzkrankheiten. Sie wächst eher aufrecht, als dass sie sich ausbreitet, und kann 60 cm hoch werden. Das knotige Rhizom wird 10–30 cm lang und 2,5–5 cm breit und ist bereits nach knapp 16 Monaten erntereif.

'Mazuma' Für alle, die ihren Wasabi scharf und würzig mögen, ist das die ideale Sorte. Sie bleibt kurz und gedrungen, wird höchstens 40 cm hoch und breit, ist robust und widerstandsfähig, wächst allerdings langsam. Die 15–30 cm langen und 3–5 cm dicken Rhizome brauchen bis zu 36 Monaten bis zur Vollreife. 'Mazuma' setzt im Frühjahr reichlich schöne, leckere weiße Blüten an und neigt dazu, sich ungebührlich stark auszubreiten, was aber den Vorteil hat, dass die Pflanze viele Ableger und schmackhaftes Laub bildet. Die Blätter sind zum Ansatz hin violett überlaufen.

Hülsen & Samen

Sie bringen Fülle und Schönheit in den Garten. Man kann sie frisch genießen, doch getrocknet lassen sie sich auch lagern.

Erbsen

Pisum sativum

Heißen in anderen Ländern auch Petits pois, Pisello und Matar

Erbsen sind eine leckere Frühjahrsnascherei, die in ihrem Geschmack süße und pikante Noten vereinen. Doch auch den Garten werten sie auf, denn sie bereichern ihn mit der Struktur ihrer Stützen und den Farbtupfern ihrer elegant geflügelten Blüten.

Geschichte

Erbsen gehören zu den ältesten Gemüsepflanzen der Menschheit. Angebaut werden sie schon seit der neolithischen Revolution, die den Anbeginn der Landwirtschaft markiert. Seit Jahrtausenden schätzen Völker im Nahen Osten, in Asien und in Südeuropa sie als Lebensmittel. Gerade der Nahe Osten gilt als Heimat der Erbse. Verkohlte Erbsen wurden in jungsteinzeitlichen Fundstätten in Syrien, der Türkei, Jordanien und dem Irak gefunden. Auch in der Phimaen-Höhle in Nordthailand entdeckten Archäologen Überreste von Erbsen aus der Jungsteinzeit. Der Archäologe Heinrich Schliemann grub im 19. Jahrhundert in den über 3000 Jahre alten Ruinen von Troja Gefäße mit Erbsen aus.

In hohem Ansehen standen Erbsen bei den alten Römern – sie kannten schon damals 37 Sorten. Getrocknete Erbsen gehörten zur Standardverpflegung römischer Legionäre und wurden auf Seereisen mitgeführt, da sie sich leicht transportieren ließen und lange hielten. Doch die Römer schätzten die Hülsenfrucht nicht nur als Lebensmittel, sie schrieben ihr auch Heilwirkung zu. Plinius der Ältere empfahl sie gegen Warzen. Er riet, jede Warze mit einer frischen Erbse zu berühren, die anschließend in Stoff gewickelt und über die Schulter geworfen werden musste. Die Erbse, so die Vorstellung, würde die negative Energie der Warze absorbieren und aus dem Körper extrahieren.

Im Mittelalter gehörten Ackererbsen zu den wichtigsten Grundnahrungsmitteln. Allerdings waren die damaligen Varianten kleiner und bitterer als moderne Sorten. Erst in jüngerer Zeit fand man in Europa neue Möglichkeiten, sie zu verwerten. So begann man, auch unreife, grüne Hülsen frisch vom Trieb zu knabbern, statt sie zu trocknen. In England wurde diese Art, Erbsen zu essen, im 16. Jahrhundert populär. Vor allem die Begüterten schätzten die grünen Samen als Delikatesse und sprachen ihnen begeistert zu.

Im 18. Jahrhundert erzielte Thomas Knight, ein passionierter Pflanzenzüchter aus Downton Castle in der englischen Grafschaft Herefordshire, einen Durchbruch, als er die erste Erbsensorte mit süßem Geschmack und saftiger Konsistenz hervorbrachte. Damals erachtete man in seiner Heimat Hülsen mit neun Erbsen als Glücksbringer. Fand eine unverheiratete Frau eine Hülse mit neun Erbsen, hängte sie die Entdeckung über ihre Haustür. Es hieß, der erste Mann, der über die Schwelle trat, wäre ihr Seelenverwandter.

In der Küche

Vorbereitung

Kocht man Erbsen in Wasser, gibt man gerade so viel Wasser in den Topf, dass sie damit bedeckt sind, und streut eine Prise Zucker dazu, damit ihre natürliche Süße unterstrichen wird. Nach rund 60 Sekunden steigen die Erbsen zur Oberfläche – ein Zeichen, dass sie perfekt gar sind.

Zart duftende Erbsenblüten – hier die der Sorte 'Kent Blue' – sind eine bezaubernde Bereicherung des Gemüsegartens.

Vorsicht

Manche kultivieren Duftwicken (*Lathyrus odoratus*) und Erbsen Seite an Seite, doch sollte man die Hülsen der beiden keinesfalls durcheinanderbringen, denn die Hülsen der Duftwicken sind giftig und nicht zum Verzehr geeignet.

Gerichte

Die Hülsenfrüchte sind weit mehr als nur überkochte, auf einer Tellerseite zu einem chaotischen Haufen aufgeschichtete grüne Bällchen. Erbsen aus dem eigenen Garten, frisch aus den Hülsen geschält, überzeugen mit einem eleganten Geschmack, der nicht unnötig verkompliziert werden muss. Sie können in Risotto gegeben, püriert oder in Butter angebraten werden – die Möglichkeiten sind schier endlos. Man kann sie mit zartem Fisch kombinieren oder zu Ente und Lamm mit ihrem wildbretartig kräftigen Geschmack reichen. Die bescheidene Erbse mag klein sein, geschmacklich aber ist sie ein wahres Kraftpaket.

Falls die süßen, unwiderstehlichen Zucker- und Knackerbsen es bis in die Küche schaffen, ohne vorher vernascht zu werden, können sie frisch in Salate wandern. So richtig zum Leben erwachen sie aber in gekochter Form, vor allem in asiatischen Pfannengerichten und Brühen. Die süßen, knackigen Hülsen setzen einen erfrischenden Kontrapunkt zu den kräftigen Geschmacksnoten von Thai-Currys, chinesischen Eintöpfen, vietnamesischer *pho* und japanischem *sukiyaki*.

Suppe und Kocherbsen eröffnen ganz neue Geschmackswelten und kulinarische Möglichkeiten. Die italienische *zuppa di roveja con pasta* ist eine schmackhafte Suppe, die die Seele wärmt und den Gaumen verwöhnt. Das herzhafte, nahrhafte Gericht wird in Umbrien seit Jahrhunderten genossen und ist tief in der dortigen Tradi-

»Die bescheidene Erbse mag klein sein, geschmacklich aber ist sie ein wahres Kraftpaket.«

'Champion of England' ist eine ertragreiche Sorte für beengte Verhältnisse.

tion und Kultur verwurzelt. Die 'Roveja' (siehe S. 315) hat einen unverwechselbaren Geschmack und eine Konsistenz zwischen Linse und Erbse. Sie wird mit anderem Gemüse wie Möhren, Zwiebeln und Sellerie sowie Pancetta gekocht – manche nutzen sie sogar als Pastasauce.

Eine typisch britische Speise ist das berühmte Erbsenpüree, das die noch viel britischeren Fish and Chips begleitet. 'Marrowfat' heißt eine Sorte, die schon um 1730 entstand. Sie wird traditionell für diese breiige, pikante Beilage verwendet, die erstmals in den 1970er-Jahren in traditionellen Fish-and-Chips-Restaurants auftauchte. Die getrockneten Erbsen werden über Nacht in Wasser eingeweicht und zu einem dicken Brei gekocht. Man kann sie auch als Erbsenpuffer, die perfekte Alternative zu Fish and Chips, backen. Dazu wird das Püree auf Backpapier zu kleinen, dünnen Scheiben geformt und 30–60 Minuten vor dem Braten in den Gefrierschrank gelegt. So kann man sie aufnehmen, mit Teig ummanteln und braten, ohne dass sie auseinanderfallen.

Kultur

Vermehrung

Erbsen gedeihen am besten, wenn sie früh im Jahr ausgesät werden, denn spätere Aussaaten sind anfälliger für Schädlinge und Krankheiten. Durch eine frühe Aussaat wird gerade in einer Zeit, in der die meisten Beete aus allen Nähten platzen, rechtzeitig wieder Platz für Nachfolgepflanzungen frei.

Erbsensamen schmecken Nagern, ganz gleich, ob man sie direkt ins Freiland oder in Töpfe und Topfplatten sät. Daher müssen sie mit einer Abdeckung geschützt werden oder an einem Platz stehen, der für die Tiere nicht zugänglich ist. Erbsen keimen auch bei niedrigen Temperaturen und können daher in unbeheizten Gewächshäusern oder im Topfschuppen ausgesät werden. Nur wenn man sehr früh zu einer Zeit aussät, da die Temperaturen an ihrem Standort noch in den Minusbereich absacken, sollte man sie ins Haus stellen. Sät zwei Samen pro Modul. Rund 3 Wochen nach der Keimung, wenn sie rund 8 cm hoch sind, setzt ihr sie zu zweit ins Freie. Drückt dazu mit dem Pflanzholz ein Loch in den Boden, das etwas tiefer als erforderlich ist, damit die Triebe gut gestützt weiterwachsen können.

Weitere Pflege

Deckt Neupflanzungen bis Mai mit Gartenvlies ab, damit sie vor Wind, Kälte und Vögeln geschützt sind. Danach wird es Zeit, Stützen aufzustellen und die Erbsen daran hochzuziehen. Selbst die niedrigsten Sorten brauchen vertikale Rankhilfen, an denen sie sich festhalten können, wenn sie schwer mit Hülsen beladen sind. Busch- und Zwergsorten kann man mit Haselruten oder kurzen Bambusstäben stützen, um die sich die Ranken winden. Mittelhohe und hohe Sorten führt man am besten an Gittern, Stangenzelten oder Schnüren hoch. Im Handumdrehen aufgestellt ist eine simple Stütze aus zwei stabilen Pfosten, die an beiden Beetenden in den Boden geschlagen werden. Dazwischen spannt ihr alle 12–15 cm eine Schnur. So entsteht eine Art Leiter, an die sich die Erbsen klammern. In Gärten, die von Tauben heimgesucht werden, kann es unumgänglich sein, die Pflanzen mit einem Netz abzudecken.

Wässert frisch gepflanzte Erbsen, bis sie eingewachsen sind. Danach muss im Prinzip nur noch bei längerer Trockenheit gegossen werden, weil sie sowieso in einer eher kühlen und nassen Jahreszeit wachsen. Nur zur Blüte weicht man sie ordentlich ein, um die Fruchtbildung zu fördern.

Wässert aber nur den Ansatz der Pflanzen, ohne dass das Laub nass wird, da sie sonst Gefahr laufen, sich Mehltau einzufangen.

Auf einen Blick

Aussäen Spätwinter–Spätfrühling bei 4–24 °C

Auspflanzen Vorfrühling–Frühsommer

Abstände 15 cm, Reihenabstand 30 cm

Ernten Spätfrühling–Spätsommer

Probleme

Vögel, Mäuse (auch Wühlmäuse), Mehltau, Erbsenwickler, Samenkäfer, Tauben, Schnecken (siehe S. 49–51).

Ernte

Die optimale Erntezeit hängt von der Sorte ab. Je reifer Erbsen werden, desto weniger süß schmecken sie, da der Zucker in Stärke umgewandelt wird. Schälerbsen, die frisch gegessen werden, lassen sich früh ernten,

solange die Hülsen noch flach sind und kleine, supersüße Erbsen enthalten. Man kann sie aber auch weiterwachsen lassen, um dickere, festere Erbsen zu bekommen.

Zuckererbsen sollten geerntet werden, solange die Hülsen flach und zart sind, während Knackerbsen fällig werden, sobald die essbaren Hülsen durch die zarten, saftigen Erbsen im Inneren etwas angeschwollen sind. Erntet sie alle 3 Tage, damit sie ihre Süße bewahren und nicht zu reif und stärkehaltig werden.

Suppen-, Schälerbsen und alle, die man als Saatgut behalten möchte, lässt man an der Pflanze reifen und teilweise sogar trocknen. Sie werden abgezupft, wenn sie braun und brüchig sind. Schneidet dazu die ganze Pflanze ab, schält die Erbsen sofort und trocknet sie ein paar Tage lang in einer Schale, bevor ihr sie einlagert.

Lagerung

Alle Erbsen verlieren nach der Ernte rasch ihre Süße. Wer sie also frisch genießen möchte, muss sie schnellstmöglich verspeisen. Getrocknete Erbsen sollte man gelegentlich prüfen, um löchrige oder madige Exemplare herauslesen zu können. Danach halten sie bis zu einem Jahr.

Erbsensprossen

Die zarten, süßen Keimlinge sind eine Bereicherung für Salate, können aber auch zum Garnieren verwendet werden. Das Beste: Sie lassen sich das ganze Jahr drinnen auf einer Fensterbank ziehen, sogar im Winter. Statt teure Sprossen oder Microgreens im Supermarkt zu kaufen, besorgt ihr euch getrocknete Bio-Erbsen und sät sie dicht in einer flachen Schale aus, etwa einer alten Gemüsekiste oder Steige. Es reicht schon, sie nur dünn mit Erde zu bedecken. Manche empfehlen zwar Papiertücher, aber Erde lässt sich mehrmals für die Aussaat verwenden – und ist auch das natürlichste Material. Sobald die Sprossen mindestens 5 cm hoch sind, werden sie bodennah abgeschnitten.

'Kent Blue' (links) liefert Erbsen, die sich ausgezeichnet trocknen lassen. Das kann sogar noch vor der Ernte am Trieb geschehen (unten).

Markerbsen

'American Wonder' Eine sehr wohlschmeckende und ausgesprochen niedrige Zwergsorte von 1878. 'American Wonder' wird gerade einmal 40 cm hoch und eignet sich daher bestens für die Topfkultur oder für exponierte Standorte. Die Züchtung gehört zu den am frühesten erntereifen Sorten und liefert zudem hohe Erträge langer Hülsen mit acht bis zehn runzligen, aber süßen Erbsen pro Hülse.

'Champion of England' Diese runzlige Sorte hat ihren Namen nicht ohne Grund. Sie wurde Anfang des 19. Jahrhunderts von William Fairbeard in Kent gezüchtet und gehörte zu Charles Darwins Favoriten. 1876 wurde sie vom britischen *Journal of Horticulture* zur »besten Erbse« gekürt. Einst gehörte sie zu den häufigsten im Handel angebotenen Erbsen, doch in den 1970er-Jahren war sie fast ausgestorben, weil sie so hoch wird, dass eine maschinelle Ernte unmöglich ist. Zum Glück bewahrte eine Handvoll Hobbygärtner sie vor dem Verschwinden und überließ ihre Samen Samenbanken, weshalb sie heute wieder erhältlich ist. Sie trägt schwer an Hülsen, in denen jeweils acht bis zehn Erbsen stecken, und kann 2,5–3 m hoch werden, weshalb sie sich auch für Gärten eignet, in denen Platz Mangelware ist. Allerdings reift sie später als andere Sorten.

'Feltham Early' Eine frostharte Sorte, die extrem früh reift. Gezüchtet wurde sie im 19. Jahrhundert von einem gewissen A. W. Smith aus Feltham im Südwesten Londons, der als einer der geschicktesten Marktgärtner seiner Generation galt und seinem Grund und Boden enorme Erträge entlockte. 'Feltham Early' wird durchschnittlich 45 cm hoch und gilt als so frosthart, dass sie in milden Lagen sogar überwintert, wenn man sie im November aussät, und dann eine sensationell frühe Ernte liefert. Sie setzt reichlich lange, zugespitzte Hülsen mit jeweils sieben bis zehn Erbsen an.

'Glory of Devon' Ein echter Gaumenschmaus, diese seltene alte Sorte, die schon 1899 von der renommierten Königlichen Englischen Gartenbaugesellschaft RHS als besonders empfehlenswerte Züchtung genannt wurde. Sie war einst besonders bei Züchtern in der Grafschaft Devon im Südwesten Englands beliebt, geriet dann aber in Vergessenheit. Ihr Saatgut war jahrzehntelang nur noch schwer zu bekommen, bis der berühmte Samenhändler William Woys Weaver einen Posten der Samenbank Heritage Seed Library überließ. Sie kann bis zu 2 m hoch werden, braucht eine gute Stütze und trägt über einen langen Zeitraum hinweg Unmengen flaschengrüner Hülsen mit jeweils acht bis zehn kleinen, saftigen, sehr süßen Erbsen.

'Suttons Phenomenon' Eine alte Zwergsorte, die von Suttons gezüchtet und von der Heritage Seed Library, einer Samenbank, am Leben erhalten wurde. Sie setzt sehr lange Hülsen mit jeweils neun bis zwölf Erbsen an – eine sensationell hohe Zahl für eine Zwergsorte. In Suttons' Katalog von 1933 wird sie als »vorzügliche Erbse« und »eine der besten Züchtungen, die wir je auf den Markt gebracht haben«, angepriesen.

'Thomas Laxton' Diese berühmte historische Sorte wurde im 19. Jahrhundert von Thomas Laxton eingeführt, einem legendären Pflanzenbiologen, der mit Charles Darwin im Briefwechsel stand. Die Pflanze wird mit etwa 1 m relativ hoch und bildet große Hülsen mit jeweils sechs bis acht süßen, schmackhaften Erbsen. 'Thomas Laxton' überzeugt mit geringer Anfälligkeit für Schädlinge und Krankheiten, verträgt Kälte gut und reift vergleichsweise früh.

Palerbsen (Trocken- und Suppenerbsen)

'Carlin' Die auch als »Black Badger« in Umlauf befindliche Sorte wird in Großbritannien seit über 500 Jahren kultiviert. Dank ihrer festen, fleischigen Konsistenz, des süßen, nussigen Geschmacks und des hohen Eiweißgehalts ist sie eine hervorragende Alternative zu Kichererbsen. In Nordengland wird sie für *parched peas* verwendet, eine Art Erbsenpüree, das mit Essig gekocht und in der Bonfire Night am 5. November serviert wird. An diesem Tag feiern die Briten alljährlich das Scheitern eines Anschlags auf das englische Parlament im Jahr 1605. Die Pflanzen können über 1,5 m hoch werden und brauchen eine Stütze. Sie öffnen hübsche, violette und weiße Blüten, die sich für den Ziergarten ebenso gut eignen wie für das Gemüsebeet.

'Kent Blue' Diese robuste bläuliche Erbse mit blau-violetter Zeichnung gehört unzweifelhaft zu den schönsten Sorten. Sie wird seit den 1940er-Jahren von einer Familie in Sevenoaks in der englischen Grafschaft Kent bewahrt. Die mittelgroße Pflanze erreicht eine Höhe von etwa 75 cm.

'King Tut' Die ungewöhnlich dekorative Sorte mit violetten Hülsen kann als Zuckererbse gegessen werden, schmeckt jedoch in Suppen noch besser. Angeblich entdeckte der Archäologe Howard Carter ihre Samen 1922 im Grab von Tutanchamun, daher der Name. Wie es heißt, brachte er sie mit nach England zurück, wo sie nach 5000 Jahren wieder zum Keimen gebracht wurden. Nach einer anderen Version stammen sie vom Landgut Lord Carnarvons, der Carters Ausgrabungsaktivitäten finanziell unterstützte und die Erbse im Gedenken an den berühmten Fund nach dem ägyptischen Pharao benannte. Das Dunkelviolett ihrer Hülsen hebt sich deutlich von dem grünen Laub ab, sodass sie bei der Ernte unschwer auszumachen sind. Im Inneren findet man große, hellgrüne Erbsen – pro Hülse fünf bis acht. Die ertragreiche Pflanze wird bis zu 1,8 m hoch und muss gestützt werden.

'Prussian Blue' Die für die blaugrüne Farbe ihrer Samen berühmt gewordene Erbse wurde im 18. Jahrhundert in Deutschland gezüchtet. Ihr Saatgut gelangte in die USA und schließlich in den Besitz von Thomas Jefferson, der sie in den Gärten von Monticello im US-Bundesstaat Virginia anbaute, nachdem er sich 1809 dorthin ins Privatleben zurückgezogen hatte. Die Sorte muss gestützt werden. Sie bildet eine große Zahl von Hülsen mit jeweils sieben bis neun Erbsen, die sich besonders gut für das typisch britische Erbsenpüree eignen.

'Roveja' Eine lang vergessene uralte Wildform aus dem Nahen Osten. Sie war einst in den Apenninen verbreitet und bildete dort einen wichtigen Bestandteil der Ernährung von Bauern und Hirten. Inzwischen allerdings kultiviert nur noch eine Handvoll Landwirte die wunderbare historische Sorte. Ihre grau, braun, rot, blau und grün gefleckten Hülsen haben einen ausgeprägt erdigen Geschmack und können für Suppen, Saucen und das umbrische Nudelgericht *zuppa di roveja con pasta* verwendet werden. Vor allem aber werden sie zur berühmten *farecchiata* verarbeitet, einer Art Erbsenpolenta. Die Pflanzen erreichen eine Höhe von etwa 1,5 m und wachsen mit Stütze besser.

Knackerbsen

Calvin Lamborn Calvin Lamborn gilt als »Vater der Knackerbse«. Er war ein Pflanzenzüchter in den USA, der die heute bekannte Knackerbse, auch Zuckerbrecherbse genannt, durch Kreuzung einer Markerbse und einer Mutation mit dickeren Hülsenwänden hervorbrachte. Das Ergebnis war eine einzigartige Variante, die den süßen Geschmack von Markerbsen mit der knackigen Konsistenz von Zuckererbsen verband. Erstmals in Umlauf gebracht wurden Knackerbsen 1979. Inzwischen sind sie bei Gemüsegärtnern und Köchen gleichermaßen beliebt. Ich empfehle folgende Sorten, die alle von Lamborn gezüchtet wurden:

'King Tut'

'Honey Snap' Eine seltene, goldgelbe, süße Sorte, die recht hoch wird.
'Royal Snap II' Sie bildet violette Hülsen und lange Triebe.
'Sugar Ann' Eine gedrungene Zwergform, die zu den frühesten Sorten zählt.
'Sugar Daddy' Eine supersüße, relativ kleine Sorte ganz ohne Fäden.
'Amish Snap Pea' Diese Züchtung wurde über Generationen hinweg von den Amischen in den USA angebaut, bevor Ende des 20. Jahrhunderts moderne Sorten auf den Markt kamen. Sie gilt als einzige echte alte Sorte der Knackerbsenfraktion, obwohl es auch schon eine Weile jüngere samenechte Sorten gibt, die von vielen Gemüsegärtnern geschätzt werden. Die 'Amish Snap Pea' hat einen delikaten Geschmack, der milder ist als der ihrer modernen Cousinen, aber auf ihre Weise genauso schmackhaft. Die Pflanzen werden bis 1,5 m hoch und sind wie geschaffen dafür, frisch vom Trieb genascht zu werden. Man kann gar nicht aufhören, wenn man einmal angefangen hat!

Zuckererbsen

'Bijou' Die seltene alte Sorte entstand Mitte des 19. Jahrhunderts und bildet die größten Hülsen, die man je gesehen hat. Sie werden 15 cm lang oder noch länger und enthalten jede Menge winziger Erbsen, weshalb es sich anbietet, sie direkt vom Trieb in den Mund wandern zu lassen. Die einst überaus beliebte Züchtung stand schon kurz vor dem Aussterben, ist inzwischen aber dank Real Seeds wieder in geringen Mengen erhältlich. Der Anbieter versucht seit einiger Zeit, sie erneut in Umlauf zu bringen, nachdem er Saatgut aufgekauft hat, das jemand in einem Glas im Keller entdeckt hatte.

'Carouby de Maussane' Die rotviolette Sorte stammt aus Maussane-les-Alpilles in Südfrankreich, wo sie im 19. Jahrhundert gezüchtet wurde. Sie ist bis heute gefragt und bildet 12 cm lange Hülsen, die durch ihren vollen Geschmack überzeugen und am besten geerntet werden, solange die Erbsen noch kaum zu erkennen sind. Die wüchsige Pflanze wird bis 1,5 m hoch und öffnet hübsche violette Blüten, die unübersehbar zwischen dem grünen Laub sitzen. Sie trägt am besten, wenn sie sich an Rankgittern oder Netzen hochrankt.

'Jaune de Madras' Eine schöne Zuckererbse, die goldgelbe Farbtupfer in den Garten und auf den Speiseteller bringt. Sie wurde im 19. Jahrhundert vom französischen Gartenbauunternehmen Vilmorin Andrieux aus Samen gezüchtet, die angeblich aus Indien stammten. Ich habe 'Jaune de Madras' vom Sammler Adam Alexander erstanden, der mich darauf hinwies, dass die Sorte identisch mit der später entstandenen amerikanischen alten Sorte 'Golden Sweet' sei, die inzwischen im Handel erhältlich ist. Die Pflanze erreicht locker 1,8 m Höhe und bildet reichlich knackige, süße, goldgelbe Hülsen.

'Luz de Otono'

Dicke Bohnen

Vicia faba

Heißt auch Ackerbohne, Saubohne, Favabohne und Puffbohne

Dicke Bohnen sind veritable Geschmacksbomben. Frisch begeistern sie mit einem süßen, leicht nussigen Geschmack, getrocknet mit vollen, erdigen Umami-Noten. Sie verheißen mehr als nur saisonalen Genuss und sollten im Garten nicht fehlen, denn sie liefern hohe Erträge, sind leicht zu ziehen und gehören zu den Gemüsepflanzen, die am frühesten in der Saison reifen.

Geschichte

Die Dicke Bohne gehört zu den ältesten Kulturpflanzen der Welt. Eine wichtige Rolle spielte sie während der neolithischen Revolution, als der Mensch sich allmählich vom Sammler und Jäger zum Bauern wandelte und sesshaft wurde. Bevor Entdecker im späten 15. Jahrhundert aus der Neuen Welt zurückkehrten und von dort neue Arten mitbrachten, war sie die einzige Bohne, die man in Europa – dort vor allem im Mittelmeerraum – und im Nahen Osten kannte. Ausgrabungen deuten darauf hin, dass Dicke Bohnen schon seit der Jungsteinzeit im Fruchtbaren Halbmond angebaut und als Nahrungsmittel genutzt wurden. Diese Region im Nahen Osten gilt als Wiege der Zivilisation, da dort einige der frühesten Kulturen der Menschheit entstanden und erste ackerbauliche Fortschritte gemacht wurden.

Der griechische Philosoph und Mathematiker Pythagoras verbot seinen Anhängern, den Pythagoreern, Dicke Bohnen zu verzehren oder sie auch nur zu berühren. Er war der Auffassung, dass die hohlen Stängel der Pflanze den Toten Gelegenheit gab, aus dem Boden in die Bohnen zu steigen, um dort auszuharren, bis sie sich eines Lebenden bemächtigen konnten. Außerdem warnte Pythagoras davor, die Bohnen zu verzehren, da sie einen dazu veranlassen würden, Gase auszustoßen, die angeblich den »Lebensatem« raubten. Die ägyptischen Pharaonen dagegen opferten Hapi, dem Gott des Nils, Schüsseln mit Bohnen, während die Römer mit den Samen Abstimmungen im Senat durchführten. Weiße Bohnen standen für ein »Ja«, dunklere für ein »Nein«.

Im 10. Jahrhundert verursachte Trockenheit in Sizilien eine schreckliche Hungersnot, wodurch die Bevölkerung gezwungen war, sich allein von Dicken Bohnen zu ernähren. Die Menschen beteten verzweifelt zum hl. Josef, auf dass er ihnen Regen schicke, und versprachen, die Niederschläge mit einem großen Fest zu begrüßen. Schließlich begann es tatsächlich zu regnen und die Region erholte sich. Noch heute feiern viele Sizilianer in Erinnerung daran den Josefstag am 19. März mit dem *maccu di San Giuseppe*, einem köstlichen Dicke-Bohnen-Eintopf.

Im Mittelalter sahen die höheren Kreise in Europa auf die Dicke Bohne als Arme-Leute-Gemüse herab. Dabei war sie für die meisten eine unerlässliche Eiweißquelle und wichtiger Bestandteil eines dicken, schmackhaften Eintopfs der bäuerlichen Bevölkerung.

In der Küche

Vorbereitung

Am besten schmecken Dicke Bohnen, wenn man sie doppelt schält. Zuerst entfernt man die Hülse, dann blanchiert man sie 60 Sekunden in kochendem Wasser und taucht sie anschließend in eine Schüssel mit eiskaltem Wasser. Zum Schluss wird jede Bohne angeritzt, damit sich die zähe, ledrige Schale abziehen lässt.

Gerichte

Frische Dicke Bohnen geben Gerichten Farbe, während sie ihnen in getrockneter Form einen vollen, stärkemehlartigen, würzig-pikanten Geschmack verleihen, der sich deutlich von dem des frischen Gemüses unterscheidet. Mit ihrer cremigen Konsistenz und ihrem delikaten, süßen Geschmack sind sie eine Bereicherung vieler Speisen. Besonders gut machen sie sich im Verbund mit sommerlichen Fischgerichten, doch kann man sie dank ihrer fleischigen Konsistenz auch in Salaten einsetzen. Sie lassen sich als Ganzes in Frittata und Omelettes geben, mit Ricotta und anderen Zutaten als Füllung für Tortellini mixen oder für Dips und Aufstriche pürieren. Zu den bekanntesten Ausprägungen (ob getrocknet oder frisch) gehört fein saftiges, weiches Falafel.

Doubanjiang ist das Herz und die Seele der Sichuan-Küche. Die fermentierte, scharfe und würzige Dicke-Bohnen-Paste gibt es schon seit Ewigkeiten. Sie darf in keiner chinesischen Küche fehlen. Der Legende zufolge bewahrten Kriegsflüchtlinge in Chengdu einst versehentlich gekochte Dicke Bohnen in einem Sack mit Chiliflocken auf. Am Ziel angekommen, stellten sie fest, dass die Bohnen gegärt waren und sich in eine vorzügliche würzige Paste verwandelt hatten. Daraufhin begannen sie die Paste bewusst zu fermentieren. Im Lauf der Zeit wurde sie in der Sichuan-Provinz immer beliebter.

Scafata di fave heißt ein traditionelles Bauernessen in Umbrien, das in Italien zum Frühlingsanfang genossen wird. Die Suppe wird meist mit frischen, oft ungeschälten Dicken Bohnen zubereitet und mit anderem Gemüse der Saison kombiniert. Dazu gibt

In den getrockneten Hülsen verbergen sich leckere Dicke Bohnen.

Auf einen Blick

Aussäen Spätherbst, Spätwinter und Frühjahr bei 8–15 °C

Auspflanzen Frühwinter, Vorfrühling, Spätfrühling

Abstände 25 cm

Ernten Vollfrühling–Hochsommer

Eine Auswahl Dicker Bohnen (von oben nach unten): 'Crimson Flowered', 'Karmazyn', 'White Windsor' und 'Syrian Small'

es geräuchertes, gepökeltes oder getrocknetes Fleisch wie *guanciale* oder *pancetta*, das die Kreation in eine herzhafte, gehaltvolle Mahlzeit verwandelt, vor allem mit Krustenbrot und Butter serviert.

Das altägyptische Bohnengericht *ful medames* ist inzwischen im Nahen Osten eine feste kulinarische Größe. Es wird traditionell zum Frühstück gegessen, hat seinen Namen vom arabischen Wort für »Bohnen« und vermutlich vom koptischen Begriff für »eingegraben«, da ein Topf mit getrockneten Dicken Bohnen dafür in der Erde versenkt und über Nacht unter einer Ascheschicht gekocht wird, um am nächsten Morgen genossen zu werden. Die sehr üppige Speise wird mit Kreuzkümmel und Knoblauch gewürzt, mit Zitronensaft, Olivenöl, Petersilie und frischen Tomaten abgeschmeckt und mit frischem Fladenbrot zum Auftunken serviert.

Kultur

Vermehrung

Für die Aussaat stehen drei Zeitfenster zur Verfügung (siehe Übersicht oben). Wer in einer Region mit milden Wintern lebt, kann Dicke Bohnen im Spätherbst aussäen. Im Gegensatz zu anderen Bohnen vertragen sie bis zu –5 °C und lassen sich über den Winter bringen, damit man sie im darauffolgenden Frühjahr sehr früh ernten kann. Möglich ist aber auch eine Aussaat im Spätwinter oder – für eine späte Ernte – im Frühjahr.

Die Direktaussaat von Dicken Bohnen ist nicht immer einfach. Nager graben die Samen mit Vorliebe aus und tun sich an ihnen gütlich, während Vögel an den Sämlingen herumpicken und ihnen so den Garaus machen oder sie zumindest in ihrem Wachstum beeinträchtigen. Deshalb säe ich Dicke Bohnen in große

Topfmodule und stelle sie in den Topfschuppen, wo sie besser geschützt sind. Manche weichen die Samen vor der Aussaat ein oder setzen sie in Wurzeltrainer, aber ich finde, mit der Direktaussaat in Topfplatten fährt man am besten und läuft auch nicht Gefahr, die Entwicklung der Pflänzchen irgendwie zu beeinträchtigen.

Nach dem Keimen lässt man die Sämlinge rund 5 Wochen lang wachsen, bevor man sie umpflanzt. An ihrem neuen Platz müssen sie etwas tiefer gesetzt werden, als der Ballen hoch ist, damit die empfindlichen Triebe gut gestützt weiterwachsen können. Die neuen Kulturen deckt ihr am besten mit einem Netz oder Vlies ab, damit der Wind sie nicht verletzt und Tauben nicht an den Bohnenpflanzen picken können.

Weitere Pflege

Da Dicke Bohnen eher kühle Bedingungen brauchen, müssen sie anfangs kaum gewässert werden, falls es normal regnet. Sobald sie aber viele Blüten tragen, ist großzügiges Gießen wichtig, da es den Fruchtansatz und die Bildung gut entwickelter Hülsen fördert. Schäden durch Blattläuse reduziert man, indem man die Triebspitzen der Pflanzen abzwickt, kaum dass sie kräftig blühen. Damit erreicht man auch, dass sie ihre ganze Energie in die Bildung der Früchte stecken.

Hohe, schwer beladene Pflanzen werden leicht von Böen umgeworfen. Das ist keine Katastrophe, doch lohnt es sich an exponierten Standorten, ihnen eine Stütze zur Seite zu stellen. Einzelpflanzen kann man mit einem Bambusstab stützen; eine ganze Reihe hält man aufrecht, indem man an den beiden Beetenden Pfosten in die Erde schlägt und dazwischen kräftige Schnüre spannt, die die Pflanzen halten.

Probleme

Vögel, Blattläuse, Schokoladenfleckenkrankheit, Mäuse, Samenkäfer, Rost (siehe S. 49–51).

'Aquadulce Claudia'

Ernte

Die Hülsen werden geerntet, indem man sie mit einer Bewegung nach unten zum Trieb hin abbricht. Zupft ihr sie klein ab, könnt ihr sie wie Zucker- oder Knackerbsen essen. Wenn ihr sie weiterwachsen lasst, werden sie weich und buttrig – und schmecken frisch aus der Schale oder auch gekocht herrlich. Dürfen sie vollends ausreifen, werden sie dunkelbraun und veritable Dicke Bohnen. Zu lange sollte man aber nicht warten, sonst werden sie hart. Zum Ende der Saison schneidet man die ganze Pflanze auf Bodenhöhe ab, lässt aber die Wurzeln im Boden, denn sie düngen ihn mit ihren Stickstoffknöllchen.

Lagerung

Dicke Bohnen werden am besten frisch geerntet genossen, denn sie halten nicht lange – in ihren Hülsen bestenfalls eine Woche. Voll ausgereifte Hülsen werden nach der Ernte sofort geschält und auf einer sonnigen Fensterbank getrocknet, bis sie hart sind. Erst dann kann man sie in einen luftdicht verschließbaren Behälter geben, um sie im nächsten Jahr für die Aussaat zu verwenden. Allerdings sind sie nicht immer samenecht, wenn andere Sorten in der Nähe wachsen.

'Aquadulce Claudia' Eine alte spanische Sorte, die speziell für die Herbstaussaat gezüchtet wurde. Sie gehört zu den frosthärtesten Dicken Bohnen und liefert früh Unmengen superlanger, hellgrüner Hülsen. Auf den Markt gebracht wurde sie 1885, nachdem das französische Saatgutunternehmen Vilmorin sie aus der älteren Sorte 'Haba de Sevilla' selektiert hatte. Die weißen Bohnen werden am besten frisch verzehrt. Ob die Sorte im Frühjahr oder Herbst ausgesät wird, ist einerlei – sie gedeiht in beiden Fällen gleich gut.

'Crimson Flowered' Erstmals dokumentiert wurde die Sorte 1778. Angeblich wurde sie von Sträflingen auf der Norfolkinsel im Pazifik östlich von Australien angebaut. Die niedrigen, gedrungenen Pflanzen öffnen hübsche kastanienbraune Blüten – sie sehen wesentlich schöner aus als die anderer Dicker Bohnen, die meist schwarz und weiß sind. Irgendwann galt sie als ausgestorben, doch 1978 schenkte Rhoda Cutbush, eine ältere Frau aus Kent, die letzten vier Samen der Henry Doubleday Research Association, heute die Heritage Seed Library, eine renommierte Samenbank. Die säte sie aus und brachte sie später erfolgreich wieder in den Handel. Rhoda Cutbush hatte sie 1912 bekommen und 60 Jahre lang im Alleingang vor dem Untergang bewahrt.

'Grano Violetto' Die historische italienische Sorte hat ihren Namen von den Samen, die eine auffallend violette Farbe annehmen, wenn man sie ausreifen lässt und gut trocknet. Sie schmeckt hervorragend und eignet sich für die Herbstaussaat, denn sie steckt Kälte locker weg und reift sehr früh.

'Horse Bean' Eine faszinierende alte Sorte, die schon seit Jahrhunderten kultiviert wird. Sie ähnelt vermutlich den Bohnen, die zur Römerzeit angebaut wurden und als Nahrung für Mensch und Vieh dienten. Die Pflanzen verzweigen sich kaum und werden nicht buschig, lassen sich dafür aber dichter pflanzen. Dank ihres vollen, herzhaften Geschmacks eignen sich die Bohnen gut für Dips und Aufstriche.

'Karmazyn' Eine osteuropäische Züchtung mit langen Hülsen und zartrosa Schale. *Karmazyn* ist Polnisch und bedeutet »karminrot«, was sich auf die Farbe der getrockneten Bohnen bezieht. Die niedrigen, kompakten Pflanzen sind wie geschaffen für exponierte Lagen. Ihre Bohnen haben einen vollen Geschmack und sind frisch genauso gut wie gekocht.

'Maris Bead' Obwohl diese Sorte gern als Gründünger eingesetzt wird (siehe S. 47), bieten sich die kleinen, runden Bohnen auch zum Trocknen und als Zutat für Suppen und Eintöpfe an. Das verdanken sie ihrer zarten Konsistenz und dem vollen, fleischigen Geschmack. Entwickelt wurde die Züchtung vom Plant Breeding Institute in Cambridge im Osten Englands. Trotz ihrer geringen Größe sind sie wahre Geschmacksbomben.

'Reina Mora' Eine herausragende katalanische alte Sorte, die inzwischen ausgesprochen rar geworden und kaum mehr aufzutreiben ist. Die kompakten, kältetoleranten Pflanzen liefern ungewöhnlich zeitig im Frühjahr hohe Erträge, falls sie noch im Herbst gesät werden. Der Name bedeutet »Purpurkönigin«, denn die anfangs hellgrünen Bohnen werden mit der Zeit dunkelviolett.

'Syrian Small' 2011 entdeckte der Samensammler Adam Alexander diese Sorte, als er zu Beginn des syrischen Bürgerkriegs in Damaskus unterwegs war. Alexander zufolge verkauften Jugendliche sie vor Ort aus riesigen, mit allerlei Feldfrüchten beladenen Schubkarren. Die Bohnen werden zumeist jung und unreif geerntet, denn die Einwohner von Damaskus kochen sie in der Regel und essen sie wie Zuckererbsen als Ganzes. Die kleinen, kompakten Pflanzen setzen kurze Hülsen an, die aber dafür in großer Zahl. Wenn man sie ausreifen lässt und trocknet, schmecken sie unglaublich herzhaft und eignen sich hervorragend für Suppen und Aufläufe, wie ich festgestellt habe.

'Crimson Flowered'

Bohnen

Die Welt der Bohnen ist eine Art Zauberreich, in dem hohe Ranken mit einnehmenden Blüten begeistern und dicht belaubte Sojabüsche sich an die Erde kauern. Wir Menschen dürfen in diesem Paradies sowohl ihr Aussehen als auch ihre kulinarischen Vorzüge genießen. Ob man Bohnen grün als knackig-süße Nascherei oder getrocknet, geschält und gelagert genießt, sie sind im Gemüsebeet wie in der Küche wahre Kraftpakete.

Kultur

Bohnen werden nach ihrem Wuchs grob in zwei Kategorien eingeteilt: Buschbohnen (zu denen auch die Sojabohnen zählen) und Kletterbohnen (mit Grünen Bohnen, Palbohnen und Feuerbohnen). Buschbohnen sind kompakt und lassen sich gut in kleinen Gärten kultivieren oder an windigen Standorten, an denen höhere Sorten umgeweht würden. Kletterbohnen geben einem Garten Höhe und bieten reizende, insektenfreundliche Blüten, dienen als Sichtschutz und bezaubern als dekorative grüne Kulisse. Alle hier erwähnten Bohnen mögen es warm und vertragen keine Minustemperaturen, weshalb im Grunde die gleichen Aussaat- und Keimmethoden für sie gelten.

Vermehrung

Ich weiche meine Bohnensamen nicht ein, treibe sie aber in Topfplatten vor, statt sie direkt ins Beet zu säen. Viele behaupten, Bohnen müssten in Wurzeltrainern, also tiefen Töpfen, vermehrt werden, aber ich habe festgestellt, dass sie problemlos in den Modulen von Topfplatten keimen. Ihre langen Wurzeln ringeln sich zwar darin, wachsen nach dem Auspflanzen aber rasch nach außen, sodass die beengten Verhältnisse keine negativen Auswirkungen auf das Wachstum haben. Außerdem spare ich ein kleines Vermögen für Topferde.

Es gibt keinen Grund, die Aussaat von Bohnen zu überstürzen: Wartet lieber damit, bis das Wetter warm genug ist. Sät einen Samen pro Modul aus (für die größeren Feuerbohnensamen ist vielleicht

'Merveille de Piemonte' (oben), **'Greasy Grits'** (Mitte) und **'Blauhilde'**

Auf einen Blick

Aussäen Spätfrühling–Frühsommer bei 16–32 °C

Auspflanzen Frühjahr–Sommer

Abstände 35 cm (Buschbohnen), 15–20 cm (Kletterbohnen), 30 cm (Feuerbohnen)

Ernten Sommer–Herbst

Blüten von 'Gambero Verde' (oben) und die Kletterbohne 'Blauhilde' (gegenüber)

eine Topfplatte mit größeren Modulen notwendig) und stellt sie an einen warmen Platz. Eine durchsichtige Abdeckung hilft Wärme und Feuchtigkeit im Inneren zu bewahren und verhindert, dass Nager sich über die frische Aussaat hermachen. Nach dem Keimen lässt man die Keimlinge noch 3 Wochen in ihren Modulen. Erst wenn kein Frost mehr zu erwarten ist, dürfen sie in den Garten, um endlich genug Sonne zu tanken. Bei kühlen Bodentemperaturen kann das Laub gelb werden. Das ist normal und sollte nicht mit Stickstoffmangel verwechselt werden, denn die niedrigen Temperaturen drosseln die Fotosynthese. Sobald es wärmer wird, nehmen die Blätter wieder ihre natürliche Farbe an.

Weitere Pflege

Buschbohnen brauchen keine Stütze und fruchten in Pflanzgefäßen bestens. Beim Einpflanzen müssen sie tief gesetzt werden. Früh auf den Weg geschickten Pflänzchen tut es gut, wenn man sie zum Schutz vor Wind mit Vlies abdeckt. Regnet es nicht, während sie einwachsen, müsst ihr für ausreichend Feuchtigkeit sorgen. Sobald sie blühen, weicht ihr sie alle paar Tage ordentlich ein, um den Fruchtansatz zu fördern, sonst fällt die Ernte gering aus.

Kletterbohnen brauchen eine Stütze, etwa Stangenzelte, Rankgitter, Bambusgerüste oder Schnüre. Ich habe festgestellt, dass Stangenzelte am besten funktionieren. Sie stehen stabil und sehen überdies gut aus. Meine habe ich aus sechs bis acht Haselruten konstruiert, die ich in 30–40 cm Abstand in einem Kreis mit 1,2–1,4 m Durchmesser in den Boden gesteckt habe. Es kann hilfreich sein, um die Konstruktion eine Schnur zu wickeln, damit die Ranken etwas haben, woran sie sich festhalten können.

Kletterbohnen können ausgepflanzt werden, noch bevor man die Rankhilfen aufstellt, dann kann man sie leichter abdecken, falls es noch einmal sehr kalt wird. Markiert aber vorher den Kreis, zu dem ihr die Stützen des Stangenzelts später arrangieren wollt, damit ihr die Setzlinge an die richtige Stelle pflanzt. Später müsst ihr sie gut im Auge behalten – es kann sein, dass man sie an die Stütze führen und um sie herumwickeln muss, aber vorsichtig, damit sie nicht brechen. Die wüchsigen Pflanzen sind sehr durstig, vor allem zu Beginn der Blüte. Weicht sie bei trockener Witterung alle paar Tage ordentlich ein.

Probleme

Blattläuse, Nager, Rost, Schnecken (siehe S. 49–51).

Ernte

Die frischen Hülsen lassen sich abschneiden oder von Hand abbrechen. Ein regelmäßiges Abernten regt die Pflanze dazu an, neue Hülsen zu bilden.

Grüne Bohnen

Sie lassen sich in jedem Entwicklungsstadium ernten, sind jedoch zarter und süßer, wenn man sie eher klein abzupft. Lässt man sie zu lange wachsen, werden sie fädig. Die Ideallänge für die Ernte liegt bei grob 10 cm.

Feuerbohnen

Auch sie werden am besten jung und zart mit einer Länge von etwa 15 cm geerntet. In diesem Stadium sollten sie sich noch leicht aufbrechen lassen und kleine, blasse Bohnen freigeben. Lässt man sie zu lange wachsen, werden sie zäh und faserig.

Sojabohnen

Die Hülsen sollten lebhaft grün, die Bohnen darin gut sichtbar und leicht unreif, aber ordentlich rund sein.

Bohnen zum Trocknen

Trocknen kann man Bohnen jedes Typs. Lasst die Hülsen einfach an der Pflanze voll ausreifen und trocknet sie anschließend. Sie werden dabei schrumpfen und braun und brüchig werden. Nicht ernten darf man sie kurz nach Regen, denn sie müssen möglichst trocken sein.

Lagerung

Frische Bohnen halten sich ein paar Tage im Kühlschrank, sollten aber bald verarbeitet werden. Zum Trocknen schält man sie noch am Erntetag aus den Hülsen, wirft schlechte Exemplare weg und breitet sie in der Wohnung auf einer Schale aus. Später kommen sie in ein verschließbares Glas.

Obere Reihe von links: 'Cannellino Montalbano', 'Merveille de Piemonte' (auch rechts zu sehen) und 'Borlotto Lamon'. Untere Reihe von links: 'Hannah Freeman', 'Aztec Cave Bean' und 'Coco Sophie'

Grüne Bohne

(*Phaseolus vulgaris*)
Böna, Fagiolo, Feijão, Frijoles, Tarhapapu

Ob man knackige Grüne Bohnen frisch genießt oder die herzhafte Fülle getrockneter Sorten im Winter bevorzugt, Bohnen sind eine universelle Zutat mit zahlreichen Verwendungsmöglichkeiten. Manche haben beige, braune und schwarze Hülsen, andere prunken mit marmorierten Mänteln. Es gibt sie in schlichter grüner, gelber und violetter Eleganz oder extravagant magentarosa, rotviolett und weinrot gestreift und gesprenkelt.

Geschichte

In der Geschichte der Neuen Welt haben Bohnen einen festen Platz. Früher ging man davon aus, dass sie vor rund 800 Jahren sowohl in Mesoamerika als auch den südlichen Anden domestiziert wurden, sodass sich zwei klar unterscheidbare Genpools herausbildeten. Jüngere Genanalysen allerdings offenbaren, dass die Domestizierung auf dem Gebiet des heutigen Mexiko stattfand. Bohnen waren in vielen frühen Kulturen ein wichtiges Nahrungsmittel und hatten einen hohen Stellenwert bei den indigenen Völkern Nord-, Mittel- und Südamerikas, denn sie konnten getrocknet als wertvolle Proteinquelle für den Winter eingelagert werden.

»Bohnen sind Kraftpakete im Gemüsebeet wie in der Küche.«

In der Küche

Vorbereitung

Es sind viele Mythen über das Rehydrieren von Bohnen vor dem Kochen in Umlauf. Soll man sie einweichen oder nicht? Wann wird der Topfinhalt gesalzen? Das und vieles andere wird diskutiert. Am besten bleibt der Geschmack erhalten, wenn man sie über Nacht in viel kaltes Wasser legt und darin auch kocht (es muss vielleicht etwas nachgefüllt werden). Würzt den Topfinhalt nach dem Einweichen und vor dem Kochen etwas.

Isst man die Bohnen frisch, sollte man jüngere, fadenlose Hülsen nehmen und sie unbedingt kochen. Dann kann man sie Salaten hinzufügen.

Gerichte

Der fantastische Geschmack und die Konsistenz zarter, frischer Bohnen kommen am besten zur Geltung, wenn sie mit karamellisierten Schalotten angebraten und mit einem Schuss Zitronensaft sowie einer Prise schwarzem Pfeffer verfeinert werden. Gleichwohl können sie noch wesentlich mehr. Sie sind eine schmackhafte Alternative zu Blumenkohl und lassen sich wie er mit einer cremigen Käsesauce überbacken. Auch Gemüsecurrys und Aufläufen drücken sie ihren Stempel auf, etwa dem leckeren griechischen Eintopf *fasolakia yiahni*. Dieses Traditionsgericht wird zubereitet, indem man die frischen Hülsen in einer würzigen Tomatensauce mit Olivenöl langsam gart und mit allerlei Kräutern und Gewürzen abschmeckt.

Einen ganz anderen Charakter haben getrocknete Grüne Bohnen: Sie werden zur bekömmlichen, herzhaften, cremigen Gaumenfreude, die allerlei Geschmacksnuancen und Gewürze in sich aufnimmt, sättigt und die Seele streichelt. Die Palette

»Jedes Böhnchen ein Tönchen«
Wenn es um Bohnenverzehr geht, hört man immer dieses etwas anrüchige Sprichwort. Es ist ein dezenter Hinweis darauf, dass der Genuss von Bohnen Blähungen verursacht. Zurückzuführen ist das wohl auf die komplexen Kohlenhydrate, die nur schwer verdaut werden, was zu verstärkter Gasbildung führt. In Mexiko und Mittelamerika wird seit Jahrtausenden ein Kraut namens *epazote* für Bohnengerichte verwendet, um der Flatulenz entgegenzuwirken. Es sorgt für eine Oreganonote und enthält Inhaltsstoffe, die das Aftersausen lindern.

reicht von aromatischen, scharfen Bohnen vom Grill bis zum süßen, kräuterwürzigen toskanischen Eintopf. *Frijoles refritos* sind gebackene und pürierte Bohnen aus Nordmexiko, eine einfache, aber schmackhafte Speise aus getrockneten Bohnen, die oft als Beilage oder zum Füllen von Tacos verwendet wird. Die Bohnen werden dafür gekocht, bis sie weich sind, dann mit Aromagebern wie Chili, Knoblauch und Kreuzkümmel verfeinert. Zum Schluss bäckt man sie in einer Pfanne mit einem Spritzer Öl, bis sie am Rand knusprig und goldbraun sind. Als Rohmaterial eignen sich alle Bohnen, vor allem jedoch schwarze. Bohnenpüree ist nicht nur eine wärmende Wintermahlzeit: Cannellini-Bohnen (siehe nächste Seite) sind die perfekte Alternative zu Kichererbsen, wenn man sie mit Zitrone, Tahini und Knoblauch zu Hummus verarbeitet.

In der amerikanischen Küche sind Bohnen zusammen mit Kürbis und Mais als Bestandteil der »Drei Schwestern« bekannt, einer Anbaumethode der Indigenen (siehe S. 154, 174 und 338). Für den Drei-Schwestern-Eintopf kocht man sie mit Gewürzen zu einer dicken Suppe, die von der reichen Ernte der vergangenen Saison erzählt.

'Triomphe de Farcy' (gegenüber) und 'Cherokee Trail of Tears'

»Bohnen bilden zusammen mit Kürbis und Mais die »Drei Schwestern«, eine Anbaumethode der Indigenen Amerikas.«

Zum Trocknen: Buschbohnen

'Arikara Yellow' Diese köstliche Sorte mit cremiger Konsistenz ist nach dem Volk der Arikara auf dem Gebiet von North und South Dakota benannt. Der zweite Namensbestandteil, »yellow«, ist irreführend, denn die Bohnen sind gar nicht gelb, sondern eher mattrosa oder braun. Die Arikara züchteten sie speziell für den Anbau in Gegenden mit kurzer Saison. Angeblich überließen sie William Clark und Meriwether Lewis bei ihrer Lewis-und-Clark-Expedition in den Jahren 1804–1806 bereitwillig die Bohnen, von denen sich die Männer auf ihrer Expedition quer durch den amerikanischen Kontinent dann auch ernährten.

'Cannellino Montalbano' Eine Premium-Cannellini-Bohne, die in der Toskana wegen ihres herzhaften Geschmacks und ihrer fleischigen, zarten Konsistenz, die sie beim Kochen bewahrt, geschätzt wird. Sie reift langsam und liefert viele Hülsen.

'Great Northern' Die alte amerikanische Sorte vom Volk der Mandan in den Großen Ebenen von North Dakota hat die vielleicht beste Konsistenz aller weißen Bohnen. Keine nimmt Saucen und Geschmacksgeber besser auf als sie. Sie reift früh und kommt gut mit Trockenheit zurecht.

'Hutterite' Eine Züchtung für Pukka-Suppen, die schnell gart und einen nussigen, buttrigen Geschmack hat. Die fast weißen Bohnen wurden dem Vernehmen nach im 19. Jahrhundert von den Hutterern in die USA mitgebracht.

'Jacob's Cattle' Man schreibt diese Sorte dem Volk der Passamaquoddy zu, das in der Gegend von Maine und New Brunswick in Nordamerika lebte. Die hübschen Bohnen sind wie Rinder gefleckt und bekannt für ihre hohen Erträge und ihre Fähigkeit, auch in einem kühlen Klima zu gedeihen. Gekocht haben sie eine cremige Konsistenz, weshalb sie oft gebacken und geschmort werden.

'Santa Maria Pinquito' Sie ist fester Bestandteil der Grillküche im kalifornischen Santa Maria Valley. Hoch im Kurs steht die kleine rosa Bohne, weil sie gekocht ihre feste Konsistenz bewahrt. Woher sie stammt, wurde unter Ranchern und Historikern viel diskutiert. Manche glauben, dass sie von spanischen Hirten in die Gegend gebracht wurde, andere vermuten, dass sie mit Wanderarbeitern für die Zitrusernte ins Land gelangte. Einer dritten Version zufolge soll ein europäischer Einwanderer einen ganzen Garten mit ihr kultiviert und sie irgendwann seinen Nachbarn überlassen haben. Sie eignet sich hervorragend für die *frijoles borrachos* (betrunkene Bohnen), für die Hülsenfrüchte in Bier gekocht werden.

'Soldier' Eine feine alte Sorte aus New England. Sie hat ihren Namen vom dunkelroten Fleck am »Nabel«, der an einen Spielzeugsoldaten erinnert. (Der Nabel ist die Stelle, an der die Bohne mit der Hülse verbunden ist.) 'Soldier' bietet sich besonders für Baked Beans an, denn sie bewahrt ihre Form auch nach dem Kochen.

Zum Trocknen: Kletterbohnen

'Aztec Cave Bean' Die wie eine Kuhhaut gefleckte Sorte wurde angeblich in einem versiegelten Keramikgefäß in Höhlen von New Mexico entdeckt. Analysen ergaben, dass sie über 1500 Jahre alt war. Sie wächst wie wild und trägt sehr, sehr reich.

'Blue Shackamaxon' Ihre großen violetten Hülsen sind zwischen dem Laub leicht zu erkennen. Zurückführen lässt sich die Sorte auf das Volk der Lenape in Delaware. Getrocknet färben sich ihre Bohnen blauschwarz. Sie sind glatt und seidig und haben einen vollen, nussigen Geschmack.

'Borlotto Lamon' Die vielleicht beste Borlotti-Bohne stammt aus dem Lamon-Tal in Norditalien, das seit dem 16. Jahrhundert für den Bohnenanbau bekannt ist. Die rot und gelb panaschierten Hülsen enthalten schön gezeichnete Bohnen.

'Cherokee Trail of Tears' Diese schwarzen Bohnen spielten eine wichtige Rolle in der Geschichte und Kultur der Cherokee. Ihren Namen haben sie vom Trail of Tears, dem »Pfad der Tränen«, den viele indigene Völker gehen mussten, als sie Mitte des 19. Jahrhunderts aus ihrer angestammten Heimat vertrieben wurden. Dabei nahmen sie heimlich Samen mit, um am Ziel weiter ihre gewohnten Feldfrüchte anbauen zu können. Die Cherokee hüteten die Bohne wegen ihrer kulturellen und historischen Bedeutung. Sie wurde zum Symbol der Hoffnung und Beharrlichkeit angesichts des Genozids und der ethnischen Säuberungen. Traditionell wurde sie zu Mehl gemahlen und für Suppen und Eintöpfe verwendet.

'Coco Sophie' Eine ertragreiche, früh reifende alte französische Sorte aus dem 18. Jahrhundert. Ihre Hülsen platzen fast vor leuchtend weißen, ovalen Bohnen, die wie geschaffen sind für Eintöpfe.

'Lazy Housewife' Die Züchtung, angeblich die erste ohne Fäden, bekam diesen frauenfeindlichen Namen Mitte des 19. Jahrhunderts. Sie wird traditionell frisch gegessen, doch kann man sie auch voll ausreifen lassen und die cremeweißen Bohnen für Aufläufe verwenden.

'Mostoller Wild Goose' Was als Wildgänsejagd begann, endete mit der Entdeckung dieser alten Sorte. Die Familie Mostoller stieß nach eigenen Angaben 1865 auf diese Bohne, als sie auf ihren Ländereien im Somerset County von Pennsylvania loszog, um Vögel zu jagen. Als sie eine Gans erlegt hatte, entdeckte sie in ihrem Magen eine Handvoll unverdauter Bohnen. Sie pflanzte und züchtete die Samen und benannte sie zu Ehren des verblichenen Federviehs. Die Sorte setzt ordentlich Hülsen mit weißen, um den Nabel braun gefleckten Bohnen an.

Frisch: Buschbohnen

'Beurre de Rocquencourt' Die hellgelbe, früh reifende historische Sorte mit dem delikaten Geschmack wurde im 19. Jahrhundert in einem kleinen Vorort von Versailles gezüchtet. Sie eignet sich vor allem für Klimazonen mit kurzer Anbausaison und setzt eine Fülle buttriger Bohnen an.

'Black Valentine' Eine Doppelnutzungssorte, die anfangs jung saftige, hellgrüne Hülsen aufbietet, später aber herzhafte schwarze Suppenbohnen liefert. In den USA genießt sie einen fast legendären Ruf, weil sie niedrige Temperaturen wegsteckt und trotzdem riesige Erträge abwirft.

'Comtesse de Chambord' Diese Züchtung ist inzwischen selten geworden und nur noch schwer aufzutreiben, aber sehr ertragreich. Sie setzt Unmengen dünner, knackiger Hülsen an. Entwickelt wurde sie im 19. Jahrhundert im französischen Loire-Tal.

'Fin de Bagnols' Eine der dünnsten Grünen Bohnen auf dem Markt, ein kulinarischer Schatz aus dem Beaujolais. Die Sorte bildet Hülsen so schmal wie Schnürsenkel, die zu den wohlschmeckendsten überhaupt zählen. Zudem ist sie sehr ertragreich und unglaublich saftig.

'Merveille de Piemonte' Ob in puncto Aussehen, Geschmack oder Ertrag, diese Sorte gehört zu den besten. Sie ist wunderschön violett und goldgelb marmoriert und stammt aus den italienischen Alpen. Die Hülsen bleiben selbst dann weich, süß und zart, wenn man sie groß werden lässt.

'Pencil Pod Black Wax' Diese gelbe, schlanke Sorte mit schwarzen Bohnen steht im Ruf, unter den gelben, frisch verzehrbaren Bohnen die mit dem besten Geschmack zu sein. Sie wurde 1900 in den USA von Calvin Keeney, dem »Vater der fadenlosen Bohne«, entwickelt, ist ertragreich, widerstandsfähig und schmeckt unglaublich gut.

'Triomphe de Farcy' Eine alte französische Sorte aus dem 19. Jahrhundert mit erstaunlichem Geschmack. Sie trägt früh und reichlich. Die langen dünnen, knackigen Hülsen schmecken voll und nussig und sind der Traum jedes Kochs.

Frisch: Kletterbohnen

'Anellino Verde' Eine alte italienische Sorte mit grünen, halbmondförmigen Hülsen und fleischigem Biss. Die fadenlose, ertragreiche, schmackhafte Züchtung ist wegen der ungewöhnlich gebogenen Form unter Köchen äußerst gefragt. Es gibt eine goldgelbe Variante, 'Anellino Giallo'.

'Blauhilde' Ein deutscher Klassiker aus dem 19. Jahrhundert, unglaublich ertragreich, dekorativ und widerstandsfähig gegen Schädlinge und Krankheiten. Auf hübsche violette Blüten folgen zahlreiche sehr dunkle Hülsen.

'Greasy Grits' Eine ausgezeichnete, feine und zarte Brechbohnensorte, die vor Jahrhunderten in den Appalachen das Licht der Welt erblickte. Sie liefert Bohnen mit vollem, nussigem Geschmack und glatter, leicht glänzender Schale.

'Kentucky Wonder' Eine bewährte und beliebte amerikanische Züchtung, entstanden Mitte des 19. Jahrhunderts. Sie trägt beinahe unaufhörlich, ist wüchsig und liefert zarte grüne Bohnen. 1864 wurde sie zunächst als 'Texas Pole' gelistet, doch 1877 taufte man sie um.

'Meraviglia di Venezia' Eine verlässliche Lieferantin großer, dicker, bananengelber Hülsen, die selbst dann noch zart sind, wenn man sie groß werden lässt. Das kulinarische Wunder aus Venedig ist inzwischen eine Rarität und gilt als gefährdet.

'Red Noodle' (***Vigna unguiculata* subsp. *sesquipedalis***) Die Spargelbohne, eine Unterart der Augenbohne, wird wegen ihrer endlos langen Hülsen auch Meterbohne genannt. In Asien verwendet man sie für Pfannengerichte und Eintöpfe. Sie schmeckt süß, ist fadenlos und sehr zart. Geschmack und Konsistenz der roten Bohnen sind vom Feinsten.

'Trionfo Violetto' Eine sensationell reich tragende, fadenlose, violette Brechbohne mit sehr langen, schlanken, zarten und ausgesucht süßen Hülsen. Viele halten diese alte italienische Sorte für die violette Bohne mit dem besten Geschmack.

'Red Noodle'

Feuerbohne

(*Phaseolus coccineus*) Ayocote, Ayocotl, Botil, Fagiolo Rampicante

Diese Bohne kommt der magischen Pflanze aus dem englischen Märchen *Hans und die Bohnenranke* am nächsten. Sie klettert schnell und strebt unaufhörlich nach oben, während ihr üppiges, kräftig grünes Laub eine schöne Laubkulisse bildet. Mit ihren eleganten Blüten in allerlei Tönungen von zartem Weiß über Pastellrosa bis hin zu strahlendem Scharlachrot sowie zweifarbigen Varianten sind Feuerbohnen wahre botanische Paradiesvögel.

Geschichte

Ihren Ursprung hat die Feuerbohne in den tropischen, feuchten Hochlandregionen von Mexiko und Mittelamerika. In ihrer Heimat wächst sie mehrjährig und bildet Wurzelknollen, die als giftig gelten, weil sie das Eiweiß Lektin enthalten. Die indigenen Völker Mittelamerikas allerdings neutralisieren das Gift vor dem Verzehr mit diversen Methoden. Nach England brachte die Feuerbohne im 17. Jahrhundert John Tradescant der Ältere, ein berühmter Gärtner der königlichen Familie. Fast 100 Jahre lang wurde sie ausschließlich als Zierpflanze genutzt. Erst im 18. Jahrhundert stellte der Botaniker Philip Miller vom Chelsea Physic Garden in London fest, dass sie auch schmeckte. Seither ist sie eine feste Größe in Englands Küchen und Gärten und wird wegen ihres vollen Geschmacks geschätzt.

In der Küche

Vorbereitung

Junge Feuerbohnen lassen sich mitsamt der Hülsen essen und kommen besonders in Pfannengerichten gut zur Geltung. Man putzt sie, indem man das obere und untere Ende mit einem Messer abschneidet und anschließend die Fäden auf beiden Seiten mit einem Gemüseschäler abzieht.

Gerichte

Junge, frische, zarte Feuerbohnen können gehackt und mit Knoblauch in Pfannengerichten verwertet oder für Tamarinden- und Tomatencurrys verwendet werden. Lässt man sie ganz, kann man sie über einem offenen Feuer rösten, bis sie verkohlt sind und eine Rauchnote annehmen. So behandelt bieten sie sich als Begleiter einer feurigen Salsa oder scharfen *bagna cauda* an. Getrocknet sind sie eine unglaublich vielseitige Zutat, die in allerlei Gerichten zum Einsatz gebracht werden kann, von würzigen Aufläufen bis zu herzhaften Eintöpfen oder wärmenden Kasserolen wie dem köstlichen, gesunden griechischen Klassiker *gigantes plaki* mit riesigen weißen Bohnen der Sorte 'Gigante' (siehe gegenüber) in einer leckeren, mit Kräutern gewürzten Tomatensauce, die grandios nach Mittelmeer schmeckt.

Die dunklen Hülsen von 'Black Knight' mit der langen 'Crusader', der breiten 'Gigante', 'Sunset' und 'Rhondda Black'

Sorte	Blütenfarbe	Hülsenlänge
'Aztec White'	weiß	10–15 cm
'Black Coat'	karminrot	15 cm
'Black Knight'	karminrot	20–30 cm
'Crusader'	karminrot	40–45 cm
'Czar'	weiß	25–30 cm
'Gigante'	weiß	15–20 cm
'Painted Lady'	karminrot und weiß	15–20 cm
'Rhondda Black'	karminrot	35–40 cm
'Scarlet Emperor'	karminrot/ orange	30–35 cm
'Sunset'	rosa	20–25 cm

'Aztec White' Die altehrwürdige Sorte wurde angeblich von den Azteken kultiviert und in New Mexico bei Ausgrabungen in perfekt erhaltenem Zustand in einem versiegelten Tontopf gefunden (sie ist aber nicht identisch mit 'Aztec Cave Bean' – siehe S. 330). 'Aztec White' bleibt für eine Feuerbohne sehr niedrig und liefert gedrungene weiße Bohnen, die hervorragend schmecken. Eine außergewöhnlich trockenheitstolerante Sorte.

'Black Coat' Eine Züchtung von anno dazumal. Erste Aufzeichnungen über sie stammen von dem deutschen Botaniker Michael Titus Mitte des 17. Jahrhunderts. Die niedrige Pflanze setzt zarte Hülsen an, die schmackhafte schwarze, dicke Bohnen enthalten.

'Black Knight' Verblüffend dunkelviolette Hülsen und in frischem Zustand fast fluoreszierende hellviolette Bohnen zeichnen diese Sorte aus. Die Hülsen setzen einen Kontrapunkt zum grünen Laub und sind daher leicht zu ernten. Angeblich züchtete sie Edmund Knight, Bischof von Shrewsbury 1882–1895, und überließ sie den Mitgliedern seiner Gemeinde.

'Crusader' Eine Ausstellungssorte mit schwarzen Bohnen und langen Hülsen. Sie ist wüchsig, robust, schmeckt und eignet sich bestens für Wettbewerbe.

'Czar' Die verlässliche, schmackhafte Sorte ist schon sehr alt, aber noch immer gut. Sie eignet sich zum Trocknen und bildet lange Hülsen mit dicken, cremeweißen Butterbohnen.

'Crusader'

'Gigante' Das ist die griechische Sorte, die traditionell die weichen, fantastisch gut schmeckenden, cremeweißen Butterbohnen für den Klassiker *gigantes plaki* (siehe gegenüber) liefert. Sie schlägt sich in kühlen, nassen Regionen wacker und setzt kurze Hülsen mit zwei bis vier riesigen Bohnen an. Ein kulinarisches Erlebnis, das man einfach im Garten haben muss.

'Painted Lady' Eine Naturschönheit mit zweifarbig roten und elfenbeinweißen Blüten. Der Name ist eine Verbeugung vor der englischen Königin Elisabeth I., deren weiß gepudertes Gesicht von hellrotem Haar gerahmt wurde. Erstmals dokumentiert wurde die Sorte 1633 von der Königlichen Englischen Gartenbaugesellschaft (RHS), doch nimmt man an, dass sie in Großbritannien schon seit der Mitte des 16. Jahrhunderts kultiviert wird. Sie ist robust, widerstandsfähig und liefert Unmengen kurzer Hülsen mit dunklen, pfirsichrosa marmorierten Bohnen.

'Rhondda Black' Sie wurde Anfang der 1960er-Jahre im walisischen Rhondda-Tal von Alan Picton in seinem Schrebergarten gezüchtet, nachdem er zwischen der violetten 'Enorma', die er für einen Wettbewerb kultivierte, eine schwarze Zufallsvariante entdeckt hatte. Picton entwickelte sie jahrzehntelang als schwarze Ausstellungsbohne mit gigantischen Hülsen weiter. Inzwischen hat sich Real Seeds aus einer Handvoll Samen einen Bestand aufgebaut und bietet die Sorte an.

'Scarlet Emperor' Diese Bohnenveteranin gehört seit ihrer Einführung 1633 zu den beliebtesten Feuerbohnen Großbritanniens. Die langen Triebe sind dicht mit großen feuerorangen Blüten besetzt. Eine der verlässlichsten, resilientesten Züchtungen mit vielen langen Hülsen, in denen schwarze, violett gesprenkelte Bohnen sitzen.

'Sunset' Eine rosa blühende Sorte mit schwarzen, hell rosaviolett gesprenkelten Bohnen. Die niedrige Züchtung verdient schon allein wegen ihrer pfirsichrosa Blüten einen Platz im Garten.

'Gigante' (nächste Doppelseite, links) und 'Czar' (nächste Doppelseite, rechts)

Sojabohne

(*Glycine max*)
Daizu, Dàdòu, Edamame, Mejukong, Soja

Sojabohnen bilden viele belaubte Triebe und erfüllen das Gemüsebeet mit üppigem Dschungelflair. Die behaarten grünen Hülsen sehen aus wie samtige Kokons, in denen sich das Gute verbirgt. Es gibt die Bohnen in etlichen Farben von Hellgrün und Zitronengelb bis hin zu Reinweiß, Hellbraun und dunklem Sattbraun.

Geschichte

Die Heimat der Sojabohne ist China. Bevor sie sich über ganz Asien ausbreitete, stand sie bei den alten Chinesen in höchstem Ansehen und galt als eine der fünf heiligen Früchte, die unabdingbar für den Fortbestand der Kultur waren. Im frühen 19. Jahrhundert brachten amerikanische Händler sie in die USA, wo sie zur ersten Sojasauce des Landes vergoren wurde.

Aber auch als Kaffeeersatz und potenziellen Werkstoff für die Autoproduktion verwendete man Soja in den USA. Während des Sezessionskriegs 1861–1865 gab es in den Südstaaten einen eklatanten Kaffeemangel. In dieser verzweifelten Lage – und obwohl Soja kein Koffein enthält – wurde die Bohne als Heilsbringer entdeckt und bot geröstet und gemahlen eine Alternative zum morgendlichen Muntermacher. Saatguthändler sprangen prompt auf den Zug auf und vermarkteten ihre Bohnen als »Kaffeebeeren« oder »Kaffeebohnen«.

Das Bohnenauto war eine Idee von Henry Ford, der die Früchte der Automobilindustrie mit denen der Landwirtschaft unter einen Hut bringen wollte. Er behauptete, Autos »aus dem Boden wachsen zu lassen«, denn er wollte Fahrzeuge komplett aus Kunststoffen auf Sojabasis fertigen. Allerdings kamen die Planungen nie über das Prototypenstadium hinaus, nicht zuletzt, weil Ford sein Bohnenprojekt kriegsbedingt ad acta legen musste.

Sojasprossen

Sojabohnen werden wegen ihrer langen Garzeit und unverdaulichen Schale selten getrocknet, doch kann man sie für die koreanische Speise *kongnamul* ankeimen. Die Sprossen kommen traditionell in Pfannengerichten, Suppen und Co. zum Einsatz. Spült die getrockneten Bohnen, legt sie in ein Glas, gebt so viel Wasser hinein, dass sie untergetaucht sind, und lasst sie über Nacht offen bei Zimmertemperatur stehen. Dann ersetzt ihr das Wasser und deckt das Glas mit Stoff ab, damit Luft zirkulieren kann, aber die Feuchtigkeit im Inneren bleibt. Stellt es an einen dunklen, warmen Platz und wechselt das Wasser ein paarmal am Tag. In 3–4 Tagen sollten die Bohnen keimen. Gießt das Wasser ab und werft nicht gekeimte Samen weg. Die Sprossen halten gekühlt bis zu 5 Tage.

In der Küche

Vorbereitung

Gart frische Sojabohnen 1–2 Minuten in ihren Hülsen, damit sie ihre Konsistenz bewahren. Getrocknete Bohnen sollten über Nacht eingeweicht und anschließend gekocht werden, bis sie weich sind.

Gerichte

Dank ihrer Vielseitigkeit sind Sojabohnen in der asiatischen Küche eine feste Größe. Sie werden zu deftigem, dezent süßem Tofu, Sojamilch und würzig-fleischigem Tempeh verarbeitet, dem seit Jahrhunderten bekannten indonesischen Kuchen aus fermentierten Sojabohnen mit nussigem, erdigem Geschmack und fester Textur. Misopaste und Sojasauce überschwemmen den Gaumen förmlich mit einem Geschmackstsunami. Am besten schmecken Sojabohnen aber, wenn man sie jung und grün kurz kocht, damit sie ihre süße Frische und saftige Konsistenz bewahren, und anschließend mit Knoblauch und Chilisalz würzt.

Pflanzen und Hülsen von 'Tankuro'

Empfehlenswerte Sorten

'Agate' Die schnell reifende Edamame ist eine japanische alte Sorte, die hohe Erträge liefert und hübsche grün-braune Samen ansetzt, wenn man sie ausreifen lässt.

'Gaia' Eine moderne, samenfeste Sorte mit prächtigen, hellgrünen, schwarz gesprenkelten Bohnen. Sie eignet sich hervorragend für Regionen mit kurzer Anbausaison.

'Lammer's Black' Eine großartige alte Sorte für die kurze Anbausaison. Ihre schwarzen Bohnen in dünner Hülse sind rasch gekocht und sind wie gemacht für Tofu und Tempeh.

'Midori Giant' Sie gilt als eine der besten Edamame-Bohnen, ist ausgesprochen anpassungsfähig und robust und liefert hohe Erträge großer, saftig grüner Bohnen.

'Shinonome' Eine bezaubernde Old-School-Züchtung. Ihre gelben Bohnen sind ideal für Sojamilch, Tofu und Miso, eignen sich aber auch als Sprossengemüse.

'Tankuro' Die japanische Premiumsorte steht wegen ihres vollen und nussigen Geschmacks, der sich nicht unbeträchtlich von anderen Sojabohnen unterscheidet, in hohem Ansehen. Die Bohnen sitzen in einer kastanienbraunen Hülse.

Mais

Zea mays

Heißt auch Kukuruz, Choclo, Maize und Mazorca

Die kurze Freude beim Ernten frischer Maiskolben gehört zu den gärtnerischen Höhepunkten, auf die man sich das ganze Jahr freut. Das vielseitige Gemüse gibt es in etlichen Farbvarianten und Formen wie Zucker-, Zahn-, Popcorn-, Hart-, Stärke- und Spelzmais. Man kann die Körner frisch, gepoppt oder gemahlen genießen.

Geschichte

Die Domestizierung von Mais nahm wohl vor etwa 9000 Jahren im mexikanischen Central-Balsas-Flusstal ihren Anfang. Damit begann ein langer, komplexer Prozess, der zur Entstehung einer der wichtigsten Nahrungspflanzen in der Geschichte der Menschheit führte. Indigene Bauern entwickelten aus *teosinte*, einem in der Region heimischen Wildgras, ein schmackhaftes, ertragreiches und nahrhaftes Samengemüse. Genetische und archäologische Untersuchungen deuten darauf hin, dass dessen Samen durch diverse Wanderungsbewegungen von Völkern noch vor der kompletten Domestizierung in ganz Nord-, Mittel- und Südamerika verbreitet wurden. Im Lauf der Jahrtausende züchteten Bauern dort die Pflanze unabhängig voneinander, aber zeitgleich weiter, bis eine für jede Region angepasste Kulturform entstanden war. Das Ergebnis ist eine unglaubliche Sortenvielfalt mit Varianten, die sich für verschiedenste Verwendungszwecke und regionale Bedingungen eignen.

Der Maisanbau spielte eine entscheidende Rolle bei der Entstehung mesoamerikanischer Kulturen, denn er war eine verlässliche Nahrungsquelle für die nomadischen Völker dort. Zugleich bildete er einen Anreiz für die Gründung fester Ansiedlungen und erleichterte die Entstehung großer Stadtstaaten und Reiche wie der Olmeken, Maya, Azteken und Inka. Diese setzten auf intensiven Maisanbau, zum einen, um die Bevölkerung zu ernähren, zum anderen aus religiösen und kulturellen Gründen, denn Mais war ein Symbol des Lebens und der Fruchtbarkeit und eng mit sozialen und politischen Strukturen verbunden.

Die Notwendigkeit, die Maiserträge zu erhöhen, schlug sich in bemerkenswerten landwirtschaftlichen Innovationen nieder. In den Anden auf dem Gebiet des heutigen Peru terrassierten Bauern Bergflanken, um dort Mais anzubauen, Bodenerosion

»Die Notwendigkeit, die Maiserträge zu erhöhen, schlug sich in bemerkenswerten landwirtschaftlichen Innovationen nieder.«

'Stowell's Evergreen'

zu verhindern und das Wasser am Ablaufen von den steilen Hängen zu hindern. Im Texcoco-See legten die Azteken schwimmende Inselgärten an, *chinampas* genannt. Die künstlichen, fruchtbaren Äcker entstanden durch Schichtung von Schlamm und Schilf auf dem Seebett. Auf ihnen kultivierten sie diverse Feldfrüchte, unter anderem Mais.

Der Maisanbau hatte auch signifikante Auswirkungen auf die Bildung und Ausbreitung indigener nordamerikanischer Gesellschaften. Durch ihn wurde die Gründung größerer, dauerhafter Siedlungen möglich, was schließlich zur Entwicklung komplexer politischer und sozialer Strukturen führte. Die Pueblo, eine Stammesgruppe im Südwesten der USA, waren angeblich die Ersten, die Mais dort anbauten, wodurch sich ihre Lebensweise entscheidend veränderte. Mais avancierte rasch zum Grundnahrungsmittel und zu einer heiligen Pflanze mit enormer kultureller Bedeutung. Die Hopi erbaten von ihren Gottheiten mit Maistänzen Fruchtbarkeit und Wachstum. Sie wurden mit großer Ehrerbietung vollführt und sollten der Gemeinschaft Glück bringen. Mit Farbe auf Maismehlbasis malten sie ausgefeilte Muster auf ihre Körper, während sie ihre Musikinstrumente aus Maishülsen fertigten. Als rhythmische Untermalung dienten getrocknete, mit Steinchen oder Kügelchen gefüllte Hülsen. Auch die Medizinmänner der Zuni, eines weiteren Pueblo-Stamms, setzten Mais ein, dem man heilende und wohltuende Eigenschaften zuschrieb.

Die Lakota Sioux in Dakota und viele weitere indigene Völker in Amerika schnitzten aus getrockneten Kolben Pfeifen zum Rauchen von Tabak und anderen heiligen Kräutern bei rituellen Zeremonien. Die Apachen und Navajo trugen aus Maisbart gewirkten Haarschmuck. Manche Völker schnitzten aus den Kolben Spielzeugpuppen für Kinder. Die Irokesen und Oneida verwendeten sie für ihre religiösen Praktiken. Die Irokesen flochten aus Maishülsen sogar Sandalen.

Als Kolumbus die Samen 1493 nach Spanien zurückbrachte, war Mais bereits von Chile bis Kanada eine wichtige Feldfrucht. Die Entdeckung der Neuen Welt brachte einen weltweiten Austausch von Nutzpflanzen und -tieren, Anbaumethoden, Metallen, aber auch Krankheiten mit sich – ein Phänomen, das Kolumbus-Effekt genannt wird. Mais wurde zumeist gemahlen und zu polentaartigen Speisen für Europas Arme verarbeitet und von europäischen Kolonisten als Bezahlung für afrikanische Sklaven verwendet. Während des aufreibenden Schiffstransports über den Atlantik wurden Sklaven hauptsächlich mit Mais ernährt.

Die verschiedenen Körner enthalten unterschiedlich viel Stärke. Jede Sorte dient einem anderen Verwendungszweck: unten (von links) 'Dakota Black Popcorn', 'King Philip', 'Puhwem', 'Hopi Purple' und 'Golden Bantam'.

In der Küche

Vorbereitung

Am besten kommt der Geschmack von Mais zum Tragen, wenn man die Kolben in einer Mixtur aus gewürztem Wasser und Milch mit einem ordentlichen Klecks Butter 6 Minuten kocht. Anschließend kann man sie grillen, damit sie eine Rauchnote annehmen, doch schmecken sie auch direkt aus dem Topf sehr cremig und saftig. Die reiche, buttrige Kochflüssigkeit lässt sich als Basis für Maissuppe verwenden.

Gerichte

In der Kulinarik ist Mais wesentlich mehr als nur eine Zutat. Das fast heilige Gemüse mit tief reichenden historischen Wurzeln dominiert den Speiseplan ganzer Kulturen von gestern und heute. In Mexiko und in südamerikanischen Ländern werden Maistortillas täglich als handgroße Tacos mit Fleisch, Bohnen, Salsa und anderen Füllungen konsumiert. Die Tortilla wurde vor Tausenden von Jahren erfunden – Legenden der Maya zufolge, als ein Bauer sie für einen heißhungrigen König als Geschenk zubereitete. Mit der Zeit wurde sie immer beliebter und zu einem Grundnahrungsmittel der Maya und Azteken.

Im heutigen Mexiko servieren Streetfood-Verkäufer *elotes*. Der beliebte Happen besteht aus einem gegrillten Maiskolben in einer dicken Sauce aus Mayonnaise und Sauerrahm. Darauf kommen reichlich *cotija* (ein Käse), Ancho-Chili-Pulver und frischer Limettensaft.

Cachapas heißt ein süß-pikanter Maispfannkuchen, der an Straßenständen in Venezuela verkauft wird. Er wird traditionell auf einem *budare* zubereitet, einer runden Metallbratpfanne ohne Rand. *Cachapas* werden mit *queso de mano* gefüllt, einem

Die Kolben müssen geerntet werden, solange sie noch jung und zart sind.

Bestäubung

Mais wird windbestäubt. Die männlichen Blüten an der Halmspitze geben Pollen frei, der nach unten fallen und sich auf die weiblichen Seidenhaare legen muss, damit sich Kolben entwickeln. Durch Blockpflanzung werden die reifenden Kolben rundum mit Pollen eingestäubt. Fremdbestäubung zwischen Zuckermais und anderen Sorten gilt es zu vermeiden, da sich sonst stärkehaltige Körner bilden, die nicht gut schmecken. Deshalb sollte man unterschiedliche Sorten im Abstand von 3 Wochen gestaffelt pflanzen oder jede in einem anderen Gartenteil kultivieren. Problematisch wird es, wenn ein Maisfeld in der Nähe steht.

weichen weißen Handkäse, dann gefaltet und gebraten, bis sie außen knusprig, aber innen noch saftig und weich sind.

Der süße, cremige Geschmack von Mais bietet sich für suppenartige Getränke an, etwa *atol de elote*, das heiß in einem Tonbecher, *jarrito*, serviert wird. Es besteht aus Mais, Milch und Wasser, braunem Zucker, Zimt und Maismehl als Dickungsmittel. Das Ganze wird püriert und in Mexiko sowie südamerikanischen Ländern oft mit *tamales*, einem mesoamerikanischen Traditionsgericht aus Maisteig mit Fleisch, Käse, Obst, Gemüse und Chilis als Füllung, zum Frühstück serviert. Die Stücke dünstet man in Maishülsen, die vor dem Verzehr aufgeschlagen und als Teller benutzt werden.

Maisbarttee, zubereitet durch Aufbrühen der getrockneten, braunen Maisgriffel, wurde angeblich schon vor 6000 Jahren von den indigenen Völkern Mittelamerikas getrunken. Angeblich kam er gegen allerlei Beschwerden zum Einsatz. Er schmeckt leicht süß und mild erdig und wird am besten vor dem Schlafengehen getrunken.

Kultur

Vermehrung

Mais braucht viel Sonne und muss früh ausgebracht, gleichzeitig aber vor Kälte geschützt werden. Man sät ihn daher etwa 3 Wochen vor dem mutmaßlich letzten Frost drinnen auf einer Fensterbank oder an einem anderen warmen Platz aus oder wartet, bis nicht mehr mit Minustemperaturen zu rechnen ist. Bei Direktaussaat besteht die Gefahr, dass die Sämlinge Vögeln, Schnecken und Hasen zum Opfer fallen. Ich säe meinen Mais einzeln oder zu zweit in Topfplatten aus, damit ich den schwächeren der beiden Keimlinge nach der Keimung auszupfen kann. Neuaussaaten deckt man zum Schutz vor Nagern ab.

Nachdem die Sämlinge mindestens 3 Wochen lang wachsen durften, pflanzt ihr sie nach dem letzten Frost in den Garten. Blockpflanzung (siehe oben) ist

Auf einen Blick

Aussäen Vorfrühling–Vollfrühling bei 16–34 °C

Auspflanzen Spätfrühling–Frühsommer

Abstände 25 cm

Ernten Spätsommer–Frühherbst

einer Reihenpflanzung vorzuziehen, da die Maisblüten dadurch leichter bestäubt werden. Wässert Mais nach dem Umsetzen großzügig. Sollte es noch einmal kalt werden, müsst ihr die frisch gepflanzten Setzlinge mit einer Lage Vlies schützen.

Weitere Pflege

Später brauchen die Pflänzchen nur noch bei Trockenheit zusätzliche Wassergaben. Sobald sich die Kolben bilden, wässert man sie aber zweimal die Woche reichlich.

Probleme

Dachse, Maisbeulenbrand (siehe rechts unten), Nager, Schnecken (siehe S. 49–51).

Ernte

Die Maisernte ist ein flüchtiges Vergnügen, das man genießen sollte. Erntet die Kolben, sobald der Maisbart braun ist und trocknet. Ob sie reif sind, kann man prüfen, indem man eine Hülse vorsichtig zur Seite schlägt oder mit dem Messer senkrecht hineinschneidet, um zu sehen, ob die Körner so weit sind. Auch kann man eine kleine Kerbe in die Körner drücken. Geben sie eine wässrige Flüssigkeit frei, ist der Mais noch nicht reif, tritt jedoch eine milchige Flüssigkeit aus, kann man den Kolben ernten. Eine zähflüssige Substanz deutet darauf hin, dass der Mais überreif ist und der Zucker bereits zu Stärke umgewandelt wurde, wodurch er seine köstliche Süße und weiche, buttrige Textur verliert. Zum Ernten bricht man die Kolben einfach nach unten zu vom Halm. Zahn-, Stärke- und Popcornmais dürfen nicht zu früh geerntet werden, sondern müssen so lang wie möglich am Halm bleiben, damit sie vollreif trocknen. Vor dem ersten Frost aber ist eine Ernte unumgänglich.

Die reifenden Kolben sind in der Tierwelt sehr begehrt. Über Nacht können ganze Kulturen vernichtet werden – dabei werden die Kolben fast wie in einem Cartoon bis auf den Strunk abgefressen. Manche empfehlen, von Plastikflaschen das obere und untere Ende abzuschneiden und die Hülle über die reifenden Kolben zu stülpen. Man schlägt den Mitessern aber am besten ein Schnippchen, wenn man die Kolben erntet, sobald sie reif sind. In Gärten mit hohem Schädlingsdruck kann es sogar nötig sein, sie unreif zu ernten, nur damit sie nicht unrettbar verloren sind.

Lagerung

Zuckermais sollte frisch gegessen werden, andere Typen hingegen hängt man am besten an einen warmen, luftigen Platz zum Trocknen, wobei die Hülsen komplett zurückgeschlagen werden, sodass die Kolben frei liegen. Sobald die Körner ganz getrocknet sind, beginnen sie von selbst abzufallen. Dann kann man sie einfach ablösen, indem man sie von oben nach unten vom Kolben streift. Gelagert werden sie in verschließbaren Behältern.

Fluch oder Segen?

Maisbeulenbrand (*Ustilago maydis*), auch Maisbrand oder *huitlacoche* genannt, ist eine Pilzkrankheit, die sich in beulenartigen, blaugrauen Wucherungen am Kolben äußert. Der essbare Pilz gilt in Mexiko als Delikatesse und hat einen süßen, rauchig-erdigen, maisartigen Geschmack mit leichten Trüffelnoten. Er kommt in vielen Rezepten zum Einsatz. Außerhalb Mexikos aber wird er von Landwirten als Bedrohung gesehen und mit Fungiziden bekämpft, denn er kann viel Schaden anrichten.

'Burro Mountain Popcorn' Eine der ältesten Popcornsorten. Die Samen wurden von Frank Tatsch in einem vermutlich 600 bis 1000 Jahre alten Topf aus einer Höhle in New Mexico entdeckt. Die Körner sitzen in kleinen, spitzen weißen Kolben und schmecken nach dem Poppen süß und nussig.

'Country Gentleman' Diese Züchtung hat ihren Namen von einer landwirtschaftlichen Zeitschrift im 19. Jahrhundert. Auf den Markt gebracht wurde sie 1891 von der New Yorker Samenhandlung Peter Henderson & Co. Sie ist eine Kreuzung aus 'Stowell's Evergreen' (siehe rechts) und 'Ne Plus Ultra' (1882), überzeugt mit einem süßen, vollen, milchigen Geschmack und bildet größere Kolben als die beider Elternteile, hat sich aber die wild in einer Art Zickzackmuster angeordneten Körner von 'Ne Plus Ultra' bewahrt.

'Dakota Black Popcorn' Diese Sorte liefert zwar kleineres Popcorn als das handelsübliche, aber der Geschmack und die knackige Konsistenz sorgen dafür, dass man gar nicht mehr aufhören kann, in die Tüte zu greifen. Die vorkoloniale, von Indigenen gezüchtete Sorte setzt glänzende, dunkle, spitze Körner an, die nach dem Poppen in schönstem Weiß leuchten.

'Double Red' Die gesamte Pflanze dieser Sorte leuchtet lebhaft weinrot.

'Double Standard'

Sie ist eine Züchtung von Dr. Alan »Mushroom« Kapuler, dem Gründer von Peace Seeds in Corvallis, Oregon. Kapuler entwickelte sie Ende des 20. Jahrhunderts auf seiner Bio-Farm nach den Methoden und Grundsätzen der Indigenen. Man kann die Kolben als Zuckermais ernten oder reifen lassen, um Maismehl daraus zu gewinnen.

'Double Standard' Die moderne, aber samenfeste, zweifarbige Sorte wurde von dem US-Saatgutunternehmen Johnny's Selected Seeds speziell für kühle Klimazonen entwickelt. Sie ist eine Kreuzung aus einer alten weißen Sorte und der beliebten gelben 'Burnell'. Sie schmeckt gut, reift früh und ist die erste samenechte Züchtung mit gelben und weißen Körnern.

'Golden Bantam' Der zuckrige gelbe Mais trat bald nach der Markteinführung 1902 seinen Siegeszug durch Amerika an und verdrängte weiße, orange und schwarze Sorten vom Markt. Er war E. L. Coy, einem begeisterten Samensammler, serviert worden, als er seine Familie in Greenfield, Massachusetts, besuchte. Coy war so begeistert von dem süßen Geschmack, dass er die Samen kaufte und sie seinem Freund Washington Atlee Burpee schickte, dem Gründer von Burpee Seeds. Der baute sie an, befand sie ebenfalls für eine der besten Maissorten und nahm sie eilends in seinen Katalog auf. Die robuste Züchtung trägt selbst in kühlen Sommern gut.

'Hopi Purple' Der Mais mit den violetten Kolben wurde schon von den Hopi in Arizona angebaut. Sie bereiteten daraus *piki*, ein farbenfrohes Brot, das auf einem großen Stein über offenem Feuer gebacken wurde. Außerdem nutzten die Hopi die Sorte (und die verwandte 'Hopi Blue') als Grundmaterial für ihre Körper- und Textilfarbe.

'King Philip' Dieser kupferrote Hartmais der Wampanoag-Stammesgruppe wurde nach dem Anführer der Konföderation indigener Völker, Metacom, benannt, den die englischen Siedler King Philip nannten. Unklar ist, ob die Wampanoag den Kolonisten die Samen überließen oder ob diese sie ihnen im King Philip's War (1675–1676) stahlen. Bei dem Konflikt versuchten die Indigenen verzweifelt, ihr Land gegen die Invasoren zu verteidigen. Nach ihrer Niederlage wurde Metacom gefangen genommen, enthauptet und gevierteilt. Sein Kopf wurde in der Plymouth Colony 25 Jahre lang auf einem Pfahl zur Schau gestellt. Der Mais wird traditionell gemahlen und für Kuchen, Brot und Frittiertes verwendet. Die »Arche des Geschmacks« von Slow Food führt ihn als gefährdete, kulturell bedeutsame Sorte.

'Puhwem' Für die amerikanischen Ureinwohner ist er der heilige »Muttermais«. Bewahrt wurde er von Nora Thomson Dean vom Volk der Lenape/Delaware in Oklahoma. Dean, Jahrgang 1907, widmete sich gegen Ende ihres Lebens dem Erhalt des Wissens und der Traditionen ihres Volkes. 'Puhwem' ist eine der größten Maissorten der Indigenen und kann über 3 m hoch werden. Die cremeweißen Körner werden traditionell zu Mehl verarbeitet, können aber auch frisch genossen werden, wenn man sie kocht. Die dicken Halme und die Blätter werden oft getrocknet für den Bau von Gebäuden verwendet. Aus den Blättern macht man Dächer, Wände und sogar Schuhe.

'Stowell's Evergreen' Die 1848 vom Farmer Nathaniel Newman Stowell aus Burlington in New Jersey gezüchtete Sorte ist eine Kreuzung aus 'Menomony Soft Corn' und 'Northern Sugar Corn'. 1855 verkaufte Stowell einen Sack Samen für vier Dollar einem Freund unter der Vorgabe, sie nur in seinem Garten anzubauen. Trotzdem verscherbelte der gute Freund sie für 20 000 Dollar dem Saatgutunternehmen Grant Thorburn & Co., das sie im Jahr darauf in den Handel brachte. Die langen, weißen Kolben bleiben länger süß und milchig als die anderer Sorten.

'Strawberry Popcorn' Eine niedrige Sorte mit kleinen Kolben aus kantigen, dicht sitzenden, weinroten Kolben, die riesigen Erdbeeren ähneln. Woher sie stammt, ist ungeklärt, aber sie gehört zu den besten Popcornsorten.

Register

Fett gesetzte Seitenzahlen verweisen auf Haupteinträge.

H

I

J

K

L

Bezugsquellen für Saatgut

https://go.dk.com/uk-seed-hunter-suppliers

Um euch bei eurer Suche nach alten Sorten zu unterstützen, habe ich eine umfassende Liste von Saatguterzeugern und -anbietern, Höfen, Unternehmen und Outlets zusammengestellt. Mit dabei sind auch Organisationen, Forschungsinstitute und ähnliche Institutionen für alle, die mehr über alte Sorten erfahren oder sie bewahren möchten. Die Liste lässt sich downloaden; sie ist über den QR-Code oben oder den angegebenen Link erreichbar.

Zu meinen liebsten Tätigkeiten gehört die Suche nach neuen Sorten. Als Vorbereitung auf dieses Buch habe ich mich 6 Monate mit Saatgutherstellern, Samensammlern und Erzeugern in aller Welt kurzgeschlossen. Ich habe Organisationen wie die Heritage Seed Library, eine Samenbank in Coventry, und den Saatgutanbieter Real Seeds in Westwales besucht und war in regelmäßigem Kontakt mit Baker Creek Heirloom Seeds in Mansfield, Missouri. Jere Gettle, Eigentümer von Baker Creek, hat mein Projekt sehr unterstützt und mir viele wertvolle Ratschläge gegeben. Zahlreiche andere Samenliebhaber und Organisationen rund um den Globus sind mir zur Seite gestanden, indem sie mir Samen zugesandt haben, damit ich sie kultivieren und im Buch beschreiben konnte.

Der Winter ist die ideale Zeit, um Samenbestände aufzustocken. In den kalten Monaten blättere ich gern Kataloge durch, um unbekannte Sorten zu entdecken. Wenn ihr Saatgut kauft, lohnt es sich herauszufinden, ob es Produzenten vor Ort anbieten. Höfe und Gärtnereien in der näheren Umgebung haben häufig besser an die örtlichen Bedingungen angepasste Samen.

Ich empfehle auch, selbst Nachforschungen anzustellen und Quellen zu erschließen. Es gibt viele unabhängige Erzeuger auf eBay, Etsy und anderen Plattformen. Besucht örtliche Tauschbörsen und schließt euch mit Hobbygärtnern kurz – oder initiiert selbst Tauschmärkte. In der weltweiten Nahrungsmittelproduktion sind radikal neue Wege nötig – und gerade an der Basis können wir etwas bewirken!

Dank

Als Erstes möchte ich Kate Forrester und Mollie Taylor von der Four Acre Farm in Ringwood erwähnen, die mich unablässig unterstützt und mir vor Ort in meinem Garten geholfen haben.

Einen gigantischen Tusch verdient Charles Dowding mit seinen erfolgreichen Bemühungen, den No-Dig-Anbau und die Bodengesundheit zu fördern. Er hat mich zu diesem Buch inspiriert.

Ein dickes Dankeschön geht an die vielen Saatguthersteller und -organisationen, die mich unterstützt haben, allen voran Jere Gettle und die Leute von Baker Creek Heirloom Seeds in Missouri, die einen wichtigen Beitrag zu meinem Buchdebüt geleistet haben.

Zu größtem Dank bin ich auch dem gesamten DK-Team verpflichtet. DK war bei der Verlagssuche für mich erste Wahl. Es war vom Anfang bis zum Ende ein Traum, mit einem so kreativen, hochklassigen Team zusammenarbeiten zu dürfen. Ich denke, wir haben gemeinsam ein tolles, wichtiges Buch geschaffen, das die Zeiten überdauern wird.

Hut ab vor der Fotografin Rachel Warne, die hinter der Linse stand und für die erstaunlichen Aufnahmen in diesem Buch verantwortlich zeichnet.

Eine besondere Erwähnung verdient Stuart Cooper, der eine entscheidende Rolle bei der Ausarbeitung des Konzepts für dieses Buch über alte, historische Sorten gespielt hat.

Daumen hoch für alle, die alte Sorten sammeln und dafür sorgen, dass der Austausch in unserer Community so ein Genuss ist und man sich darin so wohlfühlen kann. Auf dass wir alle unsere Botschaft verbreiten und künftigen Generationen die Möglichkeit geben können, die großartigen Geschmackswelten von einst genießen zu dürfen.

Zu guter Letzt ein High five für meine besten, engsten und coolsten Freunde Joe, Matty, Tereza und Anna.

Dank des Verlags

Dorling Kindersley dankt Vanessa Bird für das Register, Kathy Steer für das Korrekturlesen und Adam Brackenbury für die Reproarbeit.

DK | Penguin Random House

DK London / Delhi
Lektorat Katie Cowan, Ruth O'Rourke, Alastair Laing, Rosanna Fairhead
Gestaltung und Bildredaktion Barbara Zuniga, Heather Blagden, Maxine Pedliham, Vicky Read
Umschlaggestaltung Emily Cannings
Herstellung David Almond, Stephanie McConnell
Illustrationen Jessica Ip
Fotos Rachel Warne

Für die deutsche Ausgabe:
Projektbetreuung Manuela Stern
Herstellungskoordination Bianca Isack
Herstellung Julia Fink

Titel der englischen Originalausgabe:
The Seed Hunter

Übersetzung Reinhard Ferstl
Lektorat Christine Ritter

ISBN 978-3-8310-5143-4
5902-340297-23639-01

Druck und Bindung C&C Offset Printing, China

FSC www.fsc.org MIX Papier | Fördert gute Waldnutzung FSC® C018179

www.dk-verlag.de

Über den Autor

Mitch McCulloch – er nennt sich »Seed Hunter« – arbeitete früher als Koch, hat sich inzwischen aber auf das Sammeln, den Anbau und die Verbreitung seltener Gemüsesorten spezialisiert.

Nach jahrelanger Arbeit am Herd hängte der gebürtige Londoner seine Kochschürze an den Nagel und entschied sich für einen natürlicheren Lebensstil. Dabei tauchte er in die Welt der alten Sorten ein und begann sich leidenschaftlich für ihren Erhalt und ihre Förderung einzusetzen. Er dokumentierte seine Sammlung online und tat sich mit Gemüseerzeugern, Samensammlern und Landwirten in aller Welt zusammen.

Auf der Suche nach besonderem Saatgut reist Mitch durch die Welt und besucht Kleinbauern und Samenenthusiasten. Er arbeitet mit dem Saatgutunternehmen Baker Creek Heirloom Seeds in Missouri zusammen, um sicherzustellen, dass seine Entdeckungen gesichert, erhalten und vermehrt werden.

Mitch ist überzeugter No-Dig-Gärtner und hatte bereits Gastauftritte in dem britischen Gartenmagazin der BBC, *Gardeners' World*, das ihm die Gelegenheit bot, seinen facettenreichen Garten vorzustellen. Er hat Artikel für die Britische Vogelschutzgesellschaft und den Bumblebee Conservation Trust zum Schutz von Hummeln verfasst. Außerdem bietet er Kurse für Earthed an, eine gemeinnützige Plattform, die es sich zum Ziel gemacht hat, gärtnerische und naturschützerische Kompetenzen zu fördern und weiterzugeben.

@mitch_grows

Noch mehr Spaß und Lesefreude

ISBN 978-3-8310-4948-6

ISBN 978-3-8310-4624-9

ISBN 978-3-8310-5002-4

ISBN 978-3-8310-4998-1

DK

www.dk-verlag.de